·高职高专教材·

U0363899

经济应用数学

JINGJI YINGYONG SHUXUE

李俊永　杨　蕊　主编

中国石油大学出版社
CHINA UNIVERSITY OF PETROLEUM PRESS
山东·青岛

图书在版编目(CIP)数据

经济应用数学/李俊永，杨蕊主编. —青岛：中国石油大学出版社，2018.8(2021.5 重印)

ISBN 978-7-5636-6205-0

Ⅰ. ①经… Ⅱ. ①李… ②杨… Ⅲ. ①经济数学－高等学校－教材②微积分－高等学校－教材 Ⅳ. ①F224.0 ②O172

中国版本图书馆 CIP 数据核字(2018)第 200138 号

书　　名：经济应用数学
主　　编：李俊永　杨蕊

责任编辑：刘玉兰(电话　0532—86981535)
封面设计：赵志勇

出 版 者：中国石油大学出版社
(地址：山东省青岛市黄岛区长江西路 66 号　邮编：266580)
网　　址：http://www.cbs.upc.edu.cn
电子邮箱：eyi0213@163.com
排 版 者：青岛汇英栋梁文化传媒有限公司
印 刷 者：青岛新华印刷有限公司
发 行 者：中国石油大学出版社(电话　0532—86983437)
开　　本：787 mm×1 092 mm　1/16
印　　张：17.75
字　　数：454 千字
版 印 次：2018 年 8 月第 1 版　2021 年 5 月第 2 次印刷
书　　号：ISBN 978-7-5636-6205-0
印　　数：2 001—4 000 册
定　　价：42.80 元

前言

PREFACE

东营职业学院是2001年7月经山东省人民政府批准、东营市人民政府主办的一所全日制普通高等院校,2011年被确立为全国百所国家骨干高职学院立项建设单位之一.学院深入探索教育教学改革,不断创新人才培养模式.本教材就是在国家骨干高职院校建设理念的指导下,在经济数学课程体系设计的基础上,结合教学改革与实践经验编写而成的,主要体现以下特色:

1. 以“结合专业、注重能力、突出应用”的思想为指导,注重教学思想方法的培养.

以经济管理类专业人才培养目标为依据,并结合教学改革和学生的实际情况,进行教学内容模块化设计.将《经济应用数学》内容分为公共基础模块和专业应用模块.公共基础模块为经济管理类专业必学的内容,其内容包含函数、极限、微积分;专业应用模块为经济管理类专业根据需要选学的内容,其内容为线性代数及其应用、线性规划及其应用、概率统计初步等.

2. 以“提出问题、案例驱动”为思路进行教学设计.

为适应学院经济管理类专业经济数学课程教学改革的需要,本教材在概念的引入上更加突出问题导向,增加现实生活中的应用案例,让学生感受到数学源于生产生活实际,以案例教学的方式突出教学内容与专业相结合.在保持数学知识连贯性的同时,建立全新的教学框架,力图传授一种新的、易懂的学习方法和数学思想,尽量使教材简明实用,便于学生对数学基础知识的理解和数学思想方法的掌握,进而培养和提高学生的实际应用能力.

3. 在教学内容上突出实用性和专业性.

在教学内容设计上,本教材不过分强调形式化的数学概念及定理证明,而是更多地体现数学思想或用数学知识解决实际问题的具体方法步骤.在内容编排上由浅入深,通俗易懂,既考虑学生的数学基础,又顾及学生的接受能力,特别设置了带“*”号的内容.带“*”号的内容是拓展型内容,学生可根据自身的能力进行选学.每章前面有知识目标、能力目标,每节后面有训练任务,每章后有阅读材料、内容小结、自测题等.书后附有习题答案或解法提示.本教材覆盖了经济管理类专业必要的数学基础,通过微积分、线性代数及概率统计的学习,学生得到基本数学方法的训练和运用这些方法去解决经济管理中的实际问题的能力,为学生学习经济管理类各专业的后续课程和进一步扩展数学知识打下坚实的基础.

本教材具体分工如下:第 0～3 章由李俊永编写,第 4 章由魏淑云编写,第 5 章由解玖霞编写,第 6 章由华雪编写,第 7、8 章由杨蕊编写,第 9 章由魏悦亮编写,习题参考答案和附表由杨蕊编写.全书由李俊永、杨蕊统稿.本书的编写还得到了东营职业学院领导和许多老师的热情支持和帮助,在此一并致谢.在本书的编写过程中,编者参考了众多其他院校教师编写的教材,主要参考书列于书后,在此说明并致谢.

限于编者的水平和经验,书中不足和疏漏之处在所难免,衷心希望同行和使用者批评指正,并提出宝贵的意见和建议.

编　者

2018 年 7 月

目 录

CONTENTS

公共模块

专业应用模块

第零章　预备知识

在开始讲授本课程的教学内容前，我们安排了在经济分析中非常有用的一些初等数学基础知识，为数学基础不同的同学能在同一起跑线上学习本课程的内容做好必要的准备. 在学习这些内容时，要求同学根据自己的数学基础，复习预备知识中的概念、性质、公式和方法，做到对这些内容正确理解，熟练掌握.

主要内容

一、代数

1. 实数

我们学过的实数组成如下：

- 实数
  - 有理数
    - 整数：正整数、零、负整数
    - 分数：正分数、负分数
  - 无理数：正无理数、负无理数

实数的绝对值　$|a|=\begin{cases} a, & a>0, \\ 0, & a=0, \\ -a, & a<0. \end{cases}$

任何一个实数的绝对值等于该实数平方后的算术平方根，即

$$|a|=\sqrt{a^2}.$$

2. 幂的运算法则

设 a,b 是大于零的任意实数，m,n 是正有理数，则

(1) $a^m a^n=a^{m+n}$；　(2) $a^m\div a^n=a^{m-n}$；

(3) $(a^m)^n=a^{mn}$；　(4) $(ab)^m=a^m b^m$；

(5) $a^{\frac{m}{n}}=\sqrt[n]{a^m}$；　(6) $a^{-m}=\dfrac{1}{a^m}$；

(7) $a^{-\frac{m}{n}}=\dfrac{1}{a^{\frac{m}{n}}}=\dfrac{1}{\sqrt[n]{a^m}}$.

例如：$x^{\frac{2}{3}}=\sqrt[3]{x^2}$；　$x^{\frac{1}{2}}=\sqrt{x}$；　$x^{-\frac{3}{2}}=\dfrac{1}{x^{\frac{3}{2}}}=\dfrac{1}{\sqrt{x^3}}$；　$\dfrac{\sqrt[3]{x}}{\sqrt{x^3}}=\dfrac{x^{\frac{1}{3}}}{x^{\frac{3}{2}}}=x^{\frac{1}{3}-\frac{3}{2}}=x^{-\frac{7}{6}}$.

3. 乘法公式

平方差公式

$$a^2-b^2=(a+b)(a-b);$$

完全平方公式

$$(a+b)^2=a^2+2ab+b^2;$$
$$(a-b)^2=a^2-2ab+b^2;$$

立方和(或差)公式

$$a^3+b^3=(a+b)(a^2-ab+b^2);$$
$$a^3-b^3=(a-b)(a^2+ab+b^2);$$

和(或差)的立方公式

$$(a+b)^3=a^3+3a^2b+3ab^2+b^3;$$
$$(a-b)^3=a^3-3a^2b+3ab^2-b^3;$$

例如：

$$1+x^3=(1+x)(1-x+x^2);$$
$$1-x^3=(1-x)(1+x+x^2);$$
$$(1+x)^3=1+3x+3x^2+x^3;$$
$$(1-x)^3=1-3x+3x^2-x^3.$$

4. 有理化

(1) 分母有理化.

无理式中分母为无理数,将分母转化为有理数的过程称为分母有理化.

例如,将$\frac{1}{\sqrt{3}}$有理化:$\frac{1}{\sqrt{3}}=\frac{1\times\sqrt{3}}{\sqrt{3}\times\sqrt{3}}=\frac{\sqrt{3}}{3}$;

将$\frac{1}{\sqrt{2}-1}$有理化:$\frac{1}{\sqrt{2}-1}=\frac{1\times(\sqrt{2}+1)}{(\sqrt{2}-1)\times(\sqrt{2}+1)}=\frac{\sqrt{2}+1}{2-1}=\sqrt{2}+1$;

将$\frac{1}{\sqrt{x}+1}$有理化:$\frac{1}{\sqrt{x}+1}=\frac{1\times(\sqrt{x}-1)}{(\sqrt{x}+1)(\sqrt{x}-1)}=\frac{\sqrt{x}-1}{x-1}$.

(2) 分子有理化.

无理式中分子为无理数,将分子转化为有理数的过程称为分子有理化.

例如,将$\sqrt{x+1}-\sqrt{x}$有理化:

$$\sqrt{x+1}-\sqrt{x}=\frac{\sqrt{x+1}-\sqrt{x}}{1}=\frac{(\sqrt{x+1}-\sqrt{x})\times(\sqrt{x+1}+\sqrt{x})}{1\times(\sqrt{x+1}+\sqrt{x})}=\frac{1}{\sqrt{x+1}+\sqrt{x}}.$$

5. 因式分解

$x^2+(p+q)x+pq$ 型式子的因式分解:$x^2+(p+q)x+pq=(x+p)(x+q)$.

其方法是十字相乘法,简单来讲就是:十字左边相乘等于二次项系数,右边相乘等于常数项,交叉相乘再相加等于一次项系数. 其实就是运用乘法公式$(x+p)(x+q)=x^2+(p+q)x+pq$ 的逆运算来进行因式分解.

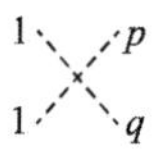

$$x^2+(p+q)x+pq=(x+p)(x+q).$$

例如:$x^2+7x+10=(x+2)(x+5)$.

6. 配（平）方

设 $a\neq0$，则

$$ax^2+bx+c=a\left(x^2+\frac{b}{a}x\right)+c=a\left(x+\frac{b}{2a}\right)^2+\frac{4ac-b^2}{4a}.$$

例如：　$x^2+2x-3=x^2+2x+1^2-1^2-3=(x+1)^2-4$；

$$2x^2-5x-3=2\left(x^2-\frac{5}{2}x\right)-3=2\left[x^2-\frac{5}{2}x+\left(\frac{5}{4}\right)^2-\left(\frac{5}{4}\right)^2\right]-3=2\left(x-\frac{5}{4}\right)^2-\frac{49}{8}.$$

7. 一元二次方程

定义 1　只含有一个未知数，并且未知数的最高次数是 2 的整式方程叫作一元二次方程.其一般形式为

$$ax^2+bx+c=0\quad(a\neq0).$$

用求根公式解一元二次方程.

设 $ax^2+bx+c=0(a\neq0)$，则当判别式 $\Delta=b^2-4ac\geqslant0$ 时，方程的解为：

$$x=\frac{-b\pm\sqrt{b^2-4ac}}{2a}.$$

8. 不等式

(1) 一元一次不等式：只含有一个未知数，并且未知数的次数是 1，系数不等于 0 的整式不等式叫作一元一次不等式.其一般形式记为 $ax>b(a\neq0)$.

当 $a>0$ 时，不等式的解为 $x>\frac{b}{a}$；当 $a<0$ 时，不等式的解为 $x<\frac{b}{a}$.

注意：不等式的两边都乘(或除)以同一个正数，不等号不变；不等式的两边都乘(或除)以同一个负数，不等号要变号.

例 1　某商场计划一个月(按 30 天计)内售出 165 台索尼彩色电视机，前 15 天每天售出 5 台，问：以后每天至少售出多少台，才能超额完成当月的销售计划?

解　设后 15 天内每天售出 x 台，则

$$15\times5+15x\geqslant165,$$

解得 $x\geqslant6$.即在后 15 天至少每天售出 6 台，才能超额完成当月的销售计划.

(2) 绝对值不等式.

设 $a>0$，则

$$|x|\leqslant a\Leftrightarrow -a\leqslant x\leqslant a,\quad \text{不等式的解集为}\{x\mid -a\leqslant x\leqslant a\};$$

$$|x|\geqslant a\Leftrightarrow x\leqslant -a \text{ 或 } x\geqslant a,\quad \text{不等式的解集为}\{x\mid x\leqslant -a \text{ 或 } x\geqslant a\}.$$

根据不等式的性质，当 $a>0$ 时，有

$$x^2\leqslant a^2\Leftrightarrow|x|\leqslant a\Leftrightarrow -a\leqslant x\leqslant a;$$

$$x^2\geqslant a^2\Leftrightarrow|x|\geqslant a\Leftrightarrow x\leqslant -a \text{ 或 } x\geqslant a.$$

(3) 一元二次不等式.

定义 2　只含有一个未知数，且未知数的最高次数为 2 的整式不等式叫作一元二次不等式.

任何一个一元二次不等式，总可以写成下列两种形式中的一种：

$$ax^2+bx+c>0\quad\text{或}\quad ax^2+bx+c<0\quad(a\neq0)$$

二次函数的图像、一元二次方程的根与一元二次不等式的解集之间的关系见下表.

判别式 $\Delta=b^2-4ac$		$\Delta>0$	$\Delta=0$	$\Delta<0$
二次函数 $y=ax^2+bx+c(a>0)$的图像		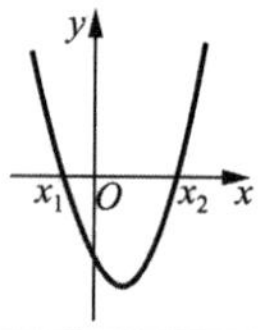	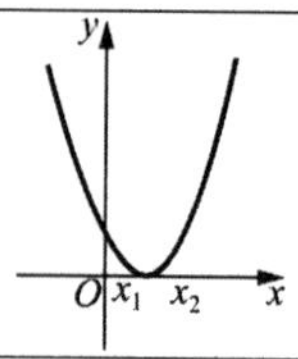	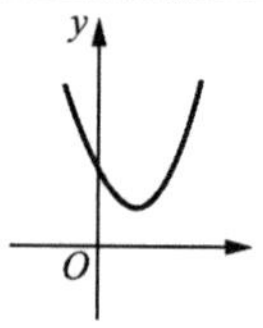
一元二次方程 $ax^2+bx+c=0(a>0)$的根		有两个相异实数根 $x_{1,2}=\dfrac{-b\pm\sqrt{\Delta}}{2a}(x_1<x_2)$	有两个相等实数根 $x_1=x_2=-\dfrac{b}{2a}$	没有实数根
一元二次不等式的解集	$ax^2+bx+c>0$ $(a>0)$	$\{x\mid x<x_1$ 或 $x>x_2\}$	$\left\{x\mid x\neq-\dfrac{b}{2a}\right\}$	$\mathbf{R}$
	$ax^2+bx+c<0$ $(a>0)$	$\{x\mid x_1<x<x_2\}$	$\varnothing$	$\varnothing$

例 2 某商场 2014 年的销售利润为 750 万元，在改善购物环境、调整经营策略后，2016 年的销售利润超过 1 080 万元，问平均每年销售利润增长率应超过多少？

解 设平均每年比上一年增加 x，则

$$750(1+x)^2>1\,080,$$

$$x^2+2x-0.44>0,$$

解得

$$x<-2.2(\text{舍去}) \quad 或 \quad x>0.2,$$

即平均每年销售利润增长率应超过 20%.

9. 集合

(1) 集合的概念.

我们把具有某种特定性质的对象的总体称为集合，简称集；把组成集合的各个对象称为这个集合的元素.集合通常用大写字母 $A,B,C,\cdots\cdots$ 等表示，元素用小写字母 $a,b,c,\cdots\cdots$ 等表示.

常用数集的记号：

常用数集	自然数集	正整数集	整数集	有理数集	实数集
记号	$\mathbf{N}$	$\mathbf{N}^*$ 或 $\mathbf{N}_+$	$\mathbf{Z}$	$\mathbf{Q}$	$\mathbf{R}$

(2) 集合的表示方法.

① 列举法：把集合中的元素一一列举出来，写在大括号内表示集合的方法叫列举法.例如，由方程 $x^2=1$ 的所有解组成的集合，可以表示为$\{-1,1\}$.

② 描述法：就是将集合中元素的共同属性描述出来，写在大写括号内表示集合的方法.例如，不等式 $x>3$ 的解集可以表示为：$\{x\in\mathbf{R}\mid x>3\}$.

(3) 集合之间的关系.

子集：设 A,B 是两个集合，若 A 的任何一个元素都是集合 B 的元素，则称集合 A 是集合 B 的子集，记作 $A\subseteq B$ 或 $B\supseteq A$.

不含任何元素的集合称为空集，记作$\varnothing$.

真子集：如果集合 A 的任何一个元素都是集合 B 的元素，并且集合 B 中至少有一个元

素不属于A，则称集合A是集合B的真子集，记作$A\subsetneqq B$或$B\supsetneqq A$.

若两个集合A,B满足$A\subseteq B$且$B\subseteq A$，则称A与B相等，记作$A=B$.

(4) 集合的运算.

① 并集.

设A,B是两个集合，由属于A或属于B的所有元素组成的集合称为A与B的并集，记作$A\cup B$，即

$$A\cup B=\{x\mid x\in A\text{或}x\in B\}.$$

例如，设$A=\{1,2,3,4\}$，$B=\{2,4,6\}$，则$A\cup B=\{1,2,3,4,6\}$.

求并集的运算称为并运算.

② 交集.

设A和B是两个集合，把属于A且属于B的所有元素组成的集合称为A与B的交集，记作$A\cap B$，即

$$A\cap B=\{x\mid x\in A\text{且}x\in B\}.$$

例如，设$A=\{1,2,3,4\}$，$B=\{2,4,6\}$，则$A\cap B=\{2,4\}$.

求交集的运算称为交运算.

③ 差集与补集.

设A和B是任意两个集合，由属于A而不属于B的所有元素组成的集合叫作A与B的差集，记作$A-B$.即

$$A-B=\{x\mid x\in A,x\notin B\}.$$

设U为全集，$A\subseteq U$，由U中所有不属于A的元素组成的集合叫作A的补集，记作$\complement_U A$，即

$$\complement_U A=\{x\mid x\in U,x\notin A\}.$$

求差集的运算称为差运算；求补集的运算称为补运算.

例如，设全集$U=\{1,2,3,4,5,6\}$，集合$A=\{1,3,5\}$，则$\complement_U A=\{2,4,6\}$.

10. 对数

(1) 对数与指数的关系.

$$a^b=N(a>0,a\neq1)\Leftrightarrow b=\log_a N(a>0,a\neq1,N>0).$$

在$a^b=N$中，a叫作底，b叫作幂指数，N叫作a的b次幂.在$b=\log_a N$中，a叫作底，N叫作对数的真数，b叫作以a为底N的对数.

以10为底正数N的对数$\log_{10}N$叫作常用对数，记作$\lg N$；以e为底正数N的对数$\log_e N$叫作自然对数，记作$\ln N$.

(2) 对数的性质.

设$a>0,a\neq1,M>0,N>0,n\in R$，则

① $\log_a(MN)=\log_a M+\log_a N$；

② $\log_a\dfrac{M}{N}=\log_a M-\log_a N$；

③ $\log_a N^n=n\log_a N$.

注：1的对数等于零，即$\log_a 1=0$；底的对数等于1，即$\log_a a=1$.

(3) 对数恒等式.

$$a^{\log_a x}=x,\quad \log_a a^b=b.$$

特别地，

$$e^{\ln x}=x.$$

11. 等差数列前 n 项和公式

$$S_n=\frac{n(a_1+a_n)}{2}=na_1+\frac{n(n-1)}{2}d.$$

12. 等比数列前 n 项和公式

$$S_n=\frac{a_1(1-q^n)}{1-q}\quad (q\neq 1).$$

13. 排列与组合

(1) 分类计数原理.

完成一件事可以有 n 类办法，在第一类办法中有 m_1 种不同的方法，在第二类办法中有 m_2 种不同的方法，…，在第 n 类办法中有 m_n 种不同的方法，那么完成这件事共有 $N=m_1+m_2+\cdots+m_n$ 种不同的方法.

例 3　从甲地到乙地，可以乘火车，也可以乘汽车，还可以乘轮船. 一天中，火车有 4 班，汽车有 2 班，轮船有 3 班，问一天中乘坐这些交通工具从甲地到乙地共有多少种不同的方法？

解　因为一天中乘火车有 4 种方法，乘汽车有 2 种方法，乘轮船有 3 种方法，每一种走法都可以从甲地到达乙地，因此，一天中乘坐这些交通工具从甲地到乙地共有 $4+2+3=9$ 种不同的方法.

(2) 分步计数原理.

完成一件事需要分成 n 个步骤，做第一步有 m_1 种不同的方法，做第二步有 m_2 种不同的方法，…，做第 n 步有 m_n 种不同的方法，那么完成这件事共有 $N=m_1\times m_2\times\cdots\times m_n$ 种不同的方法.

例 4　由 A 村去 B 村的道路有 3 条，由 B 村去 C 村的道路有 2 条. 从 A 村经 B 村去 C 村，共有多少种不同的走法？

解　从 A 村到 B 村有 3 种不同的走法，按这 3 种走法中的每一种走法到达 B 村后，再从 B 村到 C 村又有 2 种不同的走法，因此，从 A 村经 B 村去 C 村共有 $3\times 2=6$ 种不同的走法.

(3) 排列.

定义 3　从 n 个不同的元素中取出 $m(m\leqslant n)$ 个元素，按照一定的顺序排成一列，叫作从 n 个不同元素中取出 m 个元素的一个排列. 把从 n 个不同元素中取出 $m(m\leqslant n)$ 个元素的所有排列的个数，叫作从 n 个不同元素中取出 m 个元素的排列数，用符号 A_n^m 表示.

排列数公式为：

$$A_n^m=n\times(n-1)\times(n-2)\times\cdots\times(n-m+1).$$

当 $m=n$ 时，即有

$$A_n^n=n\times(n-1)\times(n-2)\times\cdots\times 2\times 1,$$

称为 n 的阶乘，通常用 $n!$ 表示，即

$$A_n^n=n!.$$

例如：

$$A_4^3=4\times 3\times 2=24,\quad 3!=3\times 2\times 1=6.$$

例 5　由数字 1,2,3 可以组成多少个没有重复数字的三位数？

解　从 3 个不同元素中取出 3 个元素的所有排列的个数，即 $A_3^3=3\times2\times1=6$.

例 6　2 名女生和 4 名男生排成一排，2 名女生相邻的不同排法共有多少种？

解　由于 2 名女生必须相邻，于是可以将 2 名女生看成 1 个元素，4 名男生看成 4 个元素，问题就变成 5 个元素排成一排，不同的排法有 A_5^5 种，又因为 2 名相邻的女生有 A_2^2 种排法，根据乘法原理，不同的排法种数共有

$$A_5^5\times A_2^2=120\times2=240.$$

(4) 组合.

定义 4　从 n 个不同元素中取出 $m(m\leqslant n)$ 个不同元素，不管顺序怎样，并成一组，叫作从 n 个不同元素中取出 m 个不同元素的一个组合.从 n 个不同元素中取出 $m(m\leqslant n)$ 个元素的所有组合的个数，叫作从 n 个不同元素中取出 m 个元素的组合数，用符号 C_n^m 表示.

组合数公式：

$$C_n^m=\frac{A_n^m}{A_m^m}=\frac{n\times(n-1)\times(n-2)\times\cdots\times(n-m+1)}{m!},$$

其中 $n,m\in\mathbf{N}^*$，且 $m\leqslant n$.

例如：
$$C_4^3=\frac{A_4^3}{A_3^3}=\frac{4\times3\times2}{3\times2\times1}=4,\quad C_5^2=\frac{A_5^2}{A_2^2}=\frac{5\times4}{2\times1}=10.$$

组合数公式还可以写成

$$C_n^m=\frac{n!}{m!(n-m)!}.$$

例 7　在 100 件产品中，有 98 件合格品，2 件次品. 从这 100 件产品中任意抽出 3 件.

(1) 一共有多少种不同的抽法？

(2) 抽出的 3 件中恰好有 1 件是次品的抽法有多少种？

(3) 抽出的 3 件中至少有 1 件是次品的抽法有多少种？

解　(1) 所求的不同抽法的种数，就是从 100 件产品中取出 3 件的组合数

$$C_{100}^3=\frac{100\times99\times98}{3\times2\times1}=161\ 700.$$

(2) 从 2 件次品中抽出 1 件次品的抽法有 C_2^1 种，从 98 件合格品中抽出 2 件合格品的抽法有 C_{98}^2 种，因此抽出的 3 件中恰好有 1 件是次品的抽法的种数是

$$C_2^1\times C_{98}^2=2\times4\ 753=9\ 506.$$

(3) 有两种方法.

方法 1(直接法)　从 100 件产品抽出的 3 件中至少有 1 件是次品；包括两种情况：恰有 1 件次品，恰有2 件次品. 由(2)知恰有 1 件次品的抽法有 $C_2^1\times C_{98}^2$ 种. 同理，抽出的 3 件中恰好有 2 件是次品的抽法有 $C_2^2\times C_{98}^1$ 种.

根据分类计数原理，抽出的 3 件中至少有 1 件是次品的抽法的种数是

$$C_2^1\times C_{98}^2+C_2^2\times C_{98}^1=9\ 506+98=9\ 604.$$

方法 2(间接法)　抽出的 3 件中至少有 1 件是次品的抽法的种数，也就是从 100 件中抽出 3 件的抽法的种数减去 3 件中全是合格品的抽法的种数，即

$$C_{100}^3-C_{98}^3=161\ 700-152\ 096=9\ 604.$$

二、三角函数公式

1. 倒数关系

$$\cot\alpha=\frac{1}{\tan\alpha};\quad \sec\alpha=\frac{1}{\cos\alpha};\quad \csc\alpha=\frac{1}{\sin\alpha}.$$

2. 商数关系

$$\tan\alpha=\frac{\sin\alpha}{\cos\alpha};\quad \cot\alpha=\frac{\cos\alpha}{\sin\alpha}.$$

3. 平方关系

$$\sin^2\alpha+\cos^2\alpha=1;\quad 1+\tan^2\alpha=\sec^2\alpha;\quad 1+\cot^2\alpha=\csc^2\alpha.$$

不但要掌握这些基本公式,还要掌握公式的一些变形,如

$$\tan^2\alpha=\sec^2\alpha-1 \quad 或 \quad \cot^2\alpha=\csc^2\alpha-1 等.$$

4. 二倍角公式

$$\sin 2\alpha=2\sin\alpha\cos\alpha;$$
$$\cos 2\alpha=\cos^2\alpha-\sin^2\alpha=1-2\sin^2\alpha=2\cos^2\alpha-1;$$
$$\tan 2\alpha=\frac{2\tan\alpha}{1-\tan^2\alpha}.$$

5. 半角公式

$$\sin\frac{\alpha}{2}=\pm\sqrt{\frac{1-\cos\alpha}{2}};\quad \cos\frac{\alpha}{2}=\pm\sqrt{\frac{1+\cos\alpha}{2}};$$
$$\tan\frac{\alpha}{2}=\pm\frac{1-\cos\alpha}{1+\cos\alpha}=\frac{1-\cos\alpha}{\sin\alpha}=\frac{\sin\alpha}{1+\cos\alpha}.$$

注意公式变形:

$$\sin^2\frac{\alpha}{2}=\frac{1-\cos\alpha}{2},\quad \cos^2\frac{\alpha}{2}=\frac{1+\cos\alpha}{2},$$
$$2\sin^2\frac{\alpha}{2}=1-\cos\alpha,\quad 2\cos^2\frac{\alpha}{2}=1+\cos\alpha.$$

三、解析几何

1. 直线方程的几种形式

(1) 点斜式. 已知直线过点(x_0,y_0),其斜率为k,则直线方程为

$$y-y_0=k(x-x_0).$$

(2) 斜截式. 已知直线的斜率为k,在y轴上的截距为b,则直线方程为

$$y=kx+b.$$

(3) 一般式. $Ax+By+C=0$(其中 A,B 不同时为 0).

例如，已知直线过点(-1,2),其斜率为 $k=3$,则直线方程为

$$y-2=3(x+1),\quad 即\quad 3x-y+5=0.$$

2. 曲线的参数方程

在直角坐标系中,曲线上任意一点的坐标 x,y 都是变量 t 的函数,即

$$\begin{cases}x=\varphi(t),\\ y=\psi(t),\end{cases}$$

并且对于 t 的每一个值,由上述方程组所确定的点(x,y)都在这条曲线上,那么上述方程就叫作这条曲线的参数方程,联系 x,y 的变量 t 叫作参变数,简称参数.相对于参数方程而言,直接给出点的坐标间关系的方程叫作普通方程.

例如,圆心在坐标原点的圆的标准方程为

$$x^2+y^2=r^2,$$

其参数方程为
$$\begin{cases}x=r\cos\theta,\\ y=r\sin\theta\end{cases}\ (0\leqslant\theta\leqslant 2\pi);$$

椭圆的标准方程为
$$\frac{x^2}{a^2}+\frac{y^2}{b^2}=1\ (a>b>0),$$

其参数方程为
$$\begin{cases}x=a\cos\theta,\\ y=b\sin\theta\end{cases}\ (0\leqslant\theta\leqslant 2\pi).$$

第一章　函数与常用经济函数

【知识目标】

1. 通过实际问题引入函数的概念，理解函数、反函数、复合函数、基本初等函数和初等函数的概念，理解分段函数的实际意义，了解函数的单调性、奇偶性、周期性和有界性；

2. 掌握幂函数、指数函数、对数函数、三角函数的图像与性质，了解反三角函数的图像与性质；

3. 掌握复合函数的复合结构，能熟练地将复合函数进行分解；

4. 理解需求函数、供给函数、成本函数、收入函数和利润函数的概念，会用函数关系描述经济问题.

【能力目标】

1. 观察生活中的实际问题，能够从实际问题中抽象出函数关系；

2. 能深刻领会函数的图形和性质，提高数形结合、综合抽象的能力；

3. 能分析复合函数的结构及其复合过程，写出复合过程；

4. 能分析需求函数、供给函数、成本函数、收入函数和利润函数的经济意义.

在经济活动、工程技术和自然现象中，往往同时遇到几个变量，这些变量不是孤立的，而是遵循一定规律相互依赖的.函数关系是变量之间最基本的一种依赖关系. 本章将对函数的概念、性质做一些简单的复习和讲解，并进一步讨论函数的复合和常用的几种经济函数等问题.

引子

睡帽和汽车

鸦片战争以后，英国商人为打开中国这个广阔的市场而欣喜若狂. 当时英国棉纺织业中心曼彻斯特的商人估计，中国有 4 亿人，假如有 1 亿人晚上戴睡帽，每人每年仅用两顶，整个曼彻斯特的棉纺厂日夜加班也不够，何况还要做衣服呢！于是他们把大量洋布运到中国. 结果与他们的梦想相反，中国人没有戴睡帽的习惯，衣服也用自产的丝绸或土布，洋布根本卖不出去.

1999 年 6 月的上海车展是在上海少有的漫长雨季中进行的，去参观的人，看的多，买的少. 在私有汽车最大的市场北京，作为北方汽车交易市场，该年上半年的销售量只相当于上一年同期的 1/3. 尽管当年全国轿车产量可达 75 万辆，但一季度销售量不过 11.7 万辆. 面对这种局面，汽车厂商一片哀鸣.

这是两个市场变化的真实案例，睡帽的故事说明有支付能力但没有购买欲望不能算是需求，汽车的故事说明有购买欲望但没有购买能力也不能称为需求.

面对复杂的市场，光凭表面观察到的市场现象是远远不够的．只有主动去研究市场，科学分析市场变化，把握市场规律，才能做出最优决策．

第一节　现实生活中的问题与函数的概念

一、问题的提出

案例 1　一听罐头盒需要多少铁皮

某食品加工厂要生产容积为 V 的圆柱形罐头盒，需要求出罐头盒表面积 S 与底面半径 r 的关系，用以计划使用铁皮的量．

解　设圆柱形罐头盒的高为 h，由题意知

$$V=\pi r^2 h,\quad h=\frac{V}{\pi r^2},$$

$$S=2\pi r^2+2\pi rh=2\pi r^2+2\pi r\cdot\frac{V}{\pi r^2}=2\pi r^2+\frac{2V}{r}\ (r>0),$$

所以罐头表面积 S 与底面半径 r 的关系为

$$S=2\pi r^2+\frac{2V}{r}\ (r>0).\tag{1.1}$$

在(1.1)式中，r 的取值范围是数集 $D=\{r\,|\,r>0\}$，对于每一个 $r\in D$，按(1.1)式所示法则，都有唯一确定的 S 值与之对应．

案例 2　汽车租赁费用问题

某汽车租赁公司出租某种汽车的收费标准为每天基本租金 300 元加每千米收费 15 元，租用一辆该种汽车一天，行驶 x 千米，问租车费为多少元？

解　设行驶 x 千米的租车费为 y，则

$$y=300+15x.\tag{1.2}$$

在(1.2)式中，x 的取值范围是数集 $D=\{x\,|\,x\geqslant 0\}$，对于每一个 $x\in D$，按(1.2)式所示法则，都有唯一确定的 y 值与之对应．

案例 3　国际航空信件的邮资问题

设国际航空信件的邮资标准是 10 g 以内邮资 4 元，超出 10 g 部分每克加收0.3元，信件质量不能超过 200 g，试写出邮资 y 与信件质量 x 之间的关系．

解　当 $0<x\leqslant 10$ 时，$y=4$；

当 $10<x\leqslant 200$ 时，$y=4+0.3(x-10)$．

所以，邮资 y 与信件质量 x 的函数关系为

$$y=\begin{cases}4, & 0<x\leqslant 10,\\ 4+0.3(x-10), & 10<x\leqslant 200.\end{cases}\tag{1.3}$$

在(1.3)式中，x 的取值范围是数集 $D=\{x\,|\,0<x\leqslant 200\}$，对于每一个 $x\in D$，按(1.3)式所示法则，都有唯一确定的 y 值与之对应．

以上各案例，都是一个变量在一个非空集合内每取一个值，按照某种对应法则，另一个变量都有唯一确定的值与之对应．两个变量之间的这种对应关系，在数学上就是函数关系．

二、函数的概念

1. 区间

研究函数时，常常要用到区间的概念.

设 a,b 都是实数且 $a<b$，规定：

(1) 闭区间 $[a,b]=\{x\mid a\leqslant x\leqslant b\}$；

(2) 开区间 $(a,b)=\{x\mid a<x<b\}$；

(3) 左开右闭区间 $(a,b]=\{x\mid a<x\leqslant b\}$；

(4) 左闭右开区间 $[a,b)=\{x\mid a\leqslant x<b\}$.

a 与 b 称为区间的端点，a 称为左端点，b 称为右端点，$b-a$ 称为区间的长度. 上面所说的区间都是有限区间，另外，还有无限区间.无限区间有以下几种：

(5) $(-\infty,+\infty)=\{x\mid x\in\mathbf{R}\}$；

(6) $(a,+\infty)=\{x\mid x>a\}$；

(7) $[a,+\infty)=\{x\mid x\geqslant a\}$；

(8) $(-\infty,b)=\{x\mid x<b\}$；

(9) $(-\infty,b]=\{x\mid x\leqslant b\}$.

2. 邻域

定义 1　设 a 与 δ 是两个实数，且 $\delta>0$.数集 $\{x\mid |x-a|<\delta\}$ 称为点 a 的 δ 邻域，记为 $U(a,\delta)$，即

$$U(a,\delta)=\{x\mid |x-a|<\delta\}.$$

点 a 称为邻域 $U(a,\delta)$ 的中心，δ 称为邻域 $U(a,\delta)$ 的半径.

因为 $|x-a|<\delta$ 等价于 $-\delta<x-a<\delta$，所以点 a 的 δ 邻域还可以表示为开区间 $(a-\delta,a+\delta)$.

在数轴上，邻域可表示为图 1-1 所示.

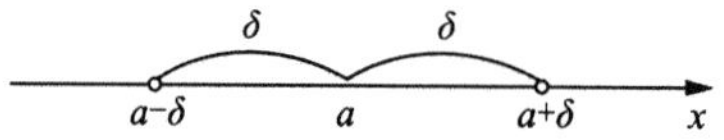

图 1-1

从数轴上看，点 a 的 δ 邻域表示了以点 a 为中心，长度为 2δ 的开区间.

如果把点 a 的 δ 邻域去掉中心，则称其为点 a 的去心 δ 邻域，记为 $U(\hat{a},\delta)$，即

$$U(\hat{a},\delta)=\{x\mid 0<|x-a|<\delta\}=(a-\delta,a)\cup(a,a+\delta).$$

这里 $0<|x-a|$ 表示了 $x\neq a$.

例 1　用不等式和开区间表示点 -2 的 $\frac{1}{3}$ 邻域.

解　点 -2 的 $\frac{1}{3}$ 邻域用不等式表示为 $|x+2|<\frac{1}{3}$，由

$$-\frac{1}{3}<x+2<\frac{1}{3},\quad 得\quad -\frac{7}{3}<x<-\frac{5}{3},$$

所以，点 -2 的 $\frac{1}{3}$ 邻域用开区间表示为 $\left(-\frac{7}{3},-\frac{5}{3}\right)$.

3. 函数的概念

定义 2　设 D 是一个非空实数集，如果对任意 $x\in D$，按照某种对应法则 f，都有唯一确定的值 y 与之对应，则称 y 是定义在数集 D 上的 x 的函数，记作

$$y=f(x).$$

其中 x 称为自变量，y 称为函数或因变量，数集 D 称为函数$f(x)$的定义域，与数 x 对应的值 y 称为 f 在点 x 处的函数值，全体函数值构成的集合 $M=\{y\mid y=f(x),x\in D\}$称为函数 f 的值域.

例 2　设$f(x)=\dfrac{1-x^2}{1+x^2}$，求 $f(0)$，$f(x^2)$，$f\left(\dfrac{1}{x}\right)$.

解　$f(0)=\dfrac{1-0^2}{1+0^2}=1$；　$f(x^2)=\dfrac{1-(x^2)^2}{1+(x^2)^2}=\dfrac{1-x^4}{1+x^4}$；　$f\left(\dfrac{1}{x}\right)=\dfrac{1-(1/x)^2}{1+(1/x)^2}=\dfrac{x^2-1}{x^2+1}$.

当我们研究函数时，必须注意考虑函数的定义域.在研究实际问题时，应根据问题的实际意义来确定函数的定义域.在研究用解析式给出的函数时，它的定义域将由解析式本身来确定，即要使解析式有意义.例如，分式的分母不能为零；负数不能开偶次方；对数的真数要大于零，底要大于零且不等于 1 等.

为了更好地掌握函数，我们再作几点说明：

(1) 关于对应法则 f.

f 表示自变量与因变量之间的对应法则，它的作用相当于一个来料加工厂，进来的是原料 x，出来的是成品 y，它是抽象的，但对于某个给定的函数来说，它又是具体的.例如，对于函数

$$y=f(x)=x^2+3x-5,$$

f 是通过算式$(\quad)^2+3(\quad)-5$ 将自变量 x 加工成为对应的函数值 y 的.于是，$x=2$时，相应的函数值 $y=f(2)=2^2+3\times2-5=5$；$x=5$ 时，$y=f(5)=5^2+3\times5-5=35$.

(2) 函数的两要素.

定义域是自变量 x 的取值范围，而与 x 对应的函数值是由对应法则 f 确定的，所以函数由它的定义域和对应法则完全确定.我们将函数的定义域和对应法则称为函数的两要素.如果两个函数的定义域相同，对应法则也相同，则将这两个函数视为同一函数或称两个函数相等.例如，函数 $y=f(x)(x\in D)$与函数 $s=f(t)(t\in D)$表示同一函数.

由此可见，函数只与对应法则 f 和定义域 D 有关，而与表示其变量的符号无关.

例 3　某校 2015 级会计电算化 1 班有 30 名同学，每次外出用餐都是平均付钱.学校对面有 A，B 两个餐馆，该班同学定了一个规则，去 A 餐馆用餐，每次全班共支付 150 元；去 B 餐馆用餐，每次每人支付 5 元.试写出两个不同餐馆用餐的费用 y 与用餐人数 x 的关系，并求出函数的定义域和值域.

解　去 A 餐馆用餐的费用 $y_A=150$(元)；

去 B 餐馆用餐的费用 $y_B=5x$(元).

这两个函数的定义域都是$\{1,2,\cdots,30\}$，而值域却不同，第一个函数的值域 $M=\{150\}$，第二个函数的值域 $M=\{5,10,15,\cdots,150\}$.

4. 函数的表示方法

在具体研究某一函数时，要求用一种具体的表示法来表达函数，表示函数的常用方法有以下三种：

(1) 解析法(又称公式法).

当函数的对应法则用一个数学式子给出时,称这种表示函数的方法为解析法.高等数学中所讨论的函数大多是由解析法给出的,这是因为用解析式便于进行各种运算和研究函数的性质.例如:$y=\sqrt{x}$.

(2) 列表法.

有些函数很难或不可能用解析式表示出来,常将自变量的一些值与相应的函数值列成表格表示变量之间的对应关系.这种表示函数的方法称为列表法.

(3) 图像法.

图像法是指应用解析几何的坐标法,把函数的对应法则用一个几何图形表示出来.

5. 分段函数

定义 3　在不同的自变量的取值范围内用不同的解析式来表示一个函数,称这种函数为分段函数.例如:

$$y=\begin{cases}1-x, & x<0,\\ 1+x, & x\geqslant 0.\end{cases}$$

例 4　某市出租车现行收费标准如下:起步价是前 3 千米 10 元,超过 3 千米就要按每千米收费 1 元,若修改收费标准:起步价降到前 1.5 千米 5 元,超过 1.5 千米的部分则每千米收费 2 元. 问:对于该市的市民,哪种计费方式更有利于市民出行呢?

解　由题意可得两个分段函数如下:

$$y_1=\begin{cases}10, & x\leqslant 3,\\ 10+1\times(x-3), & x>3;\end{cases} \tag{1}$$

$$y_2=\begin{cases}5, & x\leqslant 1.5,\\ 5+2\times(x-1.5), & x>1.5,\end{cases} \tag{2}$$

其中:x 为顾客乘车的里程数;y_1 为现行收费标准下的计费;y_2 为修改收费标准后的计费.

对照(1)、(2)两式,有

当 $y_1>y_2$ 时,$10+1\times(x-3)>5+2\times(x-1.5)$,得 $x<5$;

当 $y_1=y_2$ 时,$10+1\times(x-3)=5+2\times(x-1.5)$,得 $x=5$;

当 $y_1<y_2$ 时,$10+1\times(x-3)<5+2\times(x-1.5)$,得 $x>5$.

即:当 $x\in(0,5]$ 时,有 $y_1\geqslant y_2$;当 $x\in(5,+\infty)$ 时,有 $y_1<y_2$.

也就是说,当顾客乘车的里程数不多于 5 千米时,修改收费标准后的计费对出行的市民更实惠;当顾客乘车的里程数多于 5 千米时,还是原收费标准下的计费对出行的市民更实惠.

6. 隐函数

前面所遇到的一元函数多数是表示成 $y=f(x)$ 这种形式的,如果两个变量之间的对应关系可以由一个方程 $F(x,y)=0$ 来确定,即当 x 的值给定后,通过方程 $F(x,y)=0$ 可确定 y 的值,我们就说这个方程确定了一个函数 $y=f(x)$. 我们将由方程 $F(x,y)=0$ 确定的函数 $y=f(x)$ 称为隐函数.

例如,方程

$$x\mathrm{e}^y+y=1$$

就确定了变量 y 是变量 x 的隐函数.

又如，函数 $y=x^2$ 和 $y=e^x+\ln x$ 均为显函数，而由方程 $e^{xy}+x+y=0$ 确定的 y 是 x 的函数就为隐函数.

注：将一个隐函数化成显函数，称为隐函数的显化.但是，隐函数的显化有时是困难的，甚至是不可能的.例如，从方程 $e^x-e^y-xy=0$ 及方程 $y-x-3\sin y=0$ 中都不能解出 y 来.即由这两个方程确定的隐函数都不能表示成显函数的形式.

三、反函数

定义 4　设函数 $y=f(x)$ 的定义域为 X，值域为 Y，如果存在这样一个对应法则 f^{-1}，使对 Y 内的任一 y 值，在 X 中都有唯一的值 x 与之对应，这样就确定了一个从 Y 到 X 的函数 f^{-1}. 这个函数称为函数 $y=f(x)$ 的反函数，记作 $x=f^{-1}(y)$，其定义域为 Y，值域为 X.

函数与反函数是相对而言的. 如果 $x=f^{-1}(y)$ 是函数 $y=f(x)$ 的反函数，反过来，$y=f(x)$ 就是函数 $x=f^{-1}(y)$ 的反函数，因此，我们常说 $y=f(x)$ 和 $x=f^{-1}(y)$ 互为反函数.

在反函数 $x=f^{-1}(y)$ 中，y 是自变量，x 是因变量，但在习惯上自变量常用 x 表示，因变量则用 y 表示，所以 $y=f(x)$ 的反函数

$$x=f^{-1}(y),\ y\in Y$$

常写成

$$y=f^{-1}(x),\ x\in Y.$$

由反函数的定义可知，只有一一对应的函数才有反函数，因此，在求函数的反函数时，要看函数是否是单调函数，若是单调函数，只要把自变量解出来，再将 x 与 y 互换即可.

例 5　求函数 $y=2x-1$ 的反函数.

解　由函数 $y=2x-1$ 得 $x=\dfrac{y+1}{2}$，将 x，y 互换，得 $y=\dfrac{x+1}{2}$，于是所求反函数为

$$y=\frac{x+1}{2},\ x\in(-\infty,+\infty).$$

可以证明，函数 $y=f(x)$ 与其反函数 $y=f^{-1}(x)$ 的图像关于直线 $y=x$ 对称. 证明略.

四、函数的性质

1. 函数的单调性

定义 5　设 $f(x)$ 是定义在区间 (a,b) 内的函数，对于 (a,b) 内的任意两点 x_1 与 x_2，且 $x_1<x_2$，如果恒有 $f(x_1)<f(x_2)$，则称 $f(x)$ 在 (a,b) 内是单调增函数(图 1-2)；如果恒有 $f(x_1)>f(x_2)$，则称 $f(x)$ 在 (a,b) 内是单调减函数(图 1-3).

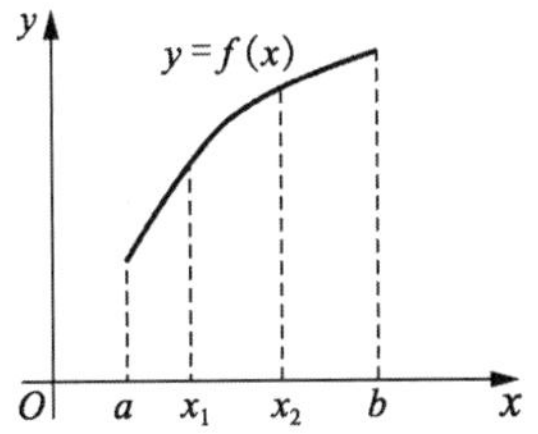

图 1-2

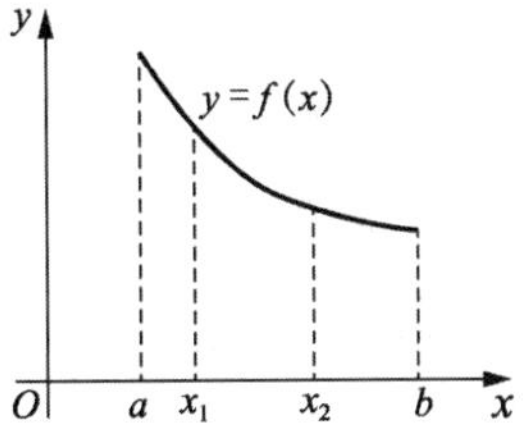

图 1-3

注意：定义中的开区间可改为任意区间.

2. 函数的奇偶性

定义 6　如果函数 $f(x)$ 对于定义域内的任意 x，都有 $f(-x)=-f(x)$，那么函数 $f(x)$

称为奇函数；如果函数$f(x)$对于定义域内的任意x，都有$f(-x)=f(x)$，那么函数$f(x)$称为偶函数.

既不是奇函数也不是偶函数的函数称为非奇非偶函数. 由定义可知，偶函数和奇函数的定义域关于原点对称，如果函数的定义域不是对称区间，则函数一定是非奇非偶函数.

偶函数的图像关于y轴对称，奇函数的图像关于坐标原点对称.

例 6 讨论函数$y=x^4-2x^2$的奇偶性.

解 函数的定义域是$(-\infty,+\infty)$，对于任意$x\in(-\infty,+\infty)$，有

$$f(-x)=(-x)^4-2(-x)^2=x^4-2x^2=f(x),$$

所以$y=x^4-2x^2$为偶函数.

例 7 讨论函数$f(x)=\dfrac{1}{1-x}+\sqrt{x}$的奇偶性.

解 函数的定义域$[0,1)\cup(1,+\infty)$不关于原点对称，所以，$f(x)$是非奇非偶函数.

3. 函数的周期性

定义 7 设函数$f(x)(x\in X)$，如果存在一个正常数T，使得对任意$x\in X$，有$x+T\in X$且等式

$$f(x+T)=f(x)$$

成立，那么函数$f(x)$称为以T为周期的周期函数，正常数T叫作周期函数的一个周期.

如果T是周期函数的一个周期，那么，$2T,3T,4T,\cdots$都是它的周期，通常我们所说的周期函数的周期指的是它的最小正周期.

例如：正弦函数、余弦函数的周期都是2π；正切函数、余切函数的周期都是π.

4. 函数的有界性

定义 8 设函数$y=f(x)$的定义域是I，如果存在一个正数M，对于所有的$x\in I$，都有$|f(x)|\leqslant M$成立，则称函数$f(x)$在I内是有界函数. 如果这样的M不存在，则称函数$f(x)$在I内是无界函数. 换句话说，对于任意给定的一个正数M(不论它多大)，总有某个$x\in I$，使得$|f(x)|>M$，那么$f(x)$在I内无界.

例如：函数$y=\sin x$在定义域$(-\infty,+\infty)$内是有界的，函数$y=\dfrac{1}{x}$在定义域$(-\infty,0)\cup(0,+\infty)$内是无界的.

训练任务 1.1

1. 选择题.

(1) 下列各对函数相同的是(　　).

A. $f(x)=x$, $g(x)=(\sqrt{x})^2$　　B. $f(x)=\sqrt{x^2}$, $g(x)=|x|$

C. $f(x)=x+1$, $g(x)=\dfrac{x^2-1}{x-1}$　　D. $f(x)=x^0$, $g(x)=1$

(2) 函数$f(x)=\dfrac{\sqrt{4-x^2}}{x-1}$的定义域为(　　).

A. $[-1,1]$　　B. $(1,2)$

C. $[-2,1)\cup(1,2]$　　D. $[1,2)$

(3) 设$f(x)$是定义在$\mathbf{R}$上的偶函数，若$x>0$时，$f(x)=x+2$，则$f(-1)=$(　　).

A. 1　　B. 2　　C. 3　　D. 4

(4) 设函数$f(x)=\begin{cases} x, & x>0, \\ -x, & x<0, \end{cases}$那么，$f(0)=$(　　).

A. 1　　B. 0　　C. 3　　D.不存在

(5) 设$f(x)$是定义在$\mathbf{R}$上的奇函数，$f(1)=\frac{1}{2}$，$f(x+2)=f(x)+f(2)$，则$f(5)=$(　　).

A. $\frac{5}{2}$　　B. 4　　C. 1　　D. 6

2. 填空题.

(1) 函数$f(x)=\sqrt{1+x}+\frac{1}{2-x}$的定义域是________.

(2) 设$f(x)$的定义域是$[1,3)$，则$f(2x-1)$的定义域是________.

(3) 设函数$f(x)=\begin{cases} x^2, & x<0, \\ 1-x, & x\geq 0, \end{cases}$那么，$f(-2)=$________，$f[f(-2)]=$________.

(4) 用区间和不等式表示-5的$\frac{1}{3}$邻域：________.

3. 电信公司规定市话收费标准：当每月所打电话次数不超过30次时，只收月租费25元；超过30次的，每次加收0.23元.试写出电话费y与用户当月所打电话次数x的关系式.

4. 某企业拟建一个容积为30的长方形水池，设它的底为正方形，四周单位面积的造价为5.如果池底所用材料单位面积的造价是四周单位面积造价的2倍，那么

(1) 将总造价表示成底边长的函数，并确定此函数的定义域；

(2) 当底边长为2时，此长方形水池总造价为多少？

5. 为加强公民节水意识，某市制定了用水收费标准：每户每月用水未超过7立方米时，每立方米用水收取2元水费以及0.4元的污水处理费；超过7立方米时，超出部分每立方米用水收取3元水费以及0.8元的污水处理费. 试求出：

(1) 该市每户用水量的收费函数；

(2) 如果某户6月份用水量为35立方米，则该户6月份应缴纳多少元水费？

第二节　初等函数

一、基本初等函数

幂函数、指数函数、对数函数、三角函数和反三角函数称为基本初等函数.

1. 幂函数

形如$y=x^\alpha$(常数$\alpha\in\mathbf{R}$)的函数称为幂函数. 幂函数的定义域随着α的不同而有所不同. 下面是几个常见的幂函数的图像(图1-4).

当$\alpha>0$时，函数$y=x^\alpha$在$[0,+\infty)$上是单调增函数，图像都经过原点和点$(1,1)$；

当$\alpha<0$时，函数$y=x^\alpha$在$(0,+\infty)$内是单调减函数，图像都经过点$(1,1)$.

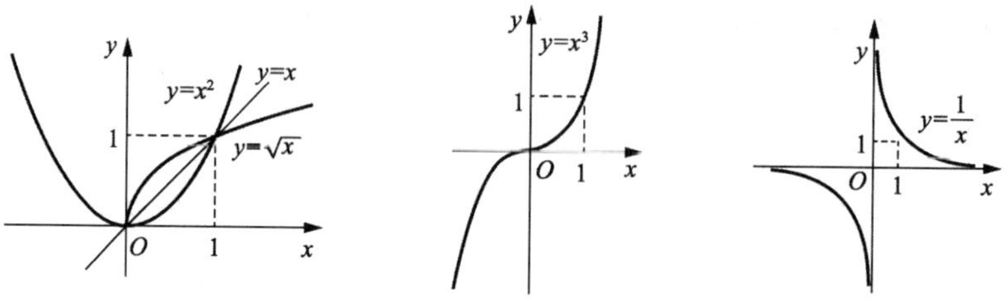

图 1-4

2. 指数函数

形如 $y=a^x$（$a>0$ 且 $a\neq 1$）的函数称为指数函数，定义域为$(-\infty,+\infty)$，值域为$(0,+\infty)$.

指数函数图像的特点及函数的性质：

$y=a^x$ 的图像在 x 轴上方，如图 1-5 所示，都通过点$(0,1)$，即函数的值域为$(0,+\infty)$，当$x=0$时，$y=1$.

当 $a>1$ 时，函数在 **R** 上是单调增函数.当 $x<0$ 时，$0<y<1$；当 $x>0$ 时，$y>1$.

当 $0<a<1$ 时，函数在 **R** 上是单调减函数.当 $x<0$ 时，$y>1$；当 $x>0$ 时，$0<y<1$.

以无理数 e=2.718 281 828 459 04…为底的指数函数 $y=\mathrm{e}^x$ 是工程应用问题中常用的指数函数.

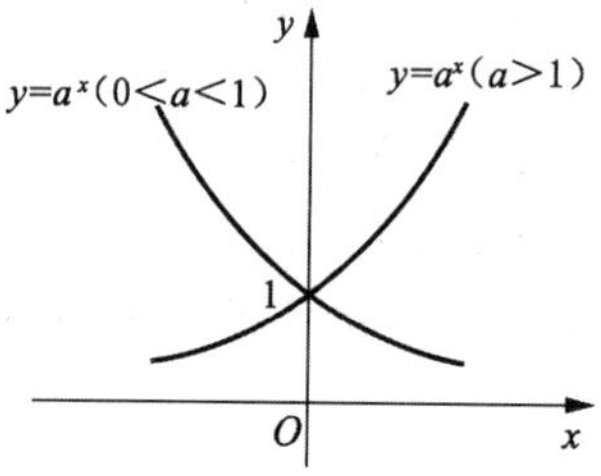

图 1-5

3. 对数函数

形如 $y=\log_a x$（$a>0,a\neq 1$）的函数称为对数函数，它是指数函数 $y=a^x$ 的反函数.其定义域为$(0,+\infty)$，值域为$(-\infty,+\infty)$.

对数函数 $y=\log_a x$（$a>0$ 且 $a\neq 1$）的图像在 y 轴右方，都通过点$(1,0)$，与指数函数 $y=a^x$（$a>0$ 且 $a\neq 1$）的图像关于直线 $y=x$ 对称，如图 1-6 所示.

当 $a>1$ 时，对数函数 $y=\log_a x$ 是$(0,+\infty)$上的单调增函数.当 $0<x<1$ 时，$\log_a x<0$；当 $x>1$ 时，$\log_a x>0$.如图 1-6(a)所示.

当 $0<a<1$ 时，对数函数 $y=\log_a x$ 是$(0,+\infty)$上的单调减函数.当 $0<x<1$ 时，$\log_a x>0$；当 $x>1$ 时，$\log_a x<0$.如图 1-6(b)所示.

以常数 e 为底的对数函数称为自然对数函数，简记为 $y=\ln x$.自然对数函数是工程应用问题中常用的函数.

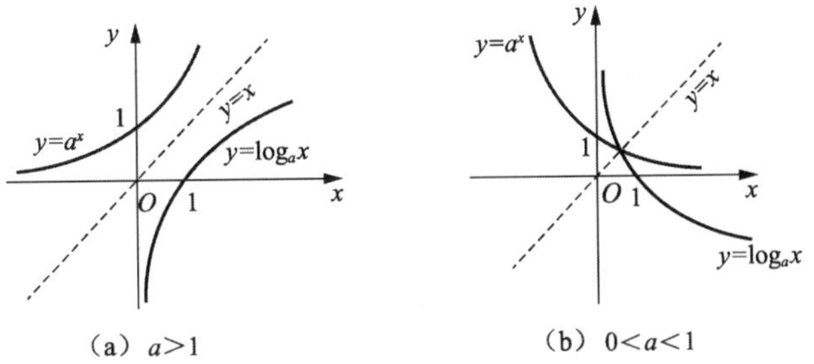

(a) $a>1$　　(b) $0<a<1$

图 1-6

例 1　求函数 $y=\sqrt{\ln(x^2-8)}$ 的定义域.

解　由 $\begin{cases} x^2-8>0, \\ \ln(x^2-8)\geqslant 0, \end{cases}$ 即 $\begin{cases} x^2-8>0, \\ x^2-8\geqslant 1, \end{cases}$ 得 $x\leqslant -3$ 或 $x\geqslant 3$，所以函数 $y=\sqrt{\ln(x^2-8)}$ 的定义域是 $(-\infty,-3]\cup[3,+\infty)$.

例 2　求下列函数的定义域.

(1) $y=\log_{(x-2)}(x+2)$；　　(2) $y=\sqrt{\lg(x^2-3)}$.

解　(1) 由 $\begin{cases} x+2>0, \\ x-2>0 \text{ 且 } x-2\neq 1, \end{cases}$ 得 $x>2$ 且 $x\neq 3$，所以函数 $y=\log_{(x-2)}(x+2)$ 的定义域是 $(2,3)\cup(3,+\infty)$.

(2) 由 $\begin{cases} x^2-3>0, \\ \lg(x^2-3)\geqslant 0, \end{cases}$ 即 $\begin{cases} x^2-3>0, \\ x^2-3\geqslant 1, \end{cases}$ 得 $x\leqslant -2$ 或 $x\geqslant 2$，所以函数 $y=\sqrt{\lg(x^2-3)}$ 的定义域是 $(-\infty,-2]\cup[2,+\infty)$.

4. 三角函数

下面六个函数称为三角函数：

$$y=\sin x,\quad y=\cos x,\quad y=\tan x,\quad y=\cot x,\quad y=\sec x,\quad y=\csc x.$$

它们分别叫作正弦函数、余弦函数、正切函数、余切函数、正割函数和余割函数. 我们主要研究前四个三角函数.

在函数作图和微积分中，三角函数的自变量 x 采用弧度制，而不用角度制.

因为 $\sec x=\dfrac{1}{\cos x}$，$\csc x=\dfrac{1}{\sin x}$，所以，正割函数 $y=\sec x$ 和余割函数 $y=\csc x$ 的图像和性质我们这里不做研究.

(1) 正弦函数.

正弦函数 $y=\sin x$ 的定义域为 $(-\infty,+\infty)$，值域为 $[-1,1]$，周期为 2π，是 $(-\infty,+\infty)$ 上的奇函数，其图像如图 1-7 所示. 正弦函数的图像称为正弦曲线.

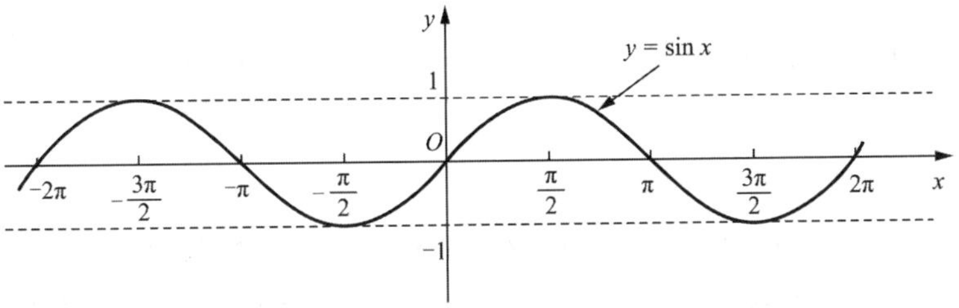

图 1-7

(2) 余弦函数.

余弦函数 $y=\cos x$ 的定义域为 $(-\infty,+\infty)$，值域为 $[-1,1]$，周期为 2π，是 $(-\infty,+\infty)$ 上的偶函数，其图像如图 1-8 所示.余弦函数的图像称为余弦曲线.

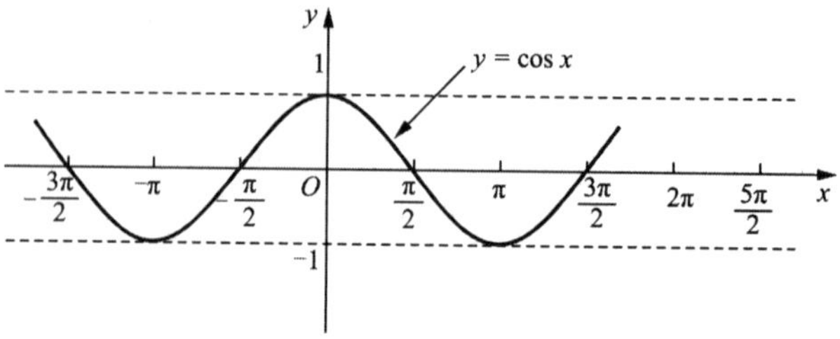

图 1-8

(3) 正切函数.

正切函数 $y=\tan x$ 的定义域是 $\left\{x \,\middle|\, x\in\mathbf{R}, x\neq k\pi+\frac{\pi}{2}, k\in\mathbf{Z}\right\}$，值域是 $(-\infty,+\infty)$，周期为 π，是 $\left(k\pi-\frac{\pi}{2},k\pi+\frac{\pi}{2}\right)$ 上的奇函数，其图像如图 1-9 所示. 正切函数的图像称为正切曲线.

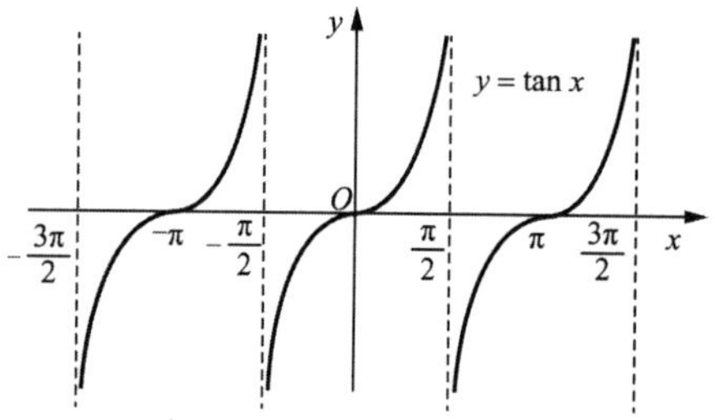

图 1-9

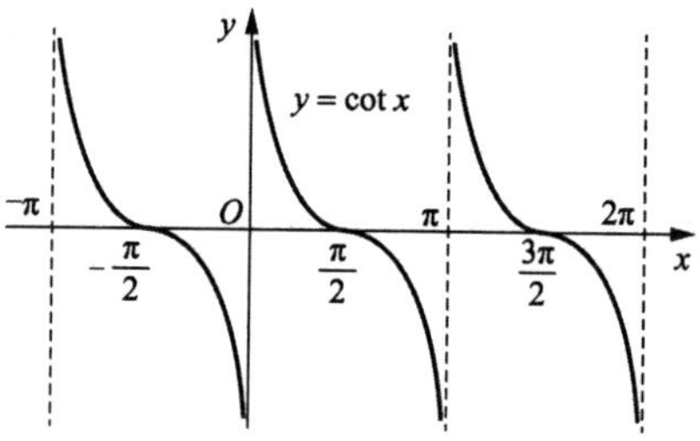

图 1-10

(4) 余切函数.

余切函数 $y=\cot x$ 的定义域是 $\{x \mid x\in\mathbf{R}, x\neq k\pi, k\in\mathbf{Z}\}$，值域是 $(-\infty,+\infty)$，周期为 π，是 $(k\pi,k\pi+\pi)$ 上的奇函数，其图像如图 1-10 所示. 余切函数的图像称为余切曲线.

5. 反三角函数

(1) 反正弦函数.

正弦函数 $y=\sin x$ 在区间 $\left[-\frac{\pi}{2},\frac{\pi}{2}\right]$ 上的反函数称为反正弦函数，记作 $x=\arcsin y$，习惯上记作 $y=\arcsin x$，定义域是 $[-1,1]$，值域是 $\left[-\frac{\pi}{2},\frac{\pi}{2}\right]$.它是有界单调增加的奇函数.

当 $x\in[-1,1]$ 时，有 $\sin(\arcsin x)=x$，$\arcsin(-x)=-\arcsin x$；当 $x\in\left[-\frac{\pi}{2},\frac{\pi}{2}\right]$ 时，有 $\arcsin(\sin x)=x$.

(2) 反余弦函数.

余弦函数 $y=\cos x$ 在区间 $[0,\pi]$ 上的反函数称为反余弦函数，记作 $x=\arccos y$，习惯上记作 $y=\arccos x$，定义域是 $[-1,1]$，值域是 $[0,\pi]$. 反余弦函数是有界单调减函数.

当 $x\in[-1,1]$ 时，有 $\cos(\arccos x)=x$，$\arccos(-x)=\pi-\arccos x$；当 $x\in[0,\pi]$ 时，有

$\arccos(\cos x)=x$.

(3) 反正切函数.

正切函数 $y=\tan x$ 在区间 $\left(-\frac{\pi}{2},\frac{\pi}{2}\right)$ 内的反函数称为反正切函数，记作 $x=\arctan y$，习惯上记作 $y=\arctan x$，定义域是 $(-\infty,+\infty)$，值域是 $\left(-\frac{\pi}{2},\frac{\pi}{2}\right)$.

当 $x\in(-\infty,+\infty)$ 时，有 $\tan(\arctan x)=x$，$\arctan(-x)=-\arctan x$；当 $x\in\left(-\frac{\pi}{2},\frac{\pi}{2}\right)$ 时，有 $\arctan(\tan x)=x$.

反正切函数是有界单调增加的奇函数，如图 1-11 所示.

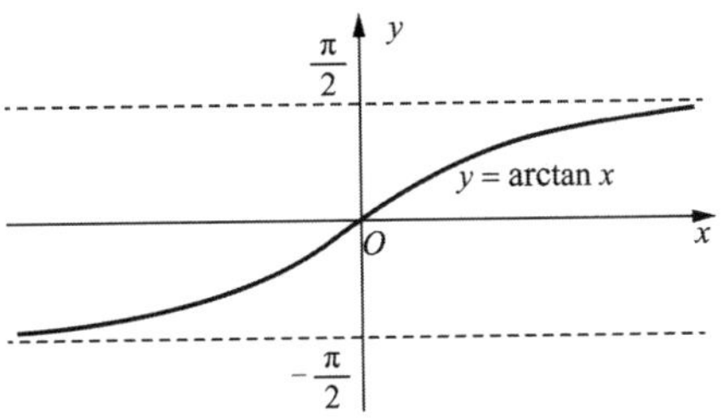

图 1-11

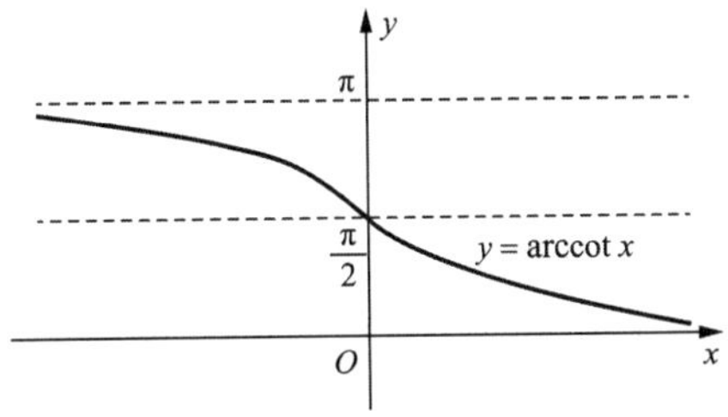

图 1-12

(4) 反余切函数.

余切函数 $y=\cot x$ 在区间 $(0,\pi)$ 内的反函数称为反余切函数，记作 $x=\operatorname{arccot} y$，习惯上记作 $y=\operatorname{arccot} x$，定义域是 $(-\infty,+\infty)$，值域是 $(0,\pi)$. 它是有界单调减少的函数，如图 1-12 所示.

当 $x\in(-\infty,+\infty)$ 时，有 $\cot(\operatorname{arccot} x)=x$，$\operatorname{arccot}(-x)=\pi-\operatorname{arccot} x$；当 $x\in(0,\pi)$ 时，有 $\operatorname{arccot}(\cot x)=x$.

二、复合函数

同一现象中，两个变量的联系有时不是直接的，而是通过另一变量间接联系起来的. 例如，生产经营中的收入 R 是销售量 q 的函数，而销售量 q 又是时间 t 的函数，因此，通过销量 q，收入 R 是时间 t 的函数，R 和 t 之间的这种函数关系就是复合的函数关系.

定义　设函数 $y=f(u)$，$u\in U$，$u=\varphi(x)$，$x\in X$，$D=\{x\mid x\in X \text{ 且 } \varphi(x)\in U\}\neq\varnothing$，对于任意 $x\in D$，变量 y 通过中间变量 u 而成为 x 的函数，记作

$$y=f[\varphi(x)],\ x\in D,$$

称为 $f(u)$ 与 $\varphi(x)$ 的复合函数. u 称为中间变量. 这里有一点需要指出的是，$\varphi(x)$ 的值域不能超出 $f(x)$ 的定义域 U，否则 $f[\varphi(x)]$ 就没有意义了.

必须指出，不是任意两个函数都可以复合成一个复合函数.

例如，函数 $y=\arcsin u$ 与函数 $u=x^2$ 就不能复合成一个复合函数，因为 $u=x^2$ 的定义域为 $(-\infty,+\infty)$，其值域 $[0,+\infty)$，没有完全包含在 $y=\arcsin u$ 的定义域 $[-1,1]$ 中，因此，$y=\arcsin u$ 就没有意义.

复合函数也可由两个以上的函数复合而成.

例如，$y=\tan\dfrac{1}{\sqrt{x^2+1}}$ 是由 $y=\tan u$，$u=\dfrac{1}{v}$，$v=\sqrt{w}$，$w=x^2+1$ 复合而成的复合函数.

再如，$y=\sqrt{u}$，$u=\lg v$，$v=1+x^4$ 复合而成的复合函数是 $y=\sqrt{\lg(1+x^4)}$，中间变量是 u 和 v.

一般情况下，设 $y=f(u)$，$u=\varphi(v)$，$v=\psi(x)$，则复合函数为 $y-f\{\varphi[\psi(x)]\}$.

注意："复合函数"只是表明函数的一种表达方式，而不是一类新型的函数.如果要把一个复合函数分解成若干个函数，必须按照基本初等函数去分解，其最终结果要分解到每一个函数都是基本初等函数或基本初等函数的乘积或和的形式，否则会给以后的微分运算、积分运算带来许多麻烦.

例 3　指出下列函数的复合过程：

(1) $y=\tan(1+x^2)$；　　(2) $y=\arcsin[\sin(2x+1)]$.

解　(1) $y=\tan(1+x^2)$是由 $y=\tan u$，$u=1+x^2$ 复合而成的；

(2) $y=\arcsin[\sin(2x+1)]$是由 $y=\arcsin u$，$u=\sin v$，$v=2x+1$ 复合而成的.

例 4　设$f(x)=x^3$，$g(x)=2^x$，求 $f[g(x)]$，$g[f(x)]$和 $f[f(x)]$.

解　$f[g(x)]=f(2^x)=(2^x)^3=2^{3x}$；　$g[f(x)]=g(x^3)=2^{x^3}$；

$f[f(x)]=f(x^3)=(x^3)^3=x^9$.

例 5　设$f(x)$的定义域是(0,1)，求 $f(x^2)$的定义域.

解　由 $0<x^2<1$ 得 $-1<x<1$，$x\neq 0$，所以复合函数 $f(x^2)$的定义域为 $(-1,0)\cup(0,1)$.

三、初等函数

由基本初等函数和常数函数经过有限次四则运算和有限次复合而成且能用一个数学式子表示的函数，称为初等函数.

例如，$y=\log_2(3x+1)$ 是初等函数.

如果一个函数不是初等函数就称为非初等函数.

例如，$y=\begin{cases}x^2+1, 0<x\leqslant 2,\\ 2x-1, 2<x\leqslant 4\end{cases}$ 不是初等函数.

训练任务 1.2

1. 求下列函数的定义域：

(1) $y=\sqrt{3^{2x-1}-1}$；　　(2) $y=\dfrac{1}{\log_a x}$；　　(3) $y=\sqrt{\lg(x^2-3)}$.

2. 设$f(x)=\dfrac{1}{1-x}(x\neq 0, x\neq 1)$，求 $f[f(x)]$及 $f\{f[f(x)]\}$.

3. 设函数$f(x)$的定义域为[0,5]，求函数 $f(2x+3)$的定义域.

4. 求由下列所给函数复合而成的复合函数：

(1) $y=u^2$，　$u=1+\sqrt{v}$，　$v=x^2+2$；　　(2) $y=\arctan u$，　$u=5^v$，　$v=\sin x$.

5. 指出下列各复合函数的复合过程：

(1) $y=\sin(1-3x)$；　　(2) $y=5^{\ln\sin x}$；　　(3) $y=2^{\tan^3 x}$；

(4) $y=\sqrt{\log_5\sqrt{1-x}}$；　　(5) $y=(\arcsin\sqrt{x})^2$；　　(6) $y=e^{\sqrt{x^2+1}}$.

第三节　常见的经济函数

一、需求函数与供给函数

1. 需求函数

需求量是指在特定时间内，消费者打算并能够购买的某种商品的数量，用 Q 表示. 影响人们消费的因素多种多样，除了商品的价格因素外，还与人们的年龄层次、收入、偏好、区域、环境等诸多因素有关.如果不考虑价格以外的其他因素，则商品价格越低，消费者购买欲越强，商品价格越高，购买欲越弱.作为市场中的一种商品，消费者对它的需求量是受到诸多因素影响的，主要是商品的价格 p，为讨论问题方便起见，我们先忽略其他因素的影响.

一种商品的市场需求量 Q 与商品的价格 p 密切相关，往往价格升高将抑制消费，使需求量降低，价格降低会促进消费，使需求量增加. 如不考虑其他因素，需求量 Q 是价格 p 的函数，称为需求函数，记作 $Q=Q(p)$.

一般来说，需求函数是价格 p 的单调减函数. 据市场统计资料，常见的需求函数有

(1) 线性需求函数　　$Q=a-bp \quad (a>0,b>0)$；

(2) 二次需求函数　　$Q=a-bp-cp^2 \quad (a>0,b>0,c>0)$；

(3) 指数需求函数　　$Q=a\mathrm{e}^{-bp} \quad (a>0,b>0)$.

需求函数的反函数就是价格函数 $P=P(Q)$.

价格函数也反映了商品的需求与价格之间的关系.

例 1　某商店进一批水果，若以每千克 30 元的价格向外批发，则最多只能售出 40 千克；当价格每降低 1.2 元时，则可多售出 10 千克. 试建立需求量(即销售量) q 与价格 p 之间的函数关系.

解　设价格为 p 元，则多售出的水果为 $\frac{30-p}{1.2}\times 10$(千克)$(0<p\leqslant 30)$，故需求量 q 与价格 p 的函数关系为

$$q=40+\frac{30-p}{1.2}\times 10=290-\frac{25}{3}p\text{(千克)} \quad (0<p\leqslant 30).$$

2. 供给函数

供给量是指在特定时间内，厂商愿意并且能够出售的某种商品的数量，用 S 表示. 如果市场中的每一种商品直接由生产者提供，供给量也是受多种因素影响的，在这里我们不考虑其他因素的影响，只将供给量 S 看作是价格 p 的函数，$S=S(p)$称为供给函数. 由于生产者向市场提供商品的目的是赚取利润，则价格上涨将促使生产者提供更多的商品，从而供给量增加；反之，价格下跌则将使供给量减少. 所以供给函数 $S=S(p)$是价格 p 的单调递增函数. 在企业管理与经济学中，常见的供给函数有线性函数 $S=-c+dp\,(c>0,d>0)$、二次函数、幂函数、指数函数等.

例 2　当小麦每千克的收购价为 1.2 元时，某粮食收购站每天能收购 8 000 千克；如果收购价每千克提高 0.1 元，则收购量每天可增加 2 000 千克.求小麦的线性供给函数.

解　设小麦的线性供给函数为 $S=dp-c$，由题意得 $\begin{cases}8\,000=1.2d-c,\\10\,000=1.3d-c,\end{cases}$ 解得 $d=20\,000$，$c=16\,000$，于是所求供给函数为 $S=20\,000p-16\,000$.

3. 市场均衡

对一种商品而言，如果需求量等于供给量，即 $Q=S$，这种商品就达到了市场均衡，这时的商品价格 p_0 称为均衡价格，对应的需求量 Q 称为均衡量.

当供应速度大于销售速度(供过于求)时，商品就要积累，就要过剩，逼迫价格下降，使原来买不起的人也买得起，这样销售速度就要增大，又达到新的平衡. 当供应速度小于销售速度(供不应求)时，就是抢购现象，商品的价格就要提高，以使原来买得起的人中有一些人买不起，这样销售速度就要减小，从而达到新的平衡. 真正的供求平衡是很少存在的，多数都是基本平衡，而且均衡并非总是静止不变的.

例 3　某种商品的需求函数和供给函数分别为 $Q=-5p+200$，$S=25p-10$，求该商品的均衡价格 p_0.

解　由供需均衡的条件 $Q=S$，可得

$$-5p+200=25p-10,$$

解得 $p=7$，因此，均衡价格为 $p_0=7$.

二、总成本函数、收入函数和利润函数

1. 总成本函数

总成本分为固定成本 C_0 和可变成本 $C_1(q)$ 两部分，固定成本(如设备折旧、企业管理费、土地费用等)与产量(或销售量)q 无关，而可变成本(如原材料费、动力费、工资等)是随着产量(或销售量)的不同而发生变化的. 总成本函数

$$C(q)=C_0+C_1(q).$$

总成本除以产量即为平均成本函数，平均成本函数可表示为

$$\overline{C}(q)=\frac{C(q)}{q}=\frac{C_0}{q}+\frac{C_1(q)}{q},$$

其中 $\frac{C_0}{q}$ 叫作平均固定成本，$\frac{C_1(q)}{q}$ 叫作平均可变成本.

2. 收入函数

收入函数是描述收入、销售价格和销售量之间关系的表达式，销售量为 q 的收入函数记为 $R(q)$.若设商品价格为 p，则总收入函数

$$R(q)=pq.$$

3. 利润函数

在经济学中，利润等于总收入与总成本之差，销售量为 q 的利润函数记为 $L(q)$，故利润函数

$$L(q)=R(q)-C(q).$$

4. 盈亏平衡

盈亏平衡就是既不盈利也不亏损，也就是收益＝成本(或利润＝0)，所以盈亏平衡点就是使 $R(q)=C(q)$(或 $L(q)=0$)时的销售量 q.

例 4　某食用油加工厂加工花生油，日产能力为 60 吨，固定成本为 6 000 元，加工 1 吨花生油的成本为 200 元，写出每日成本与日产量的函数关系，并分别求出当日产量是 30 吨、40 吨时的总成本及平均成本.

解　设每日成本为 $C(q)$，日产量为 q，则每日的成本与日产量的函数关系为

$$C(q)=6\ 000+200q\quad(0\leqslant q\leqslant 60).$$

当日产量 $q=30$ 吨时，$C(30)=6\ 000+200\times 30=12\ 000$(元)；

平均单位成本　$\overline{C}(30)=\dfrac{C(30)}{30}=400$(元).

当日产量 $q=40$ 吨时，$C(40)=6\ 000+200\times 40=14\ 000$(元)；

平均单位成本　$\overline{C}(40)=\dfrac{C(40)}{40}=350$(元).

所以,在一定范围内,日产量越大,平均单位成本越低.

例 5　设一企业某产品的需求量 q 与价格 p 之间的关系为 $p=110-4q$,产品的固定成本为 400 个单位,每生产一个单位的产品需增加 10 个单位的成本,该企业的最大生产能力为 18.给出其总利润函数并计算盈亏平衡点处的产量及价格.

解　收入函数　$R(q)=pq=110q-4q^2$,

成本函数　$C(q)=400+10q$,

总利润函数

$$L(q)=R(q)-C(q)=-4q^2+100q-400=-4(q-20)(q-5)(0\leqslant q\leqslant 18).$$

由 $L(q)=0$,得盈亏平衡点 $q=5$($q=20$ 舍去),即盈亏平衡时的产量 $q=5$,此时价格 $p=110-4q=110-4\times 5=90$.

当 $5<q<18$ 时,$L(q)>0$,此时盈利;当 $q<5$ 时,$L(q)<0$,此时亏损.

训练任务 1.3

1. 某服装加工厂加工服装的日产能力为 1 000 件,固定成本为 30 000 元.每加工 1 件服装成本增加 2 元,求出每日的成本与日产量的函数关系,并分别求出日产量是 600 件、800 件时的总成本及平均单位成本.

2. 当休闲裤的销售价格为 100 元时,月销售量为 4 000 件,当销售价格每提高 2 元时,月销售量会减少 50 件.在不考虑其他因素时,

(1) 求休闲裤月销售量与价格之间的函数关系.

(2) 当价格提高到多少元时,休闲裤会卖不出去?

(3) 求月销售量与价格之间的函数关系的定义域.

3. 某商场的猪肉价格为 20 元/kg 时,每月销售 8 000 kg;当价格提高到 21 元/kg 时,每月销售 7 500 kg.求猪肉的线性需求函数.

4. 某种产品的需求函数为 $Q=-2p+100$,供给函数为 $S=2p-8$,求该产品的市场均衡价格和市场均衡数量.

5. 某厂为了生产某种产品,需一次性投入 2 万元生产准备费,可变成本与产量(单位:吨)的平方成正比.已知产量为 20 吨时,总成本为 2.002 万元.试求出:

(1) 总成本函数和平均成本函数;

(2) 生产 100 吨时,该产品的总成本和平均成本.

6. 已知某厂生产某种产品的成本函数为 $C(q)=500+2q$,其中该产品的产量为 q,如果该产品的售价定为每件 6 元,试求:

(1) 生产 200 件该产品时的利润和平均利润;

(2) 求生产该产品的盈亏平衡点.

阅读材料——数学家的故事

约翰·纳皮尔

约翰·纳皮尔出身贵族，于1550年在苏格兰爱丁堡附近的小镇梅奇斯顿(Merchiston Castle，Edinburgh，Scotland)出生，是Merchiston城堡的第八代地主，未曾有过正式的职业．年轻时正值欧洲掀起宗教革命，他行旅其间，颇有感触．苏格兰转向新教，他也成了写文章攻击旧教(天主教)的急先锋(主要文章于1593年写成)．其时传出天主教的西班牙要派无敌舰队来攻打英国，纳皮尔就研究兵器(包括弩炮、装甲马车、潜水艇等)准备与其拼命．虽然纳皮尔的兵器还没制成，英国已把无敌舰队击垮，他还是成了英雄人物．

他一生研究数学，以发明对数运算而著称．那时候天文学家Tycho Brahe(1546—1601)等人做了很多的观察，需要很多的计算，而且要算几个数的连乘，因此苦不堪言．1594年，他为了寻求一种球面三角计算的简便方法，运用了独特的方法构造出对数方法．这让他在数学史上被重重地记上了一笔，然而完成此对数却整整花了他20年的工夫．1614年6月在爱丁堡出版的第一本对数专著《奇妙的对数表的描述》(*Mirifici logarithmorum canonis description*)中阐明了对数原理，后人称之为纳皮尔对数：Nap logX. 1616年，Briggs(亨利·布里格斯，1561—1630)去拜访纳皮尔，建议将对数改良为以十为基底的对数表最为方便，这也就是后来常用的对数了．可惜纳皮尔于1617年春天去世，后来就由Briggs以毕生精力继承纳皮尔的未竟事业，以10为底列出一个很详细的对数表，并且于1619年发表了《奇妙对数规则的结构》，于书中详细阐述了对数的计算方法．

纳皮尔对数字计算特别有研究，他的兴趣在于球面三角学的运算，而球面三角学乃因天文学的活动而兴起的．他重新建立了用于解球面直角三角形的10个公式的巧妙记法——圆的部分法则(“纳皮尔圆部法则”)和解球面非直角三角形的两个公式——“纳皮尔比拟式”，以及做乘除法用的“纳皮尔算筹”．此外，他还发明了纳皮尔尺，这种尺子可以机械地进行数的乘除运算和求数的平方根．

本章内容小结

一、本章主要内容

1. 有关概念：函数的概念、分段函数、隐函数、初等函数、复合函数．

2. 求函数的定义域时，如果函数是解析式表示，一般要考虑以下几个方面．

(1) 分式：分母不能等于零；

(2) 偶次根式：被开方式必须大于等于零；

(3) 对数：真数必须大于零，底必须大于零且不等于1；

(4) 正切函数和余切函数要注意它们的定义域，也要注意反正弦、反余弦函数的定义域，其符号下的式子的绝对值必须小于或等于1．

3. 函数的性质：单调性、奇偶性、周期性和有界性可根据定义或图像进行判断．

4. 复合函数重点是能分解其复合过程，一般分解到不能再分解的函数为止．

5. 常用的经济函数：需求函数、供给函数、均衡价格、总成本函数、总收入函数、总利润函数、盈亏平衡点.

常用经济函数的基本关系：

总成本函数：$C(q)=C_0+C_1(q)$；　平均成本函数：$\overline{C}(q)=\overline{C}_0+\overline{C}_1(q)$；

平均固定成本：$\overline{C}_0=\dfrac{C_0}{p}$；　平均可变成本：$\overline{C}_1(q)=\dfrac{\overline{C}_1(q)}{q}$；

总收入函数：$R=R(q)=pq$；　总利润函数：$L(q)=R(q)-C(q)$；

均衡价格 p_0：等式 $Q=S$ 的解；　盈亏平衡点 q_0：等式 $R(q)=C(q)$的解.

二、学习方法

函数分析法，各类经济函数的运算方法.

三、重点和难点

重点：

1. 求函数的定义域及函数值；
2. 复合函数的复合过程；
3. 解决经济中遇到的数学问题.

难点：

1. 分段函数，反三角函数的有关问题；
2. 函数关系式的建立；
3. 经济函数模型的建立.

自测题 1(基础层次)

1. 选择题.

(1) 函数 $y=\ln(x^2-4)$的定义域为(　　).

A. $(-\infty,-2)\cup(2,+\infty)$　　B. $\mathbf{R}$

C. $(-2,2)$　　D. $(-\infty,1)$

(2) 若 $f(x+1)=x^2-1$，则 $f(x)=$(　　).

A. x^2-2x　　B. $2-x^2$　　C. $x+\dfrac{1}{x}$　　D. $2x^2+\dfrac{1}{x^2}$

(3) 下列各组函数表示同一函数的是(　　).

A. $y=\sin x$ 与 $y=\sqrt{1-\cos^2 x}$　　B. $y=\sqrt{x^2}$ 与 $y=x$

C. $y=\dfrac{x}{x^2}$与 $y=x$　　D. $y=\sqrt{x^2}$ 与 $y=|x|$

(4) 下列函数中是隐函数的为(　　)(其中 $x>0$).

A. $y=\arcsin x$　　B. $y=\sin(x+y)$

C. $y=\sqrt{1-\cos^2 x}$　　D. $f(x)=\dfrac{1-3x}{x-2}$

(5) 函数 $y=\log_a(-x)$的定义域为(　　).

A. $(-\infty,1)\cup(2,+\infty)$　　B. $\mathbf{R}$

C. $(0,+\infty)$　　D. $(-\infty,0)$

2. 填空题.

(1) 已知 $f(x)=x^2-x+1$,则 $f(1)=$ ________;

(2) 函数 $y=e^{\tan\frac{1}{x}}$ 是由________复合而成;

(3) 设函数 $f(x)=\begin{cases}-x, & -1\leqslant x<0,\\ \sqrt{3-x}, & 0<x<2,\end{cases}$ 则 $f(-1)=$ ________,$f(1)=$ ________;

(4) 某商品的需求函数为 $Q=53-2p^2$,供给函数 $S=p-2$,则该商品的均衡价格为________;

(5) 已知某商品的需求函数为 $q=60-5p$,则其收入函数为 ________,平均收入函数为 ________.

3. 指出下列函数的复合过程:

(1) $y=2^{\sqrt{x}}$; (2) $y=\ln(\sin x)$; (3) $y=\cos\sqrt{x}$; (4) $y=\sqrt{3x-1}$.

4. 设 $f(x)=x^2+1$,求 $f[f(x)]$.

5. 某汽车租赁公司出租某汽车的收费标准为每天的基本租金为 300 元,另加每千米收费 20 元.

(1) 试建立租用一辆该汽车一天的租车费用 y 与行车路程 x 之间的函数关系.

(2) 若某人某天付了 900 元租车费,问他开了多少千米?

6. 某刀具厂每天生产 60 把菜刀的成本为 300 元,每天生产 80 把菜刀的成本为 340 元,求其线性成本函数,并求每天的固定成本和生产一把菜刀的可变成本各是多少?

7. 已知某商品的需求函数和供给函数分别是

$$Q=168-8p,\quad S=-92+5p,$$

求该商品的均衡价格 p_0.

8. 某厂生产产品 1 000 吨,定价为每吨 130 元. 当售出量不超过 700 吨时,按原定价出售;若售出量超过 700 吨时,超过 700 吨的部分按原价的九折出售.求销售收入函数.

9. 联想电脑无线鼠标的销售价格为 80 元时,月销售量为 5 000 个,销售价格每提高 2 元,月销售量会减少 100 个,在不考虑降价及其他因素时,求:

(1) 这种商品的月销售量与价格之间的函数关系;

(2) 当价格提高多少元时,这种商品会卖不出去?

(3) 月销售量与价格之间的函数关系的定义域.

自测题 2(提高层次)

1. 选择题.

(1) 函数 $y=\ln(x^2-3x+2)$ 的定义域为(　　).

A. $(-\infty,1)\cup(2,+\infty)$　　B. $\mathbf{R}$

C. $(1,2)$　　D. $(-\infty,1)$

(2) 函数 $y=\sin\pi x+2$ 的最小正周期为(　　).

A. 2π　　B. 1　　C. 2　　D. π

(3) 设 $f\left(x+\frac{1}{x}\right)=x^2+\frac{1}{x^2}$,则 $f(x)=$(　　).

A. x^2-2　　B. $2-x^2$　　C. $x+\frac{1}{x}$　　D. $2x^2+\frac{1}{x^2}$

(4) 由 $y=\sqrt{u}$,$u=2+v^2$,$v=\cos x$ 复合而成的复合函数是(　　).

A. $y=\sqrt{2+\cos x}$　　B. $y=\sqrt{2+\cos^2 x}$

C. $y=2+\cos^2 x$　　D. $y=2+\sqrt{\cos x}$

(5) 某汽车租赁公司出租某种汽车的收费标准为每天基本租金 200 元加每千米收费 15 元,则租用一辆该种汽车一天,行车 200 千米时的租车费为(　　)元.

A. 2 500　　B. 3 200　　C. 3 000　　D. 1 600

2. 填空题.

(1) 函数 $y=\lg(x+\sqrt{x^2+1})$是__________函数(填"奇""偶").

(2) 函数 $y=\arcsin x^2$ 是由____________________复合而成.

(3) 设函数$f(x)$的定义域是(0,1),则 $f(\lg x)$的定义域为__________.

(4) 某服装厂生产某套运动服的可变成本是每套 70 元,每天的固定成本为 8 000 元,若每套的销售价是 95 元,则该厂每天生产 600 套的利润为__________.

(5) 已知某台机器的价值是 50 万元,如果每年的折旧率为 4.5%(即每年减少它的价值的 4.5%),经过 x 年后机器的价值是 y 万元,则 y 与 x 的函数关系为________________.

3. 求下列函数的定义域:

(1) $y=\dfrac{1}{2x+3}+\sqrt{x^2-3}$;　　(2) $y=\lg(x-1)+\dfrac{1}{\sqrt{x+1}}$;

(3) $y=\sqrt{\ln\dfrac{5x-x^2}{4}}$;　　(4) $y=\sqrt{x^2-x-6}+\arcsin\dfrac{2x-1}{7}$;

(5) $y=\log_{(2x+1)}(1-x^2)$.

4. 已知$f(x)=\ln(1+x)$,$f[g(x)]=x$,求 $g(x)$.

5. 指出下列函数的复合过程:

(1) $y=(1+\lg x)^2$;　(2) $y=\mathrm{e}^{-x^2}$;　(3) $y=\lg(\arctan x)$;　(4) $y=3^{\sqrt{\lg x}}$.

6. 设某台灯的需求量 q 与价格 p 的函数关系为 $q=300-2p$.

(1) 求收入对价格 p 的函数关系式.

(2) 当成本函数 $C=40+90q+q^2$ 时,求利润函数 $L(q)$.

(3) 当价格上涨到多少时,需求量为 0?

7. 某厂生产某种产品,固定成本为 50 元,每生产一件产品需要增加 2 元,产量为 q;该产品卖出价格为 p,市场需求关系为 $q+5p=50$.试求出:

(1) 总成本 $C(q)$与产量 q 的函数关系.

(2) 总收益 $R(q)$与产量 q 的函数关系.

(3) 利润 $L(q)$与产量 q 的函数关系.

(4) 求产量 q 为多少时利润 L 最大? 最大利润是多少?

8. 某销售公司批发某种小商品. 该公司提供如下价格折扣:订购量不超过 50 000 件,每千件价格为 300 元;订购量超过 50 000 件,每超过 1 000 件价格下浮 1.25%,试写出销售收入与订购量的函数关系.

第二章　极限与连续

【知识目标】

1. 理解数列极限、函数极限的有关概念；

2. 理解无穷大量、无穷小量的概念及相互关系，会判断无穷小量与无穷大量，掌握无穷小量的性质；

3. 掌握极限的运算法则，掌握两个重要极限，熟练掌握求极限的方法；

4. 理解函数在一点连续的概念及函数在区间的连续性，会求函数的间断点；

5. 了解连续函数在闭区间上的性质及几何意义；

6. 了解复利的计算方法和计算公式.

【能力目标】

1. 能通过案例分析体会极限的思想和方法；

2. 能通过案例理解数列极限、函数极限的有关概念；

3. 能运用法则、两个重要极限求函数的极限；

4. 能提高对连续函数等价关系的认识，从而具有对函数间断点的判断能力；

5. 能通过几何直观图形认识连续函数在闭区间上的性质；

6. 能够解决复利和贴现问题.

极限概念是在研究变量在某一过程中的变化趋势时引出的，它是微积分学的重要基本概念之一.微积分学中的其他几个重要概念如连续、导数、定积分等都是用极限表述的，并且微积分学中的很多定理也是用极限方法推导出来的.这一章我们将介绍数列极限与函数极限的概念，以及求极限的各种方法.

引子

极限的思想

从极限思想到极限理论可追溯到古代.中国古代数学家庄周在《庄子·天下篇》中引述惠施的话：“一尺之棰，日取其半，万世不竭.”这句话的意思是：一尺的木棒，第一天取它的一半，即$\frac{1}{2}$尺；第二天再取剩下的一半，即$\frac{1}{4}$尺；第三天再取第二天剩下的一半，即$\frac{1}{8}$尺，……这样的过程无穷无尽地进行下去，随着天数的增多，所剩下的木棒越来越短，截取量也越来越小，即截取的量无限地接近于0，但永远不会等于0.我们将每天剩余的木棒长度写出来就是$\frac{1}{2},\frac{1}{4},\frac{1}{8},\cdots,\frac{1}{2^n},\cdots$，$n$可以无限地取值，当$n$很大时，$\frac{1}{2^n}$很小；当$n$无限增大时，$\frac{1}{2^n}$无限接近于0.再如，刘徽创立的割圆术，“割圆术”求圆面积的做法和思路就是：先作圆的内接正三边形，把它的面积记作A_1，再作内接正六边形，其面积记作A_2，再作内接正十二边形，其面积

记作 $A_3,\cdots$，照此下去，把圆的内接正 $3\times2^{n-1}(n=1,2,\cdots,)$ 边形的面积记作 A_n，这样得到一列数 $A_1,A_2,A_3,\cdots,A_n,\cdots$，当 n 无限增大时，A_n 无限接近圆的面积.这种在无限过程中考察变量变化趋势的方法就是极限思想.

第一节　数列的极限

一、问题的提出

案例 1　人影的长度

当一个人沿直线走向路灯的正下方时，考察影子长度的变化情况. 由日常生活知识知，当此人走向目标时，其影子长度越来越短，当人越来越接近目标时，其影子长度趋于零.

案例 2　设备折旧费

某工厂对一生产设备的投资额是 1 万元，每年的折旧费为该设备账面价格(即以前各年折旧费用提取后余下的价格)的 $\frac{1}{10}$，那么这一设备第 1 年为 1 万元，第 2 年为 $\frac{9}{10}$ 万元，第 3 年为 $\left(\frac{9}{10}\right)^2$ 万元，…，第 n 年为 $\left(\frac{9}{10}\right)^{n-1}$ 万元.当无限增大时，$\left(\frac{9}{10}\right)^{n-1}$ 无限接近于 0.

以上案例的共同特点是在一个变量的变化过程中，表现出与某一数值无限接近的趋势，这种“无限趋向”的运算，在数学里就是极限运算.

二、数列的极限

为了给出数列极限的定义，我们首先引入数列，然后再给出数列的极限.

1. 数列的概念

定义 1　设函数 $x_n=f(n),n\in\mathbf{N}$，当自变量 n 按自然顺序取值时，对应的函数值排成一列数

$$x_1,x_2,\cdots,x_n,\cdots,$$

则这一列数称为数列，记作 $\{x_n\}$.数列中的每一个数称为数列的项，第 n 项 x_n 称为数列 $\{x_n\}$ 的通项或一般项.例如：

(1) 数列 $1,\frac{1}{2},\frac{1}{3},\frac{1}{4},\cdots,\frac{1}{n},\cdots$.通项 $x_n=\frac{1}{n}$，当 n 无限增大时，$x_n=\frac{1}{n}$ 无限趋近于 0.

(2) 数列 $\frac{1}{2},\frac{2}{3},\frac{3}{4},\cdots,\frac{n}{n+1},\cdots$. 通项 $x_n=\frac{n}{n+1}$，当 n 无限增大时，$x_n=\frac{n}{n+1}$ 无限趋近于 1.

(3) 数列 $-1,1,-1,1,-1,\cdots,(-1)^n,\cdots$.通项 $x_n=(-1)^n$，当 n 无限增大时，$x_n=(-1)^n$ 不能趋近于一个确定的常数，始终在 -1 和 1 之间来回跳动.

(4) 数列 $2,2^2,2^3,\cdots,2^n,\cdots$.通项 $x_n=2^n$，当 n 无限增大时，$x_n=2^n$ 的值无限增大.

分析上述四个数列，前两个当 n 无限增大时，其通项无限趋近于一个确定的常数，或者说以一个确定的常数作为自己的变化趋势，这个常数就称为该数列的极限，而后两个数列则不具有这个特点，因而没有极限.

下面我们给出数列极限的描述性定义.

2. 数列的极限

定义 2 对于数列$\{x_n\}$，当自变量 n 无限变大(即 $n\to\infty$)时，x_n 的值无限趋近于一个确定的常数 A，则称当 $n\to\infty$时，数列$\{x_n\}$的极限为 A，亦称数列$\{x_n\}$收敛于 A，记作

$$\lim_{n\to\infty}x_n \quad 或 \quad n\to\infty, x_n\to A.$$

若数列$\{x_n\}$的极限不存在，则称数列$\{x_n\}$是发散的，记为$\lim\limits_{n\to\infty}x_n$ 不存在. 这里的"→"读作"趋向于"或"趋近于".

当 n 无限增大时，如果$\{x_n\}$无限增大，则数列没有极限.这时，习惯上也称数列$\{x_n\}$的极限是无穷大，记作$\lim\limits_{n\to\infty}x_n=\infty$.

例如，$\lim\limits_{n\to\infty}(-2n-1)=-\infty$，$\lim\limits_{n\to\infty}3^n=+\infty$.

由定义 2，上面的四个数列的极限分别表示为：

$$\lim_{n\to\infty}\frac{1}{n}=0;\quad \lim_{n\to\infty}\frac{n}{n+1}=1;\quad \lim_{n\to\infty}(-1)^n \text{ 不存在};\quad \lim_{n\to\infty}2^n=+\infty.$$

对于等比数列，有一般性结论：当$|q|<1$ 时，$\lim\limits_{n\to\infty}q^n=0$；当$|q|>1$ 时，$\lim\limits_{n\to\infty}q^n$ 不存在.

当$|q|=1$ 时，若 $q=1$，则$\lim\limits_{n\to\infty}q^n=1$，若 $q=-1$，则$\lim\limits_{n\to\infty}q^n=\lim\limits_{n\to\infty}(-1)^n$ 不存在.

例如，$\lim\limits_{n\to\infty}\left(\frac{1}{2}\right)^n=0$，$\lim\limits_{n\to\infty}\left(\frac{3}{4}\right)^n=0$.

例 1 观察下列数列的变化趋势，写出它们的极限.

(1) $\left\{\frac{1}{2^n}\right\}$； (2) $\left\{\frac{n+1}{n}\right\}$； (3) $\left\{(-1)^n\frac{1}{n^2}\right\}$； (4) 常数列$\{2\}$.

解 (1) 数列$\left\{\frac{1}{2^n}\right\}$的各项顺次为

$$\frac{1}{2},\frac{1}{4},\frac{1}{8},\frac{1}{16},\frac{1}{32},\cdots,$$

当 n 无限增大时，x_n 无限趋近于确定的常数 0，所以根据数列极限的定义可知

$$\lim_{n\to\infty}\frac{1}{2^n}=0.$$

(2) 数列$\left\{\frac{n+1}{n}\right\}$的各项顺次为

$$\frac{2}{1},\frac{3}{2},\frac{4}{3},\cdots,\frac{n+1}{n},\cdots,$$

当 n 无限增大时，x_n 无限趋近于确定的常数 1，所以根据数列极限的定义可知

$$\lim_{n\to\infty}\frac{n+1}{n}=1.$$

(3) 数列$\left\{(-1)^n\frac{1}{n^2}\right\}$的各项顺次为

$$-1,\frac{1}{4},-\frac{1}{9},\frac{1}{16},-\frac{1}{25},\cdots,$$

当 n 无限增大时，x_n 无限趋近于确定的常数 0，所以根据数列极限的定义可知

$$\lim_{n\to\infty}(-1)^n\frac{1}{n^2}=0.$$

(4) 常数列{2}的各项顺次为 2,2,2,…,2,…,当 n 无限增大时,$x_n=2$,所以$\lim\limits_{n\to\infty}2=2$.

一般地,**任何一个常数数列的极限仍是这个常数本身**,即$\lim\limits_{n\to\infty}C=C$($C$ 为常数).

注意:并不是任何数列都是有极限的.例如,数列$\{2n+1\}$,$\{(-1)^{n+1}\}$,$\{n^2\}$都没有极限.

3.数列极限的四则运算法则

设$\lim\limits_{n\to\infty}x_n$ 及$\lim\limits_{n\to\infty}y_n$ 都存在,则$\lim\limits_{n\to\infty}(x_n\pm y_n)$,$\lim\limits_{n\to\infty}(x_ny_n)$,$\lim\limits_{n\to\infty}\dfrac{x_n}{y_n}$(假定$\lim\limits_{n\to\infty}y_n\neq0$)都存在,且

(1) $\lim\limits_{n\to\infty}(x_n\pm y_n)=\lim\limits_{n\to\infty}x_n\pm\lim\limits_{n\to\infty}y_n$;

(2) $\lim\limits_{n\to\infty}(x_ny_n)=\lim\limits_{n\to\infty}x_n\lim\limits_{n\to\infty}y_n$,　特别地　$\lim\limits_{n\to\infty}(Cx_n)=C\lim\limits_{n\to\infty}x_n$;

(3) $\lim\limits_{n\to\infty}\dfrac{x_n}{y_n}=\dfrac{\lim\limits_{n\to\infty}x_n}{\lim\limits_{n\to\infty}y_n}$ $(\lim\limits_{n\to\infty}y_n\neq0)$.

注:法则(1)和(2)可推广到有限个数列极限的情形.

例 2　求$\lim\limits_{n\to\infty}\dfrac{3n^2-5n+1}{6n^2-4n-7}$.

解
$$\lim_{n\to\infty}\frac{3n^2-5n+1}{6n^2-4n-7}=\lim_{n\to\infty}\frac{3-\dfrac{5}{n}+\dfrac{1}{n^2}}{6-\dfrac{4}{n}-\dfrac{7}{n^2}}=\frac{\lim\limits_{n\to\infty}\left(3-\dfrac{5}{n}+\dfrac{1}{n^2}\right)}{\lim\limits_{n\to\infty}\left(6-\dfrac{4}{n}-\dfrac{7}{n^2}\right)}$$
$$=\frac{\lim\limits_{n\to\infty}3-\lim\limits_{n\to\infty}\dfrac{5}{n}+\lim\limits_{n\to\infty}\dfrac{1}{n^2}}{\lim\limits_{n\to\infty}6-\lim\limits_{n\to\infty}\dfrac{4}{n}-\lim\limits_{n\to\infty}\dfrac{7}{n^2}}=\frac{3-0+0}{6-0-0}=\frac{1}{2}.$$

例 3　求$\lim\limits_{n\to\infty}\dfrac{3n^2-5n+1}{4n^3-4n-7}$.

解
$$\lim_{n\to\infty}\frac{3n^2-5n+1}{4n^3-4n-7}=\lim_{n\to\infty}\frac{\dfrac{3}{n}-\dfrac{5}{n^2}+\dfrac{1}{n^3}}{4-\dfrac{4}{n^2}-\dfrac{7}{n^3}}=0.$$

例 4　求$\lim\limits_{n\to\infty}\dfrac{1+2+\cdots+n}{n^2}$.

错误做法:
$$\lim_{n\to\infty}\frac{1+2+\cdots+n}{n^2}=\lim_{n\to\infty}\left(\frac{1}{n^2}+\frac{2}{n^2}+\cdots+\frac{n}{n^2}\right)=\lim_{n\to\infty}\frac{1}{n^2}+\lim_{n\to\infty}\frac{2}{n^2}+\cdots+\lim_{n\to\infty}\frac{n}{n^2}=0+0+\cdots+0=0.$$

正确做法:

解　利用等差数列前 n 项和公式 $s_n=\dfrac{n(a_1+a_n)}{2}$,因为
$$1+2+\cdots+n=\frac{n(n+1)}{2},$$
所以
$$\lim_{n\to\infty}\frac{1+2+\cdots+n}{n^2}=\lim_{n\to\infty}\frac{\dfrac{n(n+1)}{2}}{n^2}=\lim_{n\to\infty}\frac{n(n+1)}{2n^2}=\lim_{n\to\infty}\frac{n+1}{2n}=\lim_{n\to\infty}\frac{1+\dfrac{1}{n}}{2}=\frac{1}{2}.$$

训练任务 2.1

1. 填空题.

(1) $\lim\limits_{n\to\infty}\frac{1}{5^n}=$______；　　(2) $\lim\limits_{n\to\infty}\frac{3n^2+5}{4n^2+n-1}=$______；

(3) $\lim\limits_{n\to\infty}\frac{1}{n^3}=$______；　　(4) $\lim\limits_{n\to\infty}\frac{(-1)^n}{n}=$______.

2. 观察下列数列的变化趋势，写出它们的极限.

(1) $x_n=\frac{n-1}{n+1}$；　　(2) $x_n=(-1)^n n$；　　(3) $x_n=\frac{1}{n^2}$.

3. 求下列数列的极限：

(1) $\lim\limits_{n\to\infty}\frac{(2n+3)(n-1)}{7n^2+2n+1}$；　　(2) $\lim\limits_{n\to\infty}\frac{5n^4-5n+1}{6n^4-4n-7}$；

(3) $\lim\limits_{n\to\infty}\frac{2n}{n^2+2n-1}$；　　(4) $\lim\limits_{n\to\infty}\left[\frac{1+2+\cdots+n}{n+2}-\frac{n}{2}\right]$；

(5) $\lim\limits_{n\to\infty}\frac{1+\frac{1}{2}+\frac{1}{4}+\cdots+\frac{1}{2^n}}{1+\frac{1}{3}+\frac{1}{9}+\cdots+\frac{1}{3^n}}$；　　* (6) $\lim\limits_{n\to\infty}\frac{\sqrt[3]{n^2}}{n^2+2}$.

第二节　函数的极限

数列 $x_n=f(n)$ 是自变量取正整数的函数，数列的极限就是随着自变量 n 趋于无穷大，对应的函数 $f(n)$ 的变化趋势.如果抛开自变量 n 的取值范围，对于任意函数 $f(x)$，随着自变量 x 的变化趋势，函数 $f(x)$ 的变化趋势就是函数的极限问题. 下面我们主要研究函数的自变量 x 趋于无穷大的情况和自变量 x 趋于点 x_0 的情况.

一、问题的提出

案例 1　水温的变化

将一壶沸腾的开水放在一间室温恒为 20 ℃的房间里，水的温度将会逐渐降低，随着时间的推移，水的温度会越来越接近于室温 20 ℃.

案例 2　旗杆的影子

学校操场上旗杆的影子随着时间的变化而变化，当时间越来越接近中午 12 点时，影子的长度越来越接近于零.

上面两例的共同特点是：当自变量越来越大或者是自变量趋于某一常数时，相应的函数值逐渐趋近于一个确定的常数.我们把这个确定的常数叫作函数的极限.

下面我们根据自变量的两种变化趋势，即自变量 x 趋于无穷大和趋于点 x_0 的情况，分别介绍函数的极限.

二、当 $x\to\infty$ 时，函数 $f(x)$ 的极限

例 1　考察当 $x\to\infty$ 时函数 $f(x)=\frac{1}{x}$ 的变化趋势.

由图 2-1 所示可以看出，当 x 的绝对值无限增大时，$f(x)$ 的值无限接近于零，即当 $x\to\infty$ 时，$f(x)\to 0$. 这时我们就称常数 0 为 $f(x)=\dfrac{1}{x}$ 当 $x\to\infty$ 时的极限.

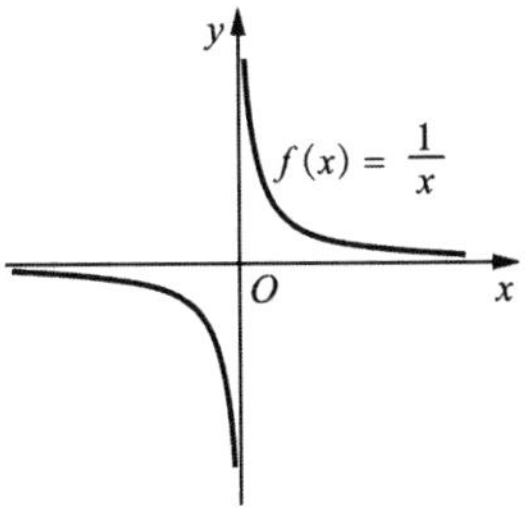

图 2-1

定义 1　如果当自变量 x 的绝对值无限增大(记为 $x\to\infty$)时，对应的函数值 $f(x)$ 无限趋近于一个确定的常数 A，则称常数 A 是当 $x\to\infty$ 时函数 $f(x)$ 的极限，记作

$$\lim_{x\to\infty}f(x)=A \quad 或 \quad f(x)\to A\ (x\to\infty).$$

由定义 1 可知，$\lim\limits_{x\to\infty}\dfrac{1}{x}=0$.

例 2　考察函数 $y=\arctan x$，当 $x\to\infty$ 时，函数 $y=\arctan x$ 的变化趋势.

观察函数 $y=\arctan x$(图 2-2)，当 $x\to+\infty$ 时，$y=\arctan x$ 无限接近于 $\dfrac{\pi}{2}$；当 $x\to-\infty$ 时，$y=\arctan x$ 无限接近于 $-\dfrac{\pi}{2}$，这时我们就称常数 $\dfrac{\pi}{2}$ 为 $y=\arctan x$ 当 $x\to+\infty$ 时的极限；常数 $-\dfrac{\pi}{2}$ 为 $y=\arctan x$ 当 $x\to-\infty$ 时的极限.

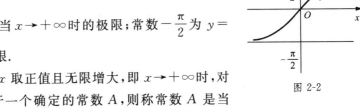

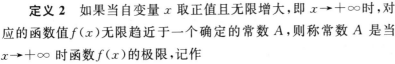

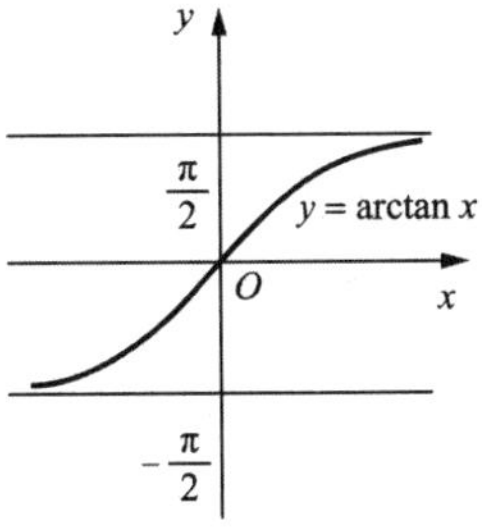

图 2-2

定义 2　如果当自变量 x 取正值且无限增大，即 $x\to+\infty$ 时，对应的函数值 $f(x)$ 无限趋近于一个确定的常数 A，则称常数 A 是当 $x\to+\infty$ 时函数 $f(x)$ 的极限，记作

$$\lim_{x\to+\infty}f(x)=A \quad 或 \quad f(x)\to A\ (x\to+\infty).$$

如果当自变量 x 取负值且其绝对值无限增大，即 $x\to-\infty$ 时，对应的函数值 $f(x)$ 无限趋近于一个确定的常数 A，则称常数 A 是当 $x\to-\infty$ 时函数 $f(x)$ 的极限，记作

$$\lim_{x\to-\infty}f(x)=A \quad 或 \quad f(x)\to A\ (x\to-\infty).$$

由图 2-2 可知，$\lim\limits_{x\to+\infty}\arctan x=\dfrac{\pi}{2}$，$\lim\limits_{x\to-\infty}\arctan x=-\dfrac{\pi}{2}$，但是 $\lim\limits_{x\to\infty}\arctan x$ 不存在.

由 $x\to\infty$，$x\to+\infty$，$x\to-\infty$ 时函数极限的定义，有下述结论成立：

定理 1　$\lim\limits_{x\to\infty}f(x)=A$ 的充要条件是

$$\lim_{x\to+\infty}f(x)=\lim_{x\to-\infty}f(x)=A.$$

说明：如果 $\lim\limits_{x\to+\infty}f(x)$ 和 $\lim\limits_{x\to-\infty}f(x)$ 都存在但不相等，或者 $\lim\limits_{x\to+\infty}f(x)$ 和 $\lim\limits_{x\to-\infty}f(x)$ 至少有一个不存在，那么 $\lim\limits_{x\to\infty}f(x)$ 不存在.

例 3　求 $\lim\limits_{x\to-\infty}e^x$，$\lim\limits_{x\to+\infty}e^x$ 和 $\lim\limits_{x\to+\infty}e^{-x}$，$\lim\limits_{x\to-\infty}e^{-x}$.

解　如图 2-3 所示可知，

$$\lim_{x\to-\infty}e^x=0,\quad \lim_{x\to+\infty}e^x=+\infty,$$

$$\lim_{x\to+\infty}e^{-x}=0,\quad \lim_{x\to-\infty}e^{-x}=+\infty.$$

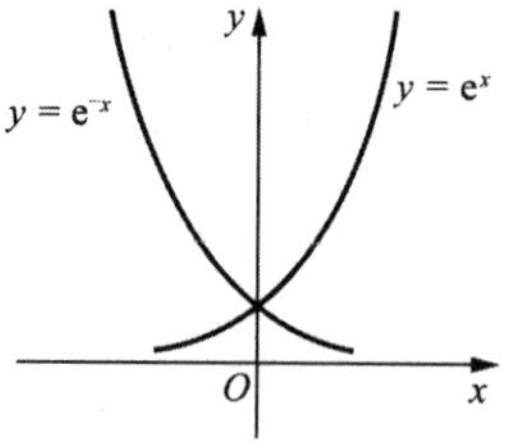

图 2-3

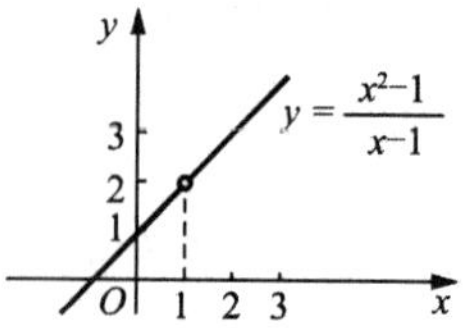

图 2-4

三、当 $x \to x_0$ 时，函数 $f(x)$ 的极限

现在考察当自变量 x 无限接近于某一点 x_0 时函数 $f(x)$ 的变化趋势.

例 4　讨论 $x \to 1$ 时，函数 $y=\dfrac{x^2-1}{x-1}$ 的变化趋势.

解　函数 $f(x)=\dfrac{x^2-1}{x-1}$ 在 $(-\infty,1)\cup(1,+\infty)$ 内有定义，当 x 从 1 的左、右两侧无限接近于 1 时，对应的函数 $f(x)$ 的变化趋势见下表：

x	…	0.9	0.99	0.999	…	$\to 1 \leftarrow$	…	1.001	1.01	1.1	…
$f(x)$	…	1.9	1.99	1.999	…	$\to 2 \leftarrow$	…	2.001	2.01	2.1	…

可以看出，当 x 越来越接近于 1 时，$f(x)=\dfrac{x^2-1}{x-1}$ 的值无限接近于 2，这时我们就称 $x \to 1$ 时，函数 $f(x)$ 的极限为 2，如图 2-4 所示.

定义 3　设函数 $f(x)$ 在 x_0 的某去心邻域 $U(\hat{x}_0,\delta)$ 内有定义，当 x 在 $U(\hat{x}_0,\delta)$ 内无限接近于 x_0 时，函数值 $f(x)$ 无限接近于一个确定的常数 A，则称常数 A 是当 x 趋向于 x_0 时函数 $f(x)$ 的极限，记作

$$\lim_{x\to x_0} f(x)=A \quad 或 \quad f(x)\to A \ (x\to x_0).$$

根据定义 3 可知，例 4 用极限表示为 $\lim\limits_{x\to 1}\dfrac{x^2-1}{x-1}=2$.

有时我们需要研究当 x 从 x_0 左侧或右侧趋于 x_0 时函数 $f(x)$ 的极限问题.

定义 4　如果自变量 x 从点 x_0 的左侧无限接近于 x_0 时，函数值 $f(x)$ 无限接近于一个确定的常数 A，则称 A 为函数 $f(x)$ 在点 x_0 处的左极限，并记为

$$\lim_{x\to x_0^-} f(x)=A \quad 或 \quad f(x_0^-)=A.$$

如果自变量 x 从点 x_0 的右侧无限接近于 x_0 时，函数值 $f(x)$ 无限接近于一个确定的常数 A，则称 A 为函数 $f(x)$ 在点 x_0 处的右极限，并记为

$$\lim_{x\to x_0^+} f(x)=A \quad 或 \quad f(x_0^+)=A.$$

从图 2-4 可以看出，

$$\lim_{x\to 1^-}\frac{x^2-1}{x-1}=2,\quad \lim_{x\to 1^+}\frac{x^2-1}{x-1}=2,\quad \lim_{x\to 1}\frac{x^2-1}{x-1}=2.$$

由左右极限的定义及上述例子不难看出，极限存在与左右极限存在有如下关系：

定理 2　$\lim\limits_{x\to x_0} f(x)=A$ 的充要条件是

$$\lim_{x\to x_0^-} f(x)=\lim_{x\to x_0^+} f(x)=A.$$

说明：如果 $\lim\limits_{x\to x_0^-} f(x)$ 和 $\lim\limits_{x\to x_0^+} f(x)$ 都存在但不相等，或者 $\lim\limits_{x\to x_0^-} f(x)$ 和 $\lim\limits_{x\to x_0^+} f(x)$ 至少有一个不存在，那么 $\lim\limits_{x\to x_0} f(x)$ 不存在.

例 5　设函数 $f(x)=\begin{cases} x-1, & x<0, \\ 0, & x=0, \\ x+1, & x>0, \end{cases}$ 讨论当 $x\to 0$ 时 $f(x)$ 的极限.

解　因为

$$\lim_{x\to 0^-} f(x)=\lim_{x\to 0^-}(x-1)=-1,\quad \lim_{x\to 0^+} f(x)=\lim_{x\to 0^+}(x+1)=1,$$

所以 $\lim\limits_{x\to 0} f(x)$ 不存在，如图 2-5 所示.

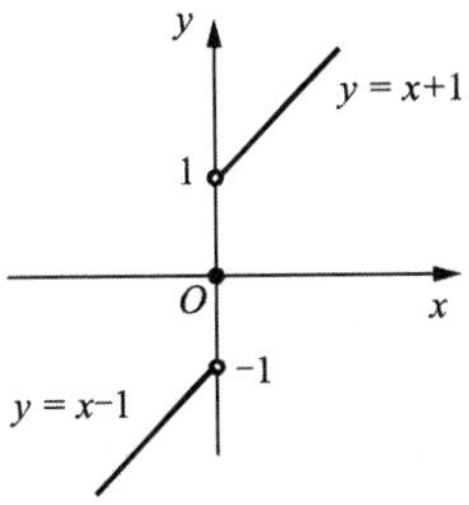

图 2-5

例 6　讨论函数 $f(x)=\dfrac{x}{|x|}$ 当 $x\to 0$ 时的极限是否存在.

解　因为

$$\lim_{x\to 0^+} f(x)=\lim_{x\to 0^+}\frac{x}{x}=1,\quad \lim_{x\to 0^-} f(x)=\lim_{x\to 0^-}\frac{x}{-x}=-1,$$

所以函数 $f(x)=\dfrac{x}{|x|}$ 当 $x\to 0$ 时的极限不存在.即 $\lim\limits_{x\to 0} f(x)=\lim\limits_{x\to 0}\dfrac{x}{|x|}$ 不存在.

训练任务 2.2

1. 填空题.

(1) $\lim\limits_{x\to 1}(3x^2-2)=$________；　(2) $\lim\limits_{x\to 2}x^2=$________；

(3) $\lim\limits_{x\to +\infty}\dfrac{1}{x^2}=$________；　(4) $\lim\limits_{x\to 2}\dfrac{x^2-4}{x-2}=$________.

2. 讨论当 $x\to 0$ 时，符号函数 $\operatorname{sgn}(x)=\begin{cases} -1, & x<0, \\ 0, & x=0, \\ 1, & x>0 \end{cases}$ 的极限.

3. 分析函数的变化趋势，并求极限.

(1) $y=\dfrac{1}{x^2}$ $(x\to\infty)$；　(2) $y=\dfrac{1}{\ln x}$ $(x\to +\infty)$；

(3) $y=2^{-x}$ $(x\to 0^-)$；　(4) $y=\cos x$ $(x\to 0)$.

4. 设函数 $f(x)=\begin{cases} x^2, & 0\leqslant x\leqslant 1, \\ 1, & 1<x<2, \end{cases}$ 求 $\lim\limits_{x\to 1^-} f(x)$ 和 $\lim\limits_{x\to 1^+} f(x)$，并由此判断 $\lim\limits_{x\to 1} f(x)$ 是否存在.

第三节　无穷小量与无穷大量

一、无穷小量

1. 无穷小量的定义

有一类函数在某个变化过程中，其绝对值可以无限变小，也就是说它的极限为零，这样的函数在微积分中非常重要.我们先看下面的例子：

例 1　在某个变化过程中分析以下变量的变化趋势：

(1) 当 $x\to1$ 时，$f(x)=x-1$；　　(2) 当 $x\to1$ 时，$f(x)=\ln x$；

(3) 当 $x\to\infty$时，$f(x)=\dfrac{1}{x}$；　　(4) 当 $x\to-\infty$时，$f(x)=e^x$.

解　(1) 当 $x\to1$ 时，$f(x)=x-1\to0$，即 $\lim\limits_{x\to1}(x-1)=0$；

(2) 当 $x\to1$ 时，$f(x)=\ln x\to0$，即 $\lim\limits_{x\to1}\ln x=0$；

(3) 当 $x\to\infty$时，$f(x)=\dfrac{1}{x}\to0$，即$\lim\limits_{x\to\infty}\dfrac{1}{x}=0$；

(4) 当 $x\to-\infty$时，$f(x)=e^x\to0$，即 $\lim\limits_{x\to-\infty}e^x=0$.

像这种在某个变化过程中极限为零的变量，有以下定义：

定义 1　如果$\lim\limits_{x\to x_0}f(x)=0$，则称函数$f(x)$是当 $x\to x_0$ 时的无穷小量，简称无穷小.

定义中的 $x\to x_0$ 可换成 $x\to x_0^+$，$x\to x_0^-$，$x\to\infty$，$x\to+\infty$，$x\to-\infty$等情形.

在上面的例子中，根据定义 1，函数$f(x)=x-1$ 是当 $x\to1$ 时的无穷小量，$f(x)=\ln x$ 是当 $x\to1$ 时的无穷小量，$f(x)=\dfrac{1}{x}$是当 $x\to\infty$时的无穷小量，$f(x)=e^x$ 是当 $x\to-\infty$时的无穷小量.

在判断函数为无穷小量时需要注意：

(1) 确定$f(x)$是否是无穷小，须指出 x 的变化趋势，如$f(x)=\dfrac{1}{x}$是当 $x\to\infty$时的无穷小，而当 x 趋于非零常数时，它不再是无穷小；

(2) 无穷小是以 0 为极限的变量，其他任何数(数 0 除外)，即使其绝对值很小，也不是无穷小，0 是唯一可作为无穷小的常数；

(3) 无穷小是函数$f(x)$极限存在且为零的情形.

例 2　指出下列函数是自变量 x 在怎样的变化过程中的无穷小：

(1) $y=\dfrac{1}{\sqrt{x}}$；　　(2) $y=3x-1$；　　(3) $y=\dfrac{1}{2^x}$.

解　(1) 因为 $\lim\limits_{x\to+\infty}\dfrac{1}{\sqrt{x}}=0$，所以函数$\dfrac{1}{\sqrt{x}}$是当 $x\to+\infty$时的无穷小；

(2) 因为$\lim\limits_{x\to\frac{1}{3}}(3x-1)=0$，所以函数 $y=3x-1$ 是当 $x\to\dfrac{1}{3}$时的无穷小；

(3) 因为 $\lim\limits_{x\to+\infty}\dfrac{1}{2^x}=0$，所以函数$\dfrac{1}{2^x}$是当 $x\to+\infty$时的无穷小.

2. 函数的极限与无穷小之间的关系

定理 1　$\lim\limits_{x\to x_0} f(x)=A$ 的充要条件是 $f(x)=A+\alpha(x)$，其中 $\alpha(x)$ 为 $x\to x_0$ 时的无穷小.

定理 1 中的 $x\to x_0$ 可换成 $x\to x_0^+$，$x\to x_0^-$，$x\to\infty$，$x\to+\infty$，$x\to-\infty$ 等情形.

证明略.

3. 无穷小的性质

性质 1　有限个无穷小之和是无穷小.

例如，当 $x\to 0$ 时，x^2 和 $\sin x$ 都是无穷小，故 $x^2+\sin x$ 也是当 $x\to 0$ 时的无穷小.

必须注意，无穷多个无穷小之和不一定是无穷小.

例如，$\lim\limits_{n\to\infty}\dfrac{1}{n^2}=0$，$\lim\limits_{n\to\infty}\dfrac{2}{n^2}=0$，…，$\lim\limits_{n\to\infty}\dfrac{n}{n^2}=0$，即 $n\to\infty$ 时 $\dfrac{1}{n^2}$，$\dfrac{2}{n^2}$，…，$\dfrac{n}{n^2}$ 都是无穷小，但

$$\lim_{n\to\infty}\left(\frac{1}{n^2}+\frac{2}{n^2}+\cdots+\frac{n}{n^2}\right)=\lim_{n\to\infty}\frac{1+2+\cdots+n}{n^2}=\lim_{n\to\infty}\frac{n(n+1)}{2n^2}=\lim_{n\to\infty}\frac{n+1}{2n}=\lim_{n\to\infty}\frac{1+\frac{1}{n}}{2}=\frac{1}{2}.$$

性质 2　有限个无穷小之积是无穷小.

例如，当 $x\to 0$ 时，x^2 和 $\sin x$ 都是无穷小，则 $x^2\sin x$ 也是无穷小.

性质 3　无穷小量与有界变量的乘积仍是无穷小量.

例如，当 $x\to 0$ 时，$\sin x$ 是无穷小，则 $3\sin x$ 也是无穷小量.

例 3　求极限 $\lim\limits_{x\to 0}\left(x\sin\dfrac{1}{x}\right)$.

解　因为 $\lim\limits_{x\to 0}x=0$，所以函数 x 是当 $x\to 0$ 时的无穷小；又因为 $\left|\sin\dfrac{1}{x}\right|\leqslant 1$，即 $\sin\dfrac{1}{x}$ 是有界函数，故由性质 3 知，$x\sin\dfrac{1}{x}$ 仍为 $x\to 0$ 时的无穷小，即

$$\lim_{x\to 0}\left(x\sin\frac{1}{x}\right)=0.$$

二、无穷大量

定义 2　在自变量的某个变化过程中，如果函数值的绝对值 $|f(x)|$ 无限增大，则称函数 $f(x)$ 为该自变量在这个变化过程中的无穷大量，简称无穷大. 如果函数值 $f(x)$（或 $-f(x)$）无限增大，则称函数 $f(x)$ 为该自变量的变化过程中的正（或负）无穷大.

若 $f(x)$ 是当 $x\to x_0$ 时的无穷大，记为

$$\lim_{x\to x_0}f(x)=\infty\quad 或\quad f(x)\to\infty\ (x\to x_0);$$

若 $f(x)$ 是当 $x\to x_0$ 时的正无穷大，记为

$$\lim_{x\to x_0}f(x)=+\infty\quad 或\quad f(x)\to+\infty\ (x\to x_0);$$

若 $f(x)$ 是当 $x\to x_0$ 时的负无穷大，记为

$$\lim_{x\to x_0}f(x)=-\infty\quad 或\quad f(x)\to-\infty\ (x\to x_0).$$

例 4　指出下列函数是自变量 x 在怎样的变化过程中的无穷大：

(1) $y=\dfrac{1}{x}$；　(2) $y=\dfrac{1}{x-1}$；　(3) $y=e^x$；　(4) $y=\ln x$.

解 (1) 因为 $\lim\limits_{x\to 0}\frac{1}{x}=\infty$,所以$\frac{1}{x}$是当 $x\to 0$ 时的无穷大.

(2) 因为 $\lim\limits_{x\to 1}\frac{1}{x-1}=\infty$,所以$\frac{1}{x-1}$是当 $x\to 1$ 时的无穷大.

(3) 因为 $\lim\limits_{x\to +\infty}\mathrm{e}^x=+\infty$,所以 e^x 是当 $x\to +\infty$时的正无穷大.

(4) 因为 $\lim\limits_{x\to 0^+}\ln x=-\infty$,所以 $\ln x$ 是当 $x\to 0^+$ 时的负无穷大;因为 $\lim\limits_{x\to +\infty}\ln x=+\infty$,所以 $\ln x$ 是当 $x\to +\infty$时的正无穷大.

在判断函数为无穷大时应注意:

(1) 确定$f(x)$是否是无穷大,须指出 x 的变化趋势.如 $\lim\limits_{x\to 0}\frac{1}{x}=\infty$,而$\lim\limits_{x\to \infty}\frac{1}{x}=0$.

(2) 无穷大是个变量,描述变量的变化趋势,而非绝对值很大的数.

(3) 无穷大是函数$f(x)$的极限不存在的一种情形,记号$\lim\limits_{x\to x_0}f(x)=\infty$或$\lim\limits_{x\to \infty}f(x)=\infty$只是为了方便,并不表明函数的极限存在.

三、无穷小与无穷大的关系

在自变量的同一变化过程中,若$f(x)$是无穷大,则$\frac{1}{f(x)}$是无穷小;反之,若$f(x)$是无穷小,且$f(x)\neq 0$,则$\frac{1}{f(x)}$是无穷大.

例 5 求$\lim\limits_{x\to \frac{1}{2}}\frac{1}{2x-1}$.

解 因为$\lim\limits_{x\to \frac{1}{2}}(2x-1)=0$,所以$\lim\limits_{x\to \frac{1}{2}}\frac{1}{2x-1}=\infty$.

因此,无穷大量可以转化为无穷小量来讨论.

四、无穷小量的比较

两个无穷小的和、差、积都是无穷小,但两个无穷小的商不一定是无穷小.

请看例子:

例 6 设$f(x)=x^3$,$g(x)=x^2$,$h(x)=2x^2$,求极限 $\lim\limits_{x\to 0}\frac{f(x)}{g(x)}$,$\lim\limits_{x\to 0}\frac{g(x)}{f(x)}$,$\lim\limits_{x\to 0}\frac{g(x)}{h(x)}$.

解 $\lim\limits_{x\to 0}\frac{f(x)}{g(x)}=\lim\limits_{x\to 0}\frac{x^3}{x^2}=\lim\limits_{x\to 0}x=0$, $\lim\limits_{x\to 0}\frac{g(x)}{f(x)}=\lim\limits_{x\to 0}\frac{x^2}{x^3}=\lim\limits_{x\to 0}\frac{1}{x}=\infty$,

$\lim\limits_{x\to 0}\frac{g(x)}{h(x)}=\lim\limits_{x\to 0}\frac{x^2}{2x^2}=\frac{1}{2}$.

上例说明,函数$f(x)=x^3$,$g(x)=x^2$,$h(x)=2x^2$ 虽然都是 $x\to 0$ 时的无穷小,但是它们趋于 0 的速度却不同. 在 $x\to 0$ 的过程中,$x^3\to 0$ 比 $x^2\to 0$ 快,反之,$x^2\to 0$ 比 $x^3\to 0$ 慢,而 $x^2\to 0$ 与 $2x^2\to 0$ 快慢相仿. 快慢是相对的,是相互比较而言的.

一般地,有

定义 3 设 α 和 β 是同一变化过程中的两个无穷小量且 $\beta\neq 0$,即 $\lim\alpha=0$, $\lim\beta=0$.

(1) 若$\lim\frac{\alpha}{\beta}=0$,则称 α 是比 β 较高阶的无穷小,记作 $\alpha=o(\beta)$,也称 β 是比 α 低阶的无

穷小.

例如，$\lim\limits_{x\to 1}\dfrac{(x-1)^2}{(x-1)^{\frac{3}{2}}}=0$，故当 $x\to 1$ 时，$(x-1)^2$ 是关于 $(x-1)^{\frac{3}{2}}$ 的高阶无穷小量，记作

$$(x-1)^2=o((x-1)^{\frac{3}{2}}),\ (x\to 1).$$

（2）若 $\lim\dfrac{\alpha}{\beta}=c$（其中 c 为常数，但 $c\neq 0$），则称 α 与 β 是同阶无穷小.特别地，当 $c=1$，即 $\lim\dfrac{\alpha}{\beta}=1$ 时，则称 α 与 β 是等价无穷小，记作 $\alpha\sim\beta$.

根据定义 3，例 6 的结论可表述为：当 $x\to 0$ 时 $f(x)=x^3$ 是比 $g(x)=x^2$ 高阶的无穷小，记作 $f(x)=o(g(x))$；$g(x)=x^2$ 是比 $f(x)=x^3$ 低阶的无穷小；$g(x)=x^2$ 与 $h(x)=2x^2$ 是同阶无穷小.

训练任务 2.3

1. 填空题

（1）$\lim\limits_{x\to\infty}\dfrac{\sin x}{x}=$________；　　（2）$\lim\limits_{x\to 0}\left(x^2\cos\dfrac{1}{x}\right)=$________；

（3）当 $x\to$________时，$f(x)=\ln x$ 是无穷小；

（4）当 $x\to$________时，$f(x)=3^x$ 是无穷大.

2. 下列叙述是否正确？并说明理由.

（1）无穷小量是一个很小的量；

（2）无穷小量是一个越来越小的量；

（3）无穷小量是 0；

（4）无穷小量是以 0 为极限的变量.

3. 指出下列变量中，哪些是无穷大量，哪些是无穷小量.

（1）$\ln(2x-1)$，当 $x\to 1$ 时；　　（2）e^x，当 $x\to 0$ 时；

（3）$e^{\frac{1}{x}}$，当 $x\to 0^-$ 时；　　（4）$\dfrac{1+2x}{x^2}$，当 $x\to 0$ 时；

（5）$\dfrac{1}{x-\sin x}$，当 $x\to 0$ 时；　　（6）$1-\cos x$，当 $x\to 0$ 时.

4. 利用无穷小量的性质，计算下列极限

（1）$\lim\limits_{x\to\infty}\left[\dfrac{x-1}{x^5+x-5}(2+\cos x)\right]$；　　（2）$\lim\limits_{x\to 1}\left[(x^2-1)\sin\dfrac{1}{x-1}\right]$.

5. 指出下列各题中的无穷小是同阶无穷小、等价无穷小还是高阶无穷小.

（1）x^3 与 $1\,000x^2$ $(x\to 0)$；　　（2）$\dfrac{1}{10\,000x^2+1\,000}$ 与 $\dfrac{1}{0.01x^3}$ $(x\to+\infty)$.

第四节　极限的运算

为了求一些较为复杂函数的极限，本节给出极限四则运算法则与两个重要极限，证明不做要求.

一、极限的四则运算法则

法则　设 $\lim\limits_{x\to x_0}f(x)=A$，$\lim\limits_{x\to x_0}g(x)=B$，则

(1) $\lim\limits_{x\to x_0}[f(x)\pm g(x)]=\lim\limits_{x\to x_0}f(x)\pm\lim\limits_{x\to x_0}g(x)=A\pm B$；

(2) $\lim\limits_{x\to x_0}[f(x)g(x)]=\lim\limits_{x\to x_0}f(x)\lim\limits_{x\to x_0}g(x)=AB$；

(3) $\lim\limits_{x\to x_0}\dfrac{f(x)}{g(x)}=\dfrac{\lim\limits_{x\to x_0}f(x)}{\lim\limits_{x\to x_0}g(x)}=\dfrac{A}{B}(B\neq 0)$.

特别地，　$\lim\limits_{x\to x_0}[Cf(x)]=C\lim\limits_{x\to x_0}f(x)=CA$　（其中 C 为常数）.

$\lim\limits_{x\to x_0}[f(x)]^n=[\lim\limits_{x\to x_0}f(x)]^n=A^n$　（设 n 为自然数）.

还可以证明，若 $\lim u$ 存在，且 $(\lim u)^{\frac{1}{n}}$ 有意义，则

$$\lim u^{\frac{1}{n}}=(\lim u)^{\frac{1}{n}}.$$

上面的法则和推论中的极限过程 $x\to x_0$ 均可换成 $x\to x_0^+$，$x\to x_0^-$，$x\to\infty$，$x\to+\infty$，$x\to-\infty$ 等情形.

(1)和(2)可以推广到有限个函数极限的情形.

例 1　求 (1) $\lim\limits_{x\to x_0}P_n(x)=\lim\limits_{x\to x_0}(a_nx^n+a_{n-1}x^{n-1}+\cdots+a_1x+a_0)$；　(2) $\lim\limits_{x\to x_0}x^n$.

解　(1) $\lim\limits_{x\to x_0}P_n(x)=\lim\limits_{x\to x_0}(a_nx^n+a_{n-1}x^{n-1}+\cdots+a_1x+a_0)$

$$=\lim_{x\to x_0}a_nx^n+\lim_{x\to x_0}a_{n-1}x^{n-1}+\cdots+\lim_{x\to x_0}a_1x+\lim_{x\to x_0}a_0$$

$$=a_nx_0^n+a_{n-1}x_0^{n-1}+\cdots+a_1x+a_0.$$

(2) 由于 $\lim\limits_{x\to x_0}x=x_0$，由利用极限的运算法则

$$\lim_{x\to x_0}x^n=\lim_{x\to x_0}(\overbrace{x\cdot x\cdots x}^{n\text{个}})=\overbrace{\lim_{x\to x_0}x\ \lim_{x\to x_0}x\cdots\lim_{x\to x_0}x}^{n\text{个}}=\overbrace{x_0\cdot x_0\cdots x_0}^{n\text{个}}=x_0^n.$$

由例 1 可知，多项式 $P_n(x)=a_nx^n+a_{n-1}x^{n-1}+\cdots+a_1x+a_0$ 当 $x\to x_0$ 的极限值就是多项式 $P_n(x)$ 在 x_0 处的函数值，即

$$\lim_{x\to x_0}P_n(x)=P_n(x_0).$$

例 2　求(1) $\lim\limits_{x\to 2}(6x^2-9x+4)$；　(2) $\lim\limits_{x\to -16}\sqrt{1-5x}$.

解　(1) $\lim\limits_{x\to 2}(6x^2-9x+4)=6\times 2^2-9\times 2+4=10$.

(2) 由于 $\lim\limits_{x\to -16}(1-5x)=1-5\times(-16)=81$ 存在且大于零，所以

$$\lim_{x\to -16}\sqrt{1-5x}=\sqrt{\lim_{x\to -16}(1-5x)}=\sqrt{81}=9.$$

例 3　求 $\lim\limits_{x\to 2}\dfrac{3x^2-8x-9}{6x^2-9x+4}$.

解　因为　$\lim\limits_{x\to 2}(6x^2-9x+4)=10\neq 0$，

所以　$$\lim_{x\to 2}\frac{3x^2-8x-9}{6x^2-9x+4}=\frac{\lim\limits_{x\to 2}(3x^2-8x-9)}{\lim\limits_{x\to 2}(6x^2-9x+4)}=\frac{3\times 2^2-8\times 2-9}{6\times 2^2-9\times 2+4}=-\frac{13}{10}.$$

例 4　求 $\lim\limits_{x\to+\infty}\left(2^{-x}+\dfrac{1}{x}+\dfrac{1}{x^2}\right)$.

解　$\lim\limits_{x\to+\infty}\left(2^{-x}+\dfrac{1}{x}+\dfrac{1}{x^2}\right)=\lim\limits_{x\to+\infty}2^{-x}+\lim\limits_{x\to+\infty}\dfrac{1}{x}+\lim\limits_{x\to+\infty}\dfrac{1}{x^2}=0+0+0=0$.

例 5　求$\lim\limits_{x\to\infty}\left(\dfrac{5x^2}{1-x^2}-2^{\frac{1}{x}}\right)$.

解　$\lim\limits_{x\to\infty}\left(\dfrac{5x^2}{1-x^2}-2^{\frac{1}{x}}\right)=\lim\limits_{x\to\infty}\dfrac{5x^2}{1-x^2}-\lim\limits_{x\to\infty}2^{\frac{1}{x}}=\lim\limits_{x\to\infty}\dfrac{5}{\dfrac{1}{x^2}-1}-1=-6.$

例 6　求$\lim\limits_{x\to1}\left(\dfrac{3}{1-x^3}-\dfrac{2}{1-x^2}\right)$.

解　$\lim\limits_{x\to1}\left(\dfrac{3}{1-x^3}-\dfrac{2}{1-x^2}\right)=\lim\limits_{x\to1}\left(\dfrac{3}{(1-x)(1+x+x^2)}-\dfrac{2}{(1-x)(1+x)}\right)$

$$=\lim_{x\to1}\frac{3(1+x)-2(1+x+x^2)}{(1-x)(1+x+x^2)(1+x)}=\lim_{x\to1}\frac{1+x-2x^2}{(1-x)(1+x)(1+x+x^2)}$$

$$=-\lim_{x\to1}\frac{2x^2-x-1}{(1-x)(1+x)(1+x+x^2)}$$

$$=-\lim_{x\to1}\frac{(2x+1)(x-1)}{(1-x)(1+x)(1+x+x^2)}=\lim_{x\to1}\frac{2x+1}{(1+x)(1+x+x^2)}=\frac{1}{2}.$$

二、两个重要极限

下面介绍两个在微积分学中起着重要作用的极限公式.

1. 第 1 个重要极限

$$\lim_{x\to0}\frac{\sin x}{x}=1.\quad\left(\frac{0}{0}\text{型}\right)$$

证明略.

推论　$$\lim_{x\to0}\frac{x}{\sin x}=1.$$

此极限在形式上有以下特点：

(1) 当 $x\to0$ 时,分子、分母的极限均为 0,通常将这种情形的极限称为$\dfrac{0}{0}$型；

(2) 极限$\lim\limits_{x\to0}\dfrac{\sin x}{x}=1$ 可写成$\lim\limits_{\Delta\to0}\dfrac{\sin\Delta}{\Delta}=1$($\Delta$ 代表同一变量或相同的表达式).

例 7　求$\lim\limits_{x\to0}\dfrac{\sin 3x}{x}$.

解　$\lim\limits_{x\to0}\dfrac{\sin 3x}{x}=\lim\limits_{x\to0}\left(\dfrac{\sin 3x}{3x}\cdot3\right)=3\lim\limits_{x\to0}\dfrac{\sin 3x}{3x}=3.$

例 8　求$\lim\limits_{x\to0}\dfrac{\sin 3x}{\sin 4x}$.

解　$\lim\limits_{x\to0}\dfrac{\sin 3x}{\sin 4x}=\lim\limits_{x\to0}\left(\dfrac{\sin 3x}{3x}\cdot\dfrac{4x}{\sin 4x}\cdot\dfrac{3}{4}\right)=\dfrac{3}{4}\lim\limits_{x\to0}\left(\dfrac{\sin 3x}{3x}\cdot\dfrac{4x}{\sin 4x}\right)$

$$=\frac{3}{4}\lim_{x\to0}\frac{\sin 3x}{3x}\cdot\lim_{x\to0}\frac{4x}{\sin 4x}=\frac{3}{4}.$$

例 9　求$\lim\limits_{x\to0}\dfrac{\tan x}{x}$.

解　$\lim\limits_{x\to0}\dfrac{\tan x}{x}=\lim\limits_{x\to0}\dfrac{\frac{\sin x}{\cos x}}{x}=\lim\limits_{x\to0}\left(\dfrac{\sin x}{x}\cdot\dfrac{1}{\cos x}\right)=\lim\limits_{x\to0}\dfrac{\sin x}{x}\lim\limits_{x\to0}\dfrac{1}{\cos x}=1.$

例 10 求$\lim\limits_{x\to 2}\dfrac{\sin(x-2)}{2-x}$.

解 设 $t=x-2$,则当 $x\to 2$ 时,$t\to 0$.所以

$$\lim_{x\to 2}\frac{\sin(x-2)}{2-x}=-\lim_{x\to 2}\frac{\sin(x-2)}{x-2}=-\lim_{t\to 0}\frac{\sin t}{t}=-1.$$

*__例 11__ 求 $\lim\limits_{x\to 0}\dfrac{\arcsin x}{x}$.

解 令 $\arcsin x=t$,则 $x=\sin t$.当 $x\to 0$ 时,$t\to 0$,于是

$$\lim_{x\to 0}\frac{\arcsin x}{x}=\lim_{t\to 0}\frac{t}{\sin t}=1.$$

2. 第 2 个重要极限

$$\lim_{x\to\infty}\left(1+\frac{1}{x}\right)^{x}=\mathrm{e}.\quad (1^{\infty}\text{型})$$

证明略.

当 n 为正整数时,第 2 个重要极限为

$$\lim_{n\to\infty}\left(1+\frac{1}{n}\right)^{n}=\mathrm{e}.$$

此极限在形式上有以下特点:

(1) 函数的底趋向于 1,而指数趋向于∞,所以通常将这种情形的极限称为 1^{∞} 型的极限;

(2) 利用变量代换,令 $z=\dfrac{1}{x}$,则当 $x\to\infty$时,$z\to 0$,于是有$\lim\limits_{z\to 0}(1+z)^{\frac{1}{z}}=\mathrm{e}$,仍可以写成

$$\lim_{x\to 0}(1+x)^{\frac{1}{x}}=\mathrm{e};$$

(3) 为了强调极限的形式,我们把它写成

$$\lim_{\Delta\to\infty}\left(1+\frac{1}{\Delta}\right)^{\Delta}=\mathrm{e}\quad (\Delta\text{ 表示同一变量}).$$

例 12 求$\lim\limits_{x\to\infty}\left(1+\dfrac{2}{x}\right)^{x}$.

解 $$\lim_{x\to\infty}\left(1+\frac{2}{x}\right)^{x}=\lim_{x\to\infty}\left[\left(1+\frac{2}{x}\right)^{\frac{x}{2}}\right]^{2}=\left[\lim_{x\to\infty}\left(1+\frac{2}{x}\right)^{\frac{x}{2}}\right]^{2}=\mathrm{e}^{2}.$$

例 13 求$\lim\limits_{x\to\infty}\left(1-\dfrac{1}{x}\right)^{3x}$.

解 $$\lim_{x\to\infty}\left(1-\frac{1}{x}\right)^{3x}=\lim_{x\to\infty}\left[\left(1+\frac{1}{-x}\right)^{-x}\right]^{-3}=\left[\lim_{x\to\infty}\left(1+\frac{1}{-x}\right)^{-x}\right]^{-3}=\mathrm{e}^{-3}.$$

例 14 求$\lim\limits_{x\to 0}(1-x)^{\frac{2}{x}}$.

解 $$\lim_{x\to 0}(1-x)^{\frac{2}{x}}=\lim_{x\to 0}\{[1+(-x)]^{\frac{1}{-x}}\}^{-2}=\mathrm{e}^{-2}.$$

*__例 15__ 求$\lim\limits_{x\to\infty}\left(\dfrac{x+2}{x-3}\right)^{x+1}$.

解 $$\lim_{x\to\infty}\left(\frac{x+2}{x-3}\right)^{x+1}=\lim_{x\to\infty}\left[\left(\frac{x+2}{x-3}\right)^{x}\cdot\frac{x+2}{x-3}\right]=\lim_{x\to\infty}\left(\frac{x+2}{x-3}\right)^{x}\cdot\lim_{x\to\infty}\frac{x+2}{x-3}$$

$$=\lim_{x\to\infty}\left(\frac{1+\frac{2}{x}}{1-\frac{3}{x}}\right)^x \lim_{x\to\infty}\frac{1+\frac{2}{x}}{1-\frac{3}{x}}=\frac{\lim\limits_{x\to\infty}\left[\left(1+\frac{2}{x}\right)^{\frac{x}{2}}\right]^2}{\lim\limits_{x\to\infty}\left[\left(1-\frac{3}{x}\right)^{\frac{x}{-3}}\right]^{-3}}=\frac{e^2}{e^{-3}}=e^5.$$

三、求极限的方法

1. 直接用极限的四则运算法则求极限

例 16　求$\lim\limits_{x\to1}\frac{x^2-x+1}{x^2-3}$.

解　$\lim\limits_{x\to1}\frac{x^2-x+1}{x^2-3}=\frac{\lim\limits_{x\to1}(x^2-x+1)}{\lim\limits_{x\to1}(x^2-3)}=\frac{\lim\limits_{x\to1}x^2-\lim\limits_{x\to1}x+\lim\limits_{x\to1}1}{\lim\limits_{x\to1}x^2-\lim\limits_{x\to1}3}=\frac{1-1+1}{1-3}=-\frac{1}{2}$.

2. 当 $x\to x_0$ 时，分子、分母均趋于 0 的情况$\left(\text{即}\frac{0}{0}\text{型}\right)$，有以下两种方法求函数的极限

方法 1　将分子、分母分解因式，消去使极限为 0 的因子(我们通常称这种方法为消去零因子法)，然后再用法则.

方法 2　将分子、分母分别求导后再用法则，前提是$f(x)$，$g(x)$在点 x_0 的某去心邻域 $\hat{U}(x_0)$内可导，且 $g'(x)\neq0$，$\lim\limits_{x\to x_0}\frac{f'(x)}{g'(x)}=A$，则 $\lim\limits_{x\to x_0}\frac{f(x)}{g(x)}=\lim\limits_{x\to x_0}\frac{f'(x)}{g'(x)}=A$.

注意：这个结论在后面洛比达法则的学习中还会进一步说明.

在中学里学过的几个导数公式如下：

(1) $(C)'=0$；　　(2) $(x)'=1$；

(3) $(x^\alpha)'=\alpha x^{\alpha-1}(\alpha\neq0,1)$；　　(4) $(a^x)'=a^x\ln a$；

(5) $(e^x)'=e^x$；　　(6) $(\ln x)'=\frac{1}{x}$；

(7) $(\sin x)'=\cos x$；　　(8) $(\cos x)'=-\sin x$.

导数公式在第 3 章还会继续学习.

例 17　求$\lim\limits_{x\to3}\frac{x^2-5x+6}{x-3}$. $\left(\frac{0}{0}\text{型}\right)$

解法 1　(分解因式)

$$\lim_{x\to3}\frac{x^2-5x+6}{x-3}=\lim_{x\to3}\frac{(x-2)(x-3)}{x-3}=\lim_{x\to3}(x-2)=1.$$

解法 2　(分子分母分别求导)

$$\lim_{x\to3}\frac{x^2-5x+6}{x-3}=\lim_{x\to3}\frac{(x^2-5x+6)'}{(x-3)'}=\lim_{x\to3}\frac{2x-5}{1}=1.$$

例 18　求$\lim\limits_{x\to0}\frac{1-\cos x}{x^2}$. $\left(\frac{0}{0}\text{型}\right)$

解　(分子分母分别求导)

$$\lim_{x\to0}\frac{1-\cos x}{x^2}=\lim_{x\to0}\frac{(1-\cos x)'}{(x^2)'}=\lim_{x\to0}\frac{\sin x}{2x}=\frac{1}{2}\lim_{x\to0}\frac{\sin x}{x}=\frac{1}{2}.$$

3. 当 $x\to\infty$ 时，分子、分母均为多项式的情形

例 19 求$\lim\limits_{x\to\infty}\dfrac{2x^3-x^2+1}{3x^3+x^2-4}$.

解 $$\lim_{x\to\infty}\frac{2x^3-x^2+1}{3x^3+x^2-4}=\lim_{x\to\infty}\frac{2-\frac{1}{x}+\frac{1}{x^3}}{3+\frac{1}{x}-\frac{4}{x^3}}=\frac{\lim\limits_{x\to\infty}\left(2-\frac{1}{x}+\frac{1}{x^3}\right)}{\lim\limits_{x\to\infty}\left(3+\frac{1}{x}-\frac{4}{x^3}\right)}=\frac{2}{3}.$$

例 20 求$\lim\limits_{x\to\infty}\dfrac{x^2+2}{x^3-x-3}$.

解 $$\lim_{x\to\infty}\frac{x^2+2}{x^3-x-3}=\lim_{x\to\infty}\frac{\frac{1}{x}+\frac{2}{x^3}}{1-\frac{1}{x^2}-\frac{3}{x^3}}=0.$$

一般地，当 $x\to\infty$时，有理式($a_0\neq0,b_0\neq0$)的极限有以下结果：

$$\lim_{x\to\infty}\frac{a_0x^n+a_1x^{n-1}+\cdots+a_n}{b_0x^m+b_1x^{m-1}+\cdots+b_m}=\begin{cases}\dfrac{a_0}{b_0}, & n=m,\\ 0, & n<m,\\ \infty, & n>m.\end{cases}$$

4. 含有根式的函数的极限

方法:求无理式的极限,可先将分子或分母有理化,再用法则.

例 21 求 $\lim\limits_{x\to4}\dfrac{\sqrt{x}-2}{x^2+x-20}$.

解法 1 (分子有理化)

$$\lim_{x\to4}\frac{\sqrt{x}-2}{x^2+x-20}=\lim_{x\to4}\frac{(\sqrt{x}-2)(\sqrt{x}+2)}{(x^2+x-20)(\sqrt{x}+2)}=\lim_{x\to4}\frac{x-4}{(x-4)(x+5)(\sqrt{x}+2)}$$
$$=\lim_{x\to4}\frac{1}{(x+5)(\sqrt{x}+2)}=\frac{1}{36}.$$

解法 2 (分子分母分别求导)

$$\lim_{x\to4}\frac{\sqrt{x}-2}{x^2+x-20}=\lim_{x\to4}\frac{(\sqrt{x}-2)'}{(x^2+x-20)'}=\lim_{x\to4}\frac{\frac{1}{2\sqrt{x}}}{2x+1}=\frac{1}{36}.$$

例 22 求$\lim\limits_{x\to0}\dfrac{\sqrt{1+x}-1}{x}$.

解法 1 (分子有理化)

$$\lim_{x\to0}\frac{\sqrt{1+x}-1}{x}=\lim_{x\to0}\frac{(\sqrt{1+x}-1)(\sqrt{1+x}+1)}{x(\sqrt{1+x}+1)}=\lim_{x\to0}\frac{x}{x(\sqrt{1+x}+1)}$$
$$=\lim_{x\to0}\frac{1}{\sqrt{1+x}+1}=\frac{1}{2}.$$

解法 2 (分子分母分别求导)

$$\lim_{x\to0}\frac{\sqrt{1+x}-1}{x}=\lim_{x\to0}\frac{(\sqrt{1+x}-1)'}{(x)'}=\lim_{x\to0}\frac{\frac{1}{2\sqrt{1+x}}}{1}=\frac{1}{2}.$$

5. 利用无穷小的性质求极限

例 23　求 $\lim\limits_{x\to 0}\left(x\cos\dfrac{1}{x}\right)$.

解　因为函数 x 是当 $x\to 0$ 时的无穷小，且 $\left|\cos\dfrac{1}{x}\right|\leqslant 1$，即 $\cos\dfrac{1}{x}$ 是有界函数，所以

$$\lim_{x\to 0}\left(x\cos\frac{1}{x}\right)=0.$$

6. 利用无穷大与无穷小的关系求极限

例 24　求 $\lim\limits_{x\to 0}\dfrac{\sin x}{x^2}$.

解　因为

$$\lim_{x\to 0}\frac{x^2}{\sin x}=\lim_{x\to 0}\left(x\cdot\frac{x}{\sin x}\right)=\lim_{x\to 0}x\cdot\lim_{x\to 0}\frac{x}{\sin x}=0,$$

所以

$$\lim_{x\to 0}\frac{\sin x}{x^2}=\infty.$$

例 25　求 $\lim\limits_{x\to\infty}\dfrac{2x^3+x^2+1}{4x^2-x-3}$.

解　因为

$$\lim_{x\to\infty}\frac{4x^2-x-3}{2x^3+x^2+1}=\lim_{x\to\infty}\frac{\dfrac{4}{x}-\dfrac{1}{x^2}-\dfrac{3}{x^3}}{2+\dfrac{1}{x}+\dfrac{1}{x^3}}=0,$$

所以

$$\lim_{x\to\infty}\frac{2x^3+x^2+1}{4x^2-x-3}=\infty$$

7. 利用两个重要极限求极限

见前面例 7～例 15.

8. 利用等价无穷小替换定理求极限

下面先介绍等价无穷小替换定理.

无穷小极限替换定理　在自变量的同一变化过程中，若 $\alpha,\alpha',\beta,\beta'$ 均为无穷小，且 $\alpha\sim\alpha',\beta\sim\beta'$，$\lim\dfrac{\beta'}{\alpha'}$ 存在，则 $\lim\dfrac{\beta}{\alpha}=\lim\dfrac{\beta'}{\alpha'}$.

证

$$\lim\frac{\beta}{\alpha}=\lim\frac{\beta}{\alpha}\frac{\beta'}{\alpha'}\frac{\alpha'}{\beta'}=\lim\frac{\beta}{\beta'}\frac{\alpha'}{\alpha}\frac{\beta'}{\alpha'}=1\times 1\times\lim\frac{\beta'}{\alpha'}=\lim\frac{\beta'}{\alpha'}.$$

在求两个无穷小之比的极限时，分子分母中的无穷小因子均可用等价无穷小来替代，这样可使计算大大简化.

下面是几个常用的等价无穷小，要熟记.

当 $x\to 0$ 时，下列无穷小等价：

(1) $\sin x\sim x$；　(2) $\tan x\sim x$；　(3) $\arcsin x\sim x$；

(4) $\arctan x\sim x$；　(5) $1-\cos x\sim\dfrac{x^2}{2}$；　(6) $\ln(1+x)\sim x$；

(7) $e^x-1\sim x$；　(8) $\sqrt{1+x}-1\sim\dfrac{x}{2}$；　(9) $(1+x)^\alpha-1\sim\alpha x$.

例 26　求 $\lim\limits_{x\to 0}\dfrac{x^2+2x}{\sin x}$.

解 因为当 $x\to 0$ 时，$\sin x\sim x$，所以

$$\lim_{x\to 0}\frac{x^2+2x}{\sin x}=\lim_{x\to 0}\frac{x^2+2x}{x}=\lim_{x\to 0}(x+2)=2.$$

例 27 求 $\lim\limits_{x\to 0}\dfrac{\sin 2x}{\tan 3x}$.

解 因为当 $x\to 0$ 时，$\sin 2x\sim 2x$，$\tan 3x\sim 3x$，所以

$$\lim_{x\to 0}\frac{\sin 2x}{\tan 3x}=\lim_{x\to 0}\frac{2x}{3x}=\frac{2}{3}.$$

例 28 求 $\lim\limits_{x\to 0}\dfrac{\tan x-\sin x}{x^2\sin x}$.

解 因为当 $x\to 0$ 时，$\sin x\sim x$，$\tan x\sim x$，$1-\cos x\sim\dfrac{x^2}{2}$，所以

$$\lim_{x\to 0}\frac{\tan x-\sin x}{x^2\sin x}=\lim_{x\to 0}\frac{\tan x(1-\cos x)}{x^2\sin x}=\lim_{x\to 0}\frac{x\cdot\frac{x^2}{2}}{x^2\cdot x}=\frac{1}{2}.$$

应该注意的是，等价无穷小代换是对分子、分母的整体替换(或对分子、分母的因式进行替换)，对分子或分母中“+”“－”号连接的各部分不能分别作替换.例如，

$$\lim_{x\to 0}\frac{\tan x-\sin x}{x^2\sin x}\neq\lim_{x\to 0}\frac{x-x}{x^3}=0.$$

训练任务 2.4

1. 填空题.

(1) $\lim\limits_{x\to -2}(2x^2-x+5)=$________；

(2) $\lim\limits_{x\to\sqrt{3}}\dfrac{x^2-3}{x^4+x^2+1}=$________；

(3) $\lim\limits_{x\to 0}\left(1-\dfrac{1}{x+1}\right)=$________；

(4) $\lim\limits_{x\to 2}\dfrac{x-2}{x^2+3x-10}=$________.

2. 求下列函数的极限：

(1) $\lim\limits_{x\to 2}(3x^2-5x-1)$；

(2) $\lim\limits_{x\to 1}\dfrac{x^2-x+1}{x^2-3}$；

(3) $\lim\limits_{x\to -2}\dfrac{x^2+x-2}{x^2+5x+6}$；

(4) $\lim\limits_{x\to\infty}\dfrac{5x^3-x^2+1}{3x^3+x^2-4}$；

(5) $\lim\limits_{x\to 3}\dfrac{x-3}{\sqrt{x-2}-1}$；

(6) $\lim\limits_{x\to -1}\left(\dfrac{1}{x+1}-\dfrac{3}{x^3+1}\right)$.

3. 利用 $\lim\limits_{x\to 0}\dfrac{\sin x}{x}=1$ 计算下列极限：

(1) $\lim\limits_{x\to 0}\dfrac{\sin 2x}{x}$；

(2) $\lim\limits_{x\to 0}\dfrac{\sin 5x}{\sin 3x}$；

(3) $\lim\limits_{x\to 0}\dfrac{\tan kx}{x}$；

(4) $\lim\limits_{x\to 1}\dfrac{\sin(x-1)}{x^2-1}$；

(5) $\lim\limits_{x\to 0}\dfrac{\sin 3x}{4x}$；

(6) $\lim\limits_{x\to 0}\dfrac{\sin 7x}{x^2+\pi x}$；

(7) $\lim\limits_{x\to 0}(x\cot 2x)$；

(8) $\lim\limits_{x\to -1}\dfrac{x^3+1}{\sin(x+1)}$；

(9) $\lim\limits_{x\to 0^+}\dfrac{\sin x}{\sqrt{x}}$；

(10) $\lim\limits_{n\to\infty}\left(n\sin\dfrac{x}{n}\right)$.

4. 利用$\lim\limits_{x\to\infty}\left(1+\dfrac{1}{x}\right)^x=\mathrm{e}$计算下列极限：

(1) $\lim\limits_{x\to\infty}\left(1+\dfrac{1}{2x}\right)^x$；　(2) $\lim\limits_{x\to 0}(1-x)^{\frac{3}{x}}$；　(3) $\lim\limits_{x\to\infty}\left(1+\dfrac{1}{x}\right)^{-2x}$；

(4) $\lim\limits_{x\to\infty}\left(1+\dfrac{1}{x}\right)^{-x-1}$；　(5) $\lim\limits_{x\to\infty}\left(\dfrac{1+x}{x}\right)^x$；　(6) $\lim\limits_{x\to\infty}\left(1-\dfrac{3}{x}\right)^x$；

(7) $\lim\limits_{x\to 0}(1+5x)^{\frac{1}{x}}$；　* (8) $\lim\limits_{x\to\infty}\left(\dfrac{x^2-1}{x^2}\right)^x$.

5. 利用等价无穷小代换计算下列极限：

(1) $\lim\limits_{x\to 0}\dfrac{\tan 3x}{\sin 5x}$；　(2) $\lim\limits_{x\to 0}\dfrac{2(1-\cos x)}{x\sin x}$；　(3) $\lim\limits_{x\to 0}\dfrac{\sin 3x}{x^2+3x}$；

(4) $\lim\limits_{x\to 0}\dfrac{\ln(1+6x)}{\sin 3x}$；　(5) $\lim\limits_{x\to 0}\dfrac{\tan x-\sin x}{x^3}$；　(6) $\lim\limits_{x\to 0^+}\dfrac{\sin 3x}{\sqrt{1-\cos x}}$.

第五节　函数的连续性

自然界中的许多现象，如气温的变化、河水的流动、植物的生长等等，都是连续地变化着的. 这些现象在函数关系上的反映就是函数的连续性. 在经济理论中，为了利用微积分研究经济规律，往往需要对某些经济变量作一定的连续性假设. 例如，假设国民经济的增长是连续的，供给函数、成本函数、收入函数等都是连续函数.

连续性是函数的重要性态之一，它与函数的极限密切相关.下面将介绍函数连续、间断的概念及判断，进而介绍连续函数及闭区间上连续函数的性质.

一、连续函数的概念

1. 增量的概念

自变量的增量：如果变量 x 从数值 x_1 变到数值 x_2，那么 x_2-x_1 称为变量 x 的增量，记作 Δx，即

$$\Delta x=x_2-x_1.$$

函数的增量：设函数$f(x)$在点 x_0 及其附近有定义，当自变量 x 从 x_0 变到 $x_0+\Delta x$，即有增量 Δx 时，函数 $y=f(x)$相应地从 $f(x_0)$变到 $f(x_0+\Delta x)$，称

$$\Delta y=f(x_0+\Delta x)-f(x_0)$$

为函数$f(x)$的增量.

2. 函数在点 x_0 处连续的定义

定义 1　设函数 $y=f(x)$在点 x_0 的某邻域内有定义，当自变量在点 x_0 的增量 Δx 趋近于零时，函数 $y=f(x)$相应的增量 $\Delta y=f(x)-f(x_0)=f(x_0+\Delta x)-f(x_0)$也趋近于零，即

$$\lim_{\Delta x\to 0}\Delta y=\lim_{\Delta x\to 0}[f(x_0+\Delta x)-f(x_0)]=0,$$

则称函数$f(x)$在点 x_0 处连续.

如果设 $x=x_0+\Delta x$，则当 $\Delta x\to 0$ 时，$x\to x_0$，又因为

$$\Delta y=f(x_0+\Delta x)-f(x_0)=f(x)-f(x_0),$$

所以 $\Delta y\to 0$ 就是$f(x)\to f(x_0)$.从而我们可以得到函数 $y=f(x)$在点 x_0 连续定义的另一种表达形式.

定义 2　设函数 $y=f(x)$ 在点 x_0 的某邻域内有定义，如果当 $x\to x_0$ 时，函数 $y=f(x)$ 的极限存在，且

$$\lim_{x\to x_0}f(x)=f(x_0),$$

则称函数 $y=f(x)$ 在点 x_0 处连续，点 x_0 称为 $f(x)$ 的连续点.

由定义 2 可知，$f(x)$ 在点 x_0 处连续，必须同时满足以下三个条件：

(1) 在点 x_0 的某邻域内有定义(即在点 x_0 及其附近有定义)；

(2) $\lim\limits_{x\to x_0}f(x)$ 存在；

(3) $\lim\limits_{x\to x_0}f(x)=f(x_0)$.

上述三个条件是缺一不可的，如果这三个条件中至少有一个不满足，则点 x_0 就是 $f(x)$ 的不连续点.

例 1　证明 $f(x)=2x-1$ 在点 $x=1$ 处连续.

证　因为 $f(x)=2x-1$ 的定义域是 $(-\infty,+\infty)$，显然，函数在点 $x=1$ 的某邻域内有定义且 $f(1)=1$；又

$$\lim_{x\to 1}f(x)=\lim_{x\to 1}(2x-1)=1=f(1),$$

所以，$f(x)=2x-1$ 在点 $x=1$ 处连续.

***例 2**　讨论函数

$$f(x)=\begin{cases}x\sin\dfrac{1}{x}, & x\neq 0,\\ 0, & x=0\end{cases}$$

在 $x=0$ 处的连续性.

解　函数的定义域是 $(-\infty,+\infty)$，故 $f(x)$ 在点 $x=0$ 的某邻域内有定义且 $f(0)=0$；又

$$\lim_{x\to 0}f(x)=\lim_{x\to 0}\left(x\sin\frac{1}{x}\right)=0=f(0),$$

所以，函数 $f(x)$ 在点 $x=0$ 处连续.

3. 函数在区间上连续的定义

定义 3　如果函数 $f(x)$ 在开区间 (a,b) 内的每一点都连续，则称 $f(x)$ 在开区间 (a,b) 内连续，(a,b) 称为 $f(x)$ 的连续区间.

若 $f(x)$ 在闭区间 $[a,b]$ 上有定义，在开区间 (a,b) 内连续，且

$$\lim_{x\to a^+}f(x)=f(a),\quad \lim_{x\to b^-}f(x)=f(b),$$

则称 $f(x)$ 在闭区间 $[a,b]$ 上连续.

在几何上，连续函数的图像是一条连续不间断的曲线.

二、函数的间断点及其分类

定义 4　设函数 $f(x)$ 在点 x_0 的某一去心邻域内有定义(在点 x_0 处也可以有定义)，如果 $f(x)$ 在点 x_0 处不连续，则称点 x_0 为 $f(x)$ 的间断点.

由函数在点 x_0 处连续的定义知，如果 $f(x)$ 在点 x_0 处有下列三种情况之一，那么点 x_0 为 $f(x)$ 的间断点.

(1) $f(x)$ 在点 x_0 处没有定义；

(2) $\lim\limits_{x \to x_0} f(x)$不存在；

(3) $\lim\limits_{x \to x_0} f(x) \neq f(x_0)$.

例 3　求 $y=\dfrac{1}{x-1}$的间断点.

解　因为 $y=\dfrac{1}{x-1}$在 $x=1$ 处无定义，所以$f(x)$在 $x=1$ 处不连续，因此，点 $x=1$ 为$f(x)$的间断点.

一般地，我们把间断点分为第一类间断点及第二类间断点两类. 设 x_0 为函数$f(x)$的间断点，具体定义如下.

第一类间断点：

若 $\lim\limits_{x \to x_0^-} f(x)$与 $\lim\limits_{x \to x_0^+} f(x)$都存在，则称点 x_0 为函数$f(x)$的第一类间断点.即左、右极限都存在的间断点称为第一类间断点.且当 $\lim\limits_{x \to x_0^+} f(x) \neq \lim\limits_{x \to x_0^-} f(x)$时，称 x_0 为跳跃间断点；当 $\lim\limits_{x \to x_0^+} f(x) = \lim\limits_{x \to x_0^-} f(x) \neq f(x_0)$时，称 x_0 为可去间断点.

第二类间断点：

若 $\lim\limits_{x \to x_0^-} f(x)$与 $\lim\limits_{x \to x_0^+} f(x)$至少有一个不存在，则称 x_0 为函数$f(x)$的第二类间断点.

例如，点 $x=1$ 是函数$f(x)=\dfrac{x^2-1}{x-1}$的第一类间断点，且为可去间断点；

点 $x=1$ 是函数$f(x)=\begin{cases} x+1, & x>1, \\ x-1, & x \leqslant 1 \end{cases}$的第一类间断点，且为跳跃间断点；

点 $x=1$ 是函数 $y=\dfrac{1}{(1-x)^2}$的第二类间断点.

例 4　试讨论函数$f(x)=\begin{cases} x-1, x<0, \\ 0, \quad x=0, \\ x+1, x>0 \end{cases}$在 $x=0$ 处的连续性.

解　因为 $\lim\limits_{x \to 0^-} f(x) = \lim\limits_{x \to 0^-} (x-1) = -1$，　$\lim\limits_{x \to 0^+} f(x) = \lim\limits_{x \to 0^-} (x+1) = 1$，

$$\lim_{x \to 0^-} f(x) \neq \lim_{x \to 0^+} f(x),$$

所以，$f(x)$在 $x=0$ 处不连续，$x=0$ 是函数$f(x)$的第一类间断点，且为跳跃间断点.

三、连续函数的运算法则与初等函数的连续性

定理 1　设函数$f(x)$与 $g(x)$在点 x_0 处都连续，则有

(1) $f(x) \pm g(x)$在点 x_0 处连续；

(2) $f(x)g(x)$在点 x_0 处连续；

(3) $g(x_0) \neq 0$ 时，$\dfrac{f(x)}{g(x)}$在点 x_0 处连续.

定理 1 的(1)、(2)可以推广到有限个连续函数的情形.

定理 2　设函数 $u=\varphi(x)$在点 x_0 处连续，$y=f(u)$在对应点 $u_0=\varphi(x_0)$处连续，则复合函数 $y=f[\varphi(x)]$在点 x_0 处连续.

可以证明，基本初等函数在其定义域内都是连续函数.

由于初等函数是由基本初等函数和常数函数经有限次四则运算和复合构成的，由定理 1 和定理 2 得：

定理 3　初等函数在其定义区间内是连续的.

当函数 $f(x)$ 在点 x_0 处连续时，有 $\lim\limits_{x\to x_0} f(x)=f(x_0)=f(\lim\limits_{x\to x_0} x)$，这表明，对于连续函数 $f(x)$ 而言，函数 f 与极限符号 lim 可以交换位置，这在求极限时是很有用的.

以后我们计算初等函数在定义区间内各点的极限时，只要计算它在指定点的函数值即可.分段函数非初等函数，其在分界点是否连续，要按连续的定义判断.

例 5　求下列函数的极限：

(1) $\lim\limits_{x\to 0}\sqrt{x^2-2x+3}$；　(2) $\lim\limits_{x\to\frac{\pi}{2}}\ln\sin x$；　(3) $\lim\limits_{x\to 1}\dfrac{e^{x^2-1}-\sin\left(\dfrac{\pi}{2}x\right)}{8x-5}$.

解　(1) $\lim\limits_{x\to 0}\sqrt{x^2-2x+3}=\sqrt{0^2-0+3}=\sqrt{3}$；

(2) $\lim\limits_{x\to\frac{\pi}{2}}\ln\sin x=\ln\sin\dfrac{\pi}{2}=\ln 1=0$；

(3) 由于函数 $\dfrac{e^{x^2-1}-\sin\left(\dfrac{\pi}{2}x\right)}{8x-5}$ 是初等函数，定义域是 $D=\left(-\infty,\dfrac{5}{8}\right)\cup\left(\dfrac{5}{8},+\infty\right)$，且 $1\in D$，所以

$$\lim_{x\to 1}\frac{e^{x^2-1}-\sin\left(\dfrac{\pi}{2}x\right)}{8x-5}=\frac{e^{1^2-1}-\sin\left(\dfrac{\pi}{2}\times 1\right)}{8\times 1-5}=0.$$

四、闭区间上连续函数的性质

在闭区间上连续的函数有重要的性质，它们是研究许多问题的基础，现以定理形式叙述如下.我们仅从图形上给予直观解释，其证明从略.

定理 4(最值性质)　如果函数 $f(x)$ 在闭区间 $[a,b]$ 上连续，则函数 $f(x)$ 在 $[a,b]$ 上一定有最大值和最小值.

这个定理的几何解释是：如果函数 $f(x)$ 在闭区间 $[a,b]$ 上连续，则一定存在 $\xi_1\in[a,b]$ 和 $\xi_2\in[a,b]$，使得 $f(\xi_1)$ 是 $f(x)$ 在区间 $[a,b]$ 上的最小值，$f(\xi_2)$ 是 $f(x)$ 在区间 $[a,b]$ 上的最大值(图 2-6).

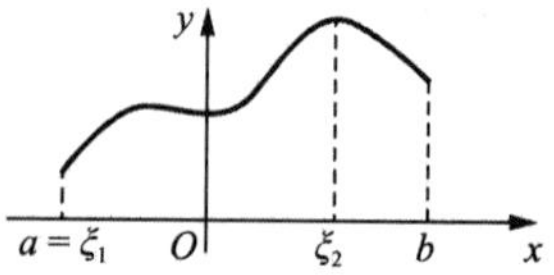

图 2-6

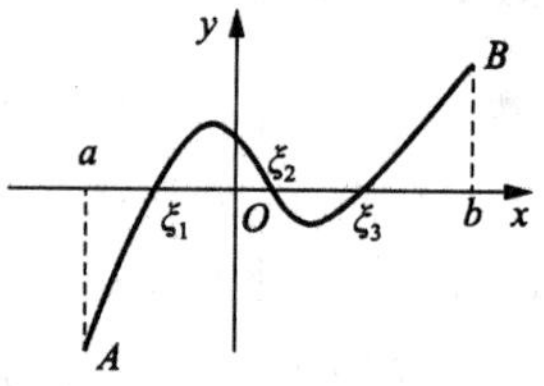

图 2-7

定理 5(零点定理)　如果函数 $f(x)$ 在闭区间 $[a,b]$ 上连续，且 $f(a)f(b)<0$，则至少存在一点 $\xi\in(a,b)$，使得

$$f(\xi)=0.$$

这个定理在几何上是显然的. 如图 2-7 所示，点 $A(a,f(a))$ 及点 $B(b,f(b))$ 分别在 x

轴的两侧，则连续曲线 $y=f(x)$ 一定与 x 轴有交点.

这个定理可以用来研究方程根的存在性.

*例 6　讨论方程

$$x^5+x^3+x^2-1=0$$

在区间(0,1)内根的存在性.

解　设　$f(x)=x^5+x^3+x^2-1, x\in[0,1]$,

则 $f(x)$ 在 $[0,1]$ 上连续，且由 $f(0)=-1$ 与 $f(1)=2$ 知，$f(0)f(1)<0$，所以由零点定理知，至少存在一点 $\xi\in(0,1)$，使得

$$f(\xi)=0,$$

故方程 $f(x)=0$ 在(0,1)内至少有一个根.

推论(介值定理)　设函数 $f(x)$ 在闭区间 $[a,b]$ 上连续，且 $f(a)\neq f(b)$，C 为 $f(a)$ 与 $f(b)$ 之间的任意一个数，则至少存在一点 $\xi\in(a,b)$，使得 $f(\xi)=C$，如图 2-8 所示.

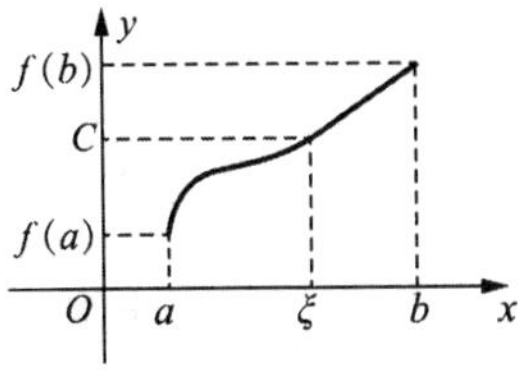

图 2-8

训练任务 2.5

1. 填空题.

(1) 函数 $f(x)=\ln(3-x)$ 的连续区间是________；

(2) 函数 $y=\dfrac{\sin 3x}{x}$ 的间断点是________；

(3) 初等函数在________内是连续的；

(4) $\lim\limits_{x\to 2}\dfrac{x-1}{x^2+3x-2}=$________.

2. 讨论函数 $f(x)=\begin{cases}3x, & x<0,\\ 2, & x=0,\\ e^x-1, & x>0\end{cases}$ 在 $x=0$ 处的连续性.

3. 求下列函数的间断点：

(1) $y=\dfrac{x-2}{x^2-5x+6}$；　　(2) $y=\sin\dfrac{1}{x}$；

(3) $y=e^{\frac{1}{x}}$；　　(4) $y=\dfrac{1-x^2}{x+1}$.

4. 求下列函数的极限：

(1) $\lim\limits_{x\to 2}\sqrt{x^2+2x-4}$；　　(2) $\lim\limits_{x\to 0}\dfrac{e^x+2}{2x+6}$；

(3) $\lim\limits_{x\to 0}\dfrac{x^2+3x+2}{1+2x}$；　　(4) $\lim\limits_{x\to\frac{\pi}{8}}\ln(\sqrt{2}\cos 2x)$.

*5. 证明方程 $x^2+x=1$ 在区间(0,1)内至少有一个实根.

*第六节　复利与贴现

在现实生活中，有许多事物是符合 $\lim\limits_{n\to\infty}\left(1+\dfrac{1}{n}\right)^n=e$ 这种模型的. 本节将介绍这种极限在经济上的应用.

下面我们要了解一下利率.

利息是指在信用关系中债务人支付债权人的(或债权人向债务人索取的)报酬,它是根据本金数额按一定比例计算出来的. 利息又有存款利息、贷款利息、债券利息、贴现利息等几种主要形式.

利息率,简称"利率",是指一定时期内利息额同本金额的比率,即

$$利率=利息/本金.$$

(1) 按计算日期不同,利率分为年利率、月利率、日利率等.

$$年利率=12\times月利率=365\times日利率;$$

$$日利率=\frac{1}{30}\times月利率=\frac{1}{365}\times年利率.$$

(2) 按计算方法不同,利率分为单利和复利.

一、单利计算公式

单利计息是指不论期限长短,利息仅按借贷本金、利率和期限一次计算,其计算公式为

$$利息=本金\times利率\times期限.$$

设初始本金为 p 元,银行年利率为 r,第一年末的利息为 rp,本利和为

$$A_1=p+rp=p(1+r);$$

第二年,利息不计入本金,即本金仍为 p 元,第二年末的利息仍为 rp,本利和为

$$A_2=p(1+r)+pr=p(1+2r);$$

按上述方法重复计算,第 n 年末本利和 A_n 为

$$A_n=p(1+nr).$$

这是以年为期的单利计算公式.

复利计息不仅本金计算利息,而且前期获得的利息也要计算利息,即俗称利滚利.

下面我们介绍复利与贴现问题.

二、复利与贴现问题

设初始本金为 A_0,银行年利率为 r,有以下几种复利计算方法:

(1) 若以 1 年为期计算利息,那么第一年末的本利和为

$$A_1=A_0+rA_0=A_0(1+r);$$

将本利和 A_1 再存入银行,第二年末的本利和 A_2 为

$$A_2=A_1+rA_1=A_1(1+r)=A_0(1+r)^2;$$

再将本利和存入银行,如此反复,第 n 年末的本利和 A_n 为

$$A_n=A_0(1+r)^n.$$

(2) 若每半年计算一次利息,相当于一年计算两次利息,那么第一年末的本利和为

$$A_2=A_1+\frac{r}{2}A_1=A_1\left(1+\frac{r}{2}\right)=A_0\left(1+\frac{r}{2}\right)^2,$$

第 n 年末的本利和 A_n 为

$$A_n=A_0\left(1+\frac{r}{2}\right)^{2n}.$$

(3) 若每季度计算一次利息,相当于一年计算四次利息,那么第一年末的本利和为

$$A_4=A_0\left(1+\frac{r}{4}\right)^4,$$

第 n 年末的本利和 A_n 为

$$A_n=A_0\left(1+\frac{r}{4}\right)^{4n}.$$

(4) 假设一年均分 m 期计算利息，则每期按利率 $\frac{r}{m}$ 计算利息，相当于一年计算 m 次利息，那么第一年年末的本利和为

$$A_m=A_0\left(1+\frac{r}{m}\right)^m,$$

第 n 年末就有 mn 期，此时本利和为

$$A_n=A_0\left(1+\frac{r}{m}\right)^{mn}.$$

这是一年计息 m 次的本利和的复利计算公式.

对于同样的本金数目，随着 m 的增加，年末本利和会缓慢地增加(但绝不是无限的).其实从极限的现象来看，有

$$\lim_{m\to\infty}A_0\left(1+\frac{r}{m}\right)^m=A_0e^r.$$

也就是说，如果将一年分为相等的 m 个时间段，每个时间段上按利率 $\frac{r}{m}$ 计算利息，当利息的时间间隔无限缩短，那么计息的次数 $m\to\infty$，这种情况称为连续复利，这时，第一年末的本利和为

$$A_1=\lim_{m\to\infty}A_0\left(1+\frac{r}{m}\right)^m=A_0e^r,$$

第 n 年末的本利和 A_n 为

$$A_n=\lim_{m\to\infty}A_0\left(1+\frac{r}{m}\right)^{mn}=A_0e^{rn}.$$

这是连续复利计息的本利和计算公式.

通常称第 n 年末的本利和 A_n 为本金 A_0 的将来值，而本金 A_0 称为现在值. 已知现在值 A_0，确定将来值 A_n 的问题是复利问题；反之，已知将来值，求现在值，这种情况称为贴现问题，这时的利率 r 称为贴现率.

由复利公式得贴现公式：

已知 t 年后的将来值 A_n，利率为 r，求现在值 A_0.

若以一年为期贴现，由 $A_n=A_0(1+r)^n$ 可得

$$A_0=A_n(1+r)^{-n}\ (n\text{ 年});$$

若一年分为 m 期贴现，由 $A_1=A_0\left(1+\frac{r}{m}\right)^m$ 可得

$$A_0=A_n\left(1+\frac{r}{m}\right)^{-mn}\ (n\text{ 年}).$$

若按连续复利计息，由 $A_n=A_0e^{rn}$ 得连续贴现公式：

$$A_0=A_ne^{-rn}\ (n\text{ 年}).$$

例 1 现有本金 1 000 元，若银行年利率为 1.75%，问

(1) 按单利计算，3 年末的本利和为多少元？

(2) 按复利计算，3 年末的本利和为多少元？

解 $p=1\,000, r=1.75\%$.

(1) $A_3=p(1+3r)=1\,000(1+3\times 0.017\,5)=1\,052.5$(元)；

(2) $A_3=p\,(1+r)^3=1\,000\,(1+0.017\,5)^3\approx 1\,053.2$(元).

例 2 设 $A_0=10\,000$ 元，年利率 $r=1.75\%$，若按下列复利方式计息，试计算一年末的本利和.

(1) 一年计息 1 次； (2) 一年计息 12 次； (3) 一年计息 24 次； (4) 连续复利计息.

解 (1) 一年计息 1 次，则年末的本利和为

$$A_1=10\,000(1+0.017\,5)=10\,175(\text{元});$$

(2) 一年计息 12 次，则每次的利率为 $\dfrac{1.75\%}{12}\approx 0.001\,46$，年末的本利和是

$$A_2=A_0\left(1+\frac{1.75\%}{12}\right)^{12}=10\,000\,(1+0.001\,46)^{12}\approx 10176.61(\text{元});$$

(3) 一年计息 24 次，则每次的利率为 $\dfrac{1.75\%}{24}\approx 0.000\,73$，年末的本利和是

$$A_3=A_0\left(1+\frac{1.75\%}{24}\right)^{24}=10\,000\,(1+0.000\,73)^{24}\approx 10\,176.79(\text{元});$$

(4) 按连续复利计息，年末的本利和是

$$A_n=\lim_{m\to\infty}A_0\left(1+\frac{r}{m}\right)^{mn}=A_0\mathrm{e}^{rn}=A_0\mathrm{e}^{0.017\,5}=10\,176.54(\text{元}).$$

训练任务 2.6

1. 若投资 2 000 元，年利率 7%，按连续复利计息，那么 4 年后的本利和是多少？

2. 设年利率为 6%，现投资多少元，10 年末可得 120 000 元？

(1) 按每年计息 4 次； (2) 按连续复利计息.

阅读材料——数学家的故事

法国数学家韦达

韦达是法国 16 世纪最有影响的数学家之一，他 1540 年生于法国的普瓦图，1603 年 12 月 13 日卒于巴黎.他年轻时学习法律，当过律师，后来从事政治活动，当过议会的议员，在西班牙的战争中曾为政府破译敌军的密码.韦达还致力于数学研究，他是有意识地和系统地使用字母来表示已知数、未知数和其乘幂的第一人，带来了代数学理论研究的重大进步.韦达讨论了方程根的各种有理变换，发现了方程根与系数之间的关系，即韦达定理.

韦达在欧洲被尊称为"代数学之父".韦达最重要的贡献是对代数学的推进，他最早系统地引入代数符号，推进了方程论

的发展.韦达用“分析”这个词来概括当时代数的内容和方法.他创设了大量的代数符号，用字母代替未知数，系统阐述并改良了三、四次方程的解法，指出了根与系数之间的关系，给出三次方程不可约情形的三角解法，著有《分析方法入门》《论方程的识别与订正》等多部著作.

他的《分析方法入门》一书集中了他以前在代数方面的成就，使代数学真正成为数学的一个优秀的分支.他对方程论的贡献是在《论方程的识别与订正》一书中提出了二次、三次和四次方程的解法.

《分析方法入门》是韦达最重要的代数著作，也是最早的符号代数著作.当韦达提出“类的运算”与“数的运算”的区别时，就已规定了代数与算数的分界.这样，代数就成为研究一般的类和方程的学问.这种革新被认为是数学史上的重要进步，为代数学的发展开辟了道路，因此韦达被西方称为“代数学之父”. 1593 年，韦达又出版了另一部代数学著作——《分析五篇》.

1593 年，韦达的《几何补篇》在图尔出版了，其中讲述了尺规作图问题所涉及的一些代数方程知识.此外，韦达最早明确给出有关圆周率 π 值的无穷运算式，而且创造了一套十进分数表示法，促进了计数法的改革.之后，韦达用代数方法解决几何问题的思想由笛卡儿继承，发展成为解析几何学.从某个方面讲，韦达又是几何学方面的权威，他通过 393 416 个边的多边形计算出圆周率，精确到小数点后 9 位，在相当长的时间里处于世界领先地位.

由于做出了许多重要贡献，韦达被誉为 16 世纪法国最杰出的数学家之一.

本章内容小结

一、本章主要内容

1. 数列极限的概念及求法.
2. 函数极限的概念：

$$\text{函数}f(x)\text{的极限}\begin{cases} x\to\infty\begin{cases} x\to+\infty,\text{极限}\lim\limits_{x\to+\infty}f(x), \\ x\to-\infty,\text{极限}\lim\limits_{x\to-\infty}f(x). \end{cases} \\ x\to x_0\begin{cases} x\to x_0^+,\text{右极限}\lim\limits_{x\to x_0^+}f(x), \\ x\to x_0^-,\text{左极限}\lim\limits_{x\to x_0^-}f(x). \end{cases} \end{cases}$$

3. 无穷小量和无穷大量的概念与性质，无穷小量和无穷大量的关系.
4. 极限的四则运算法则.
5. 两个重要极限；求极限的各种方法.
7. 函数在一点处连续的定义；函数的间断点和闭区间上连续函数的性质.

二、学习方法

1. 极限概念是描述性定义，要结合数表、图像加以理解；分段函数在分段点处的极限有时需用左、右极限去考虑.

2. 极限运算法则是基础，必须搞清几种情况下求极限的方法，一般先判断再求.

3. 结合图形理解函数连续的定义与闭区间上连续函数的性质.

三、重点和难点

重点：

利用极限的四则运算法则、两个重要极限、无穷小替换定理等方法求极限.

难点：

1. 分段函数在分界点处的连续性；
2. 函数的间断点类型的判断；
3. 函数的连续性及其应用.

自测题 1(基础层次)

1. 选择题.

(1) 下列变量在其变化过程中极限存在的是(　　).

A. $x^2+2\ (x\to\infty)$　　B. $\sin x\ (x\to\infty)$

C. $e^x\ (x\to+\infty)$　　D. $e^x\ (x\to-\infty)$

(2) 下列等式成立的是(　　).

A. $\lim\limits_{x\to 0}\dfrac{\sin x}{x}=1$　　B. $\lim\limits_{x\to 0}\left(x\sin\dfrac{1}{x}\right)=1$

C. $\lim\limits_{x\to\infty}\dfrac{\sin x}{x}=1$　　D. $\lim\limits_{x\to\infty}\left(x\sin\dfrac{1}{x}\right)=0$

(3) 下列极限为 1 的是(　　).

A. $\lim\limits_{x\to 0}\left(x\sin\dfrac{1}{x}\right)$　　B. $\lim\limits_{x\to\infty}\left(x\sin\dfrac{1}{x}\right)$

C. $\lim\limits_{x\to 1}(2x+1)$　　D. $\lim\limits_{x\to -1}(x^2+1)$

(4) 当 $x\to$(　　)时，$f(x)=\dfrac{2}{x-2}$是无穷小量.

A. 1　　B. ∞　　C. 2　　D. 0

(5) 设$f(x)=\begin{cases}x^2, & x\neq 3,\\ 3, & x=3,\end{cases}$则 $\lim\limits_{x\to 3}f(x)=$(　　).

A. 3　　B. ∞　　C. 不存在　　D. 9

2. 填空题.

(1) $\lim\limits_{x\to 1}\dfrac{x^2-x-2}{2x^2-2x-3}=$________.

(2) $\lim\limits_{x\to 0}\dfrac{\sin 7x}{2x}=$________.

(3) $\lim\limits_{x\to 1}\cos\dfrac{1}{x-1}\sin(x-1)=$________.

(4) 当 $x\to 0$ 时，ax^2 与 $\tan\dfrac{x^2}{3}$是等价无穷小，则 $a=$________.

(5) 函数$f(x)=\dfrac{1}{\ln(x-1)}$的连续区间是 ________.

3. 求下列函数的极限：

(1) $\lim\limits_{x\to 1}(3x^2-5x+3)$；　　(2) $\lim\limits_{x\to 3}\dfrac{x^2-9}{x-3}$；　　(3) $\lim\limits_{x\to 2}\dfrac{x-2}{x^2-5x+6}$；

(4) $\lim\limits_{n\to\infty}\dfrac{4n^3-n^2+1}{3n^3+n^2-5}$；　(5) $\lim\limits_{x\to 0}\dfrac{\sqrt{x+1}-1}{x}$；　(6) $\lim\limits_{x\to 1}\left(\dfrac{1}{x-1}-\dfrac{2}{x^2-1}\right)$.

4. 求下列函数的极限：

(1) $\lim\limits_{x\to 0}\dfrac{\sin 3x}{7x}$；　(2) $\lim\limits_{x\to 0}\dfrac{\sin 5x}{\sin 3x}$；　(3) $\lim\limits_{x\to 2}\dfrac{\sin(x-2)}{x^2-4}$；

(4) $\lim\limits_{x\to\infty}\left(1-\dfrac{1}{3x}\right)^x$；　(5) $\lim\limits_{x\to\infty}\left(1+\dfrac{1}{x}\right)^{5x}$；　(6) $\lim\limits_{x\to 0}(1-x)^{\frac{3}{x}}$；

(7) $\lim\limits_{x\to 0}\dfrac{1-\sqrt{1+x^2}}{x^2}$；　(8) $\lim\limits_{x\to\infty}\dfrac{x^3-1}{x^2+2x+3}$；　(9) $\lim\limits_{x\to 0}\dfrac{\ln(1+2x)}{\sin 2x}$；

(10) $\lim\limits_{x\to 0}\dfrac{\sin x^3\tan x}{1-\cos x^2}$.

5. 若$\lim\limits_{x\to 1}\dfrac{x^2+ax+b}{1-x}=5$，求 a,b 的值.

*6. 李明用分期付款的方式从银行贷款 50 万元用于购买商品房.设贷款期限为 10 年，年利率为 4%，按连续复利计息，那 10 年后还款的本利和是多少万元？

7. 已知某工厂生产 x 个汽车轮胎的成本(单位：元)为

$$C(x)=300+25\sqrt{1+x^2},$$

生产 x 个汽车轮胎的平均成本为$\dfrac{C(x)}{x}$，当 x 很大时，每个轮胎的成本大致为 $\lim\limits_{x\to+\infty}\dfrac{C(x)}{x}$，试求这个极限.

自测题 2(提高层次)

1. 选择题.

(1) 当 $n\to\infty$时，下列变量的极限存在的是(　　).

A. $x_n=(-1)^n 2n$　B. $x_n=2^n$　C. $x_n=3n$　D. $x_n=1+\dfrac{(-1)^n}{n}$

(2) $\lim\limits_{x\to 0}(\sin x-\cos x+\mathrm{e}^x)=$(　　).

A. 0　B. 1　C. 2　D. $\dfrac{1}{3}$

(3) 要使 $\lim\limits_{x\to+\infty}\dfrac{3x^k+x^2+1}{4x^3-x}=\dfrac{3}{4}$，则 $k=$(　　).

A. 1　B. 3　C. 0　D. 2

(4) $\lim\limits_{n\to\infty}\left(1+\dfrac{1}{2}+\dfrac{1}{4}+\cdots+\dfrac{1}{2^n}\right)=$(　　).

A. 1　B. 2　C. 3　D. 4

(5) 函数$f(x)=\dfrac{1}{\sqrt{x^2-3x+2}}$的连续区间为(　　).

A. $(1,+\infty)$　B. $(-\infty,1)\cup(2,+\infty)$

C. $(2,+\infty)$　D. $(1,2)$

2. 填空题.

(1) $\lim\limits_{n\to\infty}\dfrac{5n^4-5n+1}{6n^4-4n-7}=$________.

(2) $\lim\limits_{x\to 0}\dfrac{\sin 7x}{\sin 2x}=$________.

(3) $\lim\limits_{x\to 0}(1-2x)^{\frac{1}{x}}=$________.

(4) 若$\lim\limits_{x\to 0}\dfrac{ax+\sin x}{2ax-\sin x}=1$,则 $a=$________.

*(5) 某人存入银行 5 000 元,年利率为 6%.若按季计息,则 5 年后的本利和是____________;若按复利计息,则五年后的本利和是____________.(只列式子,不计算)

3. 求下列极限:

(1) $\lim\limits_{n\to\infty}\dfrac{2n^2-5n+1}{3n^3+n^2-1}$;　(2) $\lim\limits_{x\to 0}x^2\sin\dfrac{1}{x^2}$;　(3) $\lim\limits_{x\to 2}\dfrac{x^2-6}{x-2}$;

(4) $\lim\limits_{x\to\infty}\dfrac{4x^3-x^2+1}{7x^3+x^2-5}$;　(5) $\lim\limits_{x\to 3}\dfrac{x^2-5x+6}{x^2-8x+15}$;　(6) $\lim\limits_{x\to 0}\dfrac{\tan(2x+x^3)}{\sin(x-3x^2)}$.

4. 计算下列极限:

(1) $\lim\limits_{x\to 0}\dfrac{\tan 3x}{7x}$;　(2) $\lim\limits_{x\to 0}\left(x\sin\dfrac{2}{x}\right)$;　(3) $\lim\limits_{x\to 0}\dfrac{x-\sin x}{x+\sin x}$;

(4) $\lim\limits_{x\to 1}\dfrac{\sqrt{x+2}-\sqrt{3}}{x-1}$;　(5) $\lim\limits_{x\to\infty}\left(1+\dfrac{5}{x}\right)^x$;　(6) $\lim\limits_{x\to\infty}\left(1+\dfrac{3}{x}\right)^{-x}$;

(7) $\lim\limits_{x\to 0}\dfrac{\tan x-\sin x}{\sin^3 x}$;　(8) $\lim\limits_{x\to\infty}\dfrac{x^3-1}{5x^2+2x+3}$;　(9) $\lim\limits_{x\to 0}\dfrac{x-\sin x}{x^3}$;

(10) $\lim\limits_{x\to 0}\dfrac{1}{x}\left(\dfrac{1}{\sin x}-\dfrac{1}{\tan x}\right)$.

5. 若函数$f(x)=\begin{cases}x\sin\dfrac{1}{x}, & x\neq 0,\\ k+1, & x=0\end{cases}$在点 $x=0$ 处连续,求 k 的值.

6. 若$\lim\limits_{x\to\infty}\left(\dfrac{x^2+1}{1+x}-ax-b\right)=0$,求 a,b 的值.

*7. 推出一种新的电子游戏程序时,在短期内销售量会迅速增加,然后开始下降,其函数关系为 $s(t)=\dfrac{220t}{t^2+100}$($t$ 为月份).

(1) 请计算游戏推出后第 6 个月、第 12 个月和第 3 年最后一个月的销售量;

(2) 如果要对该产品的长期销售作出预测,请建立相应的表达式.

第三章　导数与微分

【知识目标】

1. 理解导数的概念，了解可导与连续的关系，会用定义求函数在一点处的导数；

2. 掌握导数的几何意义，会求曲线上某一点处的切线方程与法线方程；

3. 熟练掌握导数的基本公式、四则运算法则、复合函数的求导法则，掌握隐函数的求导方法，了解对数求导法；

4. 理解高阶导数的概念，会求二阶、三阶导数，会求一些简单函数的 n 阶函数；

5. 理解微分的概念，会求函数的微分；

6. 了解近似计算公式，会进行简单的近似计算.

【能力目标】

1. 能通过案例分析体会函数变化率的实际意义；

2. 能通过案例理解导数和微分的有关概念；

3. 能运用导数基本公式、四则运算法则，熟练地求复合函数的导数；

4. 能够解决经济问题中的变化率.

导数是微分学中最基本的概念，反映了函数相对于自变量的变化而变化的快慢程度，即函数的变化率，它使得人们能够用数学工具描述事物变化的快慢及解决一系列与之相关的问题，如物体运动的速度、国民经济发展速度、劳动生产率等.微分学中的另一个基本概念是微分，它反映了当自变量有微小改变时，函数变化的线性近似.本章将由几个实际问题引入导数的概念，详细讨论导数与微分的计算方法.

引子

怎样计算某时刻的瞬时速度

在 10 米跳台跳水运动中，运动员相对于水面的高度 h 是时间 t 的函数，如果用平均速度描述运动员的运动状态显然不准确.我们知道，在跳水运动中运动员在不同时刻的速度是不同的，运动员的平均速度不一定等于其在某一时刻的速度，那么，如何求出运动员在某一时刻的速度呢？要解决这个问题，就要用到导数的有关知识.另外，产品成本的变化率、销售收入的变化率、国债的变化率等问题，都要用到导数的有关知识.

第一节　导数的概念

一、问题的提出

案例 1　产品总成本变化率问题

设某产品的总成本 C 是产量 q 的函数，即 $C=C(q)$，其中 $q>0$.当产量由 q_0 变到 q_0+

Δq 时，总成本取得相应的改变量为 $\Delta C(q)=C(q_0+\Delta q)-C(q_0)$，则产量由 q_0 变到 $q_0+\Delta q$ 时，总成本的平均变化率为

$$\frac{\Delta C(q)}{\Delta q}=\frac{C(q_0+\Delta q)-C(q_0)}{\Delta q}.$$

当 $\Delta q\to 0$ 时，若总成本的平均变化率的极限存在，即

$$\lim_{\Delta q\to 0}\frac{\Delta C(q)}{\Delta q}=\lim_{\Delta q\to 0}\frac{C(q_0+\Delta q)-C(q_0)}{\Delta q}$$

存在，则称此极限值是产量为 q_0 时总成本的变化率，又称为产量为 q_0 时的边际成本.

说明：边际成本表示在产量为 q_0 时，每增加(或减少)单位产品所需增加(或减少)的成本.

类似地，可以用上面的极限形式定义边际收入、边际利润等概念. 边际成本、边际收入、边际利润这些概念在学习第四章时还会详细讲解.

案例 2　平面曲线的切线问题

设曲线方程为 $y=f(x)$，分析该曲线在点 $M_0(x_0,f(x_0))$处的切线斜率 k，如图 3-1 所示.

在曲线上另取一点 $M(x_0+\Delta x,f(x_0+\Delta x))$，则割线 $\overline{M_0M}$ 的斜率为 $\dfrac{f(x_0+\Delta x)-f(x_0)}{\Delta x}$，因为割线$\overline{M_0M}$的极限位置就是切线$\overline{M_0T}$，割线$\overline{M_0M}$斜率的极限就是切线$\overline{M_0T}$的斜率，所以当点 M 沿曲线 $y=f(x)$趋向于点 M_0，也就是 $\Delta x\to 0$ 时，就得到曲线 $y=f(x)$在点 M_0 处的切线斜率 k，即

$$k=\lim_{\Delta x\to 0}\frac{f(x_0+\Delta x)-f(x_0)}{\Delta x}.$$

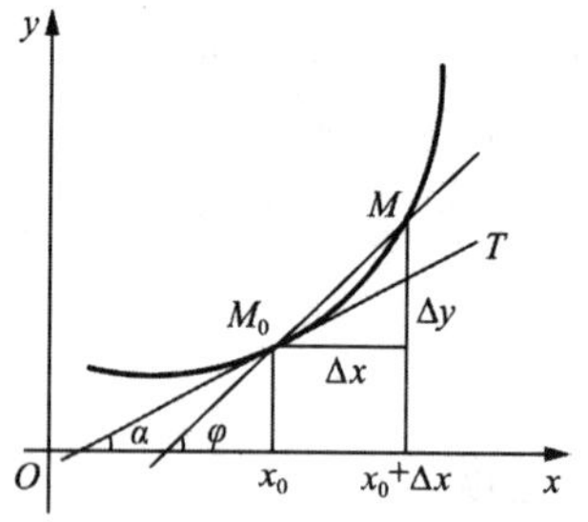

图 3-1

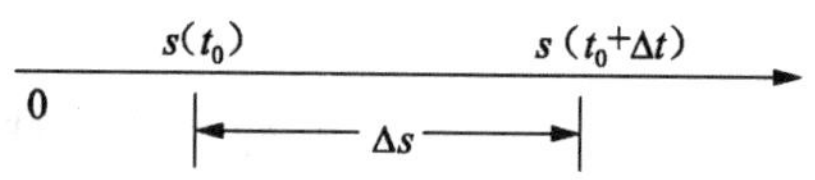

图 3-2

案例 3　变速直线运动物体的瞬时速度

设物体作变速直线运动时的运动规律为 $s=s(t)$，其中 t 表示时间，s 表示物体运动的路程. 设物体在某一时刻 $t=t_0$ 时的瞬时速度为 $v(t_0)$.

当时间由 t_0 变到 $t_0+\Delta t$ 时，物体所经过的路程由 $s(t_0)$变到 $s(t_0+\Delta t)$，如图 3-2 所示，于是，路程的改变量

$$\Delta s=s(t_0+\Delta t)-s(t_0),$$

物体在时间区间$[t_0,t_0+\Delta t]$内的平均速度为

$$\bar{v}=\frac{\Delta s}{\Delta t}=\frac{s(t_0+\Delta t)-s(t_0)}{\Delta t}.$$

当物体做匀速运动时，其平均速度 $\bar{v}$ 就是时刻 t_0 的速度；当物体做变速直线运动时，其

速度是随时间而变化的，平均速度 $\overline{v}=\frac{\Delta s}{\Delta t}$ 只能表示在时间区间 $[t_0,t_0+\Delta t]$ 内物体运动的平均快慢程度，而不能表示在时间区间 $[t_0,t_0+\Delta t]$ 内各点处的瞬时速度.如果时间间隔 Δt 很小，则平均速度接近于某一点处的瞬时速度.即 Δt 越小，这个平均速度就越接近于 t_0 时刻的瞬时速度. 当 $\Delta t\to 0$ 时，平均速度的极限值就是物体在 t_0 时刻的瞬时速度，即

$$v(t_0)=\lim_{\Delta t\to 0}\frac{\Delta s}{\Delta t}=\lim_{\Delta t\to 0}\frac{s(t_0+\Delta t)-s(t_0)}{\Delta t}.$$

上面所讨论的问题，抛开具体内容，从数学上看解决的方法是相同的，都是当自变量的改变量趋近于零时函数的改变量与自变量的改变量之比的极限，这种特定的极限就是我们要研究的导数.

二、导数的概念

1. 导数的定义

定义 1　设函数 $y=f(x)$ 在点 x_0 的某一邻域内有定义，当自变量 x 在点 x_0 处取得增量 Δx 时，函数 $f(x)$ 相应地取得增量 $\Delta y=f(x_0+\Delta x)-f(x_0)$.如果极限

$$\lim_{\Delta x\to 0}\frac{\Delta y}{\Delta x}=\lim_{\Delta x\to 0}\frac{f(x_0+\Delta x)-f(x_0)}{\Delta x} \tag{1}$$

存在，则称函数 $f(x)$ 在点 x_0 处可导，其极限值就称为函数 $f(x)$ 在点 x_0 处的导数.记作

$$y'|_{x=x_0},\quad f'(x_0),\quad \left.\frac{\mathrm{d}y}{\mathrm{d}x}\right|_{x=x_0},\quad 或\quad \left.\frac{\mathrm{d}f(x)}{\mathrm{d}x}\right|_{x=x_0},$$

即

$$y'|_{x=x_0}=f'(x_0)=\lim_{\Delta x\to 0}\frac{\Delta y}{\Delta x}=\lim_{\Delta x\to 0}\frac{f(x_0+\Delta x)-f(x_0)}{\Delta x}.$$

如果 $\lim\limits_{\Delta x\to 0}\frac{\Delta y}{\Delta x}$ 不存在，则称函数 $y=f(x)$ 在点 x_0 处不可导或导数不存在.

导数的定义式(1)也可取不同的形式，常见的有

$$f'(x_0)=\lim_{x\to x_0}\frac{f(x)-f(x_0)}{x-x_0} \tag{2}$$

和

$$f'(x_0)=\lim_{h\to 0}\frac{f(x_0+h)-f(x_0)}{h}. \tag{3}$$

由导数的定义，上面所讨论的案例的实质是：

案例 1：产品总成本的变化率实质上就是总成本函数 $C=C(q)$ 在点 q_0 处的导数 $C'(q_0)$.

案例 2：平面曲线的切线斜率实质上就是 $y=f(x)$ 在点 x_0 处的导数 $f'(x_0)$.

案例 3：做变速直线运动的物体在 t_0 时刻的瞬时速度 $v(t_0)$ 实质上就是 $s=s(t)$ 在点 t_0 处的导数 $s'(t_0)$.

对于一般函数 $y=f(x)$ 来说，$f'(x_0)$ 反映的是函数 $y=f(x)$ 在点 x_0 处的瞬时变化率.

如果函数 $y=f(x)$ 在区间 (a,b) 内每一点处都可导，则称函数 $y=f(x)$ 在区间 (a,b) 内可导.

若函数 $y=f(x)$ 在区间 (a,b) 内可导，则对于区间 (a,b) 内的每一个值，都有一个确定的导数值 $f'(x)$ 与之对应，所以 $f'(x)$ 也是 x 的函数，我们把它称为 $y=f(x)$ 在 (a,b) 内的

导函数,简称导数. 记为

$$f'(x),\quad y',\quad 或\quad \frac{\mathrm{d}y}{\mathrm{d}x}.$$

把定义 1 中的 x_0 换成 x,可得

$$f'(x)=\lim_{\Delta x\to 0}\frac{\Delta y}{\Delta x}=\lim_{\Delta x\to 0}\frac{f(x+\Delta x)-f(x)}{\Delta x}.$$

注意:$y=f(x)$在点 x_0 处的导数 $f'(x_0)$就是导函数 $f'(x)$在 $x=x_0$ 处的函数值,即

$$f'(x_0)=f'(x)\big|_{x=x_0}.$$

2. 左、右导数的定义

导数是函数增量 Δy 与自变量增量 Δx 之比$\frac{\Delta y}{\Delta x}$当 $\Delta x\to 0$ 时的极限,从而根据极限和左、右极限的概念以及它们间的关系,可以引入左、右导数的概念,且可以给出左、右导数与导数间的关系.

定义 2 如果极限 $\lim\limits_{\Delta x\to 0^-}\frac{\Delta y}{\Delta x}$存在,则称此极限值为函数$f(x)$在点 x_0 处的左导数,记作 $f'_-(x_0)$,即

$$f'_-(x_0)=\lim_{\Delta x\to 0^-}\frac{\Delta y}{\Delta x}=\lim_{\Delta x\to 0^-}\frac{f(x_0+\Delta x)-f(x_0)}{\Delta x}.$$

如果极限 $\lim\limits_{\Delta x\to 0^+}\frac{\Delta y}{\Delta x}$存在,则称此极限值为函数$f(x)$在点 x_0 处的右导数,记作$f'_+(x_0)$,即

$$f'_+(x_0)=\lim_{\Delta x\to 0^+}\frac{\Delta y}{\Delta x}=\lim_{\Delta x\to 0^+}\frac{f(x_0+\Delta x)-f(x_0)}{\Delta x}.$$

根据左、右极限的性质,我们有下面的定理:

定理 1 函数 $y=f(x)$在点 x_0 处可导的充分必要条件是函数 $y=f(x)$在点 x_0 处的左、右导数都存在且相等.即

$$f'(x_0)=f'_-(x_0)=f'_+(x_0).$$

定义 3 如果 $y=f(x)$在(a,b)内可导且 $f'_+(a)$和 $f'_-(b)$都存在,则称$f(x)$在闭区间$[a,b]$上可导.

根据导数的定义,求函数的导数可以归纳为以下三个步骤.

① 求增量:

$$\Delta y=f(x+\Delta x)-f(x);$$

② 算比值:

$$\frac{\Delta y}{\Delta x}=\frac{f(x+\Delta x)-f(x)}{\Delta x};$$

③ 取极限:

$$\lim_{\Delta x\to 0}\frac{\Delta y}{\Delta x}=f'(x).$$

根据这三个步骤可以计算一些比较简单的函数的导数,而这些均是后面在求导中要经常用到的基本公式,所以应当熟记.

例 1 求下列函数的导数:

(1) $f(x)=C$；　(2) $f(x)=x^2$；　(3) $y=\sqrt{x}$；　(4) $f(x)=\ln x$.

解　(1) 因为　$\Delta y=f(x+\Delta x)-f(x)=C-C=0$，　$\dfrac{\Delta y}{\Delta x}=0$，

所以
$$\lim_{\Delta x\to 0}\frac{\Delta y}{\Delta x}=0=f'(x),$$
即
$$(C)'=0.$$

(2) 因为 $\Delta y=f(x+\Delta x)-f(x)=(x+\Delta x)^2-x^2=2x\Delta x+(\Delta x)^2$，　$\dfrac{\Delta y}{\Delta x}=2x+\Delta x$，

所以
$$f'(x)=\lim_{\Delta x\to 0}\frac{\Delta y}{\Delta x}=\lim_{\Delta x\to 0}(2x+\Delta x)=2x,$$
即
$$(x^2)'=2x.$$

(3) 因为
$$\Delta y=y(x+\Delta x)-y(x)=\sqrt{x+\Delta x}-\sqrt{x},$$
$$\frac{\Delta y}{\Delta x}=\frac{\sqrt{x+\Delta x}-\sqrt{x}}{\Delta x}=\frac{x+\Delta x-x}{\Delta x(\sqrt{x+\Delta x}+\sqrt{x})}=\frac{1}{\sqrt{x+\Delta x}+\sqrt{x}},$$
所以
$$y'=\lim_{\Delta x\to 0}\frac{\Delta y}{\Delta x}=\lim_{\Delta x\to 0}\frac{1}{\sqrt{x+\Delta x}+\sqrt{x}}=\frac{1}{2\sqrt{x}},$$
即
$$(\sqrt{x})'=\frac{1}{2\sqrt{x}}.$$

(4) 因为　$\Delta y=\ln(x+\Delta x)-\ln x=\ln\left(1+\dfrac{\Delta x}{x}\right)$，　$\dfrac{\Delta y}{\Delta x}=\dfrac{\ln\left(1+\dfrac{\Delta x}{x}\right)}{\Delta x}=\ln\left(1+\dfrac{\Delta x}{x}\right)^{\frac{1}{\Delta x}}$，

所以
$$f'(x)=\lim_{\Delta x\to 0}\frac{\Delta y}{\Delta x}=\lim_{\Delta x\to 0}\ln\left(1+\frac{\Delta x}{x}\right)^{\frac{1}{\Delta x}}=\ln\left\{\lim_{\Delta x\to 0}\left[\left(1+\frac{\Delta x}{x}\right)^{\frac{x}{\Delta x}}\right]^{\frac{1}{x}}\right\}=\ln e^{\frac{1}{x}}=\frac{1}{x},$$
即
$$(\ln x)'=\frac{1}{x}.$$

例 2　讨论函数 $f(x)=|x-1|$ 在点 $x=1$ 处的可导性.

解　在点 $x=1$ 给 x 一个增量 Δx，当 $\Delta x>0$ 时，相应地
$$\Delta y=|(1+\Delta x)-1|-|0|=\Delta x,$$
所以
$$f'_+(0)=\lim_{\Delta x\to 0^+}\frac{\Delta y}{\Delta x}=\lim_{\Delta x\to 0^+}\frac{\Delta x}{\Delta x}=1.$$

当 $\Delta x<0$ 时，相应地
$$\Delta y=|(1+\Delta x)-1|-|0|=-\Delta x,$$
所以
$$f'_-(0)=\lim_{\Delta x\to 0^-}\frac{\Delta y}{\Delta x}=\lim_{\Delta x\to 0^-}\frac{-\Delta x}{\Delta x}=-1.$$

因此，函数 $f(x)=|x-1|$ 在点 $x=1$ 处不可导.

利用导数的定义，我们可以求出许多基本初等函数的导数，如
$$(C)'=0\quad(C\text{ 为任意常数}),$$
$$(x^n)'=nx^{n-1}\quad(n\neq 0,1),$$
$$(a^x)'=a^x\ln a\quad(a>0\text{ 且 }a\neq 1),$$
$$(\log_a x)'=\frac{1}{x\ln a}\quad(a>0\text{ 且 }a\neq 1),$$

$$(\ln x)'=\frac{1}{x},$$

$$(\sin x)'=\cos x,$$

$$(\cos x)'=-\sin x$$

等等,这些结论以后可以作为公式来用.

三、导数的几何意义

1. 经济意义

由案例 1 可知,总成本的变化率就是总成本函数 $C=C(q)$ 对产量 q 的导数,即

$$\lim_{\Delta q\to 0}\frac{\Delta C(q)}{\Delta q}=\lim_{\Delta q\to 0}\frac{C(q_0+\Delta q)-C(q_0)}{\Delta q}.$$

2. 几何意义

由案例 2 可知,函数 $f(x)$ 在点 x_0 处的导数 $f'(x_0)$ 就是曲线 $y=f(x)$ 在点 $M_0(x_0,y_0)$ 处的切线的斜率 k(参见图 3-1),即

$$k=f'(x_0)=\lim_{\Delta x\to 0}\frac{\Delta y}{\Delta x}=\lim_{\Delta x\to 0}\tan\varphi=\tan\alpha\ \left(\alpha\neq\frac{\pi}{2}\right).$$

3. 物理意义

由案例 3 可知,做变速运动的物体在某一时刻 t_0 的瞬时速度就是路程关于时间的函数 $s=s(t)$ 在 t_0 这一时刻的导数(参见图 3-2),即

$$\lim_{\Delta t\to 0}\frac{\Delta s(t)}{\Delta t}=\lim_{\Delta t\to 0}\frac{s(t_0+\Delta t)-s(t_0)}{\Delta t}=s'(t_0).$$

由此可见,如果函数 $f(x)$ 在点 x_0 处可导,则曲线上过点 (x_0,y_0) 的切线方程与法线方程分别为

$$y-y_0=f'(x_0)(x-x_0),$$

$$y-y_0=-\frac{1}{f'(x_0)}(x-x_0)\quad (f'(x_0)\neq 0).$$

如果 $\lim\limits_{\Delta x\to 0}\frac{\Delta y}{\Delta x}=\infty$,则表示曲线 $y=f(x)$ 在点 (x_0,y_0) 处具有垂直于 x 轴的切线 $x=x_0$,此时切线的倾斜角 $\alpha=\frac{\pi}{2}$;

如果 $f'(x_0)=0$,则不能利用上述公式来求曲线的法线方程,这时曲线在点 x_0 处的法线方程为 $x=x_0$.

例 3 求抛物线 $y=x^2$ 在点 $(1,1)$ 处的切线方程和法线方程.

解 因为 $y'=2x$,抛物线 $y=x^2$ 在点 $(1,1)$ 处的切线斜率

$$y'\big|_{x=1}=2x\big|_{x=1}=2,$$

所以所求的切线方程为

$$y-1=2(x-1),\quad 即\quad 2x-y-1=0,$$

法线方程为

$$y-1=-\frac{1}{2}(x-1),\quad 即\quad x+2y-3=0.$$

例 4　求曲线 $y=\ln x$ 平行于直线 $x-2y+4=0$ 的切线方程.

解　因为切线与已知直线 $x-2y+4=0$ 平行，所以，切线的斜率 $k=\frac{1}{2}$.

令 $y'=(\ln x)'=\frac{1}{x}=\frac{1}{2}$，得 $x=2$，故切点为 $(2,\ln 2)$，所以切线方程为

$$y-\ln 2=\frac{1}{2}(x-2),\quad 即\quad x-2y-2+2\ln 2=0.$$

例 5　某日用品厂生产 x 件产品时的总成本为 $C(x)=100+\frac{x^2}{10}$（单位：元），求：

(1) 生产 40 件产品的总成本与平均成本；

(2) 生产 40 件到 50 件产品时总成本的平均变化率；

(3) 生产 50 件产品时总成本的变化率.

解　(1) 生产 40 件产品的总成本

$$C(40)=100+\frac{40^2}{10}=260（元），$$

生产 40 件产品的平均成本

$$\overline{C}(40)=\frac{C(40)}{40}=6.5（元/件）；$$

(2) 生产 40 件到 50 件产品时总成本的平均变化率

$$\frac{\Delta C}{\Delta x}=\frac{C(50)-C(40)}{50-40}=\frac{350-260}{10}=9（元/件）；$$

(3) 生产 50 件产品时总成本的变化率

$$C'(50)=C'(x)\big|_{x=50}=\frac{x}{5}\bigg|_{x=50}=10（元/件）.$$

四、可导与连续的关系

定理 2　如果函数 $y=f(x)$ 在点 x_0 处可导，则函数 $f(x)$ 在点 x_0 处一定连续.

证　设函数 $y=f(x)$ 在点 x 处可导，即

$$\lim_{\Delta x\to 0}\frac{\Delta y}{\Delta x}=\lim_{\Delta x\to 0}\frac{f(x+\Delta x)-f(x)}{\Delta x}=f'(x),$$

因此

$$\lim_{\Delta x\to 0}\Delta y=\lim_{\Delta x\to 0}\left(\frac{\Delta y}{\Delta x}\cdot\Delta x\right)=\lim_{\Delta x\to 0}\frac{\Delta y}{\Delta x}\cdot\lim_{\Delta x\to 0}\Delta x=0.$$

由函数在一点处连续的定义知，函数 $y=f(x)$ 在点 x 处连续.　　证毕.

注意：上述定理的逆定理不成立，即函数 $f(x)$ 在点 x_0 处连续，却不一定在该点 x_0 处可导.

例如，函数 $f(x)=\sqrt[3]{x}$ 在点 $x=0$ 处是连续的，但不可导.因为当自变量在点 $x=0$ 处取得增量 Δx 时，有

$$\Delta y=f(0+\Delta x)-f(0)=\sqrt[3]{\Delta x},$$

$$\lim_{\Delta x\to 0}\frac{\Delta y}{\Delta x}=\lim_{\Delta x\to 0}\frac{\sqrt[3]{\Delta x}}{\Delta x}=\lim_{\Delta x\to 0}\frac{1}{\sqrt[3]{(\Delta x)^2}}=+\infty,$$

所以函数 $f(x)=\sqrt[3]{x}$ 在点 $x=0$ 处不可导，故函数 $f(x)=\sqrt[3]{x}$ 在点 $x=0$ 处连续，但不可导.

例 6 证明$f(x)=\begin{cases} x\sin\dfrac{1}{x}, & x\neq 0, \\ 0, & x=0 \end{cases}$在点 $x=0$ 处连续，但不可导.

证 因为
$$\lim_{x\to 0}f(x)=\lim_{x\to 0}\left(x\sin\frac{1}{x}\right)=0=f(0),$$
所以$f(x)$在点 $x=0$ 处连续.

又因为在点 $x=0$ 处给 x 一个增量 Δx，则
$$\Delta y=f(0+\Delta x)-f(0)=(0+\Delta x)\sin\frac{1}{0+\Delta x}-0=\Delta x\sin\frac{1}{\Delta x},$$
所以
$$\frac{\Delta y}{\Delta x}=\sin\frac{1}{\Delta x},$$
而
$$\lim_{\Delta x\to 0}\frac{\Delta y}{\Delta x}=\lim_{\Delta x\to 0}\sin\frac{1}{\Delta x}$$
不存在，所以$f(x)$在点 $x=0$ 处不可导.

由此可见，函数在点 x_0 处连续是函数在点 x_0 处可导的必要条件而不是充分条件.

训练任务 3.1

1. 填空题.

(1) 设 $f'(x_0)=2$，则$\lim\limits_{\Delta x\to 0}\dfrac{f(x_0+\Delta x)-f(x_0)}{\Delta x}=$________；

(2) 设 $f'(x_0)=1$，则$\lim\limits_{\Delta x\to 0}\dfrac{f(x_0-\Delta x)-f(x_0)}{\Delta x}=$________；

(3) 设$f(x)=3x+2$，则 $f'(1)=$________；

(4) 设$f(x)=\dfrac{1}{x^2}$，则 $f'(-1)=$________.

2. 求下列函数在指定点处的导数：

(1) $y=x^3, x_0=3$； (2) $y=\ln x, x_0=\mathrm{e}$.

3. 求下列函数的导数：

(1) $f(x)=x^{\frac{1}{3}}$； (2) $f(x)=x^{10}$； (3) $f(x)=x\sqrt{x}$； (4) $y=-\dfrac{1}{2}x^{-\frac{3}{2}}$.

4. 求曲线 $y=\ln x$ 在点$(1,0)$处的切线方程.

5. 在抛物线 $y=x^2$ 上求一点，使得曲线在该点处的切线平行于直线 $y=4x$，并求出切线方程.

*6. 讨论函数$f(x)=|x|$在点 $x=0$ 处的可导性.

第二节 导数基本公式与运算法则

利用定义来计算函数的导数比较麻烦，且有时求极限$\lim\limits_{\Delta x\to 0}\dfrac{\Delta y}{\Delta x}$是比较困难的.为了便于应用，简化计算，我们利用导数公式和求导法则来求导.

一、导数的基本公式

下面我们直接给出基本初等函数的导数公式.

(1) $(C)'=0$；

(2) $(x)'=1$；

(3) $(x^{\alpha})'=\alpha x^{\alpha-1}$ $(\alpha\neq 0,1)$；

(4) $(a^x)'=a^x\ln a$ ($a>0$ 且 $a\neq 1$)；

(5) $(\mathrm{e}^x)'=\mathrm{e}^x$；

(6) $(\log_a|x|)'=\dfrac{1}{x\ln a}$ ($a>0$ 且 $a\neq 1$)；

(7) $(\ln|x|)'=\dfrac{1}{x}$；

(8) $(\sin x)'=\cos x$；

(9) $(\cos x)'=-\sin x$；

(10) $(\tan x)'=\sec^2 x$；

(11) $(\cot x)'=-\csc^2 x$；

(12) $(\sec x)'=\sec x\cdot\tan x$；

(13) $(\csc x)'=-\csc x\cdot\cot x$；

(14) $(\arcsin x)'=\dfrac{1}{\sqrt{1-x^2}}$；

(15) $(\arccos x)'=-\dfrac{1}{\sqrt{1-x^2}}$；

(16) $(\arctan x)'=\dfrac{1}{1+x^2}$；

(17) $(\mathrm{arccot}\, x)'=-\dfrac{1}{1+x^2}$.

二、导数的四则运算法则

初等函数是微积分学研究的主要对象，求初等函数的导数是微积分学的基本运算，在上一节，我们给出了用定义求导数的方法，但当函数较复杂时，用这种方法求导数就比较困难，甚至求不出来. 为此，我们需要探索求函数导数的一般方法.

定理 1　设函数 $u=u(x)$ 和 $v=v(x)$ 在点 x 处可导，则函数 $u(x)\pm v(x)$，$u(x)v(x)$，$\dfrac{u(x)}{v(x)}(v(x)\neq 0)$ 也在点 x 处可导，且有以下法则：

(1) $(u\pm v)'=u'\pm v'$.

(2) $(uv)'=u'v+uv'$；

特别地，当 C 为任意常数时，有 $(Cu)'=Cu'$. 即常数因子可以移到导数符号外.

(3) $\left(\dfrac{u}{v}\right)'=\dfrac{u'v-uv'}{v^2}$ $(v\neq 0)$.

证明略.

其中(1)和(2)可以推广到有限个函数的情形，即

$$(u_1\pm u_2\pm\cdots\pm u_n)'=u_1'\pm u_2'\pm\cdots\pm u_n',$$

$$(uvw)'=u'vw+uv'w+uvw'.$$

例 1　求下列函数的导数：

(1) $y=\sin x+x^5+\ln 3$；

(2) $y=\sqrt{x}\ln x$；

(3) $y=\tan x$；

(4) $y=\sec x$.

解　(1) $y'=(\sin x)'+(x^5)'+(\ln 3)'=\cos x+5x^4$.

(2) $y'=(\sqrt{x}\ln x)'=(\sqrt{x})'\ln x+\sqrt{x}(\ln x)'=\dfrac{\ln x}{2\sqrt{x}}+\dfrac{1}{\sqrt{x}}=\dfrac{1}{2\sqrt{x}}(\ln x+2)$.

(3) $y'=(\tan x)'=\left(\dfrac{\sin x}{\cos x}\right)'=\dfrac{(\sin x)'\cos x-\sin x(\cos x)'}{\cos^2 x}=\dfrac{\cos^2 x+\sin^2 x}{\cos^2 x}$

$$=\frac{1}{\cos^2 x}=\sec^2 x,$$

即
$$(\tan x)'=\frac{1}{\cos^2 x}=\sec^2 x.$$

类似地，有
$$(\cot x)'=-\frac{1}{\sin^2 x}=-\csc^2 x.$$

(4) $y'=(\sec x)'=\left(\frac{1}{\cos x}\right)'=-\frac{(\cos x)'}{\cos^2 x}=\frac{\sin x}{\cos^2 x}=\frac{1}{\cos x}\cdot\frac{\sin x}{\cos x}=\sec x\tan x$,

即
$$(\sec x)'=\sec x\tan x.$$

类似地，有
$$(\csc x)'=-\csc x\cot x.$$

例 2　设 $y=\frac{e^x}{x^2+1}$，求 $y'|_{x=0}$.

解　(1) $y'=\left(\frac{e^x}{x^2+1}\right)'=\frac{(e^x)'(x^2+1)-e^x(x^2+1)'}{(x^2+1)^2}=\frac{e^x(x^2+1)-2xe^x}{(x^2+1)^2}$

$$=\frac{e^x(x^2-2x+1)}{(x^2+1)^2},$$

所以
$$y'|_{x=0}=1.$$

例 3　设 $y=\frac{x^3+\sqrt{x}-2}{x}$，求 y'.

解　因为
$$y=\frac{x^3+\sqrt{x}-2}{x}=x^2+x^{-\frac{1}{2}}-2x^{-1},$$

所以
$$y'=2x-\frac{1}{2}x^{-\frac{3}{2}}+2x^{-2}.$$

三、复合函数的求导法则

为了说明复合函数的导数的特点，我们先看一个例子.

$y=\sin 2x$ 是一个复合函数，因为 $y=\sin 2x=2\sin x\cos x$，所以

$$y'=2[(\sin x)'\cos x+\sin x(\cos x)']=2(\cos^2 x-\sin^2 x)=2\cos 2x.$$

显然 $y'=(\sin 2x)'=\cos 2x$ 是错误的. 这是为什么呢？因为 $y=\sin x$ 是基本初等函数，而 $y=\sin 2x$ 是复合函数，不能直接应用正弦函数的导数公式.

下面介绍复合函数的求导法则.

定理 2　设 $y=f(u)$ 及 $u=\varphi(x)$ 复合而成的函数为 $y=f[\varphi(x)]$，如果 $u=\varphi(x)$ 在点 x 处可导，$y=f(u)$ 在相应的点 $u=\varphi(x)$ 处可导，则 $y=f[\varphi(x)]$ 在点 x 处也可导，且有
$$\frac{dy}{dx}=\frac{dy}{du}\cdot\frac{du}{dx}.$$

或简记为
$$y'_x=f'(u)\varphi'(x)\quad 或\quad y'_x=y'_u u'_x.$$

用导数的定义可以证明此定理(略).

这个法则说明：复合函数对自变量的导数等于复合函数对中间变量的导数乘以中间变量对自变量的导数.复合函数的求导法则可以推广到有多个中间变量的复合函数.

例如，设 $y=f(u)$，$u=\varphi(v)$，$v=\omega(x)$，则复合函数 $y=f\{\varphi[\omega(x)]\}$ 在点 x 处的导数为

$$\frac{dy}{dx}=\frac{dy}{du}\cdot\frac{du}{dv}\cdot\frac{dv}{dx}.$$

或简记为

$$y'_x=y'_u\cdot u'_v\cdot v'_x.$$

例 4 求下列函数的导数：

(1) $y=\sin 2x$； (2) $y=(2x+1)^9$； (3) $y=e^{\sqrt{x}}$；

(4) $y=\ln\cos x$； (5) $y=\sqrt{a^2-x^2}$； (6) $y=\arctan x^2$.

解 (1) 令 $y=\sin u$，$u=2x$，则

$$y'=y'_u u'_x=(\sin u)'(2x)'=\cos u\cdot 2=2\cos 2x;$$

(2) 令 $y=u^9$，$u=2x+1$，则

$$y'=y'_u u'_x=9u^8\times 2=18\,(2x+1)^8;$$

(3) 令 $y=e^u$，$u=\sqrt{x}$，则

$$y'_x=y'_u u'_x=e^u\,\frac{1}{2\sqrt{x}}=\frac{e^{\sqrt{x}}}{2\sqrt{x}};$$

(4) 令 $y=\ln u$，$u=\cos x$，则

$$y'_x=y'_u u'_x=\frac{1}{u}\cdot(-\sin x)=\frac{-\sin x}{\cos x}=-\tan x;$$

(5) 令 $y=\sqrt{u}$，$u=a^2-x^2$，则

$$y'=y'_u u'_x=\frac{1}{2\sqrt{u}}\cdot(-2x)=-\frac{x}{\sqrt{a^2-x^2}};$$

(6) 令 $y=\arctan u$，$u=x^2$，则

$$y'_x=y'_u u'_x=\frac{1}{1+u^2}\cdot 2x=\frac{2x}{1+x^4}.$$

在比较熟练地掌握了复合函数的求导法则后，计算时就不必写出中间变量，而直接应用复合函数的求导法则求所给函数的导数.

例如，前面几例就可以直接写为

$$(\sin 2x)'=\cos 2x(2x)'=2\cos 2x;$$

$$[(2x+1)^9]'=9(2x+1)^8(2x+1)'=18(2x+1)^8;$$

$$(e^{\sqrt{x}})'=e^{\sqrt{x}}(\sqrt{x})'=\frac{e^{\sqrt{x}}}{2\sqrt{x}};$$

$$(\ln\cos x)'=\frac{1}{\cos x}(\cos x)'=\frac{-\sin x}{\cos x}=-\tan x;$$

$$(\sqrt{a^2-x^2})'=\frac{1}{2\sqrt{a^2-x^2}}\cdot(a^2-x^2)=-\frac{x}{\sqrt{a^2-x^2}};$$

$$(\arctan x^2)'=\frac{1}{1+x^4}\cdot(x^2)'=\frac{2x}{1+x^4}.$$

例 5 设 $y=e^{\sin\frac{1}{x}}$，求 y'.

解 $y'=(e^{\sin\frac{1}{x}})'=e^{\sin\frac{1}{x}}\left(\sin\frac{1}{x}\right)'=e^{\sin\frac{1}{x}}\cdot\cos\frac{1}{x}\cdot\left(\frac{1}{x}\right)'=-\frac{1}{x^2}e^{\sin\frac{1}{x}}\cdot\cos\frac{1}{x}.$

四、隐函数的求导法则

由第一章隐函数的概念可知，y 与 x 的关系是由一个含有变量 x 和 y 的二元方程 $F(x,y)=0$ 所确定的，这样的函数称为隐函数. 其求导方法是：

在方程 $F(x,y)=0$ 中，方程两边同时对 x 求导，要记住 y 是 x 的函数，然后用复合函数的求导法则去求导，最后从所得的含 y' 的方程中解出隐函数的导数 y'，即是所求.

例 6　已知圆的方程为 $x^2+y^2=4$，如何求其上一点 $(\sqrt{3},1)$ 处的切线方程？

分析：显然 y 与 x 的关系是由方程 $x^2+y^2=4$ 确定的.

解　将方程两边同时关于 x 求导，得

$$2x+2yy'=0,$$

于是得

$$y'=-\frac{x}{y}.$$

又圆 $x^2+y^2=4$ 在点 $(\sqrt{3},1)$ 处的切线斜率

$$k=y'\Big|_{\substack{x=\sqrt{3}\\y=1}}=-\sqrt{3},$$

所以所求的切线方程为

$$y-1=-\sqrt{3}(x-\sqrt{3}),\quad 即\quad \sqrt{3}x+y+4=0.$$

例 7　求由方程 $y^5-x-3x^7=0$ 所确定的隐函数 $y=f(x)$ 的导数 $\frac{dy}{dx}$.

解　将方程两边同时关于 x 求导，得

$$5y^4y'-1-21x^6=0,$$

解得

$$y'=\frac{dy}{dx}=\frac{21x^6+1}{5y^4}.$$

例 8　求由方程 $xy-e^x+e^y=0$ 所确定的函数 $y=y(x)$ 在点 $x=0$ 处的导数 $y'(0)$.

解　将方程两边同时对 x 求导，得

$$y+xy'-e^x+e^yy'=0,$$

解得

$$y'=\frac{e^x-y}{x+e^y}.$$

当 $x=0$ 时，由原方程得 $x=0$，所以

$$y'|_{x=0}=\frac{e^0-0}{0+e^0}=1.$$

由以上例题不难发现，在求隐函数的导数时，不必将隐函数显化，只要将方程 $F(x,y)=0$ 中的 y 看作是 x 的函数，利用复合函数求导法则，将方程 $F(x,y)=0$ 两边逐项对 x 求导，然后解出 y'，就可得到由方程 $F(x,y)=0$ 确定的隐函数的导数.

*五、对数求导法

对数求导法是先在函数 $y=f(x)$ 的两边取对数 $(f(x)>0)$，然后等式两边分别对 x 求导数，最后解出 y'_x. 下面通过例题介绍这种方法.

例 9　设 $y=x^{\sin x}(x>0)$，求 y'.

这个函数既不是幂函数，也不是指数函数，而是幂指函数.求此类函数的导数可用对数求导法.

解　将 $y=x^{\sin x}$ 两边同时取自然对数，得

$$\ln y=\ln x^{\sin x}=\sin x\ln x,$$

将上式两边同时对 x 求导，得

$$\frac{1}{y}y'=\cos x\ln x+\sin x\cdot\frac{1}{x},$$

即

$$y'=y\left(\cos x\ln x+\frac{\sin x}{x}\right)=x^{\sin x}\left(\cos x\ln x+\frac{\sin x}{x}\right).$$

例 10　设 $y=\sqrt{\dfrac{(x-1)(x-2)}{(x-3)(4-x)}}\ (3<x<4)$，求 y'.

此题如果直接按复合函数求导法则求导是很麻烦的，现在按对数求导法解.

解　将等式两边同时取自然对数，得

$$\ln y=\frac{1}{2}[\ln(x-1)+\ln(x-2)-\ln(x-3)-\ln(4-x)],$$

将上式两边同时对 x 求导，得

$$\frac{1}{y}y'=\frac{1}{2}\left(\frac{1}{x-1}+\frac{1}{x-2}-\frac{1}{x-3}+\frac{1}{4-x}\right),$$

所以

$$y'=\frac{y}{2}\left(\frac{1}{x-1}+\frac{1}{x-2}-\frac{1}{x-3}+\frac{1}{4-x}\right)=\frac{1}{2}\sqrt{\frac{(x-1)(x-2)}{(x-3)(4-x)}}\left(\frac{1}{x-1}+\frac{1}{x-2}-\frac{1}{x-3}+\frac{1}{4-x}\right).$$

由以上两例可知，对数求导法适用于求幂指函数及一些因子较多的函数的导数.

训练任务 3.2

1. 求下列函数的导数：

(1) $y=3x^2-4x+10$；

(2) $y=x^3+3x-5\sqrt{x}$；

(3) $y=\dfrac{x}{3}+\dfrac{3}{x}+\dfrac{x^2}{2}+\dfrac{2}{x^2}$；

(4) $y=5\sin x-3\cos x-7$；

(5) $y=3x^2-\dfrac{2}{x^2}+5$；

(6) $y=x^2(2+\sqrt{x})$；

(7) $y=3\ln x-\dfrac{2}{x^2}$；

(8) $y=\dfrac{x^2+\sqrt{x}+1}{x^3}$.

2. 求下列函数的导数：

(1) $y=(2x+1)^5$；

(2) $y=\sqrt{1+e^x}$；

(3) $y=\ln(2x+1)$；

(4) $y=\sin(2x)+\sin x^2$；

(5) $y=e^{\sin x}$；

(6) $y=\arcsin\sqrt{x}$.

3. 求由下列方程所确定的函数 $y=y(x)$ 的导数：

(1) $x^3+2x^2y-3xy+9=0$；

(2) $xy=e^{x+y}$.

4. 求曲线 $xy+\ln y=1$ 在点 $M(1,1)$ 处的切线方程.

*5. 求函数 $y=x^x(x>0)$ 的导数.

第三节 高阶导数

我们知道，一个函数 $y=f(x)$ 的导数 $f'(x)$ 仍然是 x 的函数.如果 $f'(x)$ 在点 x_0 处的导数存在，则称此导数为函数 $f(x)$ 在点 x_0 处的二阶导数，记为 $f''(x_0)$，即

$$f''(x_0)=\lim_{\Delta x\to 0}\frac{f'(x_0+\Delta x)-f'(x_0)}{\Delta x}.$$

显然，当 x 变化时，二阶导数(如果存在)也是 x 的函数，称为函数 $y=f(x)$ 的二阶导函数，有时也简称为二阶导数，记为 $f''(x)$ 或 y'' 或 $\frac{d^2y}{dx^2}$，即

$$y''=f''(x)=[f'(x)]' \quad 或 \quad \frac{d^2y}{dx^2}=\frac{d}{dx}\left(\frac{dy}{dx}\right).$$

注意到"$\frac{d}{dx}$"相当于求导运算.

$$y'=\frac{dy}{dx}, y''=\frac{d^2y}{dx^2}, y'''=\frac{d^3y}{dx^3}, y^{(4)}=\frac{d^4y}{dx^4}, \cdots, y^{(n)}=\frac{d^ny}{dx^n}.$$

类似地可以定义三阶、四阶、…、n 阶导数，当 $n\geqslant 4$ 时，n 阶导数记为

$$y^{(n)} \text{ 或 } y^{(n)}(x) \text{ 或 } \frac{d^ny}{dx^n} \text{ 或 } f^{(n)}(x).$$

二阶及二阶以上的导数称为高阶导数.由定义可知，求函数的高阶导数，无须再建立公式和法则，只要利用上一节的求导公式和法则，对函数一阶一阶地接连进行求导即可.

例 1 求 $y=ax^2+b$ 的二阶和三阶导数(a,b 为常数).

解 $y'=2ax,\quad y''=2a,\quad y'''=0.$

例 2 设 $y=x\sin x$，求 y'''.

解 $y'=\sin x+x\cos x$,

$$y''=(\sin x)'+(x\cos x)'=\cos x+\cos x-x\sin x=2\cos x-x\sin x,$$

$$y'''=(2\cos x)'-(x\sin x)'=-2\sin x-\sin x-x\cos x.$$

例 3 求 $y=x^n$ 的 n 阶导数(n 为自然数)

解 $y'=nx^{n-1}, y''=(nx^{n-1})'=n(n-1)x^{n-2}, \cdots, y^{(n)}=n!$，即

$$(x^n)^{(n)}=n!.$$

例 4 设 $y=e^x$，求 $y^{(n)}$.

解 $y'=(e^x)'=e^x, y''=(e^x)'=e^x, \cdots\cdots$

由归纳法可得，

$$y^{(n)}=(e^x)^{(n)}=e^x\ (n=1,2,\cdots).$$

训练任务 3.3

1. 求下列函数的二阶导数 y''：

(1) $y=4x^2+\ln x$；　(2) $y=\cos x+\sin x$；

(3) $y=e^{-x}\cos x$；　(4) $y=e^{2x-1}$.

2. 设$f(x)=(x+10)^6$，求 $f'''(2)$.

*3. 求函数 $y=e^{2x}$ 的 n 阶导数.

第四节　函数的微分

一、提出问题

案例 1　薄片面积的增量

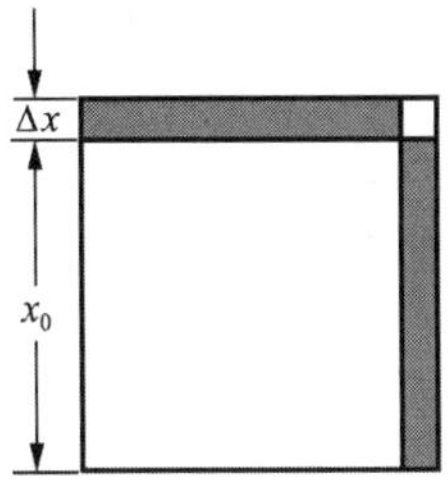

图 3-3

边长为 x_0 的正方形金属薄片，加热后边长增长了 Δx，则该金属薄片的面积大约增加了多少？

分析：边长为 x 的正方形金属薄片，其面积为 $y=x^2$，加热后边长由 x_0 增加到 $x_0+\Delta x$，这时面积的增量为

$$\Delta y=(x_0+\Delta x)^2-x_0{}^2=2x_0\Delta x+(\Delta x)^2.$$

上式表明，Δy 由两部分组成：第一部分为 $2x_0\Delta x$，它是 Δx 的线性函数，表示图 3-3 中带有阴影的两个小矩形面积之和；第二部分是$(\Delta x)^2$，在图 3-3 中表示右上角的小正方形的面积.当 Δx 很小时，则$(\Delta x)^2$ 更小，当 $\Delta x\to 0$ 时$(\Delta x)^2$ 是比 Δx 高阶的无穷小量.因此，当面积的增量 Δy 用第一部分 $2x_0\Delta x$ 近似代替时，误差也很小（误差仅为$(\Delta x)^2$），所以 $\Delta y\approx 2x_0\Delta x$.而 $f'(x_0)=f'(x)\big|_{x=x_0}=2x_0$，所以 $\Delta y\approx f'(x_0)\Delta x$.通常称 $f'(x_0)\Delta x$ 为 Δy 的线性主部，也称其为正方形面积函数 $y=x^2$ 在点 x_0 处的微分，记作

$$\mathrm{d}y=2x_0\Delta x.$$

而对于一般函数的微分，有如下定义.

二、微分的概念

1. 定义

若函数 $y=f(x)$在点 x 处可导，则称 $f'(x)\Delta x$ 为函数$f(x)$的微分，记作 $\mathrm{d}y$，即

$$\mathrm{d}y=f'(x)\Delta x.$$

也称$f(x)$在点 x 处可微.

通常把自变量 x 的增量称为自变量的微分，记作 $\mathrm{d}x$，即 $\mathrm{d}x=\Delta x$.于是函数 $y=f(x)$的微分又可记作

$$\mathrm{d}y=f'(x)\mathrm{d}x.$$

所以

$$\frac{\mathrm{d}y}{\mathrm{d}x}=f'(x).$$

这就是说，函数的微分 $\mathrm{d}y$ 与自变量的微分 $\mathrm{d}x$ 之商等于该函数的导数，因此导数也叫作“微商”.

注意：

(1) 函数 $y=f(x)$在点 x 处可微与可导是等价的，且其关系式为 $\mathrm{d}y=f'(x)\mathrm{d}x$.

(2) 函数 $y=f(x)$在点 x_0 处的微分记为

$$\mathrm{d}y\big|_{x=x_0}=\mathrm{d}f(x)\big|_{x=x_0}=f'(x_0)\mathrm{d}x.$$

(3) 微分与导数的区别：导数是函数在一点处的变化率，而微分是函数在一点处由自变量

增量所引起的函数变化量的主要部分.导数的值只与 x 有关,而微分的值与 x 和 Δx 都有关.

例 1　求函数 $y=x^3$ 当 $x=1,\Delta x=0.01$ 时的增量与微分.

解　函数增量

$$\Delta y=f(x+\Delta x)-f(x)=(x+\Delta x)^3-x^3=3x^2\Delta x+3x(\Delta x)^2+(\Delta x)^3,$$

所以

$$\Delta y\Big|_{\substack{x=1\\ \Delta x=0.01}}=3x^2\Delta x+3x(\Delta x)^2+(\Delta x)^3\Big|_{\substack{x=1\\ \Delta x=0.01}},$$
$$=3\times1^2\times0.01+3\times1\times(0.01)^2+(0.01)^3=0.030\ 301;$$

函数微分

$$dy=f'(x)\Delta x=3x^2\Delta x,$$

所以

$$dy\Big|_{\substack{x=1\\ \Delta x=0.01}}=3x^2\Delta x\Big|_{\substack{x=1\\ \Delta x=0.01}}=3\times1^2\times0.01=0.03.$$

可见

$$\Delta y\approx dy.$$

例 2　求函数 $y=\ln(1+x)$的微分 dy.

解　$dy=y'dx=[\ln(1+x)]'dx=\dfrac{1}{1+x}dx.$

2. 微分的几何意义

为了对微分概念有比较直观的理解,现在说明一下微分的几何意义.

在平面直角坐标系中,函数 $y=f(x)$的图形为一条曲线.而对于某一固定的自变量 x_0,曲线上有一个确定的点$M_0(x_0,y_0)$与之对应,如图 3-4 所示.当自变量 x_0 有微小增量 Δx 时,就得到该曲线上的另一点 $N(x_0+\Delta x,y_0+\Delta y)$,从而有

$$M_0Q=\Delta x,\quad NQ=\Delta y.$$

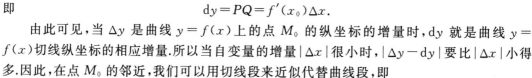

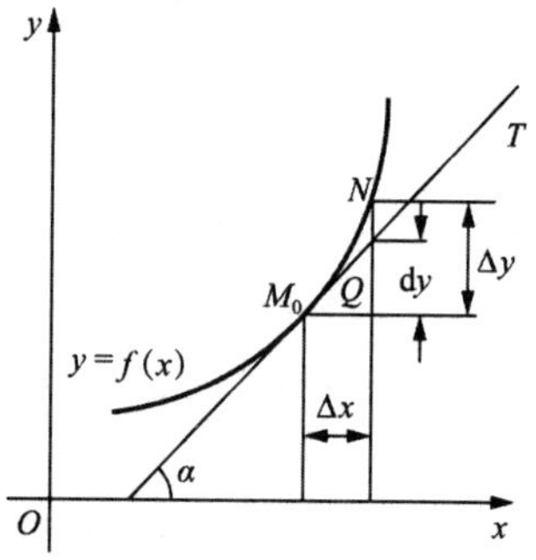

图 3-4

再过点 M_0 作该曲线的切线 M_0T,而它的倾角为 α,所以

$$PQ=M_0Q\tan\alpha=\Delta x\cdot f'(x_0),$$

即

$$dy=PQ=f'(x_0)\Delta x.$$

由此可见,当 Δy 是曲线 $y=f(x)$上的点 M_0 的纵坐标的增量时,dy 就是曲线 $y=f(x)$切线纵坐标的相应增量.所以当自变量的增量$|\Delta x|$很小时,$|\Delta y-dy|$要比$|\Delta x|$小得多.因此,在点 M_0 的邻近,我们可以用切线段来近似代替曲线段,即

$$dy\approx\Delta y.$$

3. 微分的运算

由微分的定义 $dy=f'(x)dx$ 可以看出,求函数的微分,只要求出函数的导数,然后再乘以自变量的微分即可.因此,由函数的导数公式和求导运算法则,就可相应地得到函数微分的公式和微分运算法则.在此就不再罗列微分的公式和微分运算法则了.

4. 微分形式的不变性

我们知道,如果 $y=f(u)$是 u 的函数,则函数的微分为

$$dy=f'(u)du.$$

如果 u 不是自变量,而是 x 的可导函数 $u=\varphi(x)$,则复合函数 $y=f[\varphi(x)]$的微分为

$$dy=y'dx=f'(u)du=f'(u)\varphi'(x)dx.$$

由于 $du=\varphi'(x)dx$,所以,复合函数 $y=f[\varphi(x)]$的微分也可以写成

$$dy=f'(u)du.$$

可见,无论 u 是中间变量还是自变量,$y=f(u)$的微分总等于函数 $y=f(u)$的导数,再

乘以变量 u 的微分，微分形式 $\mathrm{d}y=f'(u)\mathrm{d}u$ 总保持不变.这个性质称为微分形式的不变性.

例 3 设 $y=\arctan x^2$，求 $\mathrm{d}y|_{x=1}$.

解 $\mathrm{d}y=f'(x)\mathrm{d}x=\dfrac{2x}{1+x^4}\mathrm{d}x$， $\mathrm{d}y|_{x=1}=f'(1)\mathrm{d}x=\dfrac{2}{1+1^4}\mathrm{d}x=\mathrm{d}x$.

例 4 设 $y=\sin(2x+3)$，求 $\mathrm{d}y$.

解 $\mathrm{d}y=[\sin(2x+3)]'\mathrm{d}x=\cos(2x+3)(2x+3)'\mathrm{d}x=2\cos(2x+3)\mathrm{d}x$.

***例 5** 设 $y=f(x\mathrm{e}^x)$（其中 f 可微），求 $\mathrm{d}y$.

解 $\mathrm{d}y=\mathrm{d}f(x\mathrm{e}^x)=f'(x\mathrm{e}^x)\mathrm{d}(x\mathrm{e}^x)]=f'(x\mathrm{e}^x)(x\mathrm{e}^x)'\mathrm{d}x=f'(x\mathrm{e}^x)(\mathrm{e}^x+x\mathrm{e}^x)\mathrm{d}x$.

三、参数式函数的微分法

由参数方程

$$\begin{cases}x=\varphi(t),\\ y=\psi(t)\end{cases}\quad(t\in T)$$

确定的函数称为参数式函数.

由于导数 $f'(x)$ 是函数的微分 $\mathrm{d}y$ 与自变量的微分 $\mathrm{d}x$ 之商，而微分形式不变性又告诉我们其中 $\mathrm{d}x$ 也可以是函数的微分，用这种方法就可得到参数式函数的求导公式

$$\frac{\mathrm{d}y}{\mathrm{d}x}=\frac{\mathrm{d}y}{\mathrm{d}t}\cdot\frac{\mathrm{d}t}{\mathrm{d}x}=\frac{\dfrac{\mathrm{d}y}{\mathrm{d}t}}{\dfrac{\mathrm{d}x}{\mathrm{d}t}}=\frac{\psi'(t)}{\varphi'(t)}.$$

例 6 设 $\begin{cases}x=a\cos t,\\ y=a\sin t,\end{cases}$ 其中 a 为常数，求 $\dfrac{\mathrm{d}y}{\mathrm{d}x}$.

解 $\dfrac{\mathrm{d}y}{\mathrm{d}x}=\dfrac{\mathrm{d}(a\sin t)}{\mathrm{d}(a\cos t)}=\dfrac{a\cos t\,\mathrm{d}t}{-a\sin t\,\mathrm{d}t}=-\cot t$.

*四、微分在近似计算中的应用

1. 近似计算公式

由前面的讨论知道，如果函数 $y=f(x)$ 在点 x_0 处可微，$f'(x_0)\neq 0$，则当 $|\Delta x|$ 很小时，用微分 $\mathrm{d}y$ 代替增量 Δy，误差仅为 Δx 的高阶无穷小量，即

$$\Delta y\approx\mathrm{d}y=f'(x_0)\Delta x.$$

由 $\Delta y=f(x_0+\Delta x)-f(x_0)\approx f'(x_0)\Delta x$，得到 $f(x_0+\Delta x)$ 的近似公式：

$$f(x_0+\Delta x)\approx f(x_0)+f'(x_0)\Delta x.$$

案例 2 装饰小球

有一批直径为 1 cm 的钢珠，为了提高使用寿命，需要在钢珠表面镀上一层铜，厚度为 0.01 cm.试估计每只钢珠需用铜多少克？（已知铜的密度是 8.9 $\mathrm{g/cm^3}$）.

解 镀层的体积乘以密度即为铜的质量，而镀层的体积就是钢珠在加镀层前后的两个体积之差.钢珠的体积公式为 $V=\dfrac{4}{3}\pi R^3$，于是镀层体积就是函数 V 当半径 R 有增量 ΔR 时的体积的增量 ΔV.

由于 $\Delta R=0.01$ 很小，用 $\mathrm{d}V$ 近似代替 ΔV，计算如下：

令 $R_0=0.5$，$\Delta R=0.01$，则

$$V'(R_0)=\left(\frac{4}{3}\pi R^3\right)'\Bigg|_{R_0=0.5}=4\pi R_0{}^2|_{R_0=0.5}\approx 4\times 3.14\times 0.5^2=3.14,$$

$$\Delta V\approx \mathrm{d}V=V'(R_0)\Delta R\approx 3.14\times 0.01=0.031(\mathrm{cm}^3),$$

所以,每只钢珠需用铜约

$$0.031\times 8.9\approx 0.28(\mathrm{g}).$$

案例 3　收入核算

某纺织厂生产纯棉印花四件套,若该厂一个月的产量为 x 套,则收入函数 $R(x)=36x-\frac{x^2}{20}$(单位:百元).如果该厂 2016 年 12 月份的产量从 250 套增加到 260 套,试估计该厂 12 月份收入增加了多少.

解　该厂 12 月份产量的增量为 $\Delta x=260-250=10$,用 $\mathrm{d}R$ 来估算 12 月份收入的增加值

$$\Delta R\approx \mathrm{d}R=R'|_{x=250}\Delta x=\left(36-\frac{x}{10}\right)\Bigg|_{x=250}\Delta x=11\times 10=110(\text{百元}),$$

即该厂 12 月份收入大约增加了 11 000 元.

2. 常用的一些近似公式

根据微分的近似公式可以推出常用的一些近似公式,下面列举几个近似公式.当 $|x|$ 很小时,有近似公式:

(1) $\sqrt[n]{1+x}\approx 1+\frac{1}{n}x$;　(2) $\sin x\approx x$;　(3) $\tan x\approx x$;

(4) $\mathrm{e}^x\approx 1+x$;　(5) $\ln(1+x)\approx x$.

训练任务 3.4

1. 已知 $y=x^3-x$,如果 $x=2$,则

当 $\Delta x=1$ 时,$\Delta y=$________,$\mathrm{d}y=$________;

当 $\Delta x=0.1$ 时,$\Delta y=$________,$\mathrm{d}y=$________;

当 $\Delta x=0.01$ 时,$\Delta y=$________,$\mathrm{d}y=$________.

2. 求下列函数的微分:

(1) $y=\frac{1}{x}+2\sqrt{x}$;　(2) $y=x\sin 2x$;

(3) $y=[\ln(1-x)]^2$;　(4) $y=\mathrm{e}^{-x}\cos(3-x)$;

(5) $y=\frac{x}{\sqrt{1-x^2}}$;　(6) $y=\arcsin x-x\arctan x$.

3. 求函数 $y=x\mathrm{e}^{-x^2}$ 在点 $x=0$ 处的微分.

4. 求下列参数式函数的导数 $\frac{\mathrm{d}y}{\mathrm{d}x}$:

(1) $\begin{cases}x=at+\frac{b}{t},\\ y=at^2;\end{cases}$　(2) $\begin{cases}x=a(t-\cos t),\\ y=a(t^2+\sin t).\end{cases}$

*5. 计算下列函数的近似值:

(1) $\arctan 1.02$;　(2) $\sqrt[3]{998}$.

阅读材料——数学家的故事

法国数学家柯西

柯西(Cauchy,1789—1857)是法国数学家、物理学家、天文学家.柯西1789年8月21日出生于巴黎.父亲是一位精通古典文学的律师,与当时法国的大数学家拉格朗日和拉普拉斯交往密切.柯西少年时代的数学才华颇受这两位数学家的赞赏,并预言柯西日后必成大器.拉格朗日向其父建议"赶快给柯西一种坚实的文学教育",以便他的爱好不致把他引入歧途.父亲因此加强了对柯西的文学教养,使他在诗歌方面也表现出很高的才华.

柯西对数学的最大贡献是在微积分引进了清晰和严格的表述与证明方法,在这方面他写了三部专著,即《分析教程》《无穷小计算教程》《微分计算教程》.他的这些著作,摆脱了微积分对几何运动的直观理解和物理解释,引入了严格的分析上的叙述和论证,从而形成了微积分的现代体系.在数学分析中,微积分的现代概念就是柯西建立起来的.人们通常将柯西看作是近代微积分学的奠基者.柯西将微积分严格化的方法虽然也利用了无穷小的概念,但他改变了以前数学家所说的无穷小是固定数,把无穷小或无穷小量简单地定义为一个以零为极限的变量.他定义了上下极限,第一次使用了极限符号,他指出,对一切函数都任意使用那些只有代数函数才有的性质、无条件地使用级数都是不合法的,判定收敛性是必要的,并且给出了判定收敛性的依据——柯西准则,论述了半收敛级数的意义和用途.他定义了二重级数的收敛性,对幂函数的收敛半径有清晰的估计.柯西清楚地知道无穷级数是表达函数的一种有效方法,并是最早对泰勒定理给出完善证明和确定其余项形式的数学家.他以正确的方法建立了极限和连续性的理论,还定义反常积分,抛弃了欧拉坚持的函数的显式表示以及拉格朗日的形式幂级数,引进了解析表达式的函数新概念,以精确的极限概念定义了函数的连续性、无穷级数的收敛性.柯西在微积分中引进了极限概念,并以极限为基础建立了逻辑清晰的分析体系.这是微积分发展史上的精华,也是柯西对人类科学发展所做的巨大贡献.

柯西创造力惊人,数学论文像连绵不断的泉水在柯西的一生中喷涌.他共发表了800篇论文,出版专著7本,全集共有27卷.从他23岁写出第一篇论文到68岁逝世的45年中,平均每月发表两篇论文.1849年,仅在法国科学院8月至12月的9次会议上,他就提交了24篇短文和15篇研究报告.他的文章朴实无华,充满新意.柯西27岁当选法国科学院院士,还是英国皇家学会会员和许多国家的科学院院士.

柯西在代数学、几何学、数论等各个数学领域也都有建树,他总结了多面体理论,证明了费马关于多角数的定理等等.柯西对物理学、力学和天文学都做过深入研究,在这门学科中以他的姓氏命名的定理和定律就有16个之多.柯西有一句名言:"人总是要死的,但他们的业绩应该永存."

本章小结

一、本章主要内容

1. 导数的定义及导数的几何意义,曲线在某一点处的切线方程和法线方程;

2. 导数的基本公式和四则运算法则；
3. 复合函数与隐函数求导法则；
4. 高阶导数；
5. 微分的概念及微分在近似计算中的应用.

二、学习方法

1. 通过案例去理解导数和微分的定义；
2. 熟记导数基本公式与四则运算法则，求导时要注意灵活运用；
3. 复合函数求导一定要分清复合层次，由外而内求或者是把复合过程写出来再求；
4. 求隐函数的导数时一定要记住方程中的 y 是 x 的函数；
5. 求函数的微分时，用微分公式 $dy=y'dx$.

三、重点和难点

重点：
1. 导数的概念及几何意义；
2. 导数公式与四则运算法则，复合函数求导法则；
3. 微分的概念及计算.

难点：
1. 利用导数的定义计算分段函数在分段点处的导数；
2. 隐函数求导、取对数求导和求高阶导数.

自测题 1(基础层次)

1. 选择题.

(1) 函数 $f(x)=\begin{cases}x+2, x<1,\\3x-1, x\geqslant 1\end{cases}$ 在点 $x=1$ 处(　　).

A. 可导　　B. 连续但不可导　　C. 不连续　　D. 无定义

(2) 设 $f(x)=x^3-3x^2+4$，则 $f''(1)=$(　　).

A. 0　　B. 1　　C. -1　　D. 2

(3) 函数 $y=f(x)$ 在点 x_0 处可导是在该点处可微的(　　).

A. 充分条件　　B. 必要条件　　C. 充要条件　　D. 无关条件

(4) 设 $f(x)=e^x+\ln x$，则 $f'(2)=$(　　).

A. $e^2+\ln 2$　　B. $e^2+\frac{1}{2}$　　C. $e^2-\frac{1}{2}$　　D. $e^2-\ln 2$

(5) 设 $y=\sin x^2$，则 $y'=$(　　).

A. $\cos x^2$　　B. $-\cos x^2$　　C. $2x\cos x^2$　　D. $-2x\cos x^2$

2. 填空题.

(1) 设函数 $f(x)$ 在点 x_0 处可导，则 $\lim\limits_{\Delta x\to 0}\frac{f(x_0-\Delta x)-f(x_0)}{\Delta x}=$________；

(2) 曲线 $y=x^2-x$ 上切线的斜率为 3 的点的坐标为________；

(3) 设 $y=x^3$，则当 $x=1, \Delta x=0.1$ 时，$dy=$________；

(4) 设 $y=\sin x$，则 $y'''(\pi)=$________；

(5) 曲线 $y=\ln x$ 在点(1,0)处的切线方程________.

3. 求下列函数的导数：

(1) $y=\frac{1}{\sqrt{x}}+7\cos x+\sin\frac{\pi}{5}$；

(2) $y=(1-x)(1-2x)$；

(3) $y=(\sqrt{x}+1)\left(\frac{1}{\sqrt{x}}-1\right)$；

(4) $y=\frac{4x^2}{1+x}$；

(5) $y=\frac{x^2+2}{e^x}$；

(6) $y=x^2\sin x$；

(7) $y=xe^x$；

(8) $y=\sqrt{x}\ln x$；

(9) $y=\arctan\sqrt{x}$；

(10) $y=\ln(x+\sqrt{x^2+a^2})$.

4. 求曲线 $y=\sin x$ 在点$(\pi,0)$处的切线方程和法线方程.

5. 求由下列方程所确定的隐函数 $y=y(x)$的导数.

(1) $x^2+y^2=a^2$；

(2) $y=\ln(x+y)$.

6. 求函数 $y=\cos(x+1)$在点 $x=\frac{\pi}{2}-1$ 处的微分.

7. 求下列函数在指定点处的二阶导数：

(1) 设$f(x)=x^3-2x^2+x-3$,求 $f''(0)$；

(2) 设 $y=\cos(\ln x)$,求 $y''|_{x=e}$.

自测题 2(提高层次)

1. 选择题.

(1) 设函数$f(x)=e^x$,则$\lim\limits_{x\to 0}\frac{f(x)-f(0)}{x}=($　　$)$.

A. 0　　B. 1　　C. -1　　D. 2

(2) 设 $y=\ln\sin x$,则 $dy\big|_{x=\frac{\pi}{4}}=($　　$)$.

A. 0　　B. 1　　C. -1　　D. 2

(3) 曲线 $y=e^{2x}+1$ 在点 $x=2$ 处切线的斜率为(　　).

A. $2e^4-\frac{1}{2}$　　B. $e^2+\frac{1}{2}$　　C. $2e^4$　　D. e^3+1

(4) 设$f(x)=e^x+\ln x$,则 $f'(2)=($　　$)$.

A. $e^2+\ln 2$　　B. $e^2+\frac{1}{2}$　　C. $e^2-\frac{1}{2}$　　D. $e^2-\ln 2$

(5) 设 $y=\sin^2 x$,则 $dy=($　　$)$.

A. $\cos x^2dx$　　B. $2\cos x^2dx$　　C. $2\sin x\cos x dx$　　D. $-2\cos^2 x dx$

2. 填空题.

(1) 某产品的总成本函数为 $C(q)=q^2+9q+400$,则总成本的变化率为__________；

(2) 设 $y=x(x-1)(x-2)(x-3)$,则 $y'(1)=$__________；

(3) 设 $y=3x+5\sqrt{x}$,则 $dy=$__________；

(4) 设 $y=xe^{-x}$,则 $y''(0)=$__________；

(5) 曲线 $y=x^3$ 在点(1,1)处的切线方程__________.

3. 求下列函数的导数：

(1) $y=x^5+4x^3-3x+2$；

(2) $y=x^2(1+2\sqrt{x})$；

(3) $y=\frac{2x^3+x^2-3}{x}$；

(4) $y=(3x-5)^2$；

(5) $y=4^x\cdot x^4$；

(6) $y=\cos x\cdot\ln x$.

4. 求下列函数的微分：

(1) 设 $y=\ln(1+e^x)$，求函数在点 $x=0$ 处的微分；

(2) 设 $y=3x^3-2\sin x-\frac{1}{1+x}+1$，求 dy；

(3) 设 $y=\frac{\ln x}{1+\sin x}$，求 dy；

(4) 设 $y=\ln[\sin(1+3x^2)]$，求 dy.

5. 求由下列方程所确定的隐函数 $y=y(x)$ 的导数：

(1) $y=1-e^y x$；　　(2) $e^{xy}+y\ln x=\cos 2x$.

6. 设某产品总成本 C 是产量 q 的函数，且 $C(q)=200+4q+0.05q^2$（单位：元）.

(1) 求固定成本和可变成本；

(2) 求产品总成本的变化率及产量 $q=300$ 时总成本的变化率，并说明其经济意义.

7. 某公司一个月生产某产品 x 个单位，其收入函数 $R(x)=37x-\frac{x^2}{20}$（单位：百元），如果该公司 2015 年 10 月份的产量从 270 个单位增加到 290 个单位，试估计该厂 10 月份收入增加了多少.

*8. 试讨论函数 $f(x)=\begin{cases} x^2\sin\frac{1}{x}, & x\neq 0, \\ 0, & x=0 \end{cases}$ 在点 $x=0$ 处的连续性和可导性.

第四章　导数的应用

【知识目标】

1. 理解微分中值定理的内容，学会应用微分中值定理解决问题；

2. 会用洛必达法则求未定式的极限；

3. 理解函数单调性的判别法并且学会判断函数的单调性，理解曲线凹凸性与拐点的定义及判别法，并且学会判断曲线的凹凸性；

4. 理解函数极值与最值的定义，掌握极值与最值的求法.

【能力目标】

1. 能够分析具体函数是否满足中值定理；

2. 能深刻领会洛必达法则求极限的方法；

3. 能够分析需求函数、供给函数、成本函数、收入函数和利润函数的最优值；

4. 能深刻领会导数在函数作图中所起的作用；

5. 能深刻领会导数在经济分析中的应用.

上一章我们通过求曲线的切线的斜率引出了导数的概念，本章我们利用导数来研究函数的某些性态，如判断函数的单调性和凹凸性，求函数的极值、最大值、最小值等等.

引子

大学生的学费应收多少？

美国一所州立大学的管委会面临着一个重要的财务问题：按照现在的学费水平，该大学每年要亏损 750 万美元. 这所州立大学的校长是一位有名的生物学家，他提出应把每一名学生的平均学费水平从现在的 3 000 美元提高到 3 750 美元，即增加 25%. 该校共有 10 000 名学生，他计算这样就可补偿 750 万元的亏损.

但学生代表抗议，说他们付不起这么高的学费. 为此，校长认为唯一的办法只能是减少招生和裁减教职工，但教职工们则主张增加学费以保住他们的工作.

学生们很快认识到，对他们的困境仅靠寻求怜悯是无济于事的. 他们的唯一希望是向校方陈述，提高学费是对学校不利的. 问：他们应如何做？

学校管理当局把提高学费看成增加总收入的一种手段，只有学生们能够说清楚提高学费并不能实现这一目的，管委会才有可能拒绝批准管理当局的建议.

一名经济学专业的学生在做学期论文的过程中，发现一本杂志有一篇关于大学教育需求价格弹性的文章，文章作者估计了州立大学入学人数对学费变化的反应程度，即弹性为 −1.3.也就是说，学费提高 1%，会使入学人数减少 1.3%，这是一个最新的数据，文章的作者是一位很受尊敬的学者.

根据文章中估计的价格弹性，学生们计算出，如果学费增长 25%，会使入学人数减少 32.5%，接近 3 300 名学生，这就会使总收入从现在的 30 000 000 美元（即 3 000×10 000）减少到约 25 000 000 美元（即 3 750×6 700）．这一信息使管委会大吃一惊，他们问校长，因学生减少而节省下来的开支是否能够补偿总收入的减少？校长回答说，学校的大部分开支是与入学人数无关的，因此人数减少并不会导致成本的大量节省.通过无记名投票，管委会否决了提高学费的建议，并指示校长寻找其他途径弥补收入赤字.

要想知道需求价格弹性的概念和计算方法，就需要学习本章中的相关内容.

第一节　中值定理

这一节将建立微分学中的几个基本定理，它们是导数应用的基础.

一、罗尔(Rolle)定理

案例 1　某产品的收入函数曲线是一条在闭区间上连续、相应开区间内光滑，且两端点连线水平的曲线.观察其图像（图 4-1）可以看出，曲线有一个最高点和一个最低点，且在最高点和最低点有一条水平切线.

下面介绍的罗尔定理用来求这一曲线的最高点和最低点，进而求出收入的最大值和最小值.

定理 1（罗尔(Rolle)定理）　如果函数 $f(x)$ 满足：

(1) 在闭区间 $[a,b]$ 上连续，

(2) 在开区间 (a,b) 内可导，

且
$$f(a)=f(b),$$
则在开区间 (a,b) 内至少存在一点 ξ，使得
$$f'(\xi)=0$$
成立.

这个定理在几何上是很直观的.如图 4-1 所示，连续光滑曲线 $y=f(x)$ 在区间 $[a,b]$ 的两个端点的值相等，且在 (a,b) 内每点都存在不垂直于 x 轴的切线，则至少在一点处的切线是水平的. 罗尔定理的严格证明从略.

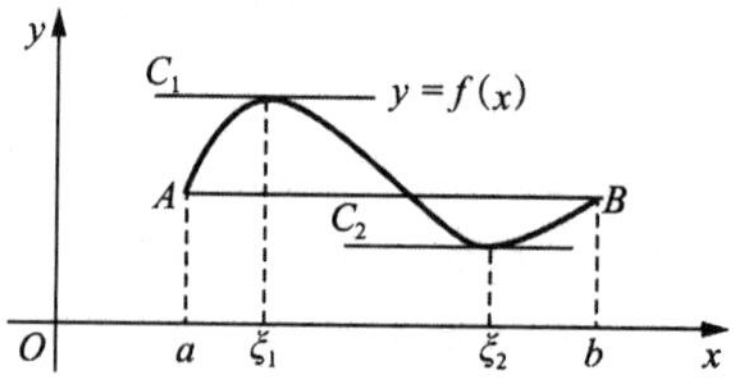

图 4-1

例 1　验证收入关于价格 x 的函数 $R(x)=x^3-3x\ (x\geqslant 0)$ 在价格区间 $[0,\sqrt{3}]$ 上是否满足罗尔定理的条件.

解　因为 $R(x)=x^3-3x$ 在 $[0,\sqrt{3}]$ 上连续，在 $(0,\sqrt{3})$ 内可导，且 $R(0)=R(\sqrt{3})$，因此，函数 $R(x)=x^3-3x$ 在区间 $[0,\sqrt{3}]$ 上满足罗尔定理的条件.

例 2　设收入关于价格 x 的函数 $R(x)=-(x-1)(x-2)(x+4)(x\geqslant 0)$，说明方程 $R'(x)=0$ 在 $[0,+\infty)$ 有 1 个实根，并指出它所在的区间.

解　因为 $R(x)=-(x-1)(x-2)(x+4)$ 在 $[0,+\infty)$ 上连续且可导，又 $f(1)=f(2)=0$，因此，函数 $f(x)$ 在闭区间 $[1,2]$ 上满足罗尔定理的三个条件，所以，至少存在一点 $\xi\in(1,2)$，使得 $f'(\xi)=0$，所以方程 $f'(x)=0$ 至少有 1 个实根在 $[0,+\infty)$.

定理 1 中的第 3 个条件"$f(a)=f(b)$"过于特殊，不被一般的函数所满足，这使得罗尔定理的适用范围较窄. 下列的定理删去了这一条件，而结论也有相应的改变.

二、拉格朗日(Lagrange)定理

案例 2　某经济函数曲线在闭区间上连续且在相应开区间内光滑，观察其图像(图 4-2)可以看出，如果在这段曲线上我们要找到一点，其导数大于零，则只要找到一个子区间，其左端点的函数值小于右端点的函数值，即可在此区间内找到导数大于零的点；如果我们要找一点，其导数小于零，则只要找到一个子区间，其左端点的函数值大于右端点的函数值，即可在此区间内找到导数小于零的点.

定理 2(拉格朗日定理)　如果函数 $f(x)$ 满足：

(1) 在闭区间 $[a,b]$ 上连续，

(2) 在开区间 (a,b) 内可导，

则在开区间 (a,b) 内至少存在一点 ξ，使得

$$f'(\xi)=\frac{f(b)-f(a)}{b-a}.$$

* **证**　我们用罗尔定理来证明拉格朗日定理. 首先将上式变形为

$$\frac{f(b)-f(a)}{b-a}-f'(\xi)=0,$$

其等价于

$$\left[\frac{f(b)-f(a)}{b-a}x-f(x)\right]'_{x=\xi}=0.$$

构造辅助函数

$$F(x)=\frac{f(b)-f(a)}{b-a}x-f(x),$$

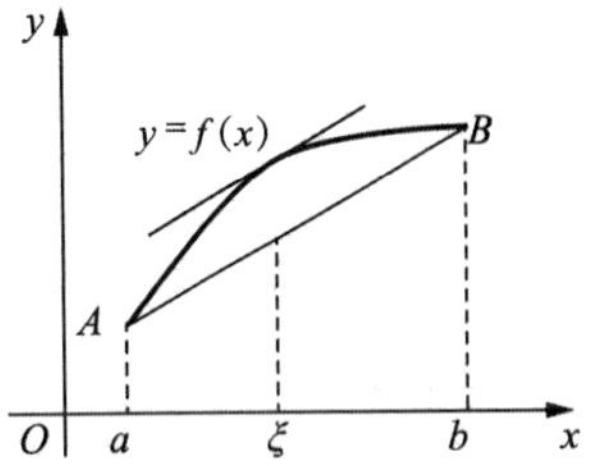

图 4-2

易知
$$F(a)=F(b)=\frac{af(b)-bf(a)}{b-a},$$

且函数 $F(x)$ 在 $[a,b]$ 上连续及在 (a,b) 内可导是显然的. 这样，函数 $F(x)$ 在 $[a,b]$ 上满足罗尔定理的三个条件，于是至少存在一点 $\xi\in(a,b)$，使得 $F'(\xi)=0$，即

$$\frac{f(b)-f(a)}{b-a}-f'(\xi)=0,$$

于是得
$$f'(\xi)=\frac{f(b)-f(a)}{b-a}.$$
证毕.

显然，如果 $f(a)=f(b)$，那么拉格朗日定理便成为罗尔定理.

拉格朗日定理的几何意义如图 4-2 所示.曲线 $y=f(x)$ 在点 $(\xi,f(\xi))$ 处的切线与弦 AB 平行. 虽然拉格朗日中值定理仅仅指出了点 ξ 的存在性，没有指出究竟是哪一点，不过这并不影响定理的应用. 下面的推论和例子就说明了这一点.

推论 1　设函数$f(x)$在(a,b)内可导且 $f'(x)=0$ 恒成立，则$f(x)$在该区间内是一个常数函数，即

$$f(x)=C\ (C\ 为常数).$$

推论 2　设 $f'(x)=g'(x)$在(a,b)内处处成立，则$f(x)$和 $g(x)$相差一个常数，即

$$f(x)=g(x)+C,\quad x\in(a,b).$$

拉格朗日定理又可进一步推广为下述定理：

定理 3(柯西(Cauchy)定理)　设函数$f(x)$，$g(x)$在闭区间$[a,b]$上连续，在开区间(a,b)内可导且 $g'(x)\neq 0$，则在(a,b)内至少存在一点 ξ，使得

$$\frac{f(b)-f(a)}{g(b)-g(a)}=\frac{f'(\xi)}{g'(\xi)}.$$

训练任务 4.1

1. 下列函数在给定区间上是否满足罗尔定理的条件？满足时，求出定理结论中的 ξ.

(1) $f(x)=x^2-2x-3,[-1,3]$；　　(2) $y=\ln\sin x,\left[\frac{\pi}{6},\frac{5\pi}{6}\right]$；

(3) $f(x)=\sqrt{x},[0,2]$；　　(4) $y=e^{x^2}-1,[-1,1]$.

2. 不求下列函数的导数，说明方程 $f'(x)=0$ 至少有几个实根，并指出这些实根所在的区间.

(1) $f(x)=3(x+1)(x-1)(x-2)(x-3)$；　　(2) $f(x)=x^3-2x$；

(3) $f(x)=\sin x,x\in[0,2\pi]$.

3. 验证下列函数在指定区间上是否满足拉格朗日定理的条件.满足时，求出定理结论中的 ξ.

(1) $f(x)=\ln x,[1,2]$；　　(2) $f(x)=x-x^3,[-2,1]$.

*4. 证明推论 1 和推论 2.

第二节　洛必达法则

把两个无穷小之比或两个无穷大之比的极限称为$\frac{0}{0}$型或$\frac{\infty}{\infty}$型未定式(也称为$\frac{0}{0}$型或$\frac{\infty}{\infty}$型未定型).

洛必达法则就是求$\frac{0}{0}$型和$\frac{\infty}{\infty}$型未定型极限的方法.

定理(洛必达(L'Hospital)法则)　设函数$f(x)$，$g(x)$在点 x_0 的某去心邻域$U(\hat{x}_0)$内可导，且满足：

(1) $\lim\limits_{x\to x_0}f(x)=\lim\limits_{x\to x_0}g(x)=0$，

(2) $g'(x)\neq 0\ (x\neq x_0)$，

(3) $\lim\limits_{x\to x_0}\frac{f'(x)}{g'(x)}=A$ (A 为有限数或∞)，

则

$$\lim_{x\to x_0}\frac{f(x)}{g(x)}=\lim_{x\to x_0}\frac{f'(x)}{g'(x)}=A.$$

***证**　由于函数在某点的极限与函数在该点有无定义或者在该点取什么值都无关，现在

为了借助柯西定理,令

$$F(x)=\begin{cases}f(x), & x\neq x_0,\\ 0, & x=x_0,\end{cases}\quad G(x)=\begin{cases}g(x), & x\neq x_0,\\ 0, & x=x_0.\end{cases}$$

由条件(1)可知,$F(x)$与$G(x)$在点x_0处都连续且在$x\neq x_0$处$F(x)\equiv f(x)$,$G(x)\equiv g(x)$,任取$x\in \hat{U}(x_0)$,在以x和x_0为端点的区间上$F(x)$与$G(x)$都满足柯西定理的条件,于是有

$$\frac{F(x)-F(x_0)}{G(x)-G(x_0)}=\frac{F'(\xi)}{G'(\xi)},$$

其中ξ在x与x_0之间.注意到$F'(x)=f'(x)$,$G'(x)=g'(x)$且当$x\to x_0$时,必然也有$\xi\to x_0$,因此

$$\lim_{x\to x_0}\frac{f(x)}{g(x)}=\lim_{x\to x_0}\frac{F(x)}{G(x)}=\lim_{x\to x_0}\frac{F(x)-F(x_0)}{G(x)-G(x_0)}=\lim_{\xi\to x_0}\frac{f'(\xi)}{g'(\xi)}=A.$$

证毕.

定理1表明,如果$\lim\limits_{x\to x_0}\frac{f(x)}{g(x)}$是$\frac{0}{0}$型未定型,而$\lim\limits_{\xi\to x_0}\frac{f'(x)}{g'(x)}$存在或为$\infty$,则两者相等,于是可通过计算$\lim\limits_{x\to x_0}\frac{f'(x)}{g'(x)}$来计算$\lim\limits_{x\to x_0}\frac{f(x)}{g(x)}$.

在用洛必达法则求未定型的极限时,无须验证洛必达法则的条件,而直接应用. 对于洛必达法则的应用范围,我们不加证明地指出两点:

(1) 在定理中将$x\to x_0$改为$x\to x_0^+$或$x\to x_0^-$或$x\to-\infty$或$x\to+\infty$,洛必达法则仍然成立.

(2) 将定理中的条件(1)改为$\lim f(x)=\lim g(x)=\infty$结论仍然成立. 因此,洛必达法则既适用于$\frac{0}{0}$型未定型,又适用于$\frac{\infty}{\infty}$型未定型.

例 1　求$\lim\limits_{x\to 0}\frac{\sin ax}{\sin bx}(b\neq 0)$.

解　$\lim\limits_{x\to 0}\frac{\sin ax}{\sin bx}=\lim\limits_{x\to 0}\frac{a\cos ax}{b\cos bx}=\frac{a}{b}$.

例 2　求$\lim\limits_{x\to 0}\frac{1-\cos x}{x^2}$.

解　$\lim\limits_{x\to 0}\frac{1-\cos x}{x^2}\overset{\frac{0}{0}}{=}\lim\limits_{x\to 0}\frac{\sin x}{2x}=\frac{1}{2}$.

例 3　求$\lim\limits_{x\to+\infty}\frac{\ln^2 x}{x}$.

解　$\lim\limits_{x\to+\infty}\frac{\ln^2 x}{x}\overset{\frac{\infty}{\infty}}{=}\lim\limits_{x\to+\infty}\frac{\frac{2\ln x}{x}}{1}=\lim\limits_{x\to+\infty}\frac{2\ln x}{x}\overset{\frac{\infty}{\infty}}{=}2\lim\limits_{x\to+\infty}\frac{\frac{1}{x}}{1}=0$.

由本题可推知,对任意的自然数n,有

$$\lim_{x\to+\infty}\frac{\ln^n x}{x}=0.$$

例 4　求$\lim\limits_{x\to+\infty}\frac{e^x}{x^2}$.

解 $\lim\limits_{x\to+\infty}\dfrac{e^x}{x^2}\overset{\frac{\infty}{\infty}}{=}\lim\limits_{x\to+\infty}\dfrac{e^x}{2x}\overset{\frac{\infty}{\infty}}{=}\lim\limits_{x\to+\infty}\dfrac{e^x}{2}=+\infty.$

由本题可推知，对任意的自然数 n，有

$$\lim_{x\to+\infty}\frac{x^n}{e^x}=0\quad(n\text{ 为自然数}).$$

上述公式中的自然数 n 可改为任意正实数，即

$$\lim_{x\to+\infty}\frac{\ln^\alpha x}{x}=0\quad(\alpha>0),$$

$$\lim_{x\to+\infty}\frac{x^\alpha}{e^x}=0\quad(\alpha>0).$$

综上所述，在用洛必达法则求未定型的极限时应注意以下几点：

(1) 洛必达法则只适用于求$\dfrac{0}{0}$型和$\dfrac{\infty}{\infty}$型未定型的极限，因此每次用该法则时必须检查所求的极限是否为$\dfrac{0}{0}$型或$\dfrac{\infty}{\infty}$型未定型.

(2) 如果 $\lim\dfrac{f'(x)}{g'(x)}$仍是$\dfrac{0}{0}$型或$\dfrac{\infty}{\infty}$型未定型，则可以继续使用洛必达法则.

(3) 如果 $\lim\dfrac{f'(x)}{g'(x)}$不存在且不是∞，并不表明 $\lim\dfrac{f(x)}{g(x)}$不存在，只表明洛必达法则失效，这时应改用别的办法来求极限.例如，求极限

$$\lim_{x\to+\infty}\frac{x-\sin x}{x+\sin x},$$

由于$\lim\limits_{x\to+\infty}\dfrac{1-\cos x}{1+\cos x}$不存在，故洛必达法则失效. 但是

$$\lim_{x\to+\infty}\frac{x-\sin x}{x+\sin x}=\lim_{x\to+\infty}\frac{1-\dfrac{\sin x}{x}}{1+\dfrac{\sin x}{x}}=\frac{1-0}{1+0}=1.$$

除了$\dfrac{0}{0}$和$\dfrac{\infty}{\infty}$型未定型外，还有另外五种未定型：$0\cdot\infty$，$\infty-\infty$，∞^0，0^0 和 1^∞.它们往往都可通过恒等变形化为$\dfrac{0}{0}$或$\dfrac{\infty}{\infty}$型未定型，然后再用洛必达法则来计算.

现举两个简单例子.

例 5 求$\lim\limits_{x\to0^+}(x^2\ln x)$.

解 这是 $0\cdot\infty$型，可通过代数变形化成$\dfrac{\infty}{\infty}$型，然后再用洛必达法则.

$$\lim_{x\to0^+}(x^2\ln x)\overset{0\cdot\infty}{=\!=}\lim_{x\to0^+}\frac{\ln x}{x^{-2}}\overset{\frac{\infty}{\infty}}{=}\lim_{x\to0^+}\frac{x^{-1}}{-2x^{-3}}=\lim_{x\to0^+}\frac{x^2}{-2}=0.$$

一般地，有

$$\lim_{x\to0^+}(x^\alpha\ln x)=0\quad(\alpha>0).$$

例 6 求$\lim\limits_{x\to0}\left(\dfrac{1}{\sin x}-\dfrac{1}{x}\right)$.

解　这是$\infty-\infty$型，先通分化成$\frac{0}{0}$型，再用洛必达法则.

$$\lim_{x\to 0}\left(\frac{1}{\sin x}-\frac{1}{x}\right)=\lim_{x\to 0}\frac{x-\sin x}{x\sin x}\overset{\frac{0}{0}}{=}\lim_{x\to 0}\frac{1-\cos x}{\sin x+x\cos x}\overset{\frac{0}{0}}{=}\lim_{x\to 0}\frac{\sin x}{2\cos x-x\sin x}=0.$$

训练任务 4.2

1. 求下列极限：

(1) $\lim\limits_{x\to\pi}\frac{\sin 3x}{5x}$；　　(2) $\lim\limits_{x\to 0}\frac{\sin(\sin x)}{x}$；　　(3) $\lim\limits_{x\to+\infty}\frac{\ln(e^x+1)}{e^x}$；

(4) $\lim\limits_{x\to+\infty}\frac{\ln x}{x}$；　　(5) $\lim\limits_{x\to+\infty}\frac{x^2}{e^{ax}}(a>0)$；　　(6) $\lim\limits_{x\to 0+}\frac{\ln x}{\cot x}$；

(7) $\lim\limits_{x\to+\infty}\frac{\ln x}{x+2\sqrt{x}}$；　　(8) $\lim\limits_{x\to+\infty}\left(\frac{\pi}{2}-\arctan x\right)x$；　　(9) $\lim\limits_{x\to 0+}x^n\ln x\ (n\in\mathbf{N})$；

*(10) $\lim\limits_{x\to 1}\left(\frac{1}{x-1}-\frac{1}{\ln x}\right)$.

2. 下列极限是否存在？是否可用洛必达法则计算？为什么？

(1) $\lim\limits_{x\to\infty}\frac{e^x+e^{-x}}{e^x-e^{-x}}$；　　(2) $\lim\limits_{x\to 0}\frac{x^2\sin\frac{1}{x}}{\sin x}$.

第三节　函数的单调性和极值

在经济分析中，我们经常求解经济函数的单调性和最优值，比如供给函数和需求函数的单调性、利润函数最大值、成本函数最小值等.本节研究函数单调性判别法和极值求解方法，为经济函数分析奠定基础.

一、函数的单调性

案例　供给函数和需求函数的单调性

如何根据函数的解析式判断需求函数和供给函数的单调性？

从几何图形来分析，假设供给函数和需求函数曲线在某区间上均为光滑的.如果供给函数单调增加，则曲线上每一点切线的斜率均为正，即$S'(p)>0$；如果需求函数单调减小，则曲线上每一点切线的斜率均为负，即$Q'(p)<0$.因此，我们利用导函数的正负可方便地判断函数的单调性.

(a) 供给函数　　(b) 需求函数

图 4-3

定理 1　设函数$f(x)$在区间(a,b)内可导. 如果在(a,b)内$f'(x)>0$，则$f(x)$在该区间

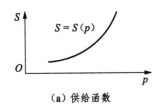

内是单调增函数；如果在(a,b)内 $f'(x)<0$，则$f(x)$在该区间内是单调减函数.

从几何图形上看该定理的结论是显然的（见图 4-4）.

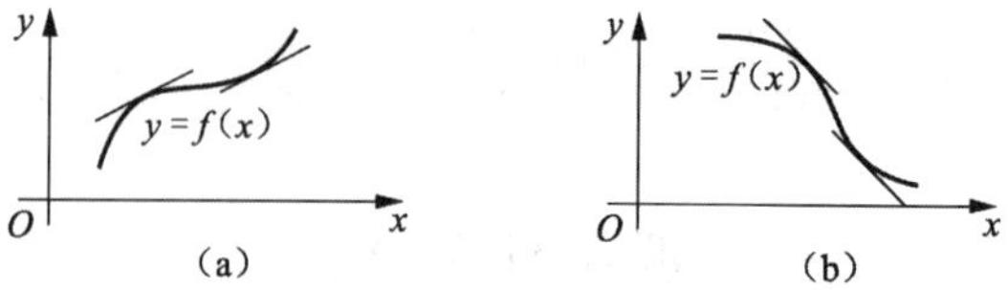

图 4-4

*证　任取 $x_1,x_2\in(a,b)$且 $x_1<x_2$，由拉格朗日中值定理知，至少存在一点 $\xi\in(x_1,x_2)$，使得

$$\frac{f(x_2)-f(x_1)}{x_2-x_1}=f'(\xi).$$

当在(a,b)内 $f'(x)>0$ 时，有 $f(x_2)-f(x_1)>0$，即 $f(x_2)>f(x_1)$，所以$f(x)$在区间(a,b)内是单调增函数.

当在(a,b)内 $f'(x)<0$ 时，有 $f(x_2)-f(x_1)<0$，即 $f(x_2)<f(x_1)$，所以$f(x)$在区间(a,b)内是单调减函数.　证毕.

根据定理 1，求函数的单调区间或判断函数的单调性的步骤如下：

(1) 求函数的定义域；

(2) 求 $y'=f'(x)$；

(3) 求方程 $f'(x)=0$ 的根及 $f'(x)$不存在的点，设为 x_i；

(4) 以 x_i 为分界点把函数的定义域划分为若干个开区间；

(5) 判断各开区间内 $f'(x)$的符号，由定理 1 可知其单调性.

例 1　求函数$f(x)=2x^3-9x^2+12x-3$ 的单调区间.

解　(1) 函数$f(x)$的定义域为$(-\infty,+\infty)$；

(2) $f'(x)=6x^2-18x+12=6(x-1)(x-2)$；

(3) 令 $f'(x)=0$，得 $x_1=1,x_2=2$，没有 $f'(x)$不存在的点.

我们通过列表方式给出 $f'(x)$的正负区间，同时也给出$f(x)$的单调区间，见下表.

x	$(-\infty,1)$	1	$(1,2)$	2	$(2,+\infty)$
$f'(x)$	+	0	−	0	+
$f(x)$	↗		↘		↗

其中符号↗和↘分别表示函数$f(x)$在相应区间内是单调递增的和单调递减的. 由上表可知，函数$f(x)$的单调增区间为$(-\infty,1)$和$(2,+\infty)$，单调减区间为$(1,2)$.

二、函数的极值

首先引入极值点和极值的概念.

定义 1　设函数 $y=f(x)$在点 x_0的某邻域 $U(x_0)$内有定义. 如果当 $x\in \mathring{U}(x_0)$时恒有

$$f(x_0)<f(x),$$

则称点 x_0 是$f(x)$的极小值点（简称极小点），称 $f(x_0)$为$f(x)$的极小值；如果当 $x\in \mathring{U}(x_0)$时恒有

$$f(x_0)>f(x),$$

则称点 x_0 是 $f(x)$ 的极大值点(简称极大点),称 $f(x_0)$ 为 $f(x)$ 的极大值. 函数的极小点与极大点统称为函数的极值点;极小值与极大值统称为极值.

如图 4-5 所示,函数在点 x_1 与 x_4 处取得极大值,而在点 x_2 与 x_5 处取得极小值,其中极大值 $f(x_1)$ 小于极小值 $f(x_5)$.

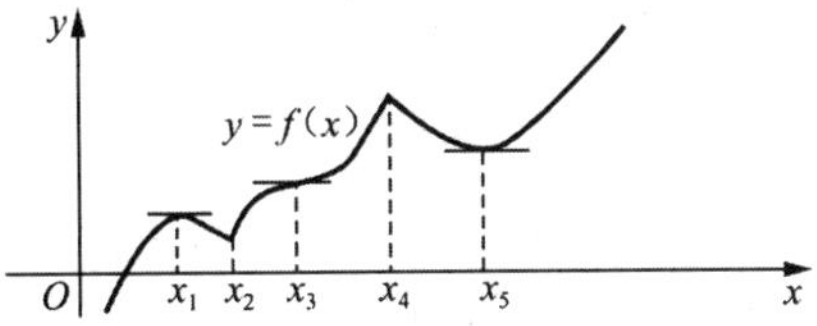

图 4-5

由图 4-5 可以看到,函数的图像上,在横坐标是极值点的点处,曲线或者有水平切线,如点 $(x_1,f(x_1))$,$(x_5,f(x_5))$,或者切线不存在,如点 $(x_2,f(x_2))$,$(x_4,f(x_4))$. 但是有水平切线的点不一定是极值点,如点 $(x_3,f(x_3))$. 由此可知,极值应该是在导数为 0 或导数不存在的点处取得.

下面讨论如何求函数的极值点.

定理 2(极值存在的必要条件)　设 x_0 是函数 $f(x)$ 的极值点且函数 $f(x)$ 在点 x_0 处可导,则

$$f'(x_0)=0.$$

通常把导数为零的点,即方程 $f'(x)=0$ 的解 x_0 称作函数 $f(x)$ 的驻点(或稳定点). 同时,由上面的分析可得出结论:连续函数的驻点和导数不存在的点是函数的可能的极值点. 那么究竟如何判定这样的点是否为极值点呢? 我们先看下面的一组图像(图 4-6～图 4-8).

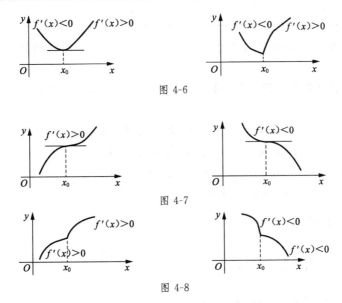

图 4-6

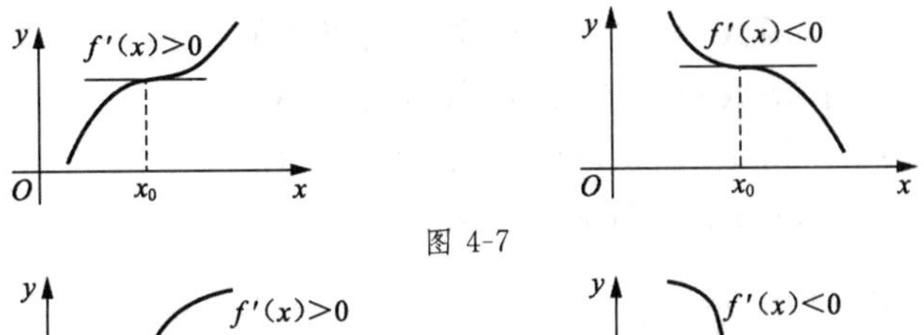

图 4-7

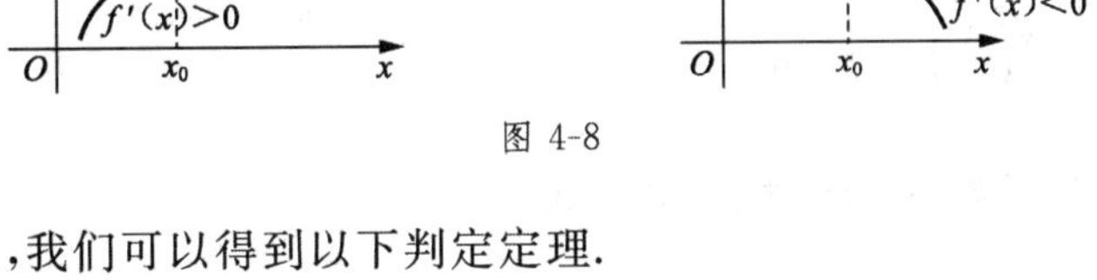

图 4-8

分析上述图像,我们可以得到以下判定定理.

定理 3(极值存在的第一充分条件)　设函数 $f(x)$ 在点 x_0 的某邻域内连续且 x_0 是函数的驻点或导数不存在的点.

(1) 如果 $f'(x)$在点 x_0 的两侧符号相反，则 x_0 是极值点.如果导数“左正右负”，则 x_0 是极大点；如果导数“左负右正”，则 x_0 是极小点.

(2) 如果 $f'(x)$在点 x_0 的两侧符号相同，则 x_0 不是极值点.

对于例 1 中的$f(x)=2x^3-9x^2+12x-3$，由列表可以看出，$x_1=1$ 是函数的极大点，极大值为 $f(1)=2$，$x_2=2$ 是函数的极小点，极小值为 $f(2)=1$. 同时，我们还可以发现，求极值时只要在求单调区间的基础上加上定理 3 的结果即可.

例 2　求$f(x)=\dfrac{x^4}{4}-\dfrac{2}{3}x^3+\dfrac{x^2}{2}-7$ 的极值.

解　函数的定义域是$(-\infty,+\infty)$.令 $f'(x)=x^3-2x^2+x=x(x-1)^2=0$，得函数的驻点 $x_1=0$ 及 $x_2=1$，无导数不存在的点. 列表如下：

x	$(-\infty,0)$	0	$(0,1)$	1	$(1,+\infty)$
$f'(x)$	$-$		$+$	0	$+$
$f(x)$	↘	极小值-7	↗	无极值	↗

由上表知：点 $x_1=0$ 是函数的极小点，极小值为 $f(0)=-7$，而驻点 $x_2=1$ 不是极值点.

例 3　求函数 $y=3x^{\frac{2}{3}}-2x+1$ 的单调区间和极值.

解　函数的定义域为$(-\infty,+\infty)$.令 $y'=2x^{-\frac{1}{3}}-2=0$，得驻点 $x_1=1$；$x_2=0$ 是函数的一阶导数不存在的点. 列表如下：

x	$(-\infty,0)$	0	$(0,1)$	1	$(1,+\infty)$
y'	$-$	不存在	$+$	0	$-$
y	↘	极小值 1	↗	极大值 2	↘

由上表知：函数的单调减区间是$(-\infty,0)$与$(1,+\infty)$；单调增区间是$(0,1)$；极大值$y(1)=2$；极小值 $y(0)=1$.

定理 4(极值存在的第二充分条件)　设函数$f(x)$在点 x_0 处具有二阶导数且 $f'(x_0)=0$，$f''(x_0)\neq 0$，则

(1) 当 $f''(x_0)<0$ 时，函数$f(x)$在点 x_0 处取得极大值；

(2) 当 $f''(x_0)>0$ 时，函数$f(x)$在点 x_0 处取得极小值.

例 4　求函数$f(x)=\sin x+\cos x\ (0\leqslant x\leqslant \pi)$的极值.

解　$f'(x)=\cos x-\sin x$，　$f''(x)=-\sin x-\cos x$.

令 $f'(x)=0$，得驻点 $x=\dfrac{\pi}{4}$. 又

$$f''\left(\frac{\pi}{4}\right)=-\sin\frac{\pi}{4}-\cos\frac{\pi}{4}=-\frac{\sqrt{2}}{2}-\frac{\sqrt{2}}{2}=-\sqrt{2}<0,$$

由定理 4 知，$x=\dfrac{\pi}{4}$是函数$f(x)$极大点，极大值为

$$f\left(\frac{\pi}{4}\right)=\sin\frac{\pi}{4}+\cos\frac{\pi}{4}=\sqrt{2}.$$

注意：在函数$f(x)$的驻点 x_0 处 $f''(x_0)\neq 0$ 时，用定理 4 确定 $f(x_0)$是极大值还是极小值

比较方便. 但是,如果在函数$f(x)$的驻点 x_0 处 $f''(x_0)=0$ 呢? 或 $f'(x_0)$不存在呢? 这时 x_0 可能是极值点,也有可能不是极值点. 此时需换其他方法来判定.

三、最大值最小值问题

经济分析问题在许多情况下可归结为求一个函数在给定区间上的最大值或最小值. 那么什么是最大值、最小值?

函数在某一范围内取得的最大或最小的函数值称为最大值或最小值;最大值和最小值统称为最值.

极值与最值的根本区别在于,极值是一个局部性概念,而最值是一个整体性概念. 即如果 $f(x_0)$是$f(x)$的一个极值,那仅仅是与 x_0 附近点处的函数值相比较时,$f(x_0)$最大(或最小),而最值比较给定的区间内的所有点的函数值,$f(x_0)$是最大(或最小).

下面我们讨论函数$f(x)$在闭区间$[a,b]$上的最大值与最小值的求解方法.

因为在$[a,b]$上连续的函数一定存在最大值与最小值,由极值的讨论知道,函数$f(x)$的最大值与最小值只可能在$[a,b]$的端点和极值点处取得,而极值只可能在函数的驻点或导数不存在的点处取得,这样,求函数$f(x)$在闭区间$[a,b]$上的最大值与最小值,首先求出驻点、导数不存在的点及区间端点的函数值,然后比较出最大、最小者即可.具体步骤总结如下:

(1) 求函数$f(x)$的导数,并求出所有的驻点及函数连续但不可导的点;

(2) 求出驻点、不可导的点以及区间端点处的函数值;

(3) 比较上述各函数值的大小,其中最大者是$f(x)$在$[a,b]$上的最大值,最小者即是最小值.

函数$f(x)$在$[a,b]$上的最大值和最小值分别记为$\max\limits_{a\leqslant x\leqslant b}f(x)$和$\min\limits_{a\leqslant x\leqslant b}f(x)$.

例 5　求$f(x)=x^3-3x^2-9x+5$ 在区间$[-4,4]$上的最大值和最小值.

解　令 $f'(x)=3x^2-6x-9=3(x+1)(x-3)=0$,得函数的驻点 $x_1=-1,x_2=3$,而

$$f(-1)=10,\quad f(3)=-22,$$
$$f(-4)=-71,\quad f(4)=-15,$$

比较这四个数的大小,得知函数在区间$[-4,4]$上的最大值是 $f(-1)=10$,最小值是$f(-4)=-71$.

说明:

(1) 如果函数$f(x)$在$[a,b]$上单调增加,那么最大值为 $f(b)$,最小值为 $f(a)$;

(2) 在实际应用问题中,如果函数$f(x)$在$[a,b]$上(或(a,b)内)可导,且仅有一个驻点 x_0,又由实际问题本身可断定$f(x)$的最大值(或最小值)必然在区间(a,b)内取得,那么,可以断定该驻点处的函数值 $f(x_0)$就是实际问题所要求的最大值(或最小值).

例 6　设某产品的总成本为 $C(x)=64+4x+4x^2$(x 为产量,单位:万件),问产量为多少时,每件的平均成本(单位:元)最低? 最低成本是多少?

解　平均成本函数为

$$\overline{C}(x)=\frac{C(x)}{x}=\frac{64}{x}+4+4x,$$

令$\overline{C}'(x)=-\dfrac{64}{x^2}+4=0$,解得 $x=\pm4$(负的舍去).所以得到唯一驻点 $x=4$,所以当产量为 4 万件时,每件的平均成本最低,最低成本为 36 元.

例 7　小红利用暑假到某商店进行社会实践活动，经过一段时间之后，她发现商店内一款中档袜子销量可观，当袜子的价格为 5 元/双时，日平均销量为 20 双，价格每降低 0.5 元，日销量增加 10 双，袜子的成本价为 2 元/双，请问袜子价格为多少元时，利润最高？

解　设袜子的价格为 p 元/双时，销量为 q 双，利润为 L，由题意得，价格每降低 0.5 元，日销量增加 10 双，则价格降低 $(5-p)$ 元时，日销量增加 $\left(10\times\frac{5-p}{0.5}\right)$ 双，此时的日销量为 $\left(10\times\frac{5-p}{0.5}+20\right)$，收入为 $p\left(10\times\frac{5-p}{0.5}+20\right)$，则利润为

$$L=p\left(10\times\frac{5-p}{0.5}+20\right)-2\left(10\times\frac{5-p}{0.5}+20\right).$$

整理，得

$$L=(p-2)(120-20p),$$

令 $L'=160-40p=0$，解得 $p=4$. 因为唯一的驻点是最大值点，所以当袜子价格为 4 元时，利润最高.

训练任务 4.3

1. 求下列函数的单调区间：

(1) $y=2x^3-6x^2-18x+1$；　(2) $y=2\arctan x-x$；　(3) $y=(x+2)^2(1-x)^3$.

2. 求下列函数的极值：

(1) $y=x+\frac{4}{x}$；　(2) $y=x-3\sqrt[3]{x-2}$；　(3) $y=x^3-6x^2+9x+3$.

3. 求下列函数在给定区间上的最大值和最小值：

(1) $y=x-2\sqrt{x-2}$，$[2,4]$；　(2) $y=x^2-2x-3$，$[-2,4]$；　(3) $y=x+\frac{1}{x}$，$[0.01,100]$.

4. 某商品的单价为 p 元时，售出商品数量为 $Q=\frac{50}{p+2}-4$，问商品单价为多少元时销售额最大？

5. 某商品成本价为 80 元/件，当商品的单价为 p 元时，售出商品数量为 $Q=480-2p$，问该商品售价为多少元时利润最大？

第四节　曲线的凹凸性

在平面直角坐标系中，可以通过画图直观地看出一条二维曲线是凸还是凹. 曲线的凹凸性是函数图形的又一重要特性. 但是，在图形画不出来的情况下，就没法从直观上理解“凹”和“凸”的含义了，只能通过表达式. 不管是从图形上直观理解还是从表达式上理解，都描述的是同一个客观事实. 本节将利用二阶导数的符号来判断曲线的凹凸性. 首先给出曲线凹凸的定义.

一、曲线的凹凸性

定义 1　设函数 $y=f(x)$ 在开区间 (a,b) 内可导(即曲线 $y=f(x)$ 上每点处都有不垂直于 x 轴的切线)，如果曲线 $y=f(x)$ 上每一点处的切线都位于该曲线的下方(或上方)，则称曲线 $y=f(x)$ 在区间 (a,b) 内是凹(或凸)的，也称曲线弧是凹(或凸)弧；区间 (a,b) 称为曲线弧 $y=f(x)$ 的凹(或凸)区间.

曲线凹凸的几何意义是很明显的,如图 4-9 所示.

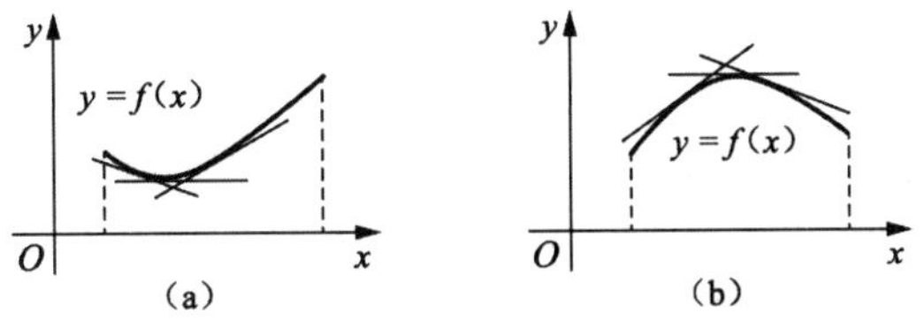

图 4-9

为了判断曲线的凹凸性,我们仔细考察图 4-9 中的两条曲线. 不难发现:对于图 4-9(a)中的凹曲线,当 x 逐渐增加时,其上每一点处的切线的斜率是逐渐增加的,换句话说,导函数 $f'(x)$是单调增函数;而对于图 4-9(b)中的凸曲线,其上每一点处的切线的斜率随着 x 的增加而逐渐减小,从而 $f'(x)$是单调减函数. 于是有下述定理:

定理 1　设 $y=f(x)$在区间(a,b)内二阶导数存在.

(1) 如果在(a,b)内 $f''(x)>0$, 则曲线 $y=f(x)$在(a,b)内是凹的;

(2) 如果在(a,b)内 $f''(x)<0$,则曲线 $y=f(x)$在(a,b)内是凸的.

定义 2　曲线上凹弧与凸弧的分界点称为曲线的拐点.

定理 2　设 $y=f(x)$在点 x_0 处的二阶导数 $f''(x_0)$存在,如果点$(x_0,f(x_0))$是曲线的拐点,则有

$$f''(x_0)=0.$$

根据定理 1 和定理 2,判断曲线的凹凸性和曲线的拐点的步骤如下:

(1) 求函数的定义域;

(2) 求 $f''(x)$;

(3) 求方程 $f''(x)=0$ 的根及 $f''(x)$不存在的点,设为 x_i;

(4) 以 x_i 为分界点把函数的定义域划分为若干个开区间,然后判断各开区间内 $f''(x)$的符号,由定理 1 和定理 2 判断曲线的凹凸性和求曲线的拐点.

应该注意:拐点是曲线上的点,说到拐点,必须将横坐标和纵坐标同时给出;二阶导数等于零的点和二阶导数不存在的点可能是曲线的凹凸区间的分界点. 因此,求曲线的凹凸区间时应首先求出函数的二阶导数等于零的点和不存在的点.

例 1　判定曲线 $y=\ln x$ 的凹凸性.

解　函数 $y=\ln x$ 的定义域为$(0,+\infty)$.因为 $y'=\dfrac{1}{x}$,$y''=-\dfrac{1}{x^2}$,所以 $y''<0$,由定理 1,曲线 $y=\ln x$ 在$(0,+\infty)$内是凸的.

例 2　求曲线 $y=x^2-\dfrac{1}{x}$的凹凸区间和拐点.

解　函数的定义域为$(-\infty,0)\cup(0,+\infty)$.

$$y'=2x+\frac{1}{x^2},\quad y''=2-\frac{2}{x^3}=\frac{2(x^3-1)}{x^3}.$$

令 $y''=0$,得 $x=1$. 列表如下:

x	$(-\infty,0)$	$(0,1)$	1	$(1,+\infty)$
y''	+	−	0	+
y			拐点(1,0)	

由上表知，曲线的凹区间是$(-\infty,0)$和$(1,+\infty)$，凸区间是$(0,1)$；拐点是$(1,0)$.

*二、函数作图

为了解一个函数 $y=f(x)$的特性，需要作出其图形，而描点作图只能在有限范围内进行，故若能对函数的大致形状和在无穷远处的性质有所了解，无疑是有助于函数作图的. 首先介绍曲线的水平渐近线和垂直渐近线.

定义 3　对于给定函数 $y=f(x)$，如果$\lim\limits_{x\to\infty}f(x)=A$(其中 A 为有限数)，则称 $y=A$ 是曲线 $y=f(x)$的一条水平渐近线；如果有常数 a，使得$\lim\limits_{x\to a}f(x)=\infty$，则称 $x=a$ 是曲线 $y=f(x)$的一条垂直渐近线.

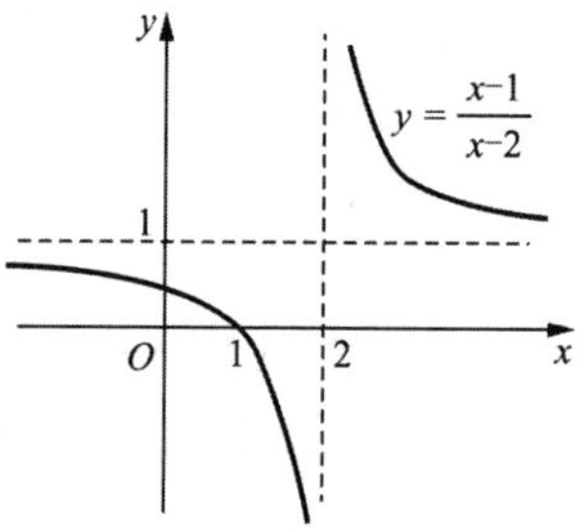

图 4-10

图 4-10 是函数 $y=\dfrac{x-1}{x-2}$的图像. 由于

$$\lim_{x\to\infty}y=\lim_{x\to\infty}\frac{x-1}{x-2}=1,$$

所以，直线 $y=1$ 是曲线 $y=\dfrac{x-1}{x-2}$的一条水平渐近线. 又因

$$\lim_{x\to 2}y=\lim_{x\to 2}\frac{x-1}{x-2}=\infty,$$

所以，直线 $x=2$ 是曲线 $y=\dfrac{x-1}{x-2}$的一条垂直渐近线.

全面地研究函数的性态并最终画出其图形，包括下列几个步骤：

(1) 对函数做初步研究. 例如，指出给定函数的定义域，考察函数是否具有对称性(即奇偶性)、周期性；

(2) 通过一阶导数获知函数的单调区间和极值点，通过二阶导数获知函数图形的凹凸区间和拐点；

(3) 通过求渐近线(如果存在)获知动点沿曲线趋于无穷远时的性态；

(4) 根据上述结果大致描出函数的图形(必要时可再计算若干个函数值).

下面通过举例来说明如何按照这四个步骤进行函数作图.

例 3　作出函数 $y=e^{-x^2}$的图形.

解　(1) 函数的定义域为$(-\infty,+\infty)$，值域为$(0,-\infty)$，函数是偶函数；

(2) 令 $y'=-2xe^{-x^2}=0$，得驻点 $x=0$；令 $y''=2(2x^2-1)e^{-x^2}=0$，得 $x=\pm\dfrac{1}{\sqrt{2}}$.

列表如下：

x	$\left(-\infty,-\frac{1}{\sqrt{2}}\right)$	$-\frac{1}{\sqrt{2}}$	$\left(-\frac{1}{\sqrt{2}},0\right)$	0	$\left(0,\frac{1}{\sqrt{2}}\right)$	$\frac{1}{\sqrt{2}}$	$\left(\frac{1}{\sqrt{2}},+\infty\right)$
y'	+		+	0	−		−
y''	+	0	−		−	0	+
y	↗	拐点 $\left(-\frac{1}{\sqrt{2}},\frac{1}{\sqrt{e}}\right)$	↗	极大值 $y(0)=1$	↘	拐点 $\left(\frac{1}{\sqrt{2}},\frac{1}{\sqrt{e}}\right)$	↘

由上表知：函数的单调增区间是$(-\infty,0)$，单调减区间是$(0,+\infty)$；极大点是$x=0$，极大值是$y(0)=1$；凹区间是$\left(-\infty,-\frac{1}{\sqrt{2}}\right)$与$\left(\frac{1}{\sqrt{2}},+\infty\right)$，凸区间是$\left(-\frac{1}{\sqrt{2}},\frac{1}{\sqrt{2}}\right)$；拐点是$\left(-\frac{1}{\sqrt{2}},\frac{1}{\sqrt{e}}\right)$与$\left(\frac{1}{\sqrt{2}},\frac{1}{\sqrt{e}}\right)$.

(3) 由$\lim\limits_{x\to\infty}e^{-x^2}=0$，知$y=0$是曲线的一条水平渐近线.

(4) 作出$y=e^{-x^2}$的图形(注意到图形关于y轴对称，且通过点$\left(-\frac{1}{\sqrt{2}},\frac{1}{\sqrt{e}}\right)\approx(-0.7,0.6)$，$(0,1)$，$\left(-\frac{1}{\sqrt{2}},\frac{1}{\sqrt{e}}\right)\approx(-0.7,0.6)$，如图 4-11 所示.

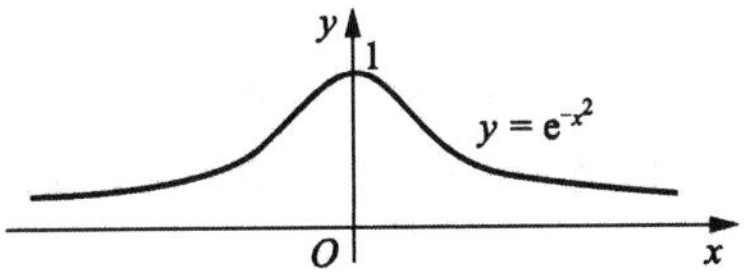

图 4-11

训练任务 4.4

1. 求下列曲线的凹凸区间和拐点：

(1) $y=x^2\ln x$；　(2) $y=x+\frac{1}{x}$；　(3) $y=x^3-5x^2+3x-5$.

2. 求a,b的值，使得点$(1,3)$是曲线$y=ax^3+bx^2$的拐点.

* 3. 求下列曲线的水平渐近线和垂直渐近线：

(1) $y=\frac{x}{x^2-1}$；　(2) $y=\frac{x^2}{x^2+4}$；　(3) $y=x^2+\frac{2}{x}$；　(4) $y=x^2\ln x$.

第五节　导数在经济分析中的应用

本节将重点研究导数在经济问题中的边际分析和弹性分析.

一、边际分析

案例 1　旅游团增加旅客问题

旅行社组织一个“北京 4 日游”旅游团，规定人数小于等于 20 人时，每人 1 220 元，但人数大于 20 人时，每增加 1 人，每人费用减少 20 元.已知每人成本费用为 600 元，试问，当该旅行团人数已经达到 20 人时，如果再增加 1 人，旅行社的利润会增加吗？

旅游团人数为 20 人时，利润为

$$1\,220\times20-600\times20=12\,400(\text{元});$$

旅游团人数为 21 人时，利润为

$$1\,200\times21-600\times21=12\,000(\text{元}).$$

因此，当旅游团人数由 20 人增加为 21 人时，旅行社利润减少 400 元.

研究自变量增加一个单位时因变量的增量就是经济学理论中的“边际量”.“边际”在经济学理论中可理解为“增加”，“边际量”就是“增加量”.利用导数来研究经济变量的边际量的方法，称作边际分析方法.下面我们假设给定的经济函数可导，给出边际成本、边际收入和边际利润.

1. 边际成本

边际成本定义为产量再增加一个单位产量时所增加的成本.

设某产品的产量为 q 时的总成本为 $C=C(q)$，由于

$$C(q+1)-C(q)=\Delta C(q)\approx \mathrm{d}[C(q)]=C'(q)\Delta q=C'(q),$$

所以，边际成本就是总成本函数关于产量的导数 $C'(q)$.

2. 边际收入

边际收入定义为多销售一个单位产品时所增加的销售收入.

设某产品的销售量为 q 时的收入函数为 $R=R(q)$，则收入函数关于销售量 q 的导数 $R'(q)$ 就是该产品的边际收入.

3. 边际利润

边际利润定义为多销售一个单位产品时所增加的利润.

设某产品的销售量为 q 时的利润函数为 $L=L(q)$，则导数 $L'(q)$ 就是该产品的边际利润.

由于利润函数等于收入函数与总成本函数之差，即

$$L(q)=R(q)-C(q),$$

因此

$$L'(q)=R'(q)-C'(q),$$

即边际利润就是边际收入与边际成本之差.

例 1　设某产品产量为 q（单位：吨）时的总成本函数（单位：万元）为

$$C(q)=200+4q+0.05q^2,$$

求产量为 40 吨时的总成本、平均成本、边际成本，并说明边际成本的经济意义.

解　产量为 40 吨时的总成本

$$C(40)=200+4\times40+0.05\times1\,600=440(\text{万元});$$

平均成本

$$\overline{C}(40)=\frac{C(40)}{40}=11(\text{万元/吨});$$

边际成本

$$C'(40)=(200+4q+0.05q^2)'|_{q=40}=[4+0.1q]_{q=40}=8(\text{万元}).$$

其经济意义是，当产量为 40 吨时，再多生产一吨需增加的成本为 8 万元.

例 2　设某产品的需求函数为 $q=100-5p$，求边际收入函数，以及 $q=30,50$ 和 80 时的边际收入，并解释所得结果的经济意义.

解　由 $q=100-5p$，得 $p=\dfrac{100-q}{5}$，于是收入函数为

$$R(q)=\frac{1}{5}q(100-q)=20q-\frac{1}{5}q^2,$$

边际收入函数为

$$R'(q)=20-\frac{2}{5}q,$$

所以

$$R'(30)=8,\quad R'(50)=0,\quad R'(80)=-12.$$

所得结果的经济意义是：当销售量即需求量为 30 个单位时，再多销售一个单位产品，总收入约增加 8 个单位；当销售量为 50 个单位时，再增加销售量总收入不会再增加；当销售量为 80 个单位时，再多销售一个单位产品，反而使总收入减少约 12 个单位.

二、弹性分析

案例 2　门票价格敏感度分析

在旅游市场中，高端市场对旅游景点门票价格的变化敏感度不高，中端市场对门票价格变化有一定的敏感度，低端市场对门票价格变化敏感度很高，有时一两元的价格调整可能会大批量地增加或减少游客，所以低端市场比高端市场对价格更有弹性，景点可以采取淡季降低票价、旺季增加票价来达到收益的最大化.

弹性分析用来描述一个经济变量对另一个经济变量变化的灵敏程度. 弹性分析的意义在于，能够分析商品对价格的敏感度.例如，商品 A 单价 10 元，涨价 1 元，商品 B 单价 100 元，涨价 1 元，两种商品涨价的绝对量一样，但是涨价的百分比即相对量相差很大，商品 A 为 10%，商品 B 为 1%.弹性必须用相对量来描述才能体现商品对价格的敏感度，才更加合理.

1. 弹性定义

给定变量 u，它在某点 u 处的增量 Δu 称为绝对改变量，比值 $\dfrac{\Delta u}{u}$ 称为相对增量.

定义 1　设函数 $y=f(x)$ 在点 x_0 的某邻域内有定义，且在点 x_0 处可导，函数的相对增量 $\dfrac{\Delta y}{y_0}$ 与自变量的相对增量 $\dfrac{\Delta x}{x_0}$ 之比 $\dfrac{\frac{\Delta y}{y_0}}{\frac{\Delta x}{x_0}}$ 称为函数 $y=f(x)$ 从 x_0 到 $x_0+\Delta x$ 的平均相对变化率，如果 $\lim\limits_{\Delta x\to 0}\dfrac{\frac{\Delta y}{y_0}}{\frac{\Delta x}{x_0}}$ 存在，则称

$$\lim_{\Delta x\to 0}\frac{\frac{\Delta y}{y_0}}{\frac{\Delta x}{x_0}}=\frac{x_0}{y_0}\lim_{\Delta x\to 0}\frac{\Delta y}{\Delta x}=\frac{x_0}{y_0}f'(x_0)$$

为函数 $y=f(x)$ 在点 x_0 处的弹性，记作 $\left.\frac{Ey}{Ex}\right|_{x=x_0}$ 或 $E(x_0)$，即

$$E(x_0)=\frac{x_0}{y_0}f'(x_0).$$

一般地，在任意点 x 处如果极限 $\lim\limits_{\Delta x\to 0}\frac{\frac{\Delta y}{y}}{\frac{\Delta x}{x}}=\frac{x}{y}y'$ 存在，则称此极限为函数 $y=f(x)$ 在点 x 处的弹性，记作

$$E(x)=\frac{x}{y}f'(x).$$

函数的弹性就是函数的相对改变量与自变量的相对改变量的比值的极限.它是函数的相对变化率，可解释为当自变量改变百分之一时函数变化的百分数.

例 3 求函数为 $y=2x+5$ 在 $x=3$ 处的弹性.

解 $\left.E(x)\right|_{x=3}=\left.\frac{x}{y}y'\right|_{x=3}=\frac{x}{2x+5}\cdot 2\,|_{x=3}=\frac{6}{11}.$

2. 经济中常见的几种弹性

根据以上定义，由需求函数 $Q=Q(p)$ 可得需求弹性为

$$\frac{EQ}{Ep}=-\frac{p}{Q}\frac{\mathrm{d}Q}{\mathrm{d}p}.$$

因为需求函数是单调减函数，所以需求弹性表示，在价格 p 的基础上，当价格上涨 1% 时，需求下降 $\frac{EQ}{Ep}$%.

由供给函数 $S=S(p)$ 可得供给弹性为

$$\frac{ES}{Ep}=\frac{p}{S}\frac{\mathrm{d}S}{\mathrm{d}p}.$$

供给弹性表示，在价格 p 的基础上，当价格上涨 1% 时，供给增加 $\frac{ES}{Ep}$%.

由收益函数 $R=R(q)$ 可得收益弹性为

$$\frac{ER}{Eq}=\frac{q}{R}\frac{\mathrm{d}R}{\mathrm{d}q}.$$

收益弹性表示，在产量 q 的基础上，当产量上涨 1% 时，收益增加 $\frac{ER}{Eq}$%.

例 4 设某产品的需求函数为 $Q=3\,000\mathrm{e}^{-0.02p}$，求 $p=50,100$ 时的需求弹性并解释其经济含义.

解 $\frac{EQ}{Ep}=-\frac{p}{Q}Q'(p)=\frac{0.02p\times 3\,000\mathrm{e}^{-0.02p}}{3\,000\mathrm{e}^{-0.02p}}=0.02p$，

所以

$$\left.\frac{EQ}{Ep}\right|_{p=50}=1,\quad \left.\frac{EQ}{Ep}\right|_{p=100}=2.$$

它的经济意义是：当价格为 50 时，若价格增加 1%，则需求减少 1%；当价格为 100 时，若价格增加 1%，则需求减少 2%.

*3. 需求弹性和总收益的关系

设需求函数为 $Q=Q(p)$，则收益函数 $R=pQ=pQ(p)$，所以

$$R'=Q(p)+pQ'(p)=Q(p)\cdot\left(1+p\cdot\frac{Q'(p)}{Q(p)}\right)=Q(p)\cdot\left(1-\frac{EQ}{Ep}\right).$$

(1) 若 $\frac{EQ}{Ep}>1$，则 $R'<0$，即当需求为高弹性时，收益为减函数，此时价格上涨，收益减少；

(2) 若 $\frac{EQ}{Ep}<1$，则 $R'>0$，即当需求为低弹性时，收益为增函数，此时价格上涨，收益增加；

(3) 若 $\frac{EQ}{Ep}=1$，则 $R'=0$，此时收益 R 取最大值.

由 $R'=Q(p)\cdot\left(1-\frac{EQ}{Ep}\right)$ 及 $Q(p)=\frac{R}{p}$ 得

$$\frac{p}{R}R'=1-\frac{EQ}{Ep},\quad 即\quad \frac{ER}{Ep}=1-\frac{EQ}{Ep}.$$

上式反映需求弹性和收益弹性的关系.

例 5　设某产品的需求函数为 $Q=24-2p$，求：

(1) 当 $p=7$ 时的需求弹性，并解释其经济含义；

(2) 当 $p=7$ 时，若价格上涨 1%，总收益增加还是减少？变化幅度是多少？

解　(1) $\frac{EQ}{Ep}=-\frac{p}{Q}Q'(p)=-\frac{p}{24-2p}\cdot(-2)=\frac{2p}{24-2p}$，

所以

$$\left.\frac{EQ}{Ep}\right|_{p=7}=1.4.$$

它的经济意义是：当价格为 7 时，若价格增加 1%，则需求减少 1.4%.

(2) 因为 $\left.\frac{EQ}{Ep}\right|_{p=7}=1.4>1$，所以总收益减少，根据 $\frac{ER}{Ep}=1-\frac{EQ}{Ep}$，有 $\left.\frac{ER}{Ep}\right|_{p=7}=-0.4$，所以若价格上涨 1%，总收益减少 0.4%.

训练任务 4.5

1. 设某产品的总成本函数和收入函数分别为 $C(q)=4+2\sqrt{q}$，$R(q)=\frac{2q}{q+2}$，其中 q 是产品的销售量，求产品的边际成本、边际收入和边际利润.

2. 某产品的需求函数和总成本函数分别为 $Q=400-10p$，$C(q)=600+30q$，求边际利润函数并计算 $q=10$ 时的边际利润.

3. 设生产某种产品 q 个单位时的收入是 $R(q)=200q-0.01q^2$，求单位产品的平均收入和边际收入.

4. 求下列函数的弹性：

(1) $y=e^{2x}$；　　(2) $y=3-2\sqrt{x}$.

5. 设某产品的需求量 Q 对价格 p 的函数关系为 $Q=1\,600\left(\frac{1}{e}\right)^p$，求当 $p=3$ 时的需求弹性并解释其

经济意义.

阅读材料——数学家的故事

洛必达与洛必达法则

洛必达是法国数学家,1661 年出生于法国的贵族家庭,1704 年 2 月 2 日卒于巴黎.他早年就显露出数学才能.在他 15 岁时就解出了帕斯卡的摆线难题,后来又解出“最速降曲线”问题.他曾受袭侯爵衔,并在军队中担任骑兵军官,后来因为视力不佳而退出军队,转向学术研究,在瑞士数学家伯努利的门下学习微积分,并成为法国新解析的主要成员.洛必达的《曲线的无穷小分析》(1696)一书是微积分学方面最早的教科书,在 18 世纪时为一模范著作.书中创造了一种算法——洛必达法则,用以寻找满足一定条件的两函数之商的极限.洛必达于前言中向莱布尼茨和伯努利致谢,特别是约翰·伯努利.洛必达逝世之后,伯努利发表声明称该法则及许多的其他发现都归功于他.

洛必达最重要的著作是《曲线的无穷小分析》,他由一组定义和公理出发,全面地阐述变量、无穷小量、切线、微分等概念,这对传播新创建的微积分理论起了很大的作用.在书中第九章记载了约翰·伯努利在 1694 年 7 月 22 日告诉他的一个著名定理,即求一个分式当分子和分母都趋于零时的极限的法则.后人误以为是他的发明,故“洛必达法则”之名沿用至今.

本章小结

一、本章主要内容

1. 罗尔定理:如果函数$f(x)$满足在闭区间$[a,b]$上连续,在开区间(a,b)内可导,$f(a)=f(b)$,则在开区间(a,b)内至少存在一点ξ,使得$f'(\xi)=0$.

2. 拉格朗日定理:如果函数$f(x)$满足在闭区间$[a,b]$上连续,在开区间(a,b)内可导,则在开区间(a,b)内至少存在一点ξ,使得$f'(\xi)=\dfrac{f(b)-f(a)}{b-a}$.

3. 柯西定理:设函数$f(x)$,$g(x)$在闭区间$[a,b]$上连续,在开区间(a,b)内可导且$g'(x)\neq 0$,则在(a,b)内至少存在一点,使得

$$\frac{f(b)-f(a)}{g(b)-g(a)}=\frac{f'(\xi)}{g'(\xi)}.$$

4. 洛必达法则:当分子分母的极限均为 0 或∞时,只要分子分母分别求导后的比式极限存在或是∞,那么

$$\lim_{x\to x_0}\frac{f(x)}{g(x)}=\lim_{x\to x_0}\frac{f'(x)}{g'(x)}=A \text{ 或}\infty.$$

5. 利用导数判断函数的单调性:设函数$f(x)$在区间(a,b)内可导.如果在(a,b)内$f'(x)>0$,则$f(x)$在该区间内是单调增函数;如果在(a,b)内$f'(x)<0$,则$f(x)$在该区间内是单调减函数.

6. 求函数极值的基本步骤：

(1) 求函数的定义域；

(2) 求 $y'=f'(x)$；

(3) 求方程 $f'(x)=0$ 的根及 $f'(x)$不存在的点，设为 x_i；

(4) 以 x_i 为分界点把函数的定义域划分为若干个开区间；

(5) 判断各开区间内 $f'(x)$的符号，由第三节定理 1 可知其单调性，由第三节定理 3 可知其极值.

7. 求最值问题的一般步骤：

(1) 求函数$f(x)$的导数，并求出所有的驻点及函数连续但不可导的点；

(2) 求出驻点、不可导的点以及区间端点处的函数值；

(3) 比较上述各函数值的大小，其中最大者是$f(x)$在$[a,b]$上的最大值，最小者即是最小值.

8. 边际分析：边际成本、边际收入、边际利润、边际需求.

9. 弹性分析：需求弹性

$$\frac{EQ}{Ep}=-\frac{p}{Q}\frac{\mathrm{d}Q}{\mathrm{d}p};$$

供给弹性

$$\frac{ES}{Ep}=\frac{p}{S}\frac{\mathrm{d}S}{\mathrm{d}p};$$

收益弹性

$$\frac{ER}{Eq}=\frac{q}{R}\frac{\mathrm{d}R}{\mathrm{d}q}.$$

二、学习方法

1. 数形结合：利用数形结合的方法搞清楚微分中值定理.

2. 掌握要点：

(1) 掌握洛必达法则的应用要点，即判断极限形式是否是$\frac{0}{0}$型或$\frac{\infty}{\infty}$型，之后再考虑应用洛必达法则求极限；

(2) 掌握实际问题最值计算的要点，即唯一的极大值点或极小值点就是所求的最值点.

三、重点难点

重点：

1. 函数单调性判断；

2. 函数极值求法；

3. 经济问题中最优、边际、弹性的求解.

难点：

1. 罗尔定理及拉格朗日定理的理解；

2. 用洛必达法则求极限；

3. 边际、弹性概念的理解.

自测题 1(基础层次)

1. 选择题.

(1) 函数 $y=x^3-3x$ 在区间$[0,\sqrt{3}]$上满足罗尔定理的条件,则结论中的 $\xi=$(　　).

A. 0　　B. $\sqrt{3}$　　C. 1　　D. 不确定

(2) 函数$f(x)=x^2-4x$ 的单调增区间是(　　).

A. $(0,4)$　　B. $(-\infty,2)$　　C. $(2,+\infty)$　　D. 不确定

(3) 设函数$f(x)=x^2-2x$,则$f(x)$的驻点是(　　).

A. 0　　B. 3　　C. 1　　D. 不确定

(4) 某产品利润函数为 $L(x)=20x-2x^2$,则该产品利润最大时的产量是(　　).

A. 0　　B. 5　　C. 2　　D. 4

(5) 某商品的供给函数是 $S(p)=p^2+p-2$,则供给弹性$\left.\frac{ES}{Ep}\right|_{p=4}=$(　　).

A. 3　　B. 4　　C. 2　　D. 不确定

2. 填空题.

(1) 函数 $y=\ln(1+x)$在区间$[0,1]$上满足拉格朗日定理的条件,则结论中的 $\xi=$________;

(2) 函数$f(x)=x^3-12x$ 的单调递减区间为________;

(3) $\lim\limits_{x\to+\infty}\frac{\ln x}{x}=$________;

(4) 设成本函数 $C(q)=400+2q^2$,则产量 $q=100$ 时的边际成本 $C'(100)=$________;

(5) 设某产品的价格函数为 $p=100-q$,其中 p 为价格,q 为销售量,则销售量为 10 时的边际收益为________.

3. 计算题.

(1) 求函数$f(x)=2x^3-9x^2+12x-3$ 的单调区间和极值;

(2) 求函数$f(x)=x+2\sqrt{x}$在区间$[0,4]$上的最大值和最小值;

(3) 求$\lim\limits_{x\to0}\frac{e^x-1}{\sin x}$;

(4) 求 $\lim\limits_{x\to+\infty}\frac{(\ln x)^3}{x}$;

(5) 求 $\lim\limits_{x\to+\infty}\frac{\frac{\pi}{2}-\arctan x}{\frac{1}{x}}$.

4. 应用题.

某工厂每天生产 q 百件服装的总成本(单位:百元)为 $C(q)=q^2+q+32$,如果市场需求量等于产量 q,并且遵循规律 $q=17-p$,其中 p 为服装单价,问每天生产多少件时获得的利润最大?最大利润是多少?

自测题 2(提高层次)

1. 选择题.

(1) 函数 $y=\ln x$ 在区间$[1,2]$上满足拉格朗日定理的条件,则结论中的 $\xi=$(　　).

A. 1　　B. 2　　C. $\ln 2$　　D. $\frac{1}{\ln 2}$

(2) 下列函数在区间$[-2,2]$上单调递减的是(　　).

A. $y=\ln x-2x$　　B. $y=\dfrac{x^3}{3}-4x$　　C. $y=2x+\dfrac{1}{x}$　　D. 不确定

(3) 设 x_0 是可导函数 $f(x)$ 的驻点，则下列结论中正确的是(　　).

A. $f'(x_0)=x_0$　　B. $f(x_0)=0$　　C. $f'(x_0)=0$　　D. 不确定

(4) 关于函数 $y=2x-\ln x$ 的极值，下列说法中正确的是(　　).

A. 极大值为 $1-\ln 2$　　B. 极小值为 $1-\ln 2$

C. 极小值为 $1+\ln 2$　　D. 极大值为 $1+\ln 2$

(5) 下列极限能用洛必达法则计算的是(　　).

A. $\lim\limits_{x\to+\infty}\dfrac{\sin x}{x}$　　B. $\lim\limits_{x\to0}\dfrac{\sin x}{x}$　　C. $\lim\limits_{x\to1}\dfrac{\sin x-1}{x-1}$　　D. 不确定

2. 填空题.

(1) 函数 $f(x)=x^2-2x-3$ 在区间 $[-1,3]$ 上满足罗尔定理的条件，则结论中的 $\xi=$________；

(2) 函数 $f(x)=\dfrac{e^x+e^{-x}}{2}$ 的单调递减区间为________；

(3) 函数 $f(x)=2x^2-ax+3$ 在 $x=1$ 处取极小值，则 $a=$________；

(4) $\lim\limits_{x\to1}\dfrac{\ln x}{x-1}=$________；

(5) 设某产品的价格函数为 $p=20-\dfrac{q}{5}$，其中 p 为价格，q 为销售量，则销售量为 20 时的边际收益为________.

3. 计算题.

(1) 求 $\lim\limits_{x\to0}\dfrac{\cos x-1}{e^x+e^{-x}-2}$；

(2) 求 $\lim\limits_{x\to0}\left(\dfrac{1}{x}-\dfrac{1}{e^x-1}\right)$；

(3) 求函数 $f(x)=(x^2-1)^3+1$ 的极值；

(4) 求函数 $f(x)=2x^3+3x^2-12x$ 在区间 $[-3,4]$ 上的最大值和最小值.

4. 应用题.

设某商品的需求函数 $Q=100e^{-0.01p}$，其中 Q 为需求量，p 为价格.

(1) p 为多大时总收益最大？最大收益是多少？

(2) 求 $p=5$ 时的需求弹性并说明其经济意义.

第五章　不定积分

【知识目标】

1. 理解原函数和不定积分的概念，了解二者之间的关系；
2. 掌握不定积分的性质，熟记基本积分公式；
3. 熟练掌握第一类换元积分法和分部积分法；
4. 掌握第二类换元积分法.

【能力目标】

1. 能深刻领会不定积分的概念，提高综合抽象的能力；
2. 掌握数学换元思想.

前面我们讨论了已知函数的导数或微分，这章我们将讨论导数的逆运算——不定积分的问题.不定积分的概念及其应用是微积分重要而又基础的内容，本章主要介绍不定积分的概念、运算及其在经济中的简单应用.

引子

怎样计算收入分配的不平等程度

2001 年，某报刊收到一位读者来信，问："我是一个民办教师，月薪 180 元，但离我不远的镇上，有好几个不识字的人月收入一万多元，听说沿海地区还有很多百万元户，是这样吗？"

据有关部门估计，截至 2005 年，我国尚有 5 800 万贫困人口，人均年纯收入不到 500 元，而百万富翁已有百万个，亿万富翁也有 30 多个.这些情况表明，我国的贫富差距确有不断扩大的趋势.如何反映这种贫富差距的状况呢？经济学家对此有多种表述方法，目前国际上普遍使用基尼(Gini)系数来表述一个国家收入分配的不平等程度.基尼系数的计算，便需要用到不定积分学的有关知识.

第一节　问题的提出与不定积分的概念

一、提出问题

案例 1　行驶路程

已知一辆汽车的运行速度为 $v(t)=6-3t(t\geqslant 0)$，求汽车的运动曲线方程.

案例 2　结冰厚度

美丽的冰城滑冰场完全靠自然结冰. 结冰的速度由 $\dfrac{\mathrm{d}y}{\mathrm{d}t}=k\sqrt{t}$ 给出，其中 y 是自结冰起到时间 t 时冰的厚度，k 是正常数，求结冰厚度 y 关于时间 t 的函数.

案例 3　成本函数

在经济问题中，已知某工厂生产一种产品的边际成本函数 $C'(q)=q^2+2q-1$，固定成本为 4，求总成本函数.

这就是下面要介绍的问题：已知导数，求哪一个函数的导数等于这个已知导函数.

二、原函数的概念

在微分学中，我们讨论了求已知函数的导数（或微分）的问题. 在科学技术和经济活动等领域的许多问题中，常常需要讨论与其相反的问题，即要通过一个函数的导数（或微分）还原出这个函数. 如已知生产某产品的边际成本 $C'(q)$，要求出生产该产品的成本函数. 这类问题的实质，从数学的观点来讲就是已知导函数求函数.

定义 1　如果函数 $f(x)$ 与函数 $F(x)$ 在某区间上满足

$$F'(x)=f(x) \quad 或 \quad d[F(x)]=f(x)dx,$$

则称函数 $F(x)$ 是函数 $f(x)$ 在该区间上的一个原函数.

例如，因为 $(\sin x)'=\cos x$ 或 $d(\sin x)=\cos x\,dx$，所以 $\sin x$ 是 $\cos x$ 的一个原函数. 同理，$\sin x+1$，$\sin x+2$，$\sin x+\sqrt{2}$ 等都是 $\cos x$ 的原函数. 事实上，因 $(\sin x+C)'=\cos x$，所以 $\sin x+C$（C 为任意常数）都是 $\cos x$ 的原函数.

由上面的讨论可知，若函数 $F(x)$ 是函数 $f(x)$ 的一个原函数，则 $F(x)+C$ 也是 $f(x)$ 的原函数. 现在的问题是，是否所有函数都有原函数？有原函数时，原函数有多少？又该如何求一个函数的全部原函数？下面的定理回答了这些问题.

定理 1（原函数存在定理）　如果函数 $f(x)$ 在某区间上连续，则函数 $f(x)$ 在该区间上的原函数必定存在.

证明从略.

定理 2（原函数族定理）　如果函数 $f(x)$ 有一个原函数 $F(x)$，则它就有无限多个原函数，并且 $f(x)$ 的任何一个原函数都可以表示成

$$F(x)+C \ (其中 C 为任意常数).$$

证明从略.

三、不定积分

定义 2　函数 $f(x)$ 的全部原函数 $F(x)+C$（C 为任意常数）称为 $f(x)$ 的不定积分，记作 $\int f(x)dx$，即

$$\int f(x)dx=F(x)+C.$$

其中 $\int$ 称为积分号，$f(x)$ 称为被积函数，$f(x)dx$ 称为被积表达式，x 称为积分变量，C 称为积分常数.

例 1　求下列不定积分：

(1) $\int 5x^4 dx$；　(2) $\int \cos x\,dx$；　(3) $\int \frac{1}{x}dx$.

解　(1) 因为 $(x^5)'=5x^4$，所以

$$\int 5x^4\mathrm{d}x = x^5 + C;$$

(2) 因为 $(\sin x)' = \cos x$，所以

$$\int \cos x\,\mathrm{d}x = \sin x + C;$$

(3) 因为 $(\ln|x|)' = \frac{1}{x}$，所以

$$\int \frac{1}{x}\mathrm{d}x = \ln|x| + C.$$

例 2　求下列不定积分：

(1) $\int x^{\alpha}\mathrm{d}x\ (\alpha \neq -1, 0)$；　　　(2) $\int a^x\mathrm{d}x\ (a > 0, a \neq 1)$.

解　(1) 因为 $\left(\frac{x^{\alpha+1}}{\alpha+1}\right)' = x^{\alpha}(\alpha \neq -1, 0)$，所以

$$\int x^{\alpha}\mathrm{d}x = \frac{x^{\alpha+1}}{\alpha+1} + C;$$

(2) 因为 $\left(\frac{a^x}{\ln a}\right)' = a^x$，所以

$$\int a^x\mathrm{d}x = \frac{a^x}{\ln a} + C.$$

四、不定积分的几何意义

设 $f(x)$ 的一个原函数为 $F(x)$，则曲线 $y = F(x)$ 称为函数 $f(x)$ 的一条积分曲线.如果把曲线 $y = F(x)$ 沿 Oy 轴向上或向下平行移动，就得到一族曲线，因此，不定积分的几何意义是 $f(x)$ 的全部积分曲线所组成的积分曲线族，其方程是

$$y = F(x) + C.$$

又因为无论 C 取什么值，都有 $[F(x) + C]' = f(x)$，因此，这个曲线族里的所有曲线在横坐标 x 相同的点处的切线彼此平行，即这些切线有相同的斜率 $f(x)$（图 5-1）.

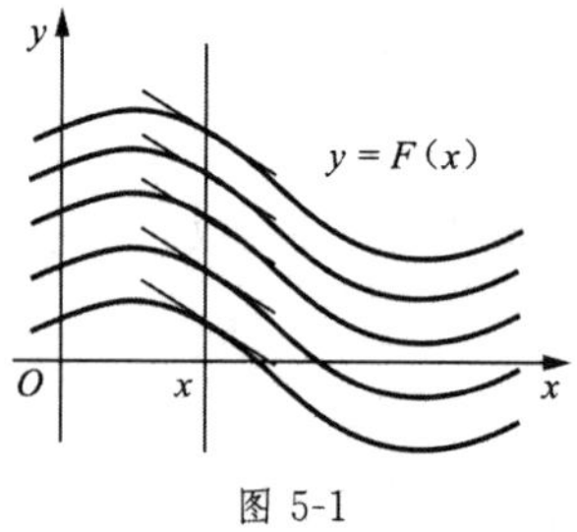

图 5-1

例 3　一曲线通过点 $(1,0)$ 且其上任意一点 (x, y) 处的切线的斜率为 $2x$，求其方程.

解　设所求曲线方程是 $y = f(x)$，由所给条件知 $f'(x) = 2x$，而 x^2 是 $2x$ 的一个原函数，于是得到斜率为 $2x$ 的积分曲线族为

$$y = \int 2x\,\mathrm{d}x = x^2 + C.$$

又因为所求曲线通过点 $(1,0)$，所以，$0 = 1 + C$，从而 $C = -1$，因此所求曲线方程为

$$y = x^2 - 1.$$

根据不定积分的定义,可以推出下面两个性质:

(1) $\left(\int f(x)\mathrm{d}x\right)'=f(x)$;

(2) $\int F'(x)\mathrm{d}x=F(x)+C$.

上面的性质表明:如果对函数$f(x)$先求不定积分后求导数,那么结果仍为$f(x)$,例如$\left(\int\cos x\mathrm{d}x\right)'=\cos x$;如果对函数$F(x)$先求导数后求不定积分,那么结果与它的原函数$F(x)$只差一个任意常数,例如$\int\left(\frac{1}{2}x^2\right)'\mathrm{d}x=\frac{1}{2}x^2+C$.从这里可以看出,求导数与求不定积分(在不计所加的任意常数时)互为逆运算.求不定积分时,常常利用导数与不定积分这种互逆关系,验证所求的不定积分是否正确.

训练任务 5.1

1. 写出下列函数的一个原函数:

(1) $-2x^{-3}$;　(2) $-3x^{-4}$;　(3) $2\mathrm{e}^x$;　(4) $-5\sin x$.

2. 在下列各题的括号内填入一个适当的函数,然后求出相应的不定积分,填到横线上:

(1) (　)$'=5$,　$\int 5\mathrm{d}x=$________;

(2) (　)$'=7x^6$,　$\int 7x^6\mathrm{d}x=$________;

(3) (　)$'=3$,　$\int 3\mathrm{d}x=$________;

(4) (　)$'=3x^2$,　$\int 3x^2\mathrm{d}x=$________.

3. 求下列不定积分:

(1) $\int x^6\mathrm{d}x$;　(2) $\int x^7\mathrm{d}x$;　(3) $\int \mathrm{e}^x\mathrm{d}x$;　(4) $\int(-\sin x)\mathrm{d}x$.

4. 根据不定积分的定义,验证下列等式:

(1) $\int(3x^2+2x+1)\mathrm{d}x=x^3+x^2+x+C$;　(2) $\int\left(\frac{1}{x^2}+\frac{1}{x^3}\right)\mathrm{d}x=-\frac{1}{x}-\frac{1}{2x^2}+C$;

(3) $\int\cos 2x\mathrm{d}x=\frac{1}{2}\sin 2x+C$;　(4) $\int\sin x\cos x\mathrm{d}x=-\frac{1}{4}\cos 2x+C$.

第二节　不定积分基本公式及运算性质

一、基本积分公式

我们已经知道,求不定积分与求导数互为逆运算,因此,我们可以从导数基本公式得到相应的基本不定积分公式.

例如:

$$\int x^\alpha\mathrm{d}x=\frac{x^{\alpha+1}}{\alpha+1}+C\quad(\alpha\neq-1,0).$$

这个公式可以这样求得:

因为 $\left(\dfrac{x^{\alpha+1}}{\alpha+1}\right)'=x^{\alpha}(\alpha\neq-1,0)$，所以

$$\int x^{\alpha}\mathrm{d}x=\frac{x^{\alpha+1}}{\alpha+1}+C.$$

用同样的方法可以得到其他不定积分公式.下表为基本积分公式.

(1) $\int \mathrm{d}x=x+C$；

(2) $\int x^{\alpha}\mathrm{d}x=\dfrac{1}{\alpha+1}x^{\alpha+1}+C\ (\alpha\neq-1,0)$；

(3) $\int \dfrac{1}{x}\mathrm{d}x=\ln|x|+C$；

(4) $\int a^{x}\mathrm{d}x=\dfrac{1}{\ln a}a^{x}+C\ (a>0,a\neq1)$；

(5) $\int \mathrm{e}^{x}\mathrm{d}x=\mathrm{e}^{x}+C$；

(6) $\int \sin x\mathrm{d}x=-\cos x+C$；

(7) $\int \cos x\mathrm{d}x=\sin x+C$；

(8) $\int \sec^{2}x\mathrm{d}x=\tan x+C$；

(9) $\int \csc^{2}x\mathrm{d}x=-\cot x+C$；

(10) $\int \sec x\tan x\mathrm{d}x=\sec x+C$；

(11) $\int \csc x\cot x\mathrm{d}x=-\csc x+C$；

(12) $\int \dfrac{1}{\sqrt{1-x^{2}}}\mathrm{d}x=\arcsin x+C$；

(13) $\int -\dfrac{1}{\sqrt{1-x^{2}}}\mathrm{d}x=\arccos x+C$；

(14) $\int \dfrac{1}{1+x^{2}}\mathrm{d}x=\arctan x+C$；

(15) $\int -\dfrac{1}{1+x^{2}}\mathrm{d}x=\mathrm{arccot}\, x+C$.

二、不定积分的性质

性质 1　求不定积分与求导数(或微分)互为逆运算.即

$$\left[\int f(x)\mathrm{d}x\right]'=f(x)\quad 或\quad \mathrm{d}\left[\int f(x)\mathrm{d}x\right]=f(x)\mathrm{d}x\ ;$$

$$\int f'(x)\mathrm{d}x=f(x)+C\quad 或\quad \int \mathrm{d}[f(x)]=f(x)+C\,.$$

性质 2　$\int kf(x)\mathrm{d}x=k\int f(x)\mathrm{d}x$ (k 是非零常数).

证　只要证明两边导数相等即可.

因为

$$\left[\int kf(x)\mathrm{d}x\right]'=kf(x),$$

$$\left[k\int f(x)\mathrm{d}x\right]'=k\left[\int f(x)\mathrm{d}x\right]'=kf(x),$$

所以

$$\int kf(x)\mathrm{d}x=k\int f(x)\mathrm{d}x.$$

证毕.

性质 3　$\int [f(x)\pm g(x)]\mathrm{d}x=\int f(x)\mathrm{d}x\pm\int g(x)\mathrm{d}x.$

性质 3 可以推广到任意有限个函数的代数和的情形：

$$\int [f_1(x)\pm f_2(x)\pm\cdots\pm f_n(x)]\mathrm{d}x=\int f_1(x)\mathrm{d}x\pm\int f_2(x)\mathrm{d}x\pm\cdots\pm\int f_n(x)\mathrm{d}x.$$

利用性质 2、3 和基本积分公式可以求一些较简单函数的不定积分.

例 1　在上节案例 1 中，设汽车的运动曲线为 $s=s(t)$，由导数的物理意义知，$s'(t)=$

$v(t)$，即$s(t)$是$v(t)$的原函数.由$v(t)=6-3t$知，函数$s(t)=6t-\frac{3}{2}t^2$是$v(t)$的一个原函数，所以$s(t)=6t-\frac{3}{2}t^2+C$即为所求运动曲线方程，其中常数C由汽车的初始速度确定.

例 2　在上节案例 2 中，因为

$$\left(\frac{2}{3}kt^{\frac{3}{2}}\right)'=kt^{\frac{1}{2}}=k\sqrt{t},$$

所以$y=\frac{2}{3}kt^{\frac{3}{2}}$是$k\sqrt{t}$的一个原函数，即

$$y=\frac{2}{3}kt^{\frac{3}{2}}+C$$

为结冰厚度关于时间t的函数，其中C由结冰的时间确定.

如果$t=0$时开始结冰，此时冰的厚度为 0，即有$y(0)=0$，代入上式得$C=0$，这时$y=\frac{2}{3}kt^{\frac{3}{2}}$为所求结冰厚度关于时间的函数.

例 3　在上节案例 3 中，由所给条件知

$$C'(q)=q^2+2q-1,$$

方程两边对q积分，即$\int C'(q)\mathrm{d}q=\int(q^2+2q-1)\mathrm{d}q$，得

$$C(q)=\frac{q^3}{3}+q^2-q+C.$$

又因为固定成本$C(0)=4$，所以，$C=4$，因此，所求成本函数为

$$C(q)=\frac{q^3}{3}+q^2-q+4.$$

例 4　求$\int(2^x+3\cos x+\sec^2 x)\mathrm{d}x$.

解　$$\int(2^x+3\cos x+\sec^2 x)\mathrm{d}x=\int 2^x\mathrm{d}x+3\int\cos x\mathrm{d}x+\int\sec^2 x\mathrm{d}x$$
$$=\frac{2^x}{\ln 2}+3\sin x+\tan x+C.$$

注：在各项积分后，每个不定积分的结果都含有任意常数，但因任意常数的和仍然是任意常数，所以只要写一个任意常数就可以了.

例 5　求$\int\left(2\sin x-\frac{3}{x}+\sqrt[3]{x}\right)\mathrm{d}x$.

解　$$\int\left(2\sin x-\frac{3}{x}+\sqrt[3]{x}\right)\mathrm{d}x=2\int\sin x\mathrm{d}x-3\int\frac{1}{x}\mathrm{d}x+\int x^{\frac{1}{3}}\mathrm{d}x$$
$$=-2\cos x-3\ln|x|+\frac{3}{4}x^{\frac{4}{3}}+C.$$

***例 6**　篮球与大厦.一只篮球在地球引力的作用下从一幢大厦的屋顶掉下，5 s 落地，求此大厦的高度(空气阻力不计).

解　由于篮球从大厦顶掉下时是在地球引力的作用下做自由落体运动，由加速度与速度的关系，有

$$a=\frac{\mathrm{d}v}{\mathrm{d}t}=g,$$

且 $t=0$ 时，$v=0$，所以

$$v=\int g\,\mathrm{d}t=gt+C_1.$$

将 $v(0)=0$ 代入上式，得 $C_1=0$，于是，篮球做自由落体运动的速度方程为

$$v=gt.$$

又 $v=\frac{\mathrm{d}s}{\mathrm{d}t}=gt$，所以

$$s=\int gt\,\mathrm{d}t=\frac{1}{2}gt^2+C_2.$$

将 $s(0)=0$ 代入上式，得 $C_2=0$，即篮球的运动方程为

$$s=\frac{1}{2}gt^2.$$

由于 $t=5$ s 篮球落地，所以大厦的高度为

$$h=\frac{1}{2}g\cdot 5^2=12.5g=122.5(\mathrm{m})\text{（其中重力加速度 }g=9.8\ \mathrm{m/s^2}\text{）}.$$

训练任务 5.2

1.（口答）求不定积分：

(1) $\int x^4\mathrm{d}x$； (2) $\int\frac{1}{x}\mathrm{d}x$； (3) $\int\cos x\,\mathrm{d}x$；

(4) $\int m\,\mathrm{d}x$（m 为常数）； (5) $\int 10^x\mathrm{d}x$； (6) $\int \mathrm{e}^x\mathrm{d}x$.

2. 求不定积分：

(1) $\int\sqrt[3]{x}\,\mathrm{d}x$； (2) $\int\frac{1}{\sqrt[3]{x}}\mathrm{d}x$； (3) $\int\frac{1}{x\sqrt{x}}\mathrm{d}x$；

(4) $\int\frac{\mathrm{d}x}{x^6}$； (5) $\int\sqrt[3]{x^2}\,\mathrm{d}x$； (6) $\int x^{-2}\sqrt[4]{x}\,\mathrm{d}x$.

3. 求不定积分：

(1) $\int(x^3-2x+5)\mathrm{d}x$； (2) $\int(4x^3-3x^2)\mathrm{d}x$； (3) $\int(6x^5+3x^2)\mathrm{d}x$；

(4) $\int\left(\frac{x^3}{3}-\frac{3}{x^3}\right)\mathrm{d}x$； (5) $\int\frac{\mathrm{d}x}{x\sqrt[3]{x}}$； (6) $\int\left(\sqrt{x}+\frac{1}{\sqrt{x}}-\sqrt[4]{x}\right)\mathrm{d}x$；

(7) $\int(\sin x+\cos x)\mathrm{d}x$； (8) $\int\left(\frac{4}{x}+3\mathrm{e}^x\right)\mathrm{d}x$； (9) $\int\left(\frac{1}{\sqrt{1-x^2}}+\frac{1}{1+x^2}\right)\mathrm{d}x$；

(10) $\int\frac{\mathrm{d}x}{\sqrt{4-4x^2}}$.

4. 已知曲线 $y=f(x)$ 上任意一点处切线的斜率为 $2x$，且曲线经过点 $(1,0)$，求该曲线的方程.

5. 已知生产某种产品的边际成本为 $C'(q)=3q+200$（其中 q 是产量），固定成本 $C_0=1\ 000$，求成本函数 $C(q)$.

6. 设生产某种产品的边际收入为 $R'(q)=2+2q-3q^2$（其中 q 是销售量），求收入函数 $R(q)$.

第三节　基本积分方法

一、直接积分法

在求函数的不定积分时，只需将被积式经过简单的恒等变形，直接运用不定积分的运算法则与基本积分公式求得.这种求积分的方法叫作直接积分法.

案例 1　能源消耗

电力消耗随经济增长而增长. 某市每年的电力消耗率呈指数增长，且增长指数大约为 0.07. 至 1990 年年初，消耗量大约为每年 161 亿度. 设 $R(t)$表示从 1990 年起第 t 年的电力消耗率，则 $R(t)=161e^{0.07t}$(亿度). 试用此式估算该市从 1990 年到 2010 年间电力消耗的总量.

解　设 $T(t)$表示从 1990 年($t=0$)起到第 t 年电力消耗的总量. 我们要求从 1990 年到 2010 年间电力消耗的总量，即求 $T(20)$. 由于 $T(t)$是电力消耗的总量，所以 $T'(t)$就是电力消耗率 $R(t)$，即 $T'(t)=R(t)$，那么 $T(t)$就是 $R(t)$的一个原函数. 故有

$$T(t)=\int R(t)\mathrm{d}t=\int 161e^{0.07t}\mathrm{d}t=\frac{161}{0.07}e^{0.07t}+C=2\ 300e^{0.07t}+C.$$

由于 $T(0)=0$，所以 $C=-2\ 300$，从而

$$T(t)=2\ 300(e^{0.07t}-1).$$

所以该市从 1990 年到 2010 年间电力消耗总量为

$$T(20)=2\ 300(e^{0.07\times 20}-1)\approx 7\ 027\ (\text{亿度}).$$

案例 2　质子的速度

一电场中质子运动的加速度为

$$a=-20\ (1+2t)^{-2}(\mathrm{m/s^2}),$$

如果 $t=0$ 时，$v=0.3\ \mathrm{m/s^2}$，求质子的运动速度.

解　由加速度和速度的关系 $v'(t)=a(t)$，有

$$\begin{aligned}v(t)&=\int a(t)\mathrm{d}t=-\int 20(1+2t)^{-2}\mathrm{d}t\\&=-\int 10(1+2t)^{-2}\mathrm{d}(1+2t)\\&=10(1+2t)^{-1}+C.\end{aligned}$$

将 $t=0$，$v=0.3$ 代入上式，得 $C=-9.7$，所以

$$v(t)=10(1+2t)^{-1}-9.7.$$

例 1　求下列不定积分：

(1) $\int\frac{(1+x)^2}{\sqrt{x}}\mathrm{d}x$；　(2) $\int 5^x e^x\mathrm{d}x$；　(3) $\int(2\cos x-x^2+3e^x)\mathrm{d}x$.

解　(1) $$\begin{aligned}\int\frac{(1+x)^2}{\sqrt{x}}\mathrm{d}x&=\int\frac{1+2x+x^2}{\sqrt{x}}\mathrm{d}x=\int\frac{\mathrm{d}x}{\sqrt{x}}+2\int x^{\frac{1}{2}}\mathrm{d}x+\int x^{\frac{3}{2}}\mathrm{d}x\\&=2x^{\frac{1}{2}}+\frac{4}{3}x^{\frac{3}{2}}+\frac{2}{5}x^{\frac{5}{2}}+C;\end{aligned}$$

(2) $$\int 5^x e^x\mathrm{d}x=\int(5e)^x\mathrm{d}x=\frac{(5e)^x}{\ln(5e)}+C=\frac{5^x e^x}{1+\ln 5}+C;$$

(3) $\int(2\cos x-x^2+3e^x)dx=2\int\cos x dx-\int x^2dx+3\int e^x dx$

$$=2\sin x-\frac{1}{3}x^3+3e^x+C.$$

例 2　求 $\int\cot^2 x dx$.

解　$\int\cot^2 x dx=\int(\csc^2 x-1)dx=\int\csc^2 x dx-\int dx+C=-\cot x-x+C.$

例 3　求 $\int\cos^2\frac{x}{2}dx$.

解　$\int\cos^2\frac{x}{2}dx=\frac{1}{2}\int(1+\cos x)dx=\frac{1}{2}(x+\sin x)+C.$

例 4　求 $\int\frac{x^2-1}{x^2+1}dx$.

解　$\int\frac{x^2-1}{x^2+1}dx=\int\frac{x^2+1-2}{x^2+1}dx=\int\left(1-\frac{2}{x^2+1}\right)dx=\int dx-2\int\frac{dx}{x^2+1}$

$=x-2\arctan x+C.$

二、第一类换元积分法(凑微分法)

对于与复合函数有关的积分,把复合函数求导法则反过来应用于求不定积分,并通过适当的变量代换(换元),再利用基本积分公式得到原函数的积分法,称为换元积分法.

例 5　求 $\int 2e^{2x}dx$.

解　由求导数的经验,我们知道

$$(e^{2x})'=e^{2x}(2x)'=2e^{2x},$$

所以　$$\int 2e^{2x}dx=\int e^{2x}(2x)'dx=\int e^{2x}d(2x)\xlongequal{\text{令}2x=u}\int e^u du=e^u+C=e^{2x}+C.$$

可以看出,以上方法的特点是"凑"成微分形式,以便用基本积分公式,常称之为凑微分法.它是不定积分法中最基本的方法之一,推广到一般情形,有下面的定理.

定理 1　如果 $\int f(u)du=F(u)+C$,则

$$\int f[\varphi(x)]\varphi'(x)dx=F[\varphi(x)]+C,$$

其中 $\varphi(x)$是可微函数.

由于 $\varphi'(x)dx=d[\varphi(x)]$,所以,上式也可写成

$$\int f[\varphi(x)]d[\varphi(x)]=F[\varphi(x)]+C.$$

应用该定理求不定积分的具体过程如下:

$$\int g(x)dx\xlongequal{\text{凑微分}}\int f[\varphi(x)]\varphi'(x)dx=\int f[\varphi(x)]d[\varphi(x)]\xlongequal{\text{令}\varphi(x)=u}\int f(u)du$$

$$\xlongequal{\text{查公式}}F(u)+C\xlongequal{\text{回代}u=\varphi(x)}F[\varphi(x)]+C.$$

例 6　求 $\int(x+1)^2dx$.

解 $\int(x+1)^2\mathrm{d}x=\int(x+1)^2\mathrm{d}(x+1)\xlongequal{令u=x+1}\int u^2\mathrm{d}u=\frac{u^3}{3}+C=\frac{(x+1)^3}{3}+C.$

例 7 求 $\int\frac{1}{2x-1}\mathrm{d}x.$

解 $\int\frac{\mathrm{d}x}{2x-1}=\frac{1}{2}\int\frac{1}{2x-1}\mathrm{d}(2x-1)\xlongequal{令u=2x-1}\frac{1}{2}\ln|u|=\frac{1}{2}\ln|2x-1|+C.$

例 8 求 $\int\frac{x}{\sqrt{1-2x^2}}\mathrm{d}x.$

解
$$\int\frac{x}{\sqrt{1-2x^2}}\mathrm{d}x=-\frac{1}{4}\int\frac{\mathrm{d}(1-2x^2)}{\sqrt{1-2x^2}}\xlongequal{令u=1-2x^2}-\frac{1}{4}\int u^{-\frac{1}{2}}\mathrm{d}u=-\frac{\sqrt{u}}{2}+C$$
$$=-\frac{\sqrt{1-2x^2}}{2}+C.$$

例 9 求 $\int\frac{1}{x^2}\cos\frac{1}{x}\mathrm{d}x.$

解 $\int\frac{1}{x^2}\cos\frac{1}{x}\mathrm{d}x\xlongequal{令u=\frac{1}{x}}-\int\cos u\mathrm{d}u=-\sin u+C=-\sin\frac{1}{x}+C.$

例 10 求 $\int\tan x\mathrm{d}x.$

解
$$\int\tan x\mathrm{d}x=\int\frac{\sin x}{\cos x}\mathrm{d}x=-\int\frac{1}{\cos x}\mathrm{d}(\cos x)\xlongequal{令\cos x=u}-\int\frac{1}{u}\mathrm{d}u=-\ln|u|+C$$
$$=-\ln|\cos x|+C.$$

类似可得
$$\int\cot x\mathrm{d}x=\ln|\sin x|+C.$$

需要说明的是，在我们熟练掌握凑微分法后，可以省去以上“令 $\varphi(x)=u$”和“回代 $u=\varphi(x)$”的过程，直接利用基本积分公式求得结果.

例 11 求 $\int\frac{1}{a^2+x^2}\mathrm{d}x.$

解 $\int\frac{1}{a^2+x^2}\mathrm{d}x=\int\frac{1}{a^2}\cdot\frac{1}{1+\left(\frac{x}{a}\right)^2}\mathrm{d}x=\frac{1}{a}\int\frac{1}{1+\left(\frac{x}{a}\right)^2}\mathrm{d}\left(\frac{x}{a}\right)=\frac{1}{a}\arctan\frac{x}{a}+C.$

例 12 求 $\int\sin^3 x\mathrm{d}x.$

解
$$\int\sin^3 x\mathrm{d}x=\int\sin^2 x\sin x\mathrm{d}x=-\int(1-\cos^2 x)\mathrm{d}(\cos x)$$
$$=-\int\mathrm{d}(\cos x)+\int\cos^2 x\mathrm{d}(\cos x)=-\cos x+\frac{1}{3}\cos^3 x+C.$$

例 13 求 $\int\frac{\mathrm{d}x}{a^2-x^2}.$

解 因为
$$\frac{1}{a^2-x^2}=\frac{1}{(a+x)(a-x)}=\frac{1}{2a}\left(\frac{1}{a+x}+\frac{1}{a-x}\right),$$
所以
$$\int\frac{\mathrm{d}x}{a^2-x^2}=\frac{1}{2a}\left(\int\frac{\mathrm{d}x}{a+x}+\int\frac{\mathrm{d}x}{a-x}\right)=\frac{1}{2a}\left[\int\frac{\mathrm{d}(a+x)}{a+x}-\int\frac{\mathrm{d}(a-x)}{a-x}\right]$$

$$=\frac{1}{2a}(\ln|a+x|-\ln|a-x|)+C=\frac{1}{2a}\ln\left|\frac{a+x}{a-x}\right|+C.$$

例 14 求 $\int\sec x\mathrm{d}x$.

解 $\int\sec x\mathrm{d}x=\int\frac{1}{\cos x}\mathrm{d}x=\int\frac{\cos x}{\cos^2 x}\mathrm{d}x=\int\frac{1}{1-\sin^2 x}\mathrm{d}(\sin x)$,

由例 13 的结果,得

$$\int\sec x\mathrm{d}x=\frac{1}{2}\ln\left|\frac{1+\sin x}{1-\sin x}\right|+C=\frac{1}{2}\ln\left|\frac{(1+\sin x)^2}{\cos^2 x}\right|+C=\ln\left|\frac{1+\sin x}{\cos x}\right|+C$$
$$=\ln|\sec x+\tan x|+C.$$

同样的方法可得

$$\int\csc x\mathrm{d}x=\ln|\csc x-\cot x|+C.$$

* **例 15** 求 $\int\frac{\sqrt{1+x}}{1+\sqrt{1+x}}\mathrm{d}x$.

解 $$\int\frac{\sqrt{1+x}}{1+\sqrt{1+x}}\mathrm{d}x=\int\frac{2u^2}{1+u}\mathrm{d}u=2\int\left(\frac{u^2-1+1}{1+u}\right)\mathrm{d}u=u^2-2u+2\ln|1+u|+C$$
$$=x+1-2\sqrt{x+1}+2\ln(1+\sqrt{1+x})+C.$$

* 三、第二类换元积分法

用第一换元法能够求出许多不定积分,但有的不定积分用这种方法并不可行,例如积分

$$\int\sqrt{9-x^2}\,\mathrm{d}x.$$

这里的困难是根式 $\sqrt{9-x^2}$,若令 $u=\sqrt{9-x^2}$ 则不能解决问题(读者不妨尝试一下). 联想到三角公式 $1-\sin^2 t=\cos^2 t$,试令 $x=3\sin t$,那么 $\sqrt{9-x^2}=\sqrt{9(1-\sin^2 t)}=3|\cos t|$,为了去掉根号,约定取 $t\in\left[-\frac{\pi}{2},\frac{\pi}{2}\right]$,则 $|\cos t|=\cos t$, $\mathrm{d}x=3\cos t\mathrm{d}t$,于是得到

$$\int\sqrt{9-x^2}\,\mathrm{d}x=\int 3\cos t\cdot 3\cos t\mathrm{d}t=9\int\cos^2 t\mathrm{d}t=9\int\frac{1+\cos 2t}{2}\mathrm{d}t$$
$$=\frac{9}{2}t+\frac{9}{4}\sin 2t+C=\frac{9}{2}(t+\sin t\cos t)+C.$$

为了将新变量换成原来的变量,根据 $x=3\sin t$ 作辅助直角三角形(图 5-2),得到

$$\sin t=\frac{x}{3},\quad \cos t=\frac{\sqrt{9-x^2}}{3}.$$

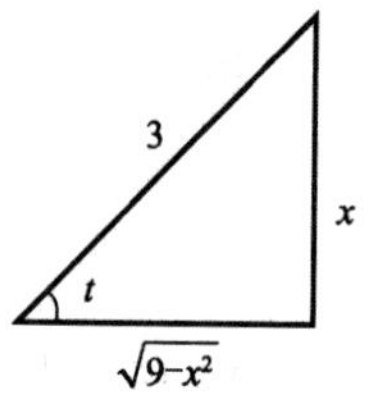

图 5-2

由 $x=3\sin t$ 解出 $t=\arcsin\frac{x}{3}$,于是所求积分为

$$\int\sqrt{9-x^2}\,\mathrm{d}x=\frac{9}{2}\left(\arcsin\frac{x}{3}+\frac{x}{3}\cdot\frac{\sqrt{9-x^2}}{3}\right)+C$$
$$=\frac{9}{2}\arcsin\frac{x}{3}+\frac{x}{2}\cdot\sqrt{9-x^2}+C.$$

这种令 $x=\varphi(t)$ 的换元法常称为第二类换元积分法,以区别前面所讲的令 $\varphi(x)=u$ 的

第一类换元积分法.

被积函数含有二次根式$\sqrt{a^2-x^2}$和$\sqrt{x^2\pm a^2}$的积分问题,常用第二换元法积分法.

(1) 被积函数含$\sqrt{a^2-x^2}$,这时可设 $x=a\sin t, t\in\left[-\frac{\pi}{2},\frac{\pi}{2}\right]$;

(2) 被积函数含$\sqrt{x^2+a^2}$,这时可设 $x=a\tan t, t\in[0,\pi]$;

(3) 被积函数含$\sqrt{x^2-a^2}$,这时可设 $x=a\sec t, t\in\left[0,\frac{\pi}{2}\right]$.

例 16　求$\int\frac{x^3\mathrm{d}x}{(1-x^2)^{\frac{3}{2}}}$.

解　令 $x=\sin t$,则 $(1-x^2)^{\frac{3}{2}}=\cos^3 t, \mathrm{d}x=\cos t\mathrm{d}t$,于是

$$\begin{aligned}\int\frac{x^3\mathrm{d}x}{(1-x^2)^{\frac{3}{2}}}&=\int\frac{\sin^3 t\cos t\mathrm{d}t}{\cos^3 t}=\int\frac{(1-\cos^2 t)\sin t}{\cos^2 t}\mathrm{d}t\\&=\int\frac{-\mathrm{d}(\cos t)}{\cos^2 t}-\int\sin t\mathrm{d}t=\frac{1}{\cos t}+\cos t+C\\&=\frac{1}{\sqrt{1-x^2}}+\sqrt{1-x^2}+C=\frac{2-x^2}{\sqrt{1-x^2}}+C.\end{aligned}$$

从上面的例子我们可以发现,用第二类换元积分法求不定积分很麻烦,因此,在求不定积分时,能用“凑微分”法解的就不用第二类换元积分法.

例 17　求$\int\frac{1}{\sqrt{x^2-a^2}}\mathrm{d}x\ (a>0)$.

解　令 $x=a\sec t$,则$\sqrt{x^2-a^2}=a\tan t, \mathrm{d}x=a\sec t\tan t\mathrm{d}t$,于是

$$\begin{aligned}\int\frac{1}{\sqrt{x^2-a^2}}\mathrm{d}x&=\int\frac{\sec t\tan t}{\tan t}\mathrm{d}t=\int\sec t\mathrm{d}t=\ln|\sec t+\tan t|+C_1\\&=\ln\left|\frac{x}{a}+\frac{\sqrt{x^2-a^2}}{a}\right|+C_1=\ln|x+\sqrt{x^2-a^2}|-\ln a+C_1\\&=\ln|x+\sqrt{x^2-a^2}|+C\quad(\text{其中 }C=C_1-\ln a).\end{aligned}$$

求不定积分是比较难的,为了便于求不定积分,在今后的学习当中,下列积分可以作为公式来运用,大家要熟记(其中常数 $a>0$).

(16) $\int\tan x\mathrm{d}x=-\ln|\cos x|+C$;　(17) $\int\cot x\mathrm{d}x=\ln|\sin x|+C$;

(18) $\int\sec x\mathrm{d}x=\ln|\sec x+\tan x|+C$;　(19) $\int\csc x\mathrm{d}x=\ln|\csc x-\cot x|+C$;

(20) $\int\frac{1}{a^2+x^2}\mathrm{d}x=\frac{1}{a}\arctan\frac{x}{a}+C$;　(21) $\int\frac{1}{a^2-x^2}\mathrm{d}x=\frac{1}{2a}\ln\left|\frac{x+a}{x-a}\right|+C$;

(22) $\int\frac{1}{\sqrt{a^2-x^2}}\mathrm{d}x=\arcsin\frac{x}{a}+C$;　(23) $\int\frac{1}{\sqrt{x^2-a^2}}\mathrm{d}x=\ln|x+\sqrt{x^2-a^2}|+C$;

(24) $\int\frac{1}{\sqrt{x^2+a^2}}\mathrm{d}x=\ln(x+\sqrt{x^2+a^2})+C$.

四、分部积分法

在复合函数求导法则的基础上我们得到了换元积分法,在乘积的导数(或微分)法则的

基础上的积分方法则是分部积分法.

设函数 $u=u(x)$ 和 $v=v(x)$ 具有连续导数，将两个函数乘积的导数公式

$$(uv)'=u'v+uv'$$

变形，得

$$uv'=(uv)'-u'v,$$

对上式两端积分，得

$$\int uv'\mathrm{d}x=uv-\int u'v\mathrm{d}x,$$

即

$$\int u\mathrm{d}v=uv-\int v\mathrm{d}u.$$

上述公式称为分部积分公式. 由公式可见，当积分 $\int v\mathrm{d}u$ 比 $\int u\mathrm{d}v$ 容易求得时，分部积分公式就发挥作用了.

例 18　求 $\int x\cos x\mathrm{d}x$.

解　取 $u=x$，$\mathrm{d}v=\cos x\mathrm{d}x=\mathrm{d}(\sin x)$，则 $\mathrm{d}u=\mathrm{d}x$，$v=\sin x$. 由分部积分公式，得

$$\int x\cos x\mathrm{d}x=\int x\mathrm{d}(\sin x)=x\sin x-\int\sin x\mathrm{d}x=x\sin x+\cos x+C.$$

例 19　求 $\int x\mathrm{e}^{-2x}\mathrm{d}x$.

解

$$\begin{aligned}\int x\mathrm{e}^{-2x}\mathrm{d}x&=\int x\mathrm{d}\left(-\frac{1}{2}\mathrm{e}^{-2x}\right)=-\frac{1}{2}x\mathrm{e}^{-2x}+\frac{1}{2}\int\mathrm{e}^{-2x}\mathrm{d}x\\&=-\frac{1}{2}x\mathrm{e}^{-2x}-\frac{1}{4}\int\mathrm{e}^{-2x}\mathrm{d}(-2x)\\&=-\frac{1}{2}x\mathrm{e}^{-2x}-\frac{1}{4}\mathrm{e}^{-2x}+C.\end{aligned}$$

注意：例 19 中若把 $x\mathrm{d}x$ 看作 $\mathrm{d}v$，则

$$\int x\mathrm{e}^{2x}\mathrm{d}x=\int\mathrm{e}^{2x}\mathrm{d}\left(\frac{x^2}{2}\right)=\frac{x^2}{2}\mathrm{e}^{2x}-\int x^2\mathrm{e}^{2x}\mathrm{d}x,$$

最后这个积分更为复杂. 这说明 u 和 $\mathrm{d}v$ 的选取不恰当将使积分更难以积出，所以在应用分部积分法时，恰当选取 u 和 $\mathrm{d}v$ 是关键.

由上面两例可见，对于被积函数是幂函数与指数函数或幂函数与正(余)弦函数乘积的积分，要选取幂函数为 u，指数函数或正(余)弦函数与 $\mathrm{d}x$ 之积为 $\mathrm{d}v$.

例 20　求 $\int\ln x\mathrm{d}x$.

解　$\int\ln x\mathrm{d}x=x\ln x-\int x\mathrm{d}(\ln x)=x\ln x-\int\mathrm{d}x=x\ln x-x+C.$

例 21　求 $\int\frac{\ln x}{x^2}\mathrm{d}x$.

解

$$\begin{aligned}\int\frac{\ln x}{x^2}\mathrm{d}x&=\int\ln x\mathrm{d}\left(-\frac{1}{x}\right)=-\frac{1}{x}\ln x+\int\frac{1}{x}\mathrm{d}(\ln x)=-\frac{1}{x}\ln x+\int\frac{1}{x^2}\mathrm{d}x\\&=-\frac{1}{x}\ln x-\frac{1}{x}+C=-\frac{1}{x}(1+\ln x)+C.\end{aligned}$$

例 22　求 $\int\arcsin x\mathrm{d}x$.

解　$\int\arcsin x\,dx=x\arcsin x-\int x\,d(\arcsin x)=x\arcsin x-\int x\cdot\frac{1}{\sqrt{1-x^2}}dx$

$=x\arcsin x+\sqrt{1-x^2}+C.$

由例 20、例 21、例 22 可见，对于被积函数是幂函数与对数函数或反三角函数的乘积的积分，要选取对数函数或反三角函数为 u，幂函数与 dx 之积为 dv.

有些积分需要连续使用几次分部积分公式才能求出.

例 23　求 $\int e^x\cos x\,dx$.

解　$\int e^x\cos x\,dx=\int\cos x\,d(e^x)=e^x\cos x-\int e^x d(\cos x)=e^x\cos x+\int\sin x\cdot e^x dx$

$=e^x\cos x+\int\sin x\,d(e^x)=e^x\cos x+e^x\sin x-\int e^x d(\sin x)$

$=e^x\cos x+e^x\sin x-\int e^x\cos x\,dx,$

移项，得

$$2\int e^x\cos x\,dx=e^x(\sin x+\cos x)+2C,$$

所以

$$\int e^x\cos x\,dx=\frac{1}{2}e^x(\sin x+\cos x)+C.$$

训练任务 5.3

1. 求下列不定积分：

(1) $\int\frac{(1+x)^2}{x}dx$；　(2) $\int\left(\frac{2}{\sin^2 x}+\cos x\right)dx$；　(3) $\int(2x+1)^5 dx$；

(4) $\int\frac{1-2^x}{3^x}dx$；　(5) $\int(e^x+e^{-x})^2 dx$；　(6) $\int\frac{1}{\sqrt{2gt}}dt$；

(7) $\int\sqrt{x\sqrt{x}}\,dx$；　(8) $\int\left(\cos\frac{x}{2}+\sin\frac{x}{2}\right)^2 dx$；　(9) $\int\frac{3^x}{e^x}dx$；

(10) $\int\sin^2\frac{x}{2}dx$；　(11) $\int\frac{x^2}{x^2+1}dx$；　(12) $\int(10^x+\tan^2 x)dx$.

2. 求下列不定积分：

(1) $\int\sin(3x+1)dx$；　(2) $\int\sqrt{2x+1}\,dx$；　(3) $\int(3x-1)^6 dx$；

(4) $\int\frac{dx}{1-3x}$；　(5) $\int e^{1-3x}dx$；　(6) $\int\sec^2\left(x-\frac{\pi}{3}\right)dx$；

(7) $\int x\sin\frac{x^2}{3}dx$；　(8) $\int\frac{dx}{x\ln^3 x}$；　(9) $\int xe^{x2}dx$；

(10) $\int\frac{e^x}{e^x-1}dx$；　(11) $\int\frac{x}{\sqrt{2x^2-1}}dx$；　(12) $\int\frac{1}{x^2}\cos\frac{3}{x}dx$.

3. 求下列不定积分：

(1) $\int xe^{-x}dx$；　(2) $\int x\sin 2x\,dx$；　(3) $\int\frac{\ln x}{x^3}dx$；

(4) $\int x^2\ln x\,dx$；　(5) $\int xe^{3x}dx$；　(6) $\int x^2e^x dx$；

(7) $\int x\cos 2x\mathrm{d}x$； (8) $\int \mathrm{e}^{-x}\cos 2x\mathrm{d}x$； *(9) $\int x\cos^2 x\mathrm{d}x$；

*(10) $\int \arcsin x\mathrm{d}x$.

阅读材料

中国现代数学的奠基人之一——华罗庚

华罗庚教授是中国现代数学的奠基人之一，著名数学家 A. Selberg 说过，“很难想象，如果他未曾回国，中国数学会怎么样.”华罗庚是中国一流的数学家，对现代数学的发展做出了很大的贡献.“中国最早得到世界绝对第一流研究成果是在数学领域，华罗庚、陈景润先生就是证明.”(杨振宁教授语)他又是一位爱国者，在新中国建立之初的 1950 年就从美国回到祖国，走上了“不为个人而为人民服务”(毛泽东主席语)的道路.

菲尔兹奖获得者、数学大师丘成桐教授在题为《中国的数学及其发展》演讲中指出：“中国近代数学能超越西方或与之并驾齐驱的主要原因有三个：一个是陈省身教授在示性类(characteristic class)方面的工作；一个是华罗庚教授在多复变函数方面的工作；一个是冯康教授在有限元计算方面的工作.我为什么单讲华先生在多复变函数方面的工作，这是我个人的偏见.华先生在数论方面的贡献是大的，可是华先生在数论方面的工作不能左右全世界在数论方面的发展.可是他在多复变函数方面的贡献比西方至少早了 10 年，海外的数学家都很尊重华先生在这方面的成就.”华罗庚教授的研究工作极大地丰富了数学的文库——在 1939～1965 年间，他所发表的著作和论文被最有权威的《数学评论》(*Mathematical Review*)评论过 105 次.为了了解中国对近代数学的贡献，人们必须熟悉华罗庚的一生.

华罗庚 1910 年出生于江苏省金坛县，他年轻的时候就开始自学现代数学并显露出数学才华.他 19 岁时，在上海《科学》杂志上发表论文《苏家驹之代数的五次方程式解法不能成立理由》等，受到了清华大学数学系主任熊庆来的关注，并力图提拔华罗庚.有人告诉熊庆来，华罗庚不是大学毕业生，甚至没有上过高中，只是村镇小店的一个会计，但熊庆来不顾这些，设法邀请他到北京工作.于是华罗庚在 1931 年到清华大学数学系担任“助教”职务.到清华大学后，他更加勤奋，四年中打下了坚实的数学基础，并自学了英语、法语和德语，逐渐提升为教员.从 1936 年到 1938 年，华罗庚到英国跟随数学家哈代学习，发表了十多篇论文.1945 年访问苏联，1946 年去了美国，先在普林斯顿高等研究所工作，后来在伊利诺伊大学当教授.在新中国成立后，1950 年他放弃了美国优越的生活、工作条件回国.这段时间，他在数论、代数、几何与多复变函数等各个方面写出了大量杰出的论文，因而名震国际数学界.

华罗庚的数学研究方法有清晰而直接的特点，他数学知识的深度和他的天才、他广泛的兴趣，给人很深的印象.他具有抓住别人的最好的工作结果的不可思议的能力，并能准确地指出这些结果中可以改进的地方.他有许多自己的技巧，能广泛阅读并掌握 20 世纪数论的制高点，他的主要兴趣是改进整个领域并试图推广每一个成果.

在外国数学家的眼中，华罗庚“对自己祖国的献身是无条件的和坚定不移的”，“他一直是中华人民共和国第一流的科学巨人之一”.

要更多地了解华罗庚，可参看王元教授著《华罗庚》(开明出版社，1994 年)，或王元、杨德庄著《华罗庚的数学生涯》(科学出版社,2000 年).

本章内容小结

一、内容提要

1. 原函数与不定积分的概念:

设 $F(x)$是函数$f(x)$的一个原函数,我们把函数$f(x)$的所有原函数 $F(x)+C$(C 为任意常数)叫作函数$f(x)$的不定积分,记作$\int f(x)\mathrm{d}x$,即

$$\int f(x)\mathrm{d}x = F(x) + C.$$

2. 不定积分的性质:

(1) $\left[\int f(x)\mathrm{d}x\right]' = f(x)$;

(2) $\int F'(x)\mathrm{d}x = F(x) + C$;

(3) $\int kf(x)\mathrm{d}x = k\int f(x)\mathrm{d}x \ (k \neq 0)$;

(4) $\int [f(x) \pm g(x)]\mathrm{d}x = \int f(x)\mathrm{d}x \pm \int g(x)\mathrm{d}x$.

3. 运用不定积分的基本公式与运算法则,会用直接积分法、凑微分法求简单的不定积分.

二、学习方法

1. 在牢记积分基本公式与运算性质的基础上,灵活掌握不定积分与定积分的方法.一般先看能否将被积函数转换,若能,用直接积分法;若不能,能否进行凑微分.被积函数带有根式的,若不能用上述两种方法求,一般可考虑换元积分;若被积函数是幂函数与三角函数或反三角函数或对数函数或指数函数的乘积、指数函数与三角函数的乘积,一般用分部积分法求.

2. 用数形结合的思想理解反常积分的概念.

三、重点和难点

重点:

不定积分与定积分的计算方法.

难点:

1. 换元积分法;

2. 分部积分法.

自测题 1(基础层次)

1. 选择题.

(1) 下列各组函数是同一个函数的原函数的是(　　).

A. $F(x)=4x^3$, $G(x)=4(1-3x^2)$

B. $F(x)=\ln x^2$, $G(x)=\ln 2x$

C. $F(x)=\frac{1}{2}\sin^2 x+C$, $G(x)=-\frac{1}{4}\cos 2x+C$

D. $F(x)=e^{-x}+C$, $G(x)=-e^x+C$

(2) 不定积分 $\int x^{-2}e^{-\frac{1}{x}}dx=$(　　).

A. $-\frac{1}{x}e^{-\frac{1}{x}}+C$　　B. $e^{-\frac{1}{x}}+C$　　C. $-e^{-\frac{1}{x}}+C$　　D. $\frac{1}{x}e^{-\frac{1}{x}}+C$

(3) 下列等式成立的是(　　).

A. $\int x^a dx=\frac{1}{a+1}x^{a-1}+C$　　B. $\int \tan x dx=\frac{1}{1+x^2}+C$

C. $\int \sin x dx=-\cos x+C$　　D. $\int a^x dx=a^x\ln a+C$

(4) 设 $f(x)$ 为可导函数,则下列式子中正确的是(　　).

A. $\left[\int f'(x)dx\right]'=f(x)$　　B. $\int f'(x)dx=f(x)$

C. $\left[\int f(x)dx\right]'=f(x)$　　D. $\left[\int f(x)dx\right]'=f(x)+C$

(5) 如果 $F_1(x)$ 和 $F_2(x)$ 是 $f(x)$ 的两个不同的原函数,那么 $\int[F_1(x)-F_2(x)]dx$ 是(　　).

A. $f(x)+C$　　B. 0　　C. 一次函数　　D. 常数

2. 填空题.

(1) 如果 $F'(x)=f(x)$,那么 $f(x)$ 的积分曲线就是函数________的图像;

(2) 函数 $f(x)=x^2$ 的积分曲线过点(−1,2),则这条积分曲线在该点的切线方程为____________;

(3) 如果 $F'(x)=f(x)$,且 A 是常数,则积分 $\int[f(x)+A]dx=$________;

(4) $\left(\int e^{x^2}dx\right)'=$________, $\int d(e^{x^2})=$________, $d\left(\int e^{x^2}dx\right)=$________;

(5) 设 $F(x)$,$G(x)$ 都是函数 $f(x)$ 在区间 I 上的原函数,若 $F(x)=x^2$,则 $G(x)=$________.

3. 求下列不定积分:

(1) $\int e^{5x}dx$;　　(2) $\int(2-3x)^4dx$;　　(3) $\int\frac{dx}{1+3x}$;

(4) $\int\frac{xdx}{1+x^2}$;　　(5) $\int x\sqrt{x^2-3}\,dx$;　　(6) $\int\frac{\ln x}{x}dx$;

(7) $\int\sin x\cos x dx$;　　(8) $\int e^{\sin x}\cos x dx$;　　(9) $\int\frac{1}{x^2}e^{\frac{1}{x}}dx$;

(10) $\int e^x\cos e^x dx$;　　(11) $\int\frac{\sin\sqrt{t}}{\sqrt{t}}dt$;　　(12) $\int\frac{dx}{1+9x^2}$.

4. 已知曲线 $y=F(x)$ 在任一点处的切线斜率为 $k=4x^3-1$,且曲线经过点 $P(1,3)$,求该曲线的方程.

自测题 2(提高层次)

1. 选择题.

(1) 设 $F(x)$ 是 $f(x)$ 的一个原函数,则 $\int e^{-x}f(e^{-x})dx=$(　　).

A. $F(e^{-x})+C$　　B. $-F(e^{-x})+C$　　C. $F(e^x)+C$　　D. $-F(e^x)+C$

(2) 若 $\int f(x)\cdot e^{-\frac{1}{x}}dx=-e^{-\frac{1}{x}}+C$，则 $f(x)=($　　$)$.

A. $\frac{1}{x}$　　B. $\frac{1}{x^2}$　　C. $-\frac{1}{x}$　　D. $-\frac{1}{x^2}$

(3) 在某区间 D 上，若 $F(x)$ 是函数 $f(x)$ 的一个原函数，则(　　)成立，其中 C 是任意常数.

A. $dF(x)+C=f(x)dx$　　B. $F'(x+C)=f(x)$

C. $[F(x)+C]'=f(x)$　　D. $F'(x)=f(x)+C$

(4) 下列等式中成立的是(　　).

A. $\frac{1}{\sqrt{x}}dx=2d\sqrt{x}$　　B. $\frac{1}{x^2}dx=d\left(\frac{1}{x}\right)$

C. $\sin x\,dx=d(\cos x)$　　D. $e^{-x}dx=-d(e^x)$

(5) 下列函数中，(　　)是 $x\sin x^2$ 的原函数.

A. $\frac{1}{2}\cos x^2$　　B. $2\cos x^2$　　C. $-2\cos x^2$　　D. $-\frac{1}{2}\cos x^2$

2. 填空题.

(1) 已知 $f'(x)=1+x^2$ 且 $f(0)=1$，则 $f(x)=$________；

(2) 设 $\int f(x)dx=\frac{1}{1+x^2}+C$，则 $f(x)=$________；

(3) $\int(\sin x)'dx=$________；

(4) $d\int e^{-x^2}dx=$________；

(5) 设 $f(x)=\int\frac{1}{\sqrt{1-x^2}}dx$，则 $f'(0)=$________.

3. 求下列不定积分：

(1) $\int 5^t e^{-t}dt$；　　(2) $\int(3^x+5^x)^2dx$；　　(3) $\int\frac{e^{2x}-1}{e^x-1}dx$；

(4) $\int\frac{x^2-7x+12}{x-3}dx$；　　(5) $\int\cot^2 x\,dx$；　　(6) $\int\frac{1}{\cos^2 x\cdot\sin^2 x}dx$；

(7) $\int\frac{3-2\tan^2 x}{\sin^2 x}dx$；　　(8) $\int\frac{\cos 2x}{\cos^2 x\cdot\sin^2 x}dx$；　　(9) $\int\frac{5^{\arccos x}}{\sqrt{1-x^2}}dx$；

(10) $\int\frac{\arcsin^2 x}{\sqrt{1-x^2}}dx$.

第六章　定积分及其应用

【知识目标】

1. 通过实际问题引入定积分的概念,掌握定积分的概念及性质;
2. 理解牛顿-莱布尼茨公式的意义,熟练掌握其使用方法;
3. 了解无穷区间上的广义积分;
4. 掌握定积分的几何应用和经济应用.

【能力目标】

1. 理解定积分的几何意义;
2. 熟练掌握定积分的计算方法——换元法和分部积分法;
3. 了解无穷区间上的广义积分;
4. 掌握简单平面图形的面积的计算方法;
5. 掌握定积分的经济应用.

引子

面积的大小

为了美化环境,东营市人民政府在2012年3月份开工建设东营市生态园(绿化工程).2012年10月10日,东营市生态园工程完工.东营市生态园工程从景观、科普、科研角度进行提升,建成东营植物园.2015年10月1日,东营植物园正式开园.在植物园里,其月季园的形状是由抛物线与直线所围成的一个不规则的图形,如何计算这个区域的面积?要解决这个问题,就要用到定积分的有关知识.

第一节　定积分的概念

一、提出问题

案例1　窗户的采光面积

现在楼房多采用欧式窗户,图6-1的右图是其平面图(单位:cm),其曲线段是抛物线形,计算窗户的采光面积.

图中将长方形的面积减去阴影部分的面积就是所求窗户的采光面积,而图中阴影部分的面积如何来求呢?

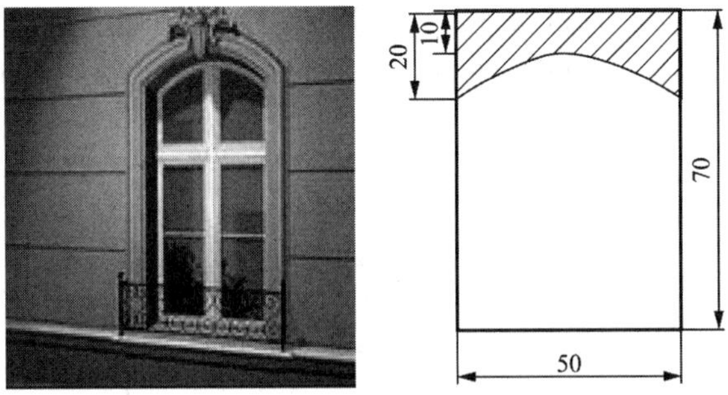

图 6-1

初步分析：

图中阴影部分由三条直线(其中两条互相平行且与第三条垂直)与一条连续曲线所围成，这样的图形称为曲边梯形.

所谓曲边梯形，就是在直角坐标系中，由直线 $x=a$，$x=b$，$y=0$ 及曲线 $y=f(x)$ 所围成的图形，如图 6-2(a)，(b)，(c)都是曲边梯形.

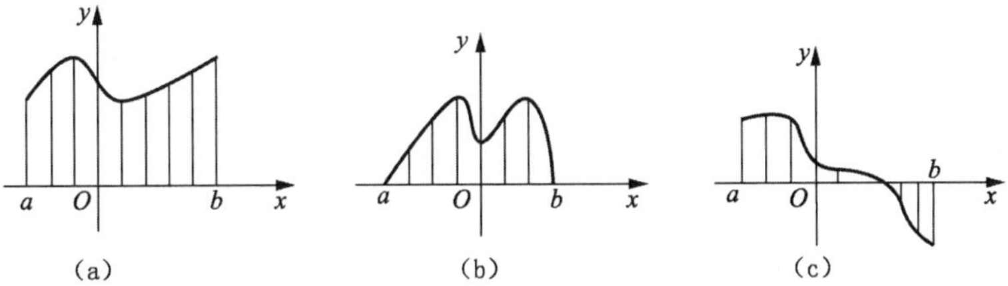

图 6-2

二、定积分的概念

1. 定积分的起源

定积分的概念起源于求平面图形的面积和其他一些实际问题. 定积分的思想在古代数学家的工作中就已经有了萌芽. 比如，阿基米德在公元前 240 年左右就曾用求和的方法计算过抛物线弓形及其他图形的面积；公元 263 年，我国刘徽提出的割圆术也是同一思想. 在历史上，积分观念的形成比微分要早，但是直到牛顿和莱布尼茨的工作出现之前(17 世纪下半叶)，有关定积分的种种结果还是孤立而零散的，比较完整的定积分理论还未能形成，直到牛顿-莱布尼茨公式建立以后，计算问题得以解决，定积分才迅速建立发展起来.

2. 定积分的定义

案例 2　曲边梯形的面积

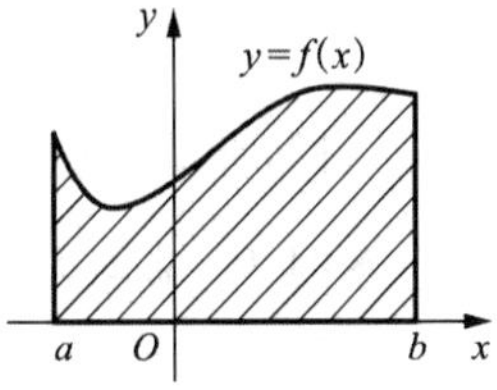

图 6-3

考察图 6-3 中阴影部分的面积. 此图形由曲线 $y=f(x)$，直线 $x=a$，$x=b$ 和 $y=0$ 所围成，我们把这样的图形称为曲边梯形，区间 $[a,b]$ 称为曲边梯形的底，曲线 $y=f(x)$ 称为曲边梯形的曲边. 描述一个曲边梯形，只要指出曲边梯形的底和曲边即可.

一个由任意曲线围成的平面图形，可以分解成若干个曲边梯形，因此，要计算一个由任意曲线围成的平面图形的面积，其关键就是如何求曲边梯形的面积.

现假定 $f(x)\geqslant 0$，$x\in[a,b]$，用以往的知识没有办法解决. 为了求得它的面积，我们按下述步骤来计算：先将曲边梯形分成有限个细长条(图 6-4)，每个细长条可以近似地看成一个小矩形，那么所有小矩形面积的和就是曲边梯形面积的近似值，分得越细，这个值就越接近于曲边梯形面积的真值. 于是，只要取极限，就可得到面积的真值. 这种方法称为微元法或微元分析法.

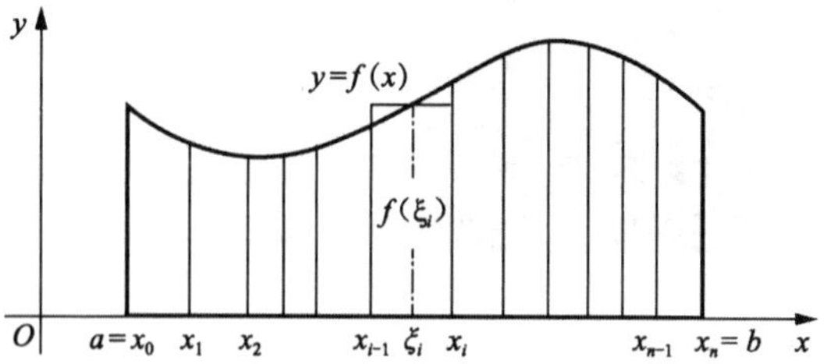

图 6-4

下面叙述其具体步骤.

(1) 分割.

在区间$[a,b]$内任意插入 $n-1$ 个分点

$$a=x_0<x_1<x_2<\cdots<x_{i-1}<x_i<\cdots<x_{n-1}<x_n=b,$$

将区间$[a,b]$分成 n 个小区间$[x_{i-1},x_i](i=1,2,\cdots,n)$，其长度记为 $\Delta x=x_i-x_{i-1}$.过各分点作垂直于 x 轴的垂线，把整个曲边梯形分成 n 个小曲边梯形，其中第 i 个小曲边梯形的面积记为 $\Delta A_i(i=1,2,\cdots,n)$.

(2) 近似代替.

在第 i 个小曲边梯形的底$[x_{i-1},x_i]$上任取一点 $\xi_i(x_{i-1}\leqslant\xi_i\leqslant x_i)$，用相应的宽为 Δx_i，长为 $f(\xi_i)$的小矩形的面积来近似代替这个小曲边梯形的面积，即

$$\Delta A_i\approx f(\xi_i)\Delta x_i\quad(i=1,2,\cdots,n).$$

(3) 求和.

将 n 个小矩形面积相加，就得到曲边梯形面积 A 的近似值，即

$$A\approx\sum_{i=1}^{n}f(\xi_i)\Delta x_i.$$

(4) 取极限.

如果分点的数目无限增多且每个小区间的长度都趋近于零，和式 $\sum\limits_{i=1}^{n}f(\xi_i)\Delta x_i$ 的极限就是所求曲边梯形的面积 A.记 $\lambda=\max\limits_{1\leqslant i\leqslant n}\{\Delta x_i\}$，当 $\lambda\to0$ 时，就有

$$A=\lim_{\lambda\to0}\sum_{i=1}^{n}f(\xi_i)\Delta x_i.$$

这样，计算曲边梯形面积的问题，就归结为求和式 $\sum\limits_{i=1}^{n}f(\xi_i)\Delta x_i$ 的极限的问题.

案例 3 非均匀生产的总产量问题

已知某产品的总产量的变化率是时间 t 的函数 $q=q(t)$，求某段时间的生产总量.

因为生产是非均匀的，因此可按下列四个步骤进行分析.

(1) 分割.

在区间$[a,b]$内任意插入 $n-1$ 个分点

$$a=t_0<t_1<t_2<\cdots<t_{i-1}<t_i<\cdots<t_{n-1}<t_n=b,$$

将区间$[a,b]$分成 n 个小区间$[t_{i-1},t_i](i=1,2,\cdots,n)$，其长度记为 $\Delta t=t_i-t_{i-1}$.

(2) 近似代替.

在每个小区间$[t_{i-1},t_i]$上可以看成是均匀生产的,生产率可以用其中任一时刻$\xi_i(t_{i-1}\leqslant\xi_i\leqslant t_i)$的生产速度近似替代,从而求得各小区间内的产量,即

$$\Delta Q_i\approx q(\xi_i)\Delta t_i\quad(i=1,2,\cdots,n).$$

(3) 求和.

将 n 个时间段的产量近似值相加,就得到总产量的近似值,即

$$Q\approx\sum_{i=1}^{n}q(\xi_i)\Delta t_i.$$

(4) 取极限.

如果分点的数目无限增多且每个小区间的长度都趋近于零,和式 $\sum\limits_{i=1}^{n}q(\xi_i)\Delta t_i$ 的极限就是所求的生产总量Q.记 $\lambda=\max\limits_{1\leqslant i\leqslant n}\{\Delta t_i\}$,当 $\lambda\to0$ 时,就有

$$Q=\lim_{\lambda\to0}\sum_{i=1}^{n}q(\xi_i)\Delta t_i.$$

前面两个问题都可归结为“分割—近似代替—求和—取极限”四个步骤,这种方法称为微元法,都可归结为求一个和式的极限问题. 抛开它们的实际意义,只从数量关系上的共同特性——和式的极限,抽象出定积分的概念.

定义　函数$f(x)$在闭区间$[a,b]$上有界,在(a,b)内任意地插入 $n-1$ 个分点

$$a=x_0<x_1<x_2<\cdots<x_{i-1}<x_i<\cdots<x_{n-1}<x_n=b,$$

把区间$[a,b]$分成 n 个小区间$[x_{i-1},x_i]$.记 $\Delta x_i=x_i-x_{i-1}(i=1,2,\cdots,n)$为第 i 个小区间的长度,在第 i 个小区间$[x_{i-1},x_i](i=1,2,\cdots,n)$上任取一点 $\xi_i(x_{i-1}\leqslant\xi_i\leqslant x_i)$作乘积$f(\xi_i)\Delta x_i$的和

$$\sum_{i=1}^{n}f(\xi_i)\Delta x_i,$$

记 $\lambda=\max\limits_{1\leqslant i\leqslant n}\{\Delta x_i\}$,则称极限 $\lim\limits_{\lambda\to0}\sum\limits_{i=1}^{n}f(\xi_i)\Delta x_i$ 为函数$f(x)$在闭区间$[a,b]$上的定积分,记作 $\int_a^b f(x)\mathrm{d}x$,即

$$\int_a^b f(x)\mathrm{d}x=\lim_{\lambda\to0}\sum_{i=1}^{n}f(\xi_i)\Delta x_i.$$

其中,$f(x)$称为被积函数,x 称为积分变量,$f(x)\mathrm{d}x$ 称为被积表达式,$[a,b]$称为积分区间,a 称为积分下限,b 称为积分上限,$\int$ 称为积分号,$\sum\limits_{i=1}^{n}f(\xi_i)\Delta x_i$ 称为$f(x)$在$[a,b]$上的积分和.

关于定积分的定义,作以下几点说明:

(1) 定积分是一个确定的常数,它取决于被积函数$f(x)$和积分区间$[a,b]$,而与积分变量使用的字母无关,即有 $\int_a^b f(x)\mathrm{d}x=\int_a^b f(t)\mathrm{d}t$.

(2) 在定积分的定义中,有 $a<b$,为了今后计算方便,我们规定:

$$\int_b^a f(x)\mathrm{d}x=-\int_a^b f(x)\mathrm{d}x.$$

容易得到
$$\int_a^a f(x)\mathrm{d}x=0.$$

根据定积分的定义，前面所讨论的两个实例可分别叙述为：

① 曲边梯形的面积 A 是曲线 $y=f(x)$ 在区间 $[a,b]$ 上的定积分，即
$$A=\int_a^b f(x)\mathrm{d}x=F(b)-F(a)\quad (f(x)\geqslant 0).$$

② 非均匀生产的总产量 Q 是函数 $q=q(t)$ 在区间 $[a,b]$ 上的定积分，即
$$Q=\int_a^b q(t)\mathrm{d}t=Q(b)-Q(a).$$

3. 定积分的几何意义

设 $f(x)$ 是区间 $[a,b]$ 上的连续函数，由曲线 $y=f(x)$ 及直线 $x=a$，$x=b$，$y=0$ 所围成的曲边梯形的面积记为 A.由定积分的定义，易知定积分有如下几何意义：

(1) 当 $f(x)\geqslant 0$ 时，$\int_a^b f(x)\mathrm{d}x=A$.

(2) 当 $f(x)\leqslant 0$ 时，$\int_a^b f(x)\mathrm{d}x=-A$.

(3) 如果 $f(x)$ 在 $[a,b]$ 上有时取正值，有时取负值，那么以 $[a,b]$ 为底边，以曲线 $y=f(x)$ 为曲边的曲边梯形可分成几个部分，使得每一部分都位于 x 轴的上方或下方.这时定积分在几何上表示上述这些部分曲边梯形面积的代数和.如图 6-5 所示，有
$$\int_a^b f(x)\mathrm{d}x=A_1-A_2+A_3,$$
其中 A_1,A_2,A_3 分别是图 6-4 中三部分曲边梯形的面积，它们都是正数.

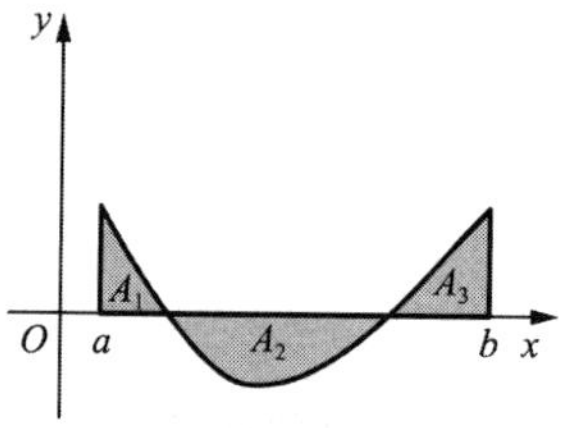

图 6-5

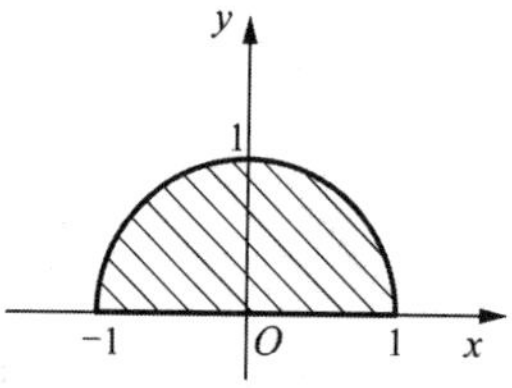

图 6-6

例 1　利用定积分的几何意义证明 $\int_{-1}^1 \sqrt{1-x^2}\,\mathrm{d}x=\frac{\pi}{2}$.

证　令 $y=\sqrt{1-x^2}$，$x\in[-1,1]$，显然 $y\geqslant 0$，则由 $y=\sqrt{1-x^2}$ 和直线 $x=-1$，$x=1$，$y=0$ 所围成的曲边梯形是单位圆位于 x 轴上方的半圆，如图 6-6 所示.因为单位圆的面积 $A=\pi$，所以半圆的面积为 $\frac{\pi}{2}$.由定积分的几何意义知：
$$\int_{-1}^1 \sqrt{1-x^2}\,\mathrm{d}x=\frac{\pi}{2}.$$

定积分就是求和的极限. 为了解决烦琐的和的极限问题，莱布尼茨和牛顿将微分和积分真正沟通起来，明确地找到了两者之间的内在联系，指出微分和积分是互逆的两种运算，给出了微积分基本定理，即牛顿-莱布尼茨公式.

三、微积分基本定理(牛顿-莱布尼茨公式)

如果函数 $f(x)$ 在区间 $[a,b]$ 上连续，且 $F(x)$ 是 $f(x)$ 的任意一个原函数，那么

$$\int_a^b f(x)\mathrm{d}x = F(b) - F(a).$$

它揭示了定积分与原函数之间的关系，把定积分与不定积分联系了起来，从而把复杂的定积分计算问题化成了求被积函数的原函数值的问题，为计算定积分提供了一个简便有效的工具，使得定积分的计算简便多了. 确切地说，要求连续函数$f(x)$在$[a,b]$上的定积分，只需要求出$f(x)$在区间$[a,b]$上的一个原函数 $F(x)$，然后计算 $F(b)-F(a)$就可以了.

例 2　已知某产品总产量的变化率为 $Q'(t)=40+12t$（件/天），求从第 5 天到第 10 天产品的总产量.

解　所求的总产量为

$$\begin{aligned} Q &= \int_5^{10} Q'(t)\mathrm{d}t = \int_5^{10} (20+12t)\mathrm{d}t = (40t+6t^2)\Big|_5^{10} \\ &= (400+600)-(200+150)=650(\text{件}). \end{aligned}$$

四、定积分的性质

性质 1　被积表达式中的常数因子可以提到积分号前，即

$$\int_a^b k\, f(x)\mathrm{d}x = k\int_a^b f(x)\mathrm{d}x.$$

性质 2　两个函数代数和的定积分等于各函数定积分的代数和，即

$$\int_a^b [f(x)\pm g(x)]\mathrm{d}x = \int_a^b f(x)\mathrm{d}x \pm \int_a^b g(x)\mathrm{d}x.$$

这一结论可以推广到任意有限多个函数代数和的情形.

性质 3(积分的可加性)　对任意的点 c，有

$$\int_a^b f(x)\mathrm{d}x = \int_a^c f(x)\mathrm{d}x + \int_c^b f(x)\mathrm{d}x.$$

注意：c 的任意性意味着不论 c 是在$[a,b]$之内，还是在$[a,b]$之外，这一性质均成立.

性质 4　如果被积函数$f(x)=c$（c 为常数），则

$$\int_a^b c\,\mathrm{d}x = c(b-a).$$

特别地，当 $c=1$ 时，有

$$\int_a^b \mathrm{d}x = b-a.$$

性质 5(积分的保序性)　如果在区间$[a,b]$上恒有$f(x)\geqslant g(x)$，则

$$\int_a^b f(x)\mathrm{d}x \geqslant \int_a^b g(x)\mathrm{d}x.$$

性质 6(积分估值定理)　如果函数$f(x)$在区间$[a,b]$上有最大值 M 和最小值 m，则

$$m(b-a)\leqslant \int_a^b f(x)\mathrm{d}x \leqslant M(b-a).$$

性质 7(积分中值定理)　如果函数$f(x)$在区间$[a,b]$上连续，则在(a,b)内至少存在一点 ξ，使得

$$\int_a^b f(x)\mathrm{d}x = f(\xi)(b-a),\quad \xi\in(a,b).$$

积分中值定理的几何意义是：以区间$[a,b]$为底、曲线 $y=f(x)$为曲边的曲边梯形的面积等于同一底边而高为 $f(\xi)$的一个矩形的面积.

如图 6-7 所示，

$$f(\xi)=\frac{1}{b-a}\int_a^b f(x)\mathrm{d}x$$

称为函数$f(x)$在$[a,b]$上的平均值.

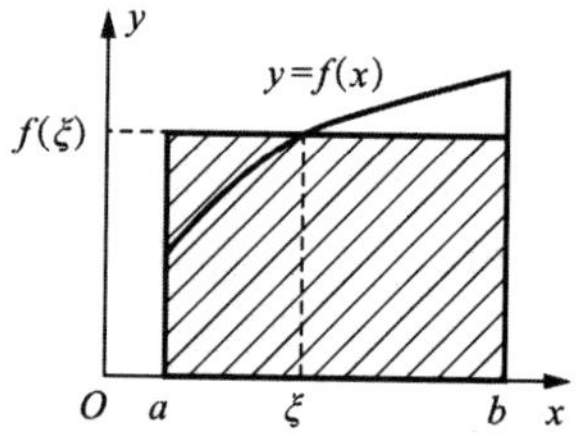

图 6-7

例 3 比较定积分 $\int_0^1 x^2\mathrm{d}x$ 与 $\int_0^1 x^3\mathrm{d}x$ 的大小.

解 因为在区间$[0,1]$上有 $x^2\geqslant x^3$，由定积分保序性质，得

$$\int_0^1 x^2\mathrm{d}x\geqslant\int_0^1 x^3\mathrm{d}x.$$

训练任务 6.1

1. 填空题.

(1) $\int_{-1}^2 (2x+3)\mathrm{d}x=$________；$\int_0^2 \sqrt{4-x^2}\,\mathrm{d}x=$________；$\int_0^{\pi}\cos x\mathrm{d}x=$________.

(2) 设 $\int_{-1}^1 2f(x)\mathrm{d}x=10$，则 $\int_{-1}^1 f(x)\mathrm{d}x=$____________，$\int_1^{-1} f(x)\mathrm{d}x=$____________，$\int_{-1}^1 \frac{1}{5}[2f(x)+1]\mathrm{d}x=$________.

2. 选择题.

(1) 定积分 $\int_{\frac{1}{2}}^1 x^2\ln x\mathrm{d}x$ 的值(　　).

A. 大于零　　B. 小于零　　C. 等于零　　D. 不能确定

(2) 曲线 $y=x(x-1)(x-2)$与 x 轴所围成的图形的面积可表示为(　　).

A. $\int_0^1 x(x-1)(x-2)\mathrm{d}x$

B. $\int_0^2 x(x-1)(x-2)\mathrm{d}x$

C. $\int_0^1 x(x-1)(x-2)\mathrm{d}x-\int_1^2 x(x-1)(x-2)\mathrm{d}x$

D. $\int_0^1 x(x-1)(x-2)\mathrm{d}x+\int_1^2 x(x-1)(x-2)\mathrm{d}x$

3. 比较下列各对积分的大小：

(1) $\int_0^{\frac{\pi}{4}}\arctan x\mathrm{d}x$ 与 $\int_0^{\frac{\pi}{4}}(\arctan x)^2\mathrm{d}x$；　(2) $\int_3^4 \ln x\mathrm{d}x$ 与 $\int_3^4 (\ln x)^2\mathrm{d}x$；

(3) $\int_{-1}^1 \sqrt{1+x^4}\,\mathrm{d}x$ 与 $\int_{-1}^1 (1+x^2)\mathrm{d}x$；　(4) $\int_0^{\frac{\pi}{2}}(1-\cos x)\mathrm{d}x$ 与 $\int_0^{\frac{\pi}{2}}\frac{1}{2}x^2\mathrm{d}x$.

第二节　定积分的换元积分法与分部积分法

在第四章我们学习了用换元积分法和分部积分法求已知函数的原函数，把它们稍作改动就是定积分的换元积分法和分部积分法，但最终的计算总是离不开牛顿-莱布尼茨公式.

一、定积分的换元积分法

定理 1 设函数$f(x)$在区间$[a,b]$上连续，并且满足条件：

(1) $x=\varphi(t)$，且 $a=\varphi(\alpha)$，$b=\varphi(\beta)$，

(2) $\varphi(t)$在区间$[\alpha,\beta]$上单调且有连续的导数$\varphi'(t)$，

(3) 当t从α变到β时，$\varphi(t)$从a单调地变到b，

则有

$$\int_a^b f(x)\mathrm{d}x=\int_\alpha^\beta f[\varphi(t)]\varphi'(t)\mathrm{d}t.$$

此公式称为定积分的换元积分公式. 在应用该公式计算定积分时需要注意以下两点：

① 从左到右应用公式，相当于不定积分的第二换元法. 计算时，用$x=\varphi(t)$把原积分变量x换成新变量t，积分限也必须由原来的积分限a和b相应地换为新变量t的积分限α和β，而不必代回原来的变量x，这与不定积分的第二换元法是完全不同的.

② 从右到左应用公式，相当于不定积分的第一换元法（即凑微分法）. 一般不用设新的积分变量，这时，原积分的上、下限不需要改变，只要求出被积函数的一个原函数，就可以直接应用牛顿-莱布尼茨公式求出定积分的值.

例 1 求$\int_0^4 \frac{\mathrm{d}x}{1+\sqrt{x}}$.

解 令$\sqrt{x}=t$，于是$\frac{1}{1+\sqrt{x}}=\frac{1}{1+t}$，$x=t^2$，$\mathrm{d}x=2t\mathrm{d}t$，当$x$从 0 变化到 4 时，$t$从 0 变化到 2，所以

$$\int_0^4 \frac{\mathrm{d}x}{1+\sqrt{x}}=\int_0^2 \frac{1}{1+t}2t\mathrm{d}t=2\int_0^2\left(1-\frac{1}{1+t}\right)\mathrm{d}t$$
$$=2[t-\ln(1+t)]_0^2=2(2-\ln 3).$$

例 2 求$\int_0^{\frac{\pi}{2}}\cos^3 x\sin x\mathrm{d}x$.

解法 1 设$t=\cos x$，则$\mathrm{d}t=-\sin x\mathrm{d}x$. 当$x=0$时，$t=1$；当$x=\frac{\pi}{2}$时，$t=0$，于是

$$\int_0^{\frac{\pi}{2}}\cos^3 x\sin x\mathrm{d}x=\int_1^0 t^3\cdot(-\mathrm{d}t)=\int_0^1 t^3\mathrm{d}t=\left[\frac{1}{4}t^4\right]_0^1=\frac{1}{4}.$$

解法 2

$$\int_0^{\frac{\pi}{2}}\cos^3 x\sin x\mathrm{d}x=-\int_0^{\frac{\pi}{2}}\cos^3 x\mathrm{d}\cos x=\left[-\frac{1}{4}\cos^4 x\right]_0^{\frac{\pi}{2}}=\frac{1}{4}.$$

解法一是变量替换法，上下限要改变；解法二是凑微分法，上下限不改变.

例 3 求$\int_0^{\ln 2}\sqrt{\mathrm{e}^x-1}\mathrm{d}x$.

解 令$\sqrt{\mathrm{e}^x-1}=t$，则$x=\ln(1+t^2)$，$\mathrm{d}x=\frac{2t}{1+t^2}\mathrm{d}t$. 当$x=0$时，$t=0$；当$x=\ln 2$时，$t=1$，于是

$$\int_0^{\ln 2}\sqrt{\mathrm{e}^x-1}\mathrm{d}x=\int_0^1 t\cdot\frac{2t}{1+t^2}\mathrm{d}t=\int_0^1\frac{2t^2}{1+t^2}\mathrm{d}t=2\int_0^1\left(1-\frac{1}{1+t^2}\right)\mathrm{d}t$$
$$=2[t-\arctan t]_0^1=2-\frac{\pi}{2}.$$

例 4 设$f(x)$在区间$[-a,a]$上连续，证明：

(1) 如果$f(x)$为奇函数，则$\int_{-a}^a f(x)\mathrm{d}x=0$；

(2) 如果$f(x)$为偶函数,则$\int_{-a}^{a} f(x)\mathrm{d}x=2\int_{0}^{a} f(x)\mathrm{d}x$.

证 由定积分的可加性知

$$\int_{-a}^{a} f(x)\mathrm{d}x=\int_{-a}^{0} f(x)\mathrm{d}x+\int_{0}^{a} f(x)\mathrm{d}x,$$

对于定积分$\int_{-a}^{0} f(x)\mathrm{d}x$,作代换 $x=-t$,得

$$\int_{-a}^{0} f(x)\mathrm{d}x=-\int_{a}^{0} f(-t)\mathrm{d}t=\int_{0}^{a} f(-t)\mathrm{d}t=\int_{0}^{a} f(-x)\mathrm{d}x,$$

所以
$$\int_{-a}^{a} f(x)\mathrm{d}x=\int_{0}^{a} f(-x)\mathrm{d}x+\int_{0}^{a} f(x)\mathrm{d}x=\int_{0}^{a} [f(x)+f(-x)]\mathrm{d}x.$$

(1) 如果$f(x)$为奇函数,即 $f(-x)=-f(x)$,则$f(x)+f(-x)=f(x)-f(x)=0$,于是

$$\int_{-a}^{a} f(x)\mathrm{d}x=0.$$

(2) 如果$f(x)$为偶函数,即 $f(-x)=f(x)$,则$f(x)+f(-x)=f(x)+f(x)=2f(x)$,于是

$$\int_{-a}^{a} f(x)\mathrm{d}x=2\int_{0}^{a} f(x)\mathrm{d}x.$$

例 5 利用函数的奇偶性计算$\int_{-1}^{1}\frac{\sqrt{2}-x}{\sqrt{2-x^2}}\mathrm{d}x$.

解 $\int_{-1}^{1}\frac{\sqrt{2}-x}{\sqrt{2-x^2}}\mathrm{d}x=\int_{-1}^{1}\frac{\sqrt{2}}{\sqrt{2-x^2}}\mathrm{d}x-\int_{-1}^{1}\frac{x}{\sqrt{2-x^2}}\mathrm{d}x$.

等式右边第一个积分的被积函数是$[-1,1]$上连续的偶函数,第二个积分的被积函数是$[-1,1]$上连续的奇函数,因而

$$\int_{-1}^{1}\frac{\sqrt{2}-x}{\sqrt{2-x^2}}\mathrm{d}x=2\int_{0}^{1}\frac{\sqrt{2}}{\sqrt{2-x^2}}\mathrm{d}x-0=2\sqrt{2}\arcsin\frac{x}{\sqrt{2}}\bigg|_{0}^{1}=\frac{\sqrt{2}}{2}\pi.$$

二、分部积分法

定理 2 设函数 $u=u(x)$和 $v=v(x)$在区间$[a,b]$上有连续的导数,则有

$$\int_{a}^{b} u(x)\mathrm{d}v(x)=[u(x)v(x)]_a^b-\int_{a}^{b} v(x)\mathrm{d}u(x).$$

此公式称为定积分的分部积分公式.选取 $u(x)$的方法与不定积分的分部积分法完全一样. 与不定积分不同的是,在用分部积分法计算定积分时,要注意随时代入化简.

例 6 求$\int_{0}^{\pi}x\sin x\mathrm{d}x$.

解
$$\begin{aligned}\int_{0}^{\pi}x\sin x\mathrm{d}x&=-\int_{0}^{\pi}x\mathrm{d}\cos x=-x\cos x\big|_0^{\pi}+\int_{0}^{\pi}\cos x\mathrm{d}x\\&=\pi+\sin x\big|_0^{\pi}=\pi.\end{aligned}$$

例 7 求$\int_{1}^{2}x\ln x\mathrm{d}x$.

解
$$\int_{1}^{2}x\ln x\mathrm{d}x=\frac{1}{2}\int_{1}^{2}\ln x\mathrm{d}(x^2)=\frac{1}{2}x^2\ln x\bigg|_1^2-\frac{1}{2}\int_{1}^{2}x^2\mathrm{d}(\ln x)$$

$$=2\ln 2-\frac{1}{2}\int_1^2 x\,\mathrm{d}x=2\ln 2-\frac{1}{4}x^2\Big|_1^2=2\ln 2-\frac{3}{4}.$$

例 8　求 $\int_0^1 \mathrm{e}^{\sqrt{x}}\,\mathrm{d}x$.

解　令 $\sqrt{x}=t$，则 $x=t^2$，$\mathrm{d}x=2t\,\mathrm{d}t$.当 $x=0$ 时，$t=0$；当 $x=1$ 时，$t=1$.于是

$$\int_0^1 \mathrm{e}^{\sqrt{x}}\,\mathrm{d}x=2\int_0^1 t\mathrm{e}^t\,\mathrm{d}t=2\int_0^1 t\,\mathrm{d}\mathrm{e}^t=2t\mathrm{e}^t\Big|_0^1-2\int_0^1 \mathrm{e}^t\,\mathrm{d}t$$
$$=2\mathrm{e}-2\mathrm{e}^t\Big|_0^1=2\mathrm{e}-2\mathrm{e}+2=2.$$

此题是先利用换元积分法，然后应用分部积分法.

训练任务 6.2

1. 求下列定积分的值：

(1) $\int_0^{\ln 3}\frac{\mathrm{e}^x}{1+\mathrm{e}^x}\mathrm{d}x$；　(2) $\int_0^1 x\sqrt{3-2x}\,\mathrm{d}x$；　(3) $\int_{-\frac{\pi}{4}}^{\frac{\pi}{4}}\frac{1}{1+\sin x}\mathrm{d}x$；

(4) $\int_0^3\frac{x}{\sqrt{1+x}}\mathrm{d}x$；　(5) $\int_0^{\ln 2} x\mathrm{e}^{-x}\,\mathrm{d}x$；　(6) $\int_0^{\frac{\pi}{2}} x\sin 2x\,\mathrm{d}x$；

(7) $\int_0^{2\pi} x\cos^2 x\,\mathrm{d}x$；　(8) $\int_0^{\frac{1}{2}}\arcsin x\,\mathrm{d}x$；　(9) $\int_1^4\frac{\ln x}{\sqrt{x}}\mathrm{d}x$；

(10) $\int_0^2\ln(3+x)\,\mathrm{d}x$；　(11) $\int_0^{\sqrt{3}} x\arctan x\,\mathrm{d}x$；　(12) $\int_0^{\frac{\pi}{2}}\mathrm{e}^{2x}\cos x\,\mathrm{d}x$.

2. 利用函数奇偶性计算下列定积分：

(1) $\int_{-\sqrt{3}}^{\sqrt{3}}\frac{x^2\sin x}{1+x^4}\mathrm{d}x$；　(2) $\int_{-2}^2 x^2\sqrt{4-x^2}\,\mathrm{d}x$.

* 第三节　广义积分

前面讨论定积分的定义时，要求函数的定义域只能是有限区间$[a,b]$，并且被积函数在积分区间上是有界的.但是在实际问题中，还会遇到函数的定义域是无穷区间$[a,+\infty)$，$(-\infty,a]$或$(-\infty,+\infty)$，或被积函数为无界的情况.前者称为无限区间上的积分，后者称为无界函数的积分.一般地，我们把这两种情况下的积分称为广义积分，而前面讨论的定积分称为常义积分.本节将介绍广义积分的概念和计算方法.

一、无穷区间上的广义积分——无穷积分

定义 1　设函数$f(x)$在区间$[a,+\infty)$上连续，取 $b>a$，若极限 $\lim\limits_{b\to+\infty}\int_a^b f(x)\,\mathrm{d}x$ 存在，则称此极限为函数$f(x)$在 $[a,+\infty)$上的广义积分，记作 $\int_a^{+\infty} f(x)\,\mathrm{d}x$，即

$$\int_a^{+\infty} f(x)\,\mathrm{d}x=\lim_{b\to+\infty}\int_a^b f(x)\,\mathrm{d}x.$$

此时也称广义积分 $\int_a^{+\infty} f(x)\,\mathrm{d}x$ 收敛；如果上述极限不存在，则称 $\int_a^{+\infty} f(x)\,\mathrm{d}x$ 发散.

类似地，定义 $f(x)$在区间$(-\infty,b]$上的广义积分为

$$\int_{-\infty}^{b} f(x)\mathrm{d}x=\lim_{a\to-\infty}\int_{a}^{b} f(x)\mathrm{d}x.$$

$f(x)$在$(-\infty,+\infty)$上的广义积分定义为

$$\int_{-\infty}^{+\infty} f(x)\mathrm{d}x=\int_{-\infty}^{a} f(x)\mathrm{d}x+\int_{a}^{+\infty} f(x)\mathrm{d}x,$$

其中 a 为任意实数.当且仅当上式右端两个积分同时收敛时,称广义积分 $\int_{-\infty}^{+\infty} f(x)\mathrm{d}x$ 收敛,否则称其发散.

从广义积分的定义可以直接得到广义积分的计算方法,即先求有限区间上的定积分,再取极限.

例 1　计算无穷积分 $\int_{0}^{+\infty} \mathrm{e}^{-x}\mathrm{d}x$.

解　对任意的 $b>0$,有

$$\int_{0}^{b} \mathrm{e}^{-x}\mathrm{d}x=[-\mathrm{e}^{-x}]_{0}^{b}=-\mathrm{e}^{b}-(-1)=1-\mathrm{e}^{-b},$$

于是有

$$\lim_{b\to+\infty}\int_{0}^{b} \mathrm{e}^{-x}\mathrm{d}x=\lim_{b\to+\infty}(1-\mathrm{e}^{-b})=1-0=1,$$

因此

$$\int_{0}^{+\infty} \mathrm{e}^{-x}\mathrm{d}x=1.$$

例 2　讨论无穷积分 $\int_{1}^{+\infty} \frac{1}{x}\mathrm{d}x$ 的收敛性.

解　对任意 $b>1$,有

$$\int_{1}^{b} \frac{1}{x}\mathrm{d}x=[\ln x]_{1}^{b}=\ln b-\ln 1=\ln b,$$

于是有

$$\lim_{b\to+\infty}\int_{1}^{b} \frac{1}{x}\mathrm{d}x=\lim_{b\to+\infty}\ln b=+\infty.$$

由定义 1 可知 $\int_{1}^{+\infty} \frac{1}{x}\mathrm{d}x$ 发散.

例 3　判断 $\int_{-\infty}^{0} \cos x\mathrm{d}x$ 的收敛性.

解　$\int_{-\infty}^{0} \cos x\mathrm{d}x=\lim\limits_{a\to-\infty}\int_{a}^{0}\cos x\mathrm{d}x=\lim\limits_{a\to-\infty}\sin x\,\Big|_{a}^{0}=\lim\limits_{a\to-\infty}(-\sin a)$.

显然,$a\to-\infty$时,$\sin a$ 没有极限,所以广义积分 $\int_{-\infty}^{0} \cos x\mathrm{d}x$ 发散.

例 4　讨论广义积分 $\int_{a}^{+\infty} \frac{1}{x^{p}}\mathrm{d}x\,(a>0)$的敛散性.

解　当 $p=1$ 时,

$$\int_{a}^{+\infty} \frac{1}{x^{p}}\mathrm{d}x=\int_{a}^{+\infty} \frac{1}{x}\mathrm{d}x=\lim_{b\to+\infty}\ln x\,\Big|_{a}^{b}=\lim_{b\to+\infty}[\ln b-\ln a]=+\infty(\text{发散});$$

当 $p\neq1$ 时,

$$\int_{a}^{+\infty} \frac{1}{x^{p}}\mathrm{d}x=\lim_{b\to+\infty}\frac{x^{1-p}}{1-p}\Big|_{a}^{b}=-\frac{a^{1-p}}{1-p}+\lim_{b\to+\infty}\frac{b^{1-p}}{1-p}=\begin{cases}+\infty, & p<1(\text{发散}),\\ \dfrac{a^{1-p}}{p-1}, & p>1(\text{收敛}).\end{cases}$$

故 $p>1$ 时,该广义积分收敛,其值为$\frac{a^{1-p}}{p-1}$;当 $p\leqslant1$ 时,该广义积分发散.

此广义积分称为 p 积分，牢记它的敛散性，可以直接运用.

二、无界函数的广义积分——瑕积分

定义 2 设函数 $f(x)$ 在区间 $(a,b]$ 上连续，且 $\lim\limits_{x\to a^+} f(x)=\infty$. 取 $A>a$，如果极限 $\lim\limits_{A\to a^+}\int_A^b f(x)\mathrm{d}x$ 存在，则称此极限为函数 $f(x)$ 在 $(a,b]$ 上的广义积分，记作 $\int_a^b f(x)\mathrm{d}x$，即

$$\int_a^b f(x)\mathrm{d}x=\lim_{A\to a^+}\int_A^b f(x)\mathrm{d}x.$$

此时也称广义积分 $\int_a^b f(x)\mathrm{d}x$ 收敛，否则就称广义积分 $\int_a^b f(x)\mathrm{d}x$ 发散.

类似地，当 $x=b$ 为 $f(x)$ 的无穷大间断点时，取 $B<b$，$f(x)$ 在 $[a,b)$ 上的广义积分 $\int_a^b f(x)\mathrm{d}x$ 为

$$\int_a^b f(x)\mathrm{d}x=\lim_{B\to b^-}\int_a^B f(x)\mathrm{d}x.$$

当无穷间断点 $x=c$ 位于区间 $[a,b]$ 的内部时，则定义广义积分 $\int_a^b f(x)\mathrm{d}x$ 为

$$\int_a^b f(x)\mathrm{d}x=\int_a^c f(x)\mathrm{d}x+\int_c^b f(x)\mathrm{d}x.$$

注 1：上式右端两个积分均为广义积分，当且仅当右端两个积分同时收敛时，称广义积分 $\int_a^b f(x)\mathrm{d}x$ 收敛，否则称其发散.

注 2：

(1) 广义积分是常义积分(定积分)概念的扩充，收敛的广义积分与定积分具有类似的性质，但不能直接利用牛顿-莱布尼茨公式.

(2) 求广义积分就是求常义积分的一种极限，因此，首先计算一个常义积分，再求极限. 定积分中的换元积分法和分部积分法都可以推广到广义积分；在求极限时可以利用求极限的一切方法，包括洛必达法则.

(3) 为了方便，利用下列符号表示极限：

$$\lim_{a\to-\infty}F(x)\Big|_a^b=F(x)\Big|_{-\infty}^b;\quad \lim_{b\to+\infty}F(x)\Big|_a^b=F(x)\Big|_a^{+\infty};$$

$$\lim_{B\to a^+}F(x)\Big|_B^b=F(x)\Big|_a^b;\quad \lim_{B\to b^-}F(x)\Big|_a^B=F(x)\Big|_a^b.$$

(4) 瑕积分与常义积分的记号一样，要注意判断和区别.

例 5 讨论 $\int_0^1 \dfrac{1}{x}\mathrm{d}x$ 的收敛性.

解 $x=0$ 是瑕点. 因为

$$\int_0^1 \frac{1}{x}\mathrm{d}x=\lim_{\varepsilon\to0^+}\int_\varepsilon^1 \frac{1}{x}\mathrm{d}x=\lim_{\varepsilon\to0^+}[\ln|x|]_\varepsilon^1=0-\lim_{\varepsilon\to0^+}\ln\varepsilon=+\infty,$$

所以，瑕积分 $\int_0^1 \dfrac{1}{x}\mathrm{d}x$ 发散.

例 6 讨论瑕积分 $\int_0^1 \dfrac{1}{x^p}\mathrm{d}x$ 的收敛性($p>0$).

解 $x=0$ 是瑕点. 当 $p\neq1$ 时，

$$\int_0^1 \frac{1}{x^p}dx = \lim_{\varepsilon \to 0^+}\int_\varepsilon^1 \frac{1}{x^p}dx = \lim_{\varepsilon \to 0^+}\left[\frac{1}{1-p}x^{1-p}\right]_\varepsilon^1 = \lim_{\varepsilon \to 0^+}\frac{1-\varepsilon^{1-p}}{1-p}$$

$$= \begin{cases} \dfrac{1}{1-p}, & 0<p<1, \\ +\infty, & p>1. \end{cases}$$

当 $p=1$ 时,由例 4 知 $\int_0^1 \frac{1}{x^p}dx$ 发散.

综上所述,瑕积分 $\int_0^1 \frac{1}{x^p}dx$ 当 $0<p<1$ 时收敛且收敛于$\frac{1}{1-p}$,当 $p\geqslant 1$ 时发散.

有时在一个广义积分中同时包含了这两种积分.例如广义积分 $\int_0^{+\infty} \frac{1}{x^2}dx$,它既是一个积分区间是无穷区间的瑕积分,也是一个有无穷间断点的瑕积分. 在这种情况下,将积分区间分段,使广义积分化为两种瑕积分之和. 这时只要其中有一个瑕积分发散,则整个瑕积分便是发散的. 例如

$$\int_0^{+\infty} \frac{1}{x^2}dx = \int_0^a \frac{1}{x^2}dx + \int_a^{+\infty} \frac{1}{x^2}dx,$$

由于 $\int_0^a \frac{1}{x^2}dx$ 发散,故 $\int_0^{+\infty} \frac{1}{x^2}dx$ 发散.

训练任务 6.3

1. 计算下列广义积分或判断它的收敛性:

(1) $\int_0^{+\infty} \frac{1}{1+x^2}dx$; (2) $\int_0^{+\infty} \frac{x}{1+x^2}dx$; (3) $\int_{-\infty}^0 xe^x dx$;

(4) $\int_0^1 \frac{1}{\sqrt{1-x}}dx$; (5) $\int_{-1}^1 \frac{1}{x^2}dx$; (6) $\int_0^{+\infty} e^{-ax}dx\ (a>0)$;

(7) $\int_1^{+\infty} \frac{1}{\sqrt{x}}dx$; (8) $\int_e^{+\infty} \frac{\ln x}{x}dx$.

2. 求曲线 $y=\frac{1}{x^2}$与直线 $x=1, y=0$ 所围成的图形的面积.

第四节 定积分在几何上的应用

一、平面图形的面积

1. 利用直角坐标系求面积

设平面图形是由曲线 $y=f(x)$, $y=g(x)$ 和直线 $x=a$, $x=b(a<b)$ 围成. 在$[a,b]$上 $g(x)\leqslant f(x)$,如图 6-8 所示.

取 x 为积分变量,积分区间为$[a,b]$.在$[a,b]$上任取一个小区间$[x,x+dx]$,对应于该小区间的平面图形的面积可用矩形面积$[f(x)-g(x)]dx$ 近似代替,从而得到面积微元

$$dA=[f(x)-g(x)]dx,$$

所以

$$A=\int_a^b [f(x)-g(x)]\mathrm{d}x.$$

特别地，当 $g(x)=0$ 时，得以 $[a,b]$ 为底、$f(x)$ 为曲边的曲边梯形的面积

$$A=\int_a^b f(x)\mathrm{d}x.$$

更特别地，当 $f(x)$ 在 $[a,b]$ 上有正有负时，以 $[a,b]$ 为底、$f(x)$ 为曲边的曲边梯形的面积

$$A=\int_a^b |f(x)|\mathrm{d}x.$$

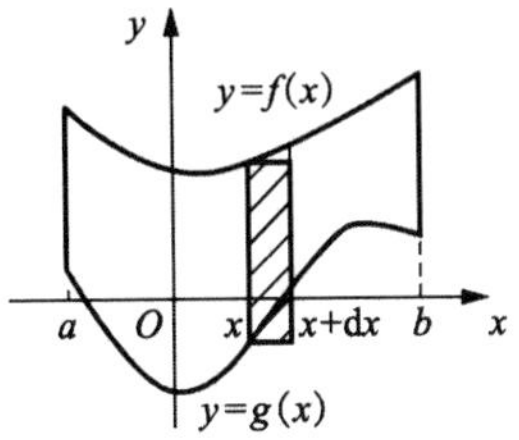

图 6-8

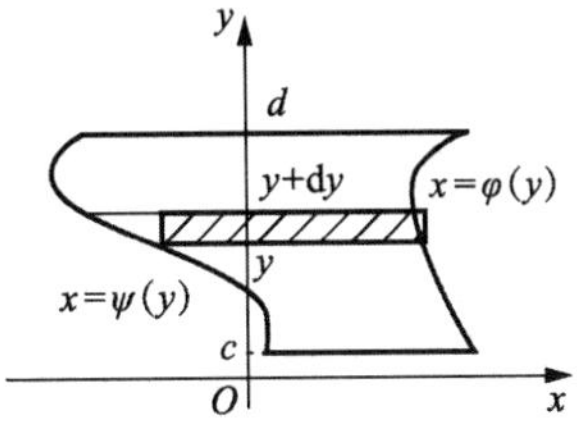

图 6-9

类似地，如果平面图形是由连续曲线 $x=\varphi(y)$，$x=\psi(y)$，$\varphi(y)\geqslant\psi(y)$ 和直线 $y=c$，$y=d$ 所围成，如图 6-9 所示，此时应取 y 为积分变量，其面积为

$$A=\int_c^d [\varphi(y)-\psi(y)]\mathrm{d}y.$$

曲线 $x=\varphi(y)$，直线 $y=c$，$y=d$ 和 y 轴所围成的曲边梯形的面积是

$$A=\int_c^d |\varphi(y)|\mathrm{d}y.$$

例 1　求由曲线 $y=x^2$ 与 $y=2x-x^2$ 所围图形的面积.

解　先画出所围的图形(图 6-10). 由方程组 $\begin{cases}y=x^2,\\ y=2x-x^2\end{cases}$ 得两条曲线的交点为 $O(0,0)$，$A(1,1)$. 取 x 为积分变量，$x\in[0,1]$. 由公式得

$$A=\int_0^1 (2x-x^2-x^2)\mathrm{d}x=\left[x^2-\frac{2}{3}x^3\right]_0^1=\frac{1}{3}.$$

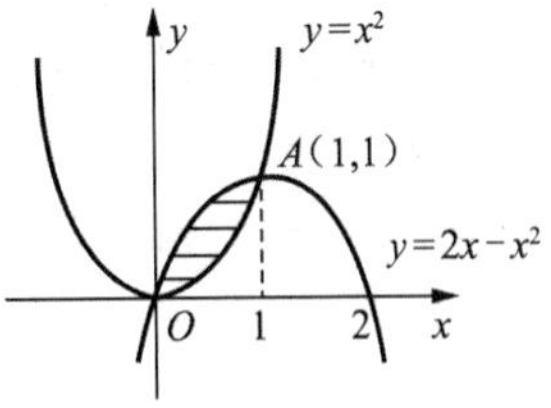

图 6-10

例 2　求由曲线 $xy=1$ 及直线 $y=x$，$y=3$ 所围成的平面图形(图 6-11)的面积 A.

解　由 $\begin{cases}xy=1,\\ y=x\end{cases}$ 得双曲线与直线的交点是 $(1,1)$ 与 $(-1,-1)$(舍去). 取 y 为积分变量，由公式得所求面积为

$$A=\int_1^3 \left(y-\frac{1}{y}\right)\mathrm{d}y=\left[\frac{1}{2}y^2-\ln y\right]_1^3=4-\ln 3.$$

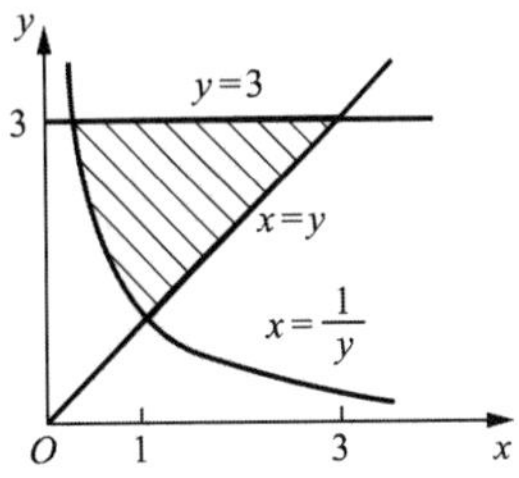

图 6-11

例 3　求抛物线 $y^2=2x$ 与直线 $y=4-x$ 围成的平面图形的面积.

解　解方程组 $\begin{cases}y^2=2x,\\ y=4-x\end{cases}$ 得抛物线与直线的交点 $(2,2)$ 及 $(8,-4)$.

解法 1　取 x 为积分变量，由图 6-12 可看出，$A=A_1+A_2$.

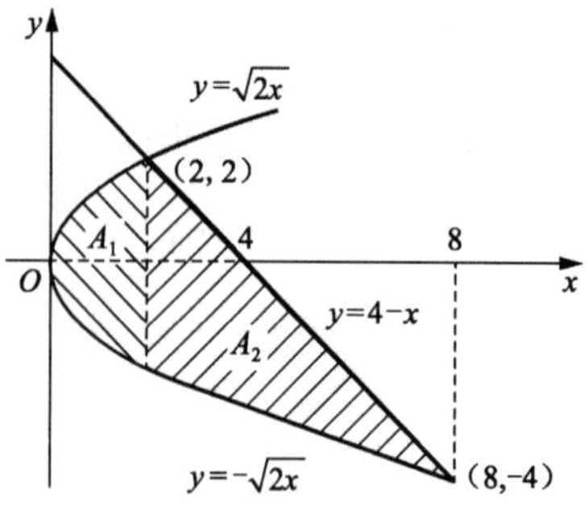

图 6-12

在 A_1 部分，由于抛物线的上半支方程是 $y=\sqrt{2x}$，下半支方程是 $y=-\sqrt{2x}$，所以

$$A_1=\int_0^2[\sqrt{2x}-(-\sqrt{2x})]\mathrm{d}x=2\sqrt{2}\int_0^2 x^{\frac{1}{2}}\mathrm{d}x=2\sqrt{2}\left[\frac{2}{3}x^{\frac{3}{2}}\right]_0^2=\frac{16}{3},$$

$$A_2=\int_2^8[(4-x)-\sqrt{2x}]\mathrm{d}x=\left[4x-\frac{x^2}{2}+\frac{2\sqrt{2}}{3}x^{\frac{3}{2}}\right]_2^8=\frac{56}{3}-6,$$

于是

$$A=\frac{16}{3}+\frac{56}{3}-6=18.$$

解法 2　取 y 为积分变量，将曲线方程改写成 $x=\frac{y^2}{2}$ 及 $x=4-y$，则有

$$A=\int_{-4}^2\left[(4-y)-\frac{y^2}{2}\right]\mathrm{d}y=\left[4y-\frac{y^2}{2}-\frac{y^3}{6}\right]_{-4}^2=30-12=18.$$

由例 3 可见，在求平面图形的面积时，要正确地选取积分变量，只有正确地选取积分变量，才能使计算较为简便.

* **例 4**　求椭圆的面积 A.

解　建立坐标系如图 6-13 所示，由椭圆的对称性，其面积为第一象限部分面积的 4 倍，即

$$A=4A_1=4\int_0^a y\,\mathrm{d}x.$$

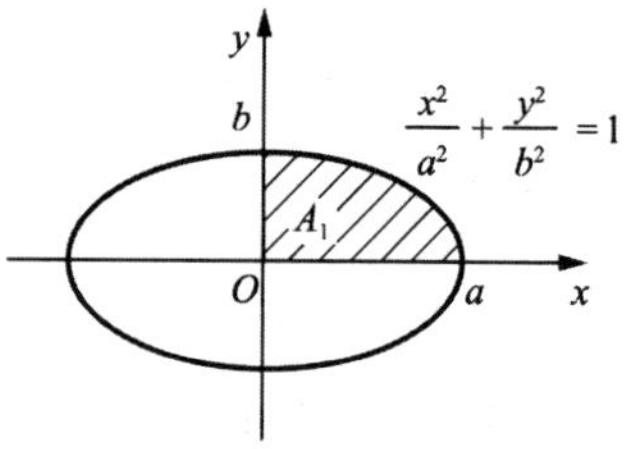

图 6-13

为了计算简便起见，利用椭圆的参数方程

$$\begin{cases}x=a\cos t,\\ y=b\sin t,\end{cases}$$

由换元积分法，令 $x=a\cos t$，则 $\mathrm{d}x=-a\sin t\,\mathrm{d}t$. 当 x 由 0 变到 a 时，t 由 $\frac{\pi}{2}$ 变到 0，于是

$$\begin{aligned}A&=4\int_0^a y\,\mathrm{d}x=4\int_{\frac{\pi}{2}}^0 b\sin t(-a\sin t)\mathrm{d}t\\&=4ab\int_0^{\frac{\pi}{2}}\sin^2 t\,\mathrm{d}t=4ab\cdot\frac{1}{2}\cdot\frac{\pi}{2}=\pi ab.\end{aligned}$$

当 $a=b$ 时，就得到圆的面积 πa^2.

一般地，当以 $[a,b]$ 为底的曲边梯形的曲边由参数方程

$$\begin{cases}x=\varphi(t),\\ y=\psi(t)\end{cases}$$

给出且底边位于 x 轴上时，曲边梯形的面积公式为

$$A=\int_{t_1}^{t_2}|\psi(t)|\varphi'(t)\mathrm{d}t,$$

其中 $a=\varphi(t_1)$，$b=\varphi(t_2)$，$\varphi'(t)$ 与 $\psi(t)$ 在以 t_1，t_2 为端点的区间上连续.

训练任务 6.4

1. 求下列所给曲线围成图形的面积：

(1) $y=\sqrt{x}$，$y=x$；　(2) $y=\sin x+1$，$y=\cos x\left(0\leqslant x\leqslant\frac{3}{2}\pi\right)$；

(3) $y=\mathrm{e}^x$，$y=\mathrm{e}^{-x}$，$y=\mathrm{e}$；　(4) $xy=a^2$，$y=x$，$x=2a(a>0)$；

(5) $y=3-x^2$，$y=2x$；　(6) $x^2+y^2=8$，$y^2=2x$（两部分都要计算）.

2. 正弦曲线 $y=\sin x$，$x\in\left[0,\frac{3\pi}{2}\right]$ 和直线 $x=\frac{3}{2}\pi$ 及 x 轴所围成的平面图形.

第五节　定积分在经济分析中的应用

一、定积分在边际函数中的应用

积分是微分的逆运算，因此，用积分的方法可以由边际函数求出总函数.

设总量函数 $P(x)$ 在区间 I 上可导，其边际函数为 $P'(x)$，$[a,x]\in I$，则总有函数

$$P(x)=\int_a^x P'(u)\mathrm{d}u+P(a).$$

当 x 从 a 变到 b 时，$P(x)$ 的改变量为

$$\Delta P=P(b)-P(a)=\int_a^b P'(u)\mathrm{d}u.$$

将 x 改为产量 Q，且 $a=0$ 时，将 $P(x)$ 代之以总成本 $C(Q)$、总收入 $R(Q)$、总利润 $L(Q)$，可得

$$C(Q)=\int_0^Q C'(x)\mathrm{d}x+C(0),$$

其中 $C(0)$ 为固定成本，$\int_0^Q C'(x)\mathrm{d}x$ 为可变成本.

$$R(Q)=\int_0^Q R'(x)\mathrm{d}x\quad(\text{因为 } R(0)=0).$$

$$L(Q)=\int_0^Q L'(x)\mathrm{d}x-C(0).$$

例 1　已知某公司独家生产某产品，销售 Q 单位商品时，边际收入函数为

$$R'(Q)=\frac{ab}{(Q+b)^2}-c\text{（元/单位）}\quad(a>0,b>0,c>0).$$

求：(1) 公司的总收入函数；　(2) 该产品的需求函数.

解　(1) 总收入函数为

$$R(Q)=\int_0^Q R'(x)\mathrm{d}x=\int_0^Q\left[\frac{ab}{(x+b)^2}-c\right]\mathrm{d}x=\left(-\frac{ab}{x-b}\right)\Bigg|_0^Q=a-\frac{ab}{Q+b}-cQ;$$

(2) 设产品的价格为 P,则 $R=PQ=a-\dfrac{ab}{Q+b}-cQ$,得需求函数为

$$P=\frac{a}{Q}-\frac{ab}{Q(Q+b)}-c=\frac{a}{Q+b}-c.$$

例 2 某企业想购买一台设备,该设备成本为 5 000 元,T 年后该设备的报废价值为 $S(t)=5\,000-400t$(元),使用该设备在 T 年时可使企业增加收入 $850-40t$(元).若年利率为 5%,计算连续复利,企业应在什么时候报废这台设备?此时,总利润的现值是多少?

解 T 年后总收入的现值为

$$\int_0^T (850-40t)\mathrm{e}^{-0.05t}\,\mathrm{d}t,$$

T 年后总利润的现值为

$$L(T)=\int_0^T (850-40t)\mathrm{e}^{-0.05t}\,\mathrm{d}t+(5\,000-400T)\mathrm{e}^{-0.05T}-5\,000,$$

$$\begin{aligned}L'(T)&=(850-40T)\mathrm{e}^{-0.05T}-400\mathrm{e}^{-0.05T}-0.05(5\,000-400T)\mathrm{e}^{-0.05T}\\&=(200-20T)\mathrm{e}^{-0.05T}.\end{aligned}$$

令 $L'(T)=0$,得 $T=10$. 当 $T<10$ 时 $L'(T)>0$,当 $T<10$ 时 $L'(T)<0$,则 $T=10$ 是唯一的极大值点. 即 $T=10$ 时,总利润的现值最大,故应在使用 10 年后报废这台机器. 此时企业所得的利润的现值为

$$\begin{aligned}L(10)&=\int_0^{10} (200-20T)\mathrm{e}^{-0.05T}\,\mathrm{d}t\\&=(400T+4\,000)\mathrm{e}^{-0.05T}\Big|_0^{10}\\&=852.25(\text{元}).\end{aligned}$$

*二、定积分在消费者剩余或生产者剩余中的应用

在市场经济中,生产并销售某一商品的数量可由这一商品的供给曲线与需求曲线来描述(图 6-14). 需求量与供给量都是价格的函数,用横坐标表示价格,纵坐标表示需求量或供给量. 在市场经济下,价格和数量在不断调整,最后趋向平衡价格和平衡数量,分别用 P_0 和 Q_0 表示,也即供给曲线与需求曲线的交点 E.

在图中,P_0'是供给曲线在价格坐标轴上的截距,也就是当价格为 P_0'时,供给量是零,只有价格高于 P_0'时,才有供给量. 而 P_1 是需求曲线的截距,当价格为 P_1 时,需求量是零,只有价格低于 P_1 时,才有需求. Q_1 则表示当商品免费赠送时的最大需求.

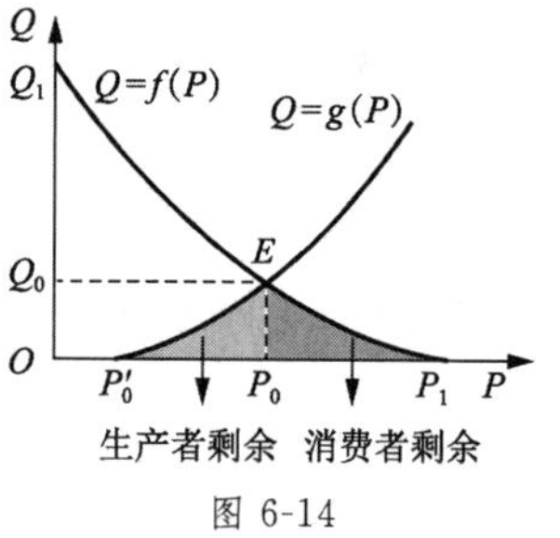

图 6-14

在市场经济中,有时一些消费者愿意对某种商品付出比市场价格 P_0 更高的价格,由此他们所得到的好处称为消费者剩余(CS).由图 6-14 可以看出:

$$CS=\int_{P_0}^{P_1} f(p)\,\mathrm{d}p. \tag{1}$$

同理,对生产者来说,有时也有一些生产者愿意以比市场价格 P_0 低的价格出售他们的商品,由此他们所得到的好处称为生产者剩余(PS),如图 6-14 所示,有

$$PS=\int_{P_0'}^{P_0} f(p)\,\mathrm{d}p. \tag{2}$$

例 3　设需求函数 $Q=8-\frac{p}{3}$，供给函数 $Q=\frac{p}{2}-\frac{9}{2}$，求消费者剩余和生产者剩余.

解　首先求出均衡价格与供需量.由方程组 $\begin{cases}Q=8-\frac{p}{3},\\ Q=\frac{p}{2}-\frac{9}{2}\end{cases}$ 得 $p_0=15,Q_0=3$.

令 $8-\frac{p}{3}=0$，得 $P_1=24$；令 $\frac{p}{2}-\frac{9}{2}=0$，得 $P_0'=9$.代入(1)、(2)式，得

$$CS=\int_{15}^{24}\left(8-\frac{p}{3}\right)\mathrm{d}p=\left(8p-\frac{p^2}{6}\right)\Big|_{15}^{24}=\frac{27}{2},$$

$$PS=\int_{9}^{15}\left(\frac{p}{2}-\frac{9}{2}\right)\mathrm{d}p=\left(\frac{p^2}{4}-\frac{9p}{2}\right)\Big|_{9}^{15}=9.$$

*三、定积分在国民收入中的应用

现在，我们讨论国民收入分配不平等的问题.观察图 6-15 中的劳伦茨曲线.横轴 OH 表示人口(按收入由低到高分组)的累计百分比，纵轴 OM 表示收入的累计百分比.当收入完全平等时，人口累计百分比等于收入累计百分比，劳伦茨曲线为通过原点的倾角为 45°的直线；当收入完全不平等时，极少部分(例如 1%)的人口却占有几乎全部(100%)的收入，劳伦茨曲线为折线 OHL.实际上，一般国家的收入分配，既不会是完全平等，也不会是完全不平等，而是在两者之间，即劳伦茨曲线是图中的凹曲线 ODL.

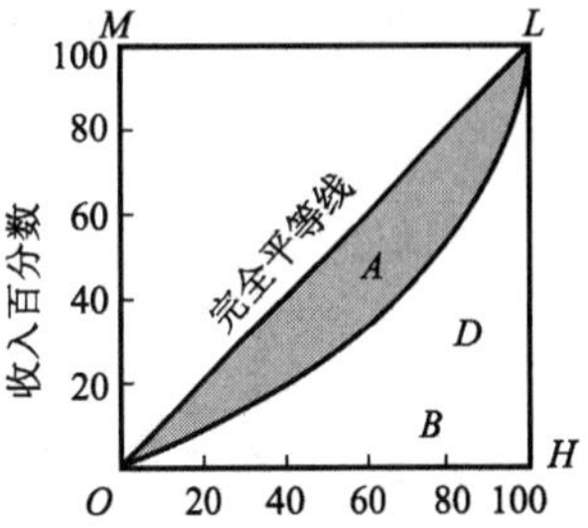

图 6-15

易见劳伦茨曲线与完全平等线的偏离程度的大小(即图示阴影面积)，决定了国民收入分配不平等的程度.

为方便计算，取横轴 OH 为 x 轴，纵轴 OM 为 y 轴.再假定某国某一时期国民收入分配的劳伦茨曲线可近似表示为 $y=f(x)$，则

$$A=\int_0^1[x-f(x)]\mathrm{d}x=\frac{1}{2}x^2\Big|_0^1-\int_0^1 f(x)\mathrm{d}x=\frac{1}{2}-\int_0^1 f(x)\mathrm{d}x,$$

即　　不平等面积 $A=$最大不平等面积$(A+B)-B=\frac{1}{2}-\int_0^1 f(x)\mathrm{d}x$.

系数 $\frac{A}{A+B}$ 表示一个国家国民收入在国民之间分配的不平等程度，经济学上称其为基尼(Gini)系数，记作 G.即

$$G=\frac{A}{A+B}=\left(\frac{1}{2}-\int_0^1 f(x)\mathrm{d}x\right)\Big/\left(\frac{1}{2}\right)=1-2\int_0^1 f(x)\mathrm{d}x.$$

显然，$G=0$ 时，是完全平等情形；$G=1$ 时，是完全不平等情形.

例 4　某国某年国民收入在国民之间分配的劳伦茨曲线可近似地由 $y=x^2,x\in[0,1]$ 表示，试求该国的基尼系数.

解　如图 6-15 所示，有

$$A=\frac{1}{2}-\int_0^1 f(x)\mathrm{d}x=\frac{1}{2}-\int_0^1 x^2\mathrm{d}x=\frac{1}{2}-\frac{1}{3}x^3\Big|_0^1=\frac{1}{2}-\frac{1}{3}=\frac{1}{6},$$

故所求基尼系数

$$\frac{A}{A+B}=\frac{1/6}{1/2}=\frac{1}{3}=0.33.$$

*四、定积分在投资问题中的应用

对于一个正常运营的企业而言，其资金的收入与支出往往是分散地在一定时期发生的，比如购买一批原料后支出费用、售出产品后得到货款等等，这种资金的流转在企业经营过程中经常发生，对大型企业，其收入和支出更是频繁地进行着.在实际分析过程中，为了计算的方便，我们将它近似地看作是连续地发生的，并称之为收入流(或支出流).若已知在 t 时刻收入流的变化率为 $f(t)$(单位:元/年、元/月等)，那么如何计算收入流的终值和现值呢？

企业在$[0,T]$这段时间内的收入流的变化率为 $f(t)$，连续复利的年利率为 r. 为了能够利用计算单笔款项现值的方法计算收入流的现值，将收入流分成许多小收入段，相应地将区间$[0,T]$平均分割成长度为 Δt 的小区间.当 Δt 很小时，$f(t)$在每一子区间内的变化很小，可看作常数，在 t 与 $t+\Delta t$ 之间收入的近似值为 $f(t)\Delta t$，相应收入的现值为 $f(t)\mathrm{e}^{-rt}\Delta t$，再将各小时间段内收入的现值相加并取极限，可得总收入的现值为

$$\text{现值}=\int_0^T f(t)\mathrm{e}^{-rt}\mathrm{d}t. \tag{3}$$

类似地可求得总收入的终值为

$$\text{终值}=\int_0^T f(t)\mathrm{e}^{-(T-t)t}\mathrm{d}t. \tag{4}$$

例 5 某企业将投资 800 万元生产一种产品，假设在投资的前 20 年该企业以 200 万元/年的速度均匀地收回资金，且按年利率 5%的连续复利计算，试计算该项投资收入的现值及投资回收期.

解 依题知 $f(t)=200$，由公式(3)知投资总收入的现值为

$$\text{现值}=\int_0^{20} 200\mathrm{e}^{-0.05t}\mathrm{d}t=-\frac{200}{0.05}\mathrm{e}^{-0.05t}\Big|_0^{20}=4\ 000(1-\mathrm{e}^{-1})=2\ 528.4.$$

假设回收期为 T 年，则由公式(3)知

$$\int_0^T \mathrm{e}^{-0.05t}\mathrm{d}t=800,$$

由此可解出 $T=-20\ln 0.8=4.46$(年)，所以回收期约为 4.46 年.

若有一笔收入流的收入率为 $f(t)$，假设连续收入流以连续复利率 r 计息，从而总现值

$$y=\int_0^T P(t)\mathrm{e}^{-rt}\mathrm{d}t.$$

训练任务 6.5

1. 生产某产品的边际成本函数为 $C'(x)=3x^2-14x+100$，固定成本 $C(0)=10\ 000$，求生产 x 个产品的总成本函数.

2. 设生产 x 个产品的边际成本 $C'(x)=100+2x$，固定成本为 $C(0)=1\ 000$ 元，产品单价规定为 500 元. 假设生产出的产品能全部销售，问生产量为多少时利润最大？求出最大利润.

3. 某企业生产 x 吨产品时的边际成本为 $C'(x)=\frac{1}{50}x+30$(元/吨)，且固定成本为 900 元，问产量为多

少时平均成本最低?

4. 某煤矿投资 2 000 万元建成,在时刻 t 的追加成本和增加收益分别为 $C'(t)=6+2t^{\frac{2}{3}}$,$R'(t)=18-t^{\frac{2}{3}}$(百万元/年),试确定该矿何时停止生产可获得最大利润?最大利润是多少?

*5. 设某产品的需求函数是 $P=30-0.2\sqrt{Q}$. 如果价格固定在每件 10 元,试计算消费者剩余.

*6. 设某商品的供给函数为 $P=250+3Q+0.01Q^2$,如果产品的单价为 425 元,试计算生产者剩余.

*7. 现给予某企业一笔投资 A,经测算,该企业在 T 年中可以按每年 a 元的均匀收入率获得收入,若年利润为 r,试求:

(1) 该投资的纯收入贴现值;

(2) 收回该笔投资的时间.

*8. 有一个大型投资项目,投资成本为 $A=10\ 000$(万元),投资年利率为 5%,每年的均匀收入率为 $a=2\ 000$(万元),求该投资为无限期时的纯收入的贴现值(或称为投资的资本价值).

阅读材料——数学家的故事

牛顿与莱布尼茨

牛顿(Isaac Newton,1643—1727),英国物理学家、数学家、天文学家、经典物理学理论体系的建立者.莱布尼茨(Gottfriend Wilhelm Leibniz,1646—1716)是 17、18 世纪之交德国最重要的数学家、物理学家和哲学家,一个举世罕见的科学天才.他博览群书,涉猎百科,对丰富人类的科学知识宝库做出了不可磨灭的贡献.

微积分创立的优先权,数学上曾掀起了一场激烈的争论.实际上,牛顿在微积分方面的研究虽早于莱布尼茨,但莱布尼茨成果的发表则早于牛顿.莱布尼茨在 1684 年 10 月发表在《教师学报》上的论文《一种求极大极小的奇妙类型的计算》,在数学史上被认为是最早发表的微积分文献.牛顿在 1687 年出版的《自然哲学的数学原理》的第一版和第二版也写道:"十年前在我和最杰出的几何学家 G.W.莱布尼茨的通信中,我表明我已经知道确定极大值和极小值的方法、作切线的方法以及类似的方法,但我在交换的信件中隐瞒了这方法,……这位最卓越的科学家在回信中写道,他也发现了一种同样的方法,并讲述了他的方法,它与我的方法几乎没有什么不同,除了他的措辞和符号以外."(但在第三版及以后再版时,这段话被删掉了.)因此,后来人们公认牛顿和莱布尼茨是各自独立地创建微积分的.牛顿从物理学出发,运用集合方法研究微积分,其应用上更多地结合了运动学,造诣高于莱布尼茨.莱布尼茨则从几何问题出发,运用分析学方法引进微积分概念,得出运算法则,其数学的严密性与系统性是牛顿所不及的.

莱布尼茨认识到,好的数学符号能节省思维劳动,运用符号的技巧是数学成功的关键之一,因此,他发明了一套适用的符号系统,如,引入 $\mathrm{d}x$ 表示 x 的微分、$\int$ 表示积分,等等.这些符号进一步促进了微积分学的发展.1713 年,莱布尼茨发表了《微积分的历史和起源》一文,总结了自己创立微积分学的思路,说明了自己成就的独立性.现在你知道为什么称为牛顿-莱布尼茨公式了吧!

本章内容小结

一、本章主要内容

1. 定积分的概念：

函数 $y=f(x)$ 在区间 $[a,b]$ 上的定积分是通过部分和的极限定义的，即

$$\int_a^b f(x)\mathrm{d}x=\lim_{\Delta x\to 0}\sum_{i=1}^{n} f(\xi_i)\Delta x_i.$$

这与不定积分的概念是完全不同的. 通过牛顿-莱布尼茨公式，可以利用不定积分来计算定积分，从而建立了两个概念间的联系.

2. 微积分基本公式(牛顿-莱布尼茨公式)：

如果函数 $f(x)$ 在区间 $[a,b]$ 上连续，且 $F(x)$ 是 $f(x)$ 的任意一个原函数，那么

$$\int_a^b f(x)\mathrm{d}x=F(b)-F(a).$$

3. 定积分的性质：

(1) 定积分的值仅依赖于被积函数和积分区间，与积分变量的选取无关，即

$$\int_a^b f(x)\mathrm{d}x=\int_a^b f(t)\mathrm{d}t.$$

(2) 交换定积分的上、下限，定积分变号，即

$$\int_a^b f(x)\mathrm{d}x=-\int_b^a f(x)\mathrm{d}x;$$

特别地，当 $a=b$ 时，有

$$\int_a^a f(x)\mathrm{d}x=0.$$

(3) 对于定义在 $[-a,a]$ 上的连续奇(偶)函数 $f(x)$，有

$$\int_{-a}^a f(x)\mathrm{d}x=0 \quad (f(x)\text{为奇函数}),$$

$$\int_{-a}^a f(x)\mathrm{d}x=2\int_0^a f(x)\mathrm{d}x \quad (f(x)\text{为偶函数}).$$

4. 定积分的计算：

(1) 定积分的换元积分法.用换元法计算定积分时，应注意换元后要换积分的上、下限.

(2) 定积分的分部积分法.

5. 无限区间上的广义积分：

无限区间上的广义积分，原则上是把它化为一个定积分，再通过求极限的方法确定该广义积分是否收敛.在广义积分收敛时，就求出了广义积分的值.

6. 定积分的应用：

定积分可应用于求平面图形的面积，或在已知某经济函数的变化率或边际函数时，求总量函数或总量函数在一定范围内的增量.

二、学习方法

学好本章内容，关键在于掌握用定积分的思想分析问题、解决问题的方法.计算定积分最终是要算出一个数值，因此，除了应用牛顿-莱布尼茨公式及换元法、分部积分法外，还要

尽量利用定积分的几何意义，被积函数的奇偶性等.

本章主要掌握定积分的概念、意义、性质以及会用牛顿-莱布尼茨公式计算定积分.

（一）定积分的概念、意义与性质

1. 概念：定积分源于求曲边梯形的面积，它的计算形式为

$$\int_a^b f(x)\mathrm{d}x=\lim_{\lambda\to 0}\sum_{k=1}^{n} f(\xi_k)\Delta x_k,$$

结果是一个数值，其值的大小取决于两个因素（被积函数与积分限）.

2. 几何意义：是曲线 $y=f(x)$ 介于 $[a,b]$ 之间与 x 轴所围的面积的代数和.

3. 经济意义：若 $f(x)$ 是某经济量关于 x 的变化率（边际问题），则 $\int_a^b f(x)\mathrm{d}x$ 是 x 在区间 $[a,b]$ 上的该经济总量.

4. 性质：本章共列了定积分的八条性质，其中以下几条在计算定积分中经常用到.

(1) $\int_a^b f(x)\mathrm{d}x=-\int_b^a f(x)\mathrm{d}x$；

(2) $\int_a^b [f(x)\pm g(x)]\mathrm{d}x=\int_a^b f(x)\mathrm{d}x\pm\int_a^b g(x)\mathrm{d}x$；

(3) $\int_a^b k f(x)\mathrm{d}x=k\int_a^b f(x)\mathrm{d}x$；

(4) $\int_a^b f(x)\mathrm{d}x=\int_a^c f(x)\mathrm{d}x+\int_c^b f(x)\mathrm{d}x$；

(5) $\int_{-a}^a f(x)\mathrm{d}x=\begin{cases}0, & f(x)\text{ 为奇函数时},\\ 2\int_0^a f(x)\mathrm{d}x, & f(x)\text{ 为偶函数时}.\end{cases}$

（二）定积分的计算

1. 牛顿-莱布尼茨公式：若 $f(x)$ 在 $[a,b]$ 上连续，$F(x)$ 是 $f(x)$ 的一个原函数，则

$$\int_a^b f(x)\mathrm{d}x=F(b)-F(a).$$

2. 换元法：若 $f(x)$ 在 $[a,b]$ 上连续，$x=\varphi(t)$ 在 $[c,d]$ 上有连续的导数 $\varphi'(t)$，且 $\varphi(t)$ 单调，则

$$\int_a^b f(x)\mathrm{d}x\xlongequal{x=\varphi(t)}\int_c^d f[\varphi(t)]\cdot\varphi'(t)\mathrm{d}t.$$

3. 分部积分法：若 $u(x)$ 与 $v(x)$ 在 $[a,b]$ 上有连续的导数，则有

$$\int_a^b u(x)\mathrm{d}v(x)=u(x)\cdot v(x)\Big|_a^b-\int_a^b v(x)\mathrm{d}u(x).$$

（三）定积分的应用

1. 求平面区域的面积，一般有两类公式：

关于 x 积分：$S=\int_{\text{左端点}}^{\text{右端点}}(\text{上边界函数}-\text{下边界函数})\mathrm{d}x$；

关于 y 积分：$S=\int_{\text{下端点}}^{\text{上端点}}(\text{右边界函数}-\text{左边界函数})\mathrm{d}y$.

2. 定积分的经济应用，重点是已知某经济量（如成本、收益、利润）的变化率，求在生产阶段 $[a,b]$ 的经济总量.

三、重点难点

1. 定积分的概念和性质；

2. 微积分基本公式(牛顿-莱布尼茨公式)；
3. 定积分的换元积分法和分部积分法；
4. 定积分的几何应用和经济应用.

自测题 1(基础层次)

1. 选择题.

(1) 若$f(x)=\begin{cases}x, & x\geqslant 0,\\ e^x, & x<0,\end{cases}$则$\int_{-1}^{2} f(x)dx=$(　　).

A. $3-e^{-1}$　　B. $3+e^{-1}$　　C. $3-e$　　D. $3+e$

(2) 下列积分等于 1 的是(　　).

A. $\int_0^1 x dx$　　B. $\int_0^1 (x+1)dx$　　C. $\int_0^1 1dx$　　D. $\int_0^1 \frac{1}{2}dx$

(3) 曲线 $y=\cos x, x\in[0,\frac{3}{2}\pi]$与坐标轴围成的面积为(　　).

A. 4　　B. 2　　C. $\frac{5}{2}$　　D. 3

(4) 若 $m=\int_0^1 e^x dx, n=\int_1^e \frac{1}{x}dx$,则 m 与 n 的大小关系是(　　).

A. $m>n$　　B. $m<n$　　C. $m=n$　　D. 无法确定

(5) 设$f(x)$连续,$F(x)=\int_0^{x^2} f(t^2)dt$,则 $F'(x)=$(　　).

A. $f(x^4)$　　B. $x^2f(x^4)$　　C. $2xf(x^4)$　　D. $2xf(x^2)$

2. 填空题.

(1) $\int_0^1 x^2 dx=$__________.　　(2) $\int_1^3 dx=$__________.

(3) $\frac{d}{dx}\left[\int_1^x e^{2t}dt\right]=$__________.　　(4) $\int_0^1 \frac{2x^2}{1+x^2}dx=$__________.

(5) $\int_1^{\frac{\pi}{2}} \cos \varphi d\varphi=$__________.

3. 计算下列定积分：

(1) $\int_1^{\sqrt{3}} \frac{1}{1+x^2}dx$；　　(2) $\int_4^9 \sqrt{x}(1+\sqrt{x})dx$；　　(3) $\int_0^3 |2-x|dx$；

(4) $\int_1^{\frac{\pi}{4}} \tan^2\theta d\theta$；　　(5) $\int_{\frac{\pi}{4}}^{\frac{\pi}{3}} \frac{1}{\sin^2 x\cos^2 x}dx$；　　(6) $\int_2^1 \frac{1}{x+x^2}dx$；

(7) $\int_{-1}^1 |x|dx$；　　(8) $\int_{-5}^1 \frac{x+1}{\sqrt{5-4x}}dx$；　　(9) $\int_0^{\ln 2} e^x(1+e^x)^2dx$；

(10) $\int_0^{\frac{\pi}{2}} x^2\sin x dx$.

4. 计算由曲线 $y=\sin x$ 在 $x=0, x=\pi$ 之间及 x 轴所围成的面积 A.
5. 求由曲线 $y=2-x^2$ 和 $y=x$ 所围成图形的面积.
6. 设 $f(2x+1)=xe^x$,求 $\int_3^5 f(t)dt$.
7. 设 $f(x^2-1)=\ln\frac{x^2}{x^2-2}, f[\varphi(x)]=\ln x$,求 $\int_2^{e+1}\varphi(x)dx$.
8. 已知 $f(0)=f'(0)=-1, f(2)=f'(2)=1$,求 $\int_0^2 xf''(x)dx$.

自测题 2(提高层次)

1. 选择题.

(1) 定积分 $\int_a^b f(x)\mathrm{d}x$ 是(　　).

A. 正数　　B. 负数　　C. 任意常数　　D. 确定常数

(2) 设 $f(x)$ 在区间 $[a,b]$ 上可积,则 $\int_a^b f(x)\mathrm{d}x-\int_b^a f(x)\mathrm{d}x$ 的值等于(　　).

A. 0　　B. $-2\int_a^b f(x)\mathrm{d}x$　　C. $2\int_a^b f(x)\mathrm{d}x$　　D. $2\int_b^a f(x)\mathrm{d}x$

(3) 下列积分值为零的是(　　).

A. $\int_{-1}^1 \frac{\mathrm{e}^x+\mathrm{e}^{-x}}{2}\mathrm{d}x$　　B. $\int_{-1}^1 \frac{\mathrm{e}^x-\mathrm{e}^{-x}}{2}\mathrm{d}x$　　C. $\int_{-1}^1 \cos x\mathrm{e}^{x^2}\mathrm{d}x$　　D. $\int_{-1}^1 (x^2+x^3)\mathrm{d}x$

(4) 设 $f(x)=\begin{cases}x^2, x\geqslant 0,\\ x, x<0,\end{cases}$ 则 $\int_{-1}^1 f(x)\mathrm{d}x=$(　　).

A. $2\int_{-1}^0 x\mathrm{d}x$　　B. $2\int_0^1 x^2\mathrm{d}x$　　C. $\int_{-1}^0 x\mathrm{d}x+\int_0^1 x^2\mathrm{d}x$　　D. $\int_{-1}^0 x^2\mathrm{d}x-\int_0^1 x\mathrm{d}x$

(5) 由抛物线 $y=x^2$ 和直线 $x=1, x=2, x$ 轴围成的曲边梯形的面积用定积分表示为(　　).

A. $\int_1^2 x^2\mathrm{d}x$　　B. $\int_1^2 x\mathrm{d}x$　　C. $\int_0^1 x^2\mathrm{d}x$　　D. $\int_0^2 x^2\mathrm{d}x$

2. 填空题.

(1) $\frac{\mathrm{d}}{\mathrm{d}x}\left[\int_0^{\pi} x\cos x^2\mathrm{d}x\right]=$ ________.

(2) $\frac{\mathrm{d}}{\mathrm{d}x}\left[\int_0^x t\cos t^2\mathrm{d}t\right]=$ ________.

(3) 设 $\Phi(x)=\int_0^x \mathrm{e}^{t^2}\mathrm{d}t$,则 $\Phi'(x)=$ ________, $\Phi'(0)=$ ________.

(4) 已知 $a>0$,且 $\int_0^a (x^2-2x)\mathrm{d}x=0$,则 $a=$ ________.

* (5) $\int_1^{+\infty}\frac{1}{x^2}\mathrm{d}x=$ ________.

3. 计算下列积分:

(1) $\int_1^4\left(x^2+\frac{1}{\sqrt{x}}\right)\mathrm{d}x$;　　(2) $\int_1^3\frac{x+1}{x^2}\mathrm{d}x$;　　(3) $\int_0^3\frac{1}{x^2+9}\mathrm{d}x$;

(4) $\int_0^1\frac{x}{1+x^2}\mathrm{d}x$;　　(5) $\int_0^1 x^2\mathrm{e}^{-\frac{x^3}{3}}\mathrm{d}x$;　　(6) $\int_1^{\mathrm{e}}\frac{1+\ln x}{x}\mathrm{d}x$;

(7) $\int_1^{\frac{\pi^2}{4}}\frac{\sin\sqrt{x}}{\sqrt{x}}\mathrm{d}x$;　　(8) $\int_{-1}^1\frac{x}{\sqrt{5-4x}}\mathrm{d}x$;　　(9) $\int_0^3\frac{x}{\sqrt{1+x}}\mathrm{d}x$;

(10) $\int_1^{\mathrm{e}}\ln x\mathrm{d}x$;　　(11) $\int_0^1\mathrm{e}^{\sqrt{x}}\mathrm{d}x$;　　(12) $\int_0^{\frac{\pi}{2}} x\sin x\mathrm{d}x$.

4. 计算下列极限:

(1) $\lim\limits_{x\to 0}\frac{\int_0^x\ln(1+t)\mathrm{d}t}{x^2}$;　　(2) $\lim\limits_{x\to 0}\frac{\int_0^{x^3}(\mathrm{e}^t-1)\mathrm{d}t}{\int_0^x t(1-\cos 2t)\mathrm{d}t}$.

5. 求由曲线 $y=x^3$ 和直线 $x=-1, x=2$ 及 x 轴所围成的平面图形的面积.

6. 求由 $y=\sin x, y=\cos x$ 与直线 $x=0, x=\frac{\pi}{2}$ 所围成的平面图形的面积.

7. 已知销售某种产品的总收入的变化率(单位:元/件)是

$$R'(Q)=200-\frac{1}{10}Q.$$

求：

(1) 生产 1 000 件的总收入是多少？

(2) 销售 1 000 件到销售 2 000 件时所增加的收入是多少？

*8. 设$f(x)$在区间$[a,b]$上连续，且$f(x)>0$，

$$F(x)=\int_a^x f(t)\mathrm{d}t+\int_b^x \frac{\mathrm{d}t}{f(t)},x\in[a,b].$$

证明：

(1) $F'(x)\geqslant 2$；

(2) 方程 $F(x)=0$ 在区间(a,b)内有且仅有一个根.

第七章　矩阵与行列式

【知识目标】

1. 通过实际问题引入矩阵的概念，掌握几类特殊的方阵：上三角形矩阵、下三角形矩阵、对角矩阵、数量矩阵、单位矩阵.

2. 掌握矩阵的计算：线性运算、矩阵的乘法、矩阵的转置.

3. 理解行列式概念，掌握行列式的计算方法.

4. 理解逆矩阵的概念，掌握逆矩阵的求法.

5. 理解矩阵秩的概念，掌握矩阵的初等变换.

【能力目标】

1. 能够将实际问题中的数表转化成矩阵，利用矩阵的运算解决实际问题；

2. 提高利用数学方法分析问题和解决问题的能力；

3. 提高学生理论联系实际的能力.

引子

手机网络服务

东营市现有手机服务运营商三家，通过市场调查发现，由于资费水平、服务质量、网络速度、广告宣传等多种因素的影响，手机用户一年后可能继续选择目前的运营商，也可能对目前运营商不满意而改选其他运营商.分析用户选择运营商的意向趋势，可以预测三家运营商的市场占有份额，从而提醒运营商采取一些优惠措施，留住老客户，争取新客户，获得更高的利润.

第一节　矩阵的概念

一、矩阵的概念

案例 1　某学校 2015 级会计电算化 2 班的成绩表如下：

学号	经济数学	大学语文	英语	会计
2015020101	79	87	90	84
2015020102	92	81	85	72
2015020103	87	83	79	84
…	…	…	…	…
2015020130	75	82	77	95

案例 2 某食品厂生产食品日报表如下：

单位：千克

	面包	饼干	蛋卷
第一车间	98	88	43
第二车间	106	85	36
第三车间	95	96	29

案例 3 常见蔬菜营养含量表(每百克食物中营养成分含量)如下：

单位：克

	糖	蛋白质	脂肪
土豆	16.4	3.3	0.1
白菜	2.05	1	0.08
茄子	3	2.3	0.2
青椒	4.3	2.2	0.4
南瓜	10.3	0.6	0.1
丝瓜	4.1	1.4	0.15

以上三个表格虽然内容不同，但都由若干行和若干列的数字组成，在数学上，我们用矩形数表来表示，将实际问题简化，从而进行一些性质的研究.那么，上面三个例子可以表示为以下三个数表

$$(1)\begin{pmatrix} 79 & 87 & 90 & 84 \\ 92 & 81 & 85 & 72 \\ 87 & 83 & 79 & 84 \\ \cdots & \cdots & \cdots & \cdots \\ 75 & 82 & 77 & 95 \end{pmatrix};\qquad (2)\begin{pmatrix} 98 & 88 & 43 \\ 106 & 85 & 36 \\ 95 & 96 & 29 \end{pmatrix};\qquad (3)\begin{pmatrix} 16.4 & 3.3 & 0.1 \\ 2.05 & 1 & 0.08 \\ 3 & 2.3 & 0.2 \\ 4.3 & 2.2 & 0.4 \\ 10.3 & 0.6 & 0.1 \\ 4.1 & 1.4 & 0.15 \end{pmatrix}.$$

定义 1 由 $m\times n$ 个数 $a_{ij}(i=1,2,\cdots,m;j=1,2,\cdots,n)$按一定顺序排列成的一个 m 行 n 列的矩形数表

$$\begin{pmatrix} a_{11} & a_{12} & \cdots & a_{1n} \\ a_{21} & a_{22} & \cdots & a_{2n} \\ \vdots & \vdots & & \vdots \\ a_{m1} & a_{m2} & \cdots & a_{mn} \end{pmatrix}$$

称为一个 $m\times n$ 矩阵，通常用大写英文字母 $\boldsymbol{A},\boldsymbol{B},\boldsymbol{C}$ 等表示，可简记为

$$\boldsymbol{A}=(a_{ij})_{m\times n} \quad 或 \quad \boldsymbol{A}=(a_{ij}),$$

其中 a_{ij} 称为矩阵 $\boldsymbol{A}$ 中第 i 行第 j 列的元素.

像上述案例中的矩阵(1)是一个 30×4 矩阵，矩阵(2)是一个 3×3 矩阵，矩阵(3)是一个 6×3 矩阵.

当行数等于列数(即 $m=n$)时,称矩阵 $\begin{pmatrix} a_{11} & a_{12} & \cdots & a_{1n} \\ a_{21} & a_{22} & \cdots & a_{2n} \\ \vdots & \vdots & & \vdots \\ a_{n1} & a_{n2} & \cdots & a_{nn} \end{pmatrix}$ 为 n 阶方阵,简称方阵,记做 $\mathbf{A}_n$.

在 $m\times n$ 矩阵中,若 $m=1$,即只有 1 行的矩阵 $(a_1\ a_2 \cdots a_n)$ 称为行矩阵(或行向量);若 $n=1$,即只有 1 列的矩阵 $\begin{pmatrix} a_1 \\ a_2 \\ \vdots \\ a_m \end{pmatrix}$ 称为列矩阵(或列向量).

所有元素都是 0 的矩阵称为零矩阵,记作 $\mathbf{0}$. 强调零矩阵的行数和列数时,记作 $\mathbf{0}_{m\times n}$ 或 $\mathbf{0}_n$. 如 $\begin{pmatrix} 0 & 0 & 0 \\ 0 & 0 & 0 \end{pmatrix}$ 和 $\begin{pmatrix} 0 & 0 & 0 \\ 0 & 0 & 0 \\ 0 & 0 & 0 \end{pmatrix}$ 分别是 2×3 的零矩阵和 3 阶零矩阵.零矩阵可以是方阵,也可以不是方阵.

二、几类特殊方阵

对于方阵 $\mathbf{A}_n$,从左上角到右下角的对角线称为主对角线,如下:

$$\begin{pmatrix} a_{11} & a_{12} & \cdots & a_{1n} \\ a_{21} & a_{22} & \cdots & a_{2n} \\ \vdots & \vdots & & \vdots \\ a_{n1} & a_{n2} & \cdots & a_{nn} \end{pmatrix};$$

从右上角到左下角的对角线称为次对角线,如下:

$$\begin{pmatrix} a_{11} & a_{12} & \cdots & a_{1n} \\ a_{21} & a_{22} & \cdots & a_{2n} \\ \vdots & \vdots & & \vdots \\ a_{n1} & a_{n2} & \cdots & a_{nn} \end{pmatrix}。$$

1. 上三角形矩阵与下三角形矩阵

主对角线以下的元素全为零,这样的方阵称之为上三角形矩阵,形如

$$\begin{pmatrix} a_{11} & a_{12} & \cdots & a_{1n} \\ 0 & a_{22} & \cdots & a_{2n} \\ \vdots & \vdots & & \vdots \\ 0 & 0 & \cdots & a_{nn} \end{pmatrix}.$$

主对角线以上的元素全为零,这样的方阵称之为下三角形矩阵,形如

$$\begin{pmatrix} a_{11} & 0 & \cdots & 0 \\ a_{21} & a_{22} & \cdots & 0 \\ \vdots & \vdots & & \vdots \\ a_{n1} & a_{n2} & \cdots & a_{nn} \end{pmatrix}.$$

2. 对角矩阵

主对角线以外的元素全为零，主对角线上的元素不全为零，这样的方阵称为对角矩阵，形如

$$\begin{pmatrix} a_{11} & 0 & \cdots & 0 \\ 0 & a_{22} & \cdots & 0 \\ \vdots & \vdots & & \vdots \\ 0 & 0 & \cdots & a_{nn} \end{pmatrix}.$$

3. 数量矩阵

主对角线以外的元素全为零，主对角线上的元素全为 a，这样的方阵称为数量矩阵，形如

$$\begin{pmatrix} a & 0 & \cdots & 0 \\ 0 & a & \cdots & 0 \\ \vdots & \vdots & & \vdots \\ 0 & 0 & \cdots & a \end{pmatrix}.$$

4. 单位矩阵

在 n 阶方阵中，若主对角线上的元素全为 1，其余元素全为 0，则称该矩阵为 n 阶单位矩阵，记作 $\boldsymbol{E}_n$ 或 $\boldsymbol{I}_n$，即

$$\boldsymbol{E}_n = \begin{pmatrix} 1 & 0 & \cdots & 0 \\ 0 & 1 & \cdots & 0 \\ \vdots & \vdots & & \vdots \\ 0 & 0 & \cdots & 1 \end{pmatrix}.$$

训练任务 7.1

1. 两个人玩剪刀石头布的游戏，如果赢了得 1 分，如果输了得 −1 分，平手得 0 分，试用矩阵表示他们的输赢情况.

2. 某航空公司在济南、大连、青岛、东营四城市之间开辟了几条航线，如下：

(1) 济南⟶大连　　(2) 大连⟶济南

(3) 济南⟶青岛　　(4) 青岛⟶济南

(5) 青岛⟶大连　　(6) 大连⟶青岛

(7) 东营⟶大连　　(8) 大连⟶东营

如果两城市间有航线用 1 表示，没有航线用 0 表示，试用矩阵表示四个城市的航线情况.

第二节　矩阵的运算

一、提出问题

案例 1　成绩表

某学校 2015 级市场营销一班三位同学成绩表如下：

学号	经济数学	英语	营销学	法律
2015020101	80	85	82	90
2015020102	93	76	89	88
2015020103	86	79	83	80

学号	经济数学	英语	营销学	法律
2015020101	86	81	90	85
2015020102	90	85	88	83
2015020103	84	78	85	88

其中，期末总成绩＝期中成绩×10%＋期末成绩×90%. 试问，三位同学四门课最终的成绩是多少？

案例 2　分类成本

某工厂生产三种产品，每件产品的成本及每季度生产件数见下表，试提供该厂每季度的总成本分类表.

产品 分类成本	产品 A	产品 B	产品 C
原材料成本/元	0.1	0.3	0.15
劳动成本/元	0.3	0.4	0.25
企业管理成本/元	0.1	0.2	0.15

季度 产品	第一季度	第二季度	第三季度	第四季度
产品 A/件	4 000	4 500	4 500	4 000
产品 B/件	2 000	2 800	2 400	2 200
产品 C/件	5 800	6 200	6 000	6 000

二、矩阵的线性运算

定义 1　若两个矩阵 $\boldsymbol{A}=(a_{ij})_{m\times n}$，$\boldsymbol{B}=(b_{ij})_{s\times t}$，它们的行数与列数分别相等（即 $m=s$，$n=t$），则称 $\boldsymbol{A}$、$\boldsymbol{B}$ 为同型矩阵.

定义 2　若两个同型矩阵 $\boldsymbol{A}=(a_{ij})_{m\times n}$，$\boldsymbol{B}=(b_{ij})_{m\times n}$，它们对应位置上的元素分别相等，则称矩阵 $\boldsymbol{A}$ 和 $\boldsymbol{B}$ 相等，记作 $\boldsymbol{A}=\boldsymbol{B}$.

由定义知，两矩阵相等要满足：

（1）两矩阵是同型矩阵，即行数与列数相等；

（2）两矩阵的对应位置上的元素相等.

根据定义，矩阵 $\begin{pmatrix}1 & 13 & -2\\ 3 & -7 & 5\end{pmatrix}$ 与 $\begin{pmatrix}a & b\\ c & d\end{pmatrix}$，无论 a,b,c,d 是多少，它们都不可能相等，因为它们不是同型矩阵.

例 1 设 $A=\begin{pmatrix} a-b & -1 & 7 \\ 1 & b & 3 \\ 2 & 3 & 1 \end{pmatrix}$，$B=\begin{pmatrix} 5 & -1 & 7 \\ a+b & b & 3 \\ 2 & 3 & 1 \end{pmatrix}$，且 $A=B$，求 a,b 的值.

解 比较 A,B 的对应元素有

$$a+b=1,\ a-b=5,\quad 得\quad a=3,\ b=-2.$$

1. 矩阵的加减法

若某文具车间的三个班组两天生产的报表分别用矩阵 A,B 表示为

$$\begin{array}{c} \quad 铅笔 \qquad 钢笔 \\ A=\begin{pmatrix} 3\,000 & 1\,000 \\ 2\,500 & 1\,100 \\ 2\,000 & 1\,000 \end{pmatrix}\begin{matrix} 一班 \\ 二班 \\ 三班 \end{matrix} \end{array} \qquad \begin{array}{c} \quad 铅笔 \qquad 钢笔 \\ B=\begin{pmatrix} 3\,100 & 1\,000 \\ 2\,600 & 1\,200 \\ 2\,800 & 1\,300 \end{pmatrix}\begin{matrix} 一班 \\ 二班 \\ 三班 \end{matrix} \end{array}$$

则两天生产数量的汇总报表用矩阵 C 表示，显然有

$$C=\begin{pmatrix} 3\,000+3\,100 & 1\,000+1\,000 \\ 2\,500+2\,600 & 1\,100+1\,200 \\ 2\,000+2\,800 & 1\,000+1\,300 \end{pmatrix}=\begin{pmatrix} 6\,100 & 2\,000 \\ 5\,100 & 2\,300 \\ 4\,800 & 2\,300 \end{pmatrix}.$$

也就是说，矩阵 A,B 的对应元素相加，就得到了矩阵 C.我们将这种运算称为矩阵加法.

定义 3 设矩阵 $A=(a_{ij})_{m\times n}$，$B=(b_{ij})_{m\times n}$ 为同型矩阵，则 $C=(a_{ij}\pm b_{ij})_{m\times n}$ 为矩阵 A 与 B 的和或差，记作 $A\pm B$，即 $A\pm B=(a_{ij}\pm b_{ij})_{m\times n}$.

注：只有当两个矩阵为同型矩阵时，才能相加或相减.

设矩阵

$$A=\begin{pmatrix} a_{11} & a_{12} & \cdots & a_{1n} \\ a_{21} & a_{22} & \cdots & a_{2n} \\ \vdots & \vdots & & \vdots \\ a_{m1} & a_{m2} & \cdots & a_{mn} \end{pmatrix},$$

则称

$$\begin{pmatrix} -a_{11} & -a_{12} & \cdots & -a_{1n} \\ -a_{21} & -a_{22} & \cdots & -a_{2n} \\ \vdots & \vdots & & \vdots \\ -a_{m1} & -a_{m2} & \cdots & -a_{mn} \end{pmatrix}$$

为矩阵 A 的负矩阵，记为 $-A$.

矩阵的减法定义为 $\qquad A-B=A+(-B)$.

矩阵的加法适合以下运算规律：

(1) 交换律：$A+B=B+A$；

(2) 结合律：$(A+B)+C=A+(B+C)$；

(3) 存在零矩阵：$A+0=A$；

(4) 存在负矩阵 $-A$：$A+(-A)=0$.

2. 矩阵的数量乘法

定义 4 设矩阵 $A=(a_{ij})_{m\times n}$，$k\in\mathbf{R}$ 为常数，则矩阵 $(ka_{ij})_{m\times n}$ 称为 k 与矩阵 A 的数乘，简称数乘矩阵，记作 kA，即

$$kA=(ka_{ij})_{m\times n}.$$

规定:$kA=A\cdot k$,如

$$2\times\begin{pmatrix}3&1&5\\-1&0&2\\4&-2&7\end{pmatrix}=\begin{pmatrix}3&1&5\\-1&0&2\\4&-2&7\end{pmatrix}\times 2=\begin{pmatrix}6&2&10\\-2&0&4\\8&-4&14\end{pmatrix}.$$

矩阵的数乘满足以下运算规律：

(1) 结合律:$(k_1k_2)A=k_1(k_2A)=k_2(k_1A)$;

(2) 分配律:$(k_1+k_2)A=k_1A+k_2A$;　$k(A+B)=kA+kB$;

(3) $1\cdot A=A$;　$(-1)A=-A$.

三、矩阵的乘法

定义 5　设矩阵 $A=\begin{pmatrix}a_{11}&a_{12}&\cdots&a_{1s}\\a_{21}&a_{22}&\cdots&a_{2s}\\\vdots&\vdots&&\vdots\\a_{m1}&a_{m2}&\cdots&a_{ms}\end{pmatrix}$,矩阵 $B=\begin{pmatrix}b_{11}&b_{12}&\cdots&b_{1n}\\b_{21}&b_{22}&\cdots&b_{2n}\\\vdots&\vdots&&\vdots\\b_{s1}&b_{s2}&\cdots&b_{sn}\end{pmatrix}$,称矩阵 $C=\begin{pmatrix}c_{11}&c_{12}&\cdots&c_{1n}\\c_{21}&c_{22}&\cdots&c_{2n}\\\vdots&\vdots&&\vdots\\c_{m1}&c_{m2}&\cdots&c_{mn}\end{pmatrix}$为矩阵 A 与 B 的乘积,记作 $C=AB$,其中 $c_{ij}=a_{i1}b_{1j}+a_{i2}b_{2j}+\cdots+a_{is}b_{sj}=\sum_{k=1}^{s}a_{ik}b_{kj}(i=1,2,\cdots,m;j=1,2,\cdots,n)$.

根据定义,可知：

(1) 只有当左边矩阵 A 的列数与右边矩阵 B 的行数相等时,矩阵 A 与 B 才能相乘.

(2) 两个矩阵的乘积 AB 是一个矩阵,它的行数等于左边矩阵 A 的行数,列数等于右边矩阵 B 的列数.

(3) 乘积矩阵 AB 的第 i 行第 j 列的元素等于 A 的第 i 行与 B 的第 j 列对应元素乘积之和,简称行乘列法则.

例 2　设矩阵 $A=\begin{pmatrix}2&-1\\-4&0\\3&1\end{pmatrix}$,$B=\begin{pmatrix}7&-9\\-8&10\end{pmatrix}$,计算 AB.

解　$$AB=\begin{pmatrix}2\times7+(-1)\times(-8)&2\times(-9)+(-1)\times10\\(-4)\times7+0\times(-8)&(-4)\times(-9)+0\times10\\3\times7+1\times(-8)&3\times(-9)+1\times10\end{pmatrix}=\begin{pmatrix}22&-28\\-28&36\\13&-17\end{pmatrix}.$$

显然 BA 无意义,矩阵乘法不满足交换律.

矩阵的乘法满足以下运算规律：

(1) 结合律:$(AB)C=A(BC)$,　$\lambda(AB)=(\lambda A)B=A(\lambda B)$;

(2) 分配律:$A(B+C)=AB+AC$,　$(B+C)A=BA+CA$;

(3) $E_mA_{m\times n}=A_{m\times n}E_n=A_{m\times n}$.

注：

(1) 矩阵的乘法不满足交换律,一般情况下 $AB\neq BA$;

(2) 矩阵的乘法不满足消去律，即由 $\boldsymbol{AB}=\boldsymbol{AC},\boldsymbol{A}\neq\boldsymbol{0}$ 得不出 $\boldsymbol{B}=\boldsymbol{C}$；

(3) 由 $\boldsymbol{AB}=\boldsymbol{0}$ 不能推出 $\boldsymbol{A}=\boldsymbol{0}$ 或 $\boldsymbol{B}=\boldsymbol{0}$.

四、转置矩阵

定义 6　把矩阵 $\boldsymbol{A}$ 的行换成同序数的列，得到一个新的矩阵，称为 $\boldsymbol{A}$ 的转置矩阵，记为 $\boldsymbol{A}'$ 或 $\boldsymbol{A}^{\mathrm{T}}$.

例如 $\boldsymbol{A}=\begin{pmatrix}2 & -1 & 3\\ 1 & 0 & -2\end{pmatrix},\boldsymbol{A}^{\mathrm{T}}=\begin{pmatrix}2 & 1\\ -1 & 0\\ 3 & -2\end{pmatrix}$.

转置矩阵满足以下运算规律：

(1) $(\boldsymbol{A}^{\mathrm{T}})^{\mathrm{T}}=\boldsymbol{A}$；

(2) $(\boldsymbol{A}+\boldsymbol{B})^{\mathrm{T}}=\boldsymbol{A}^{\mathrm{T}}+\boldsymbol{B}^{\mathrm{T}}$；

(3) $(\lambda\boldsymbol{A})^{\mathrm{T}}=\lambda\boldsymbol{A}^{\mathrm{T}}$；

(4) $(\boldsymbol{AB})^{\mathrm{T}}=\boldsymbol{B}^{\mathrm{T}}\boldsymbol{A}^{\mathrm{T}}$.

例 3　设 $\boldsymbol{A}=\begin{pmatrix}4 & 3\\ -1 & 1\\ 0 & 2\end{pmatrix},\boldsymbol{B}=\begin{pmatrix}4 & -1 & 7\\ 2 & 0 & 1\end{pmatrix}$，试验证：$(\boldsymbol{AB})^{\mathrm{T}}=\boldsymbol{B}^{\mathrm{T}}\boldsymbol{A}^{\mathrm{T}}$.

证　因为
$$\boldsymbol{AB}=\begin{pmatrix}4 & 3\\ -1 & 1\\ 0 & 2\end{pmatrix}\times\begin{pmatrix}4 & -1 & 7\\ 2 & 0 & 1\end{pmatrix}=\begin{pmatrix}22 & -4 & 31\\ -2 & 1 & 6\\ 4 & 0 & 2\end{pmatrix},$$
所以
$$(\boldsymbol{AB})^{\mathrm{T}}=\begin{pmatrix}22 & -2 & 4\\ -4 & 1 & 0\\ 31 & 6 & 2\end{pmatrix}.$$
又
$$\boldsymbol{B}^{\mathrm{T}}\boldsymbol{A}^{\mathrm{T}}=\begin{pmatrix}4 & 2\\ -1 & 0\\ 7 & 1\end{pmatrix}\times\begin{pmatrix}4 & -1 & 0\\ 3 & 1 & 2\end{pmatrix}=\begin{pmatrix}22 & -2 & 4\\ -4 & 1 & 0\\ 31 & 6 & 2\end{pmatrix},$$
所以
$$(\boldsymbol{AB})^{\mathrm{T}}=\boldsymbol{B}^{\mathrm{T}}\boldsymbol{A}^{\mathrm{T}}.$$

定义 7　若 n 阶方阵 $\boldsymbol{A}=(a_{ij})_n$ 满足 $\boldsymbol{A}^{\mathrm{T}}=\boldsymbol{A}$，即 $a_{ij}=a_{ji}(i,j=1,2,\cdots,n)$，则称 $\boldsymbol{A}$ 为对称方阵.

其特点是方阵 $\boldsymbol{A}$ 的元素以主对角线为对称轴对应相等.

例如，$\boldsymbol{A}=\begin{pmatrix}1 & 2 & 3\\ 2 & 5 & 1\\ 3 & 1 & -1\end{pmatrix}$ 就是对称方阵.

五、解决问题

现在，我们来解决本节一开始提出的案例 1 和案例 2 的问题.

案例 1

解　设这三位同学期中考试成绩为矩阵 $\boldsymbol{A}=\begin{pmatrix}80 & 85 & 82 & 90\\ 93 & 76 & 89 & 88\\ 86 & 79 & 83 & 80\end{pmatrix}$，期末考试成绩为矩阵

$$\boldsymbol{B}=\begin{pmatrix}86&81&90&85\\90&85&88&83\\84&78&85&88\end{pmatrix}$$，总成绩为矩阵 $\boldsymbol{C}$，则

$$\boldsymbol{C}=0.1\boldsymbol{A}+0.9\boldsymbol{B}=0.1\times\begin{pmatrix}80&85&82&90\\93&76&89&88\\86&79&83&80\end{pmatrix}+0.9\times\begin{pmatrix}86&81&90&85\\90&85&88&83\\84&78&85&88\end{pmatrix}$$

$$=\begin{pmatrix}85.4&81.4&89.2&85.5\\90.3&84.1&88.1&83.5\\84.2&78.1&84.8&87.2\end{pmatrix}.$$

案例 2

解　设产品分类成本为矩阵 $\boldsymbol{A}$，每季度产品产量为 $\boldsymbol{B}$，则

$$\boldsymbol{A}=\begin{pmatrix}0.1&0.3&0.15\\0.3&0.4&0.25\\0.1&0.2&0.15\end{pmatrix},\quad \boldsymbol{B}=\begin{pmatrix}4\,000&4\,500&4\,500&4\,000\\2\,000&2\,800&2\,400&2\,200\\5\,800&6\,200&6\,000&6\,000\end{pmatrix}.$$

设该厂每季度的总成本为矩阵 $\boldsymbol{C}$，则

$$\boldsymbol{C}=\boldsymbol{A}\times\boldsymbol{B}=\begin{pmatrix}0.1&0.3&0.15\\0.3&0.4&0.25\\0.1&0.2&0.15\end{pmatrix}\times\begin{pmatrix}4\,000&4\,500&4\,500&4\,000\\2\,000&2\,800&2\,400&2\,200\\5\,800&6\,200&6\,000&6\,000\end{pmatrix}$$

$$=\begin{pmatrix}1\,870&2\,220&2\,070&1\,960\\3\,450&4\,020&3\,810&3\,580\\1\,670&1\,940&1\,830&1\,740\end{pmatrix}.$$

由此得该厂每季度的各种成本见下表.

成本 \ 季度	第一季度	第二季度	第三季度	第四季度	全　年
原材料总成本/元	1 870	2 220	2 070	1 960	8 120
劳动总成本/元	3 450	4 020	3 810	3 580	14 860
企业总管理成本/元	1 670	1 940	1 830	1 740	7 180
总成本/元	6 990	8 180	7 710	7 280	30 160

训练任务 7.2

1. 设 $\begin{pmatrix}1&2-x&4\\3&z-2&0\end{pmatrix}=\begin{pmatrix}1&y&x-y\\3&x&0\end{pmatrix}$，求 x,y,z.

2. 计算下列矩阵的乘积：

(1) $\begin{pmatrix}4&3&1\\1&-2&3\\2&1&0\end{pmatrix}\begin{pmatrix}1\\-2\\0\end{pmatrix}$；　　(2) $\begin{pmatrix}1&2&3\end{pmatrix}\begin{pmatrix}1\\2\\3\end{pmatrix}$；

(3) $\begin{pmatrix}1\\2\\3\end{pmatrix}\begin{pmatrix}-1&2\end{pmatrix}$；　　(4) $\begin{pmatrix}a_{11}&a_{12}&a_{13}\\a_{21}&a_{22}&a_{23}\\a_{31}&a_{32}&a_{33}\end{pmatrix}\begin{pmatrix}x_1\\x_2\\x_3\end{pmatrix}$；

(5) $(x_1 \quad x_2 \quad x_3)\begin{pmatrix} a_{11} & a_{12} & a_{13} \\ a_{21} & a_{22} & a_{23} \\ a_{31} & a_{32} & a_{33} \end{pmatrix}$.

3. 设 $\boldsymbol{A}=\begin{pmatrix} 1 & 2 & 3 \\ 4 & 5 & 6 \end{pmatrix}$，$\boldsymbol{B}=\begin{pmatrix} 1 & 2 \\ 3 & 4 \\ 5 & 6 \end{pmatrix}$，求 $(\boldsymbol{AB})^{\mathrm{T}}$，$\boldsymbol{B}^{\mathrm{T}}\boldsymbol{A}^{\mathrm{T}}$.

4. 某企业某年出口到三个国家的两种货物的数量及两种货物的单位价格、质量、体积见下表.

货物 \ 数量 \ 国家	美　国	德　国	日　本
A_1	3 000	1 000	2 000
A_2	2 000	1 500	1 000

	单位价格/万元	单位质量/吨	单位体积/m^3
A_1	0.5	0.1	0.2
A_2	0.4	0.3	0.1

利用矩阵乘法计算该企业出口到三个国家的货物总价值、总质量、总体积各为多少？

5. 已知某城市 2009 年的城市人口为 500 万人，农村人口为 800 万人.假设每年大约有 5%的城市人口迁移到农村(95%仍然留在城市)，12%的农村人口迁移到城市(88%仍然留在农村)，忽略其他因素对人口规模的影响，计算 2011 年的人口分布.

第三节　n 阶方阵的行列式

一、二阶行列式

在中学代数中，对二元线性方程组

$$\begin{cases} a_{11}x_1+a_{12}x_2=b_1, \\ a_{21}x_1+a_{22}x_2=b_2, \end{cases}$$

当 $a_{11}a_{22}-a_{21}a_{12}\neq 0$ 时，用消元法求得方程组的解为

$$\begin{cases} x_1=\dfrac{b_1a_{22}-b_2a_{12}}{a_{11}a_{22}-a_{21}a_{12}}, \\ x_2=\dfrac{b_2a_{11}-b_1a_{21}}{a_{11}a_{22}-a_{21}a_{12}}. \end{cases}$$

为了便于记忆，我们规定：

$$\begin{vmatrix} a_{11} & a_{12} \\ a_{21} & a_{22} \end{vmatrix}=a_{11}a_{22}-a_{21}a_{12}.$$

我们把算式 $\begin{vmatrix} a_{11} & a_{12} \\ a_{21} & a_{22} \end{vmatrix}$ 称为二阶行列式，其中 a_{11}，a_{12}，a_{21}，a_{22} 称为二阶行列式的元素，横排称为行，竖排称为列，$a_{11}a_{22}-a_{21}a_{12}$ 称为二阶行列式的展开式.

同样，利用二阶行列式我们可以将方程组的解的分子也写成行列式的形式，并记

$$D_1=\begin{vmatrix} b_1 & a_{12} \\ b_2 & a_{22} \end{vmatrix}=b_1a_{22}-b_2a_{12},\quad D_2=\begin{vmatrix} a_{11} & b_1 \\ a_{21} & b_2 \end{vmatrix}=b_2a_{11}-b_1a_{21},$$

则二元线性方程组的解可写为

$$x_1=\frac{D_1}{D}=\frac{\begin{vmatrix} b_1 & a_{12} \\ b_2 & a_{22} \end{vmatrix}}{\begin{vmatrix} a_{11} & a_{12} \\ a_{21} & a_{22} \end{vmatrix}},\quad x_2=\frac{D_2}{D}=\frac{\begin{vmatrix} a_{11} & b_1 \\ a_{21} & b_2 \end{vmatrix}}{\begin{vmatrix} a_{11} & a_{12} \\ a_{21} & a_{22} \end{vmatrix}},$$

其中，
$$D=\begin{vmatrix} a_{11} & a_{12} \\ a_{21} & a_{22} \end{vmatrix}=a_{11}a_{22}-a_{21}a_{12}\neq 0.$$

例 1　解线性方程组

$$\begin{cases} 14x-6y+1=0, \\ 3x+7y-6=0. \end{cases}$$

解　将方程组化为

$$\begin{cases} 14x-6y=-1, \\ 3x+7y=6, \end{cases}$$

于是　$D=\begin{vmatrix} 14 & -6 \\ 3 & 7 \end{vmatrix}=116\neq 0,\quad D_1=\begin{vmatrix} -1 & -6 \\ 6 & 7 \end{vmatrix}=29,\quad D_2=\begin{vmatrix} 14 & -1 \\ 3 & 6 \end{vmatrix}=87.$

所以，方程组有唯一解

$$x=\frac{D_1}{D}=\frac{29}{116}=\frac{1}{4},\quad y=\frac{D_2}{D}=\frac{87}{116}=\frac{3}{4}.$$

二、三阶行列式

类似于二元线性方程组，我们可以用消元法解三元线性方程组

$$\begin{cases} a_{11}x_1+a_{12}x_2+a_{13}x_3=b_1, \\ a_{21}x_1+a_{22}x_2+a_{23}x_3=b_2, \\ a_{31}x_1+a_{32}x_2+a_{33}x_3=b_3. \end{cases}$$

我们把算式

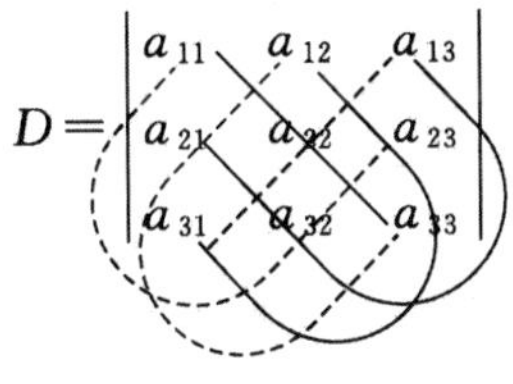

称为三阶行列式，其值为

$$a_{11}a_{22}a_{33}+a_{21}a_{32}a_{13}+a_{12}a_{23}a_{31}-a_{31}a_{22}a_{13}-a_{21}a_{12}a_{33}-a_{32}a_{23}a_{11}.$$

对应对角线法则求三阶行列式，三阶行列式是实线上三个元素的乘积取正，虚线上三个元素的乘积取负的代数和.此外，三阶行列式还有另一种算法：

$$\begin{vmatrix} a_{11} & a_{12} & a_{13} \\ a_{21} & a_{22} & a_{23} \\ a_{31} & a_{32} & a_{33} \end{vmatrix}=a_{11}(a_{22}a_{33}-a_{32}a_{23})-a_{12}(a_{21}a_{33}-a_{31}a_{23})+a_{13}(a_{21}a_{32}-a_{31}a_{22})$$

$$=a_{11}\begin{vmatrix} a_{22} & a_{23} \\ a_{32} & a_{33} \end{vmatrix}-a_{12}\begin{vmatrix} a_{21} & a_{23} \\ a_{31} & a_{33} \end{vmatrix}+a_{13}\begin{vmatrix} a_{21} & a_{22} \\ a_{31} & a_{32} \end{vmatrix}.$$

上式可以看作三阶行列式按第一行元素的展开式，其中三个二阶行列式分别是原来三阶行列式中划去 $a_{1j}(j=1,2,3)$ 所在行所在列的元素，剩余元素保持原有相对位置组成的行列式，称为 a_{1j} 的余子式，记作 M_{1j}，而称 $A_{1j}=(-1)^{1+j}M_{1j}$ 为元素 a_{1j} 的代数余子式.于是，三阶行列式

$$\begin{vmatrix} a_{11} & a_{12} & a_{13} \\ a_{21} & a_{22} & a_{23} \\ a_{31} & a_{32} & a_{33} \end{vmatrix} = a_{11}A_{11}+a_{12}A_{12}+a_{13}A_{13}.$$

对于三元线性方程组，我们同样可采用三阶行列式的方法来求解.令

$$D=\begin{vmatrix} a_{11} & a_{12} & a_{13} \\ a_{21} & a_{22} & a_{23} \\ a_{31} & a_{32} & a_{33} \end{vmatrix},\quad D_1=\begin{vmatrix} b_1 & a_{12} & a_{13} \\ b_2 & a_{22} & a_{23} \\ b_3 & a_{32} & a_{33} \end{vmatrix},$$

$$D_2=\begin{vmatrix} a_{11} & b_1 & a_{13} \\ a_{21} & b_2 & a_{23} \\ a_{31} & b_3 & a_{33} \end{vmatrix},\quad D_3=\begin{vmatrix} a_{11} & a_{12} & b_1 \\ a_{21} & a_{22} & b_2 \\ a_{31} & a_{32} & b_3 \end{vmatrix},$$

则当 $D\neq 0$ 时，三元线性方程组有唯一解

$$x_1=\frac{D_1}{D},\quad x_2=\frac{D_2}{D},\quad x_3=\frac{D_3}{D}.$$

例 2 解三元线性方程组

$$\begin{cases} 2x-y+3z=3, \\ 3x+y-5z=0, \\ 4x-y+z=3. \end{cases}$$

解 因为

$$D=\begin{vmatrix} 2 & -1 & 3 \\ 3 & 1 & -5 \\ 4 & -1 & 1 \end{vmatrix} = 2+20+3-12-10-9=-6\neq 0,$$

$$D_1=\begin{vmatrix} 3 & -1 & 3 \\ 0 & 1 & -5 \\ 3 & -1 & 1 \end{vmatrix}=-6,\quad D_2=\begin{vmatrix} 2 & 3 & 3 \\ 3 & 0 & -5 \\ 4 & 3 & 1 \end{vmatrix}=-12,\quad D_3=\begin{vmatrix} 2 & -1 & 3 \\ 3 & 1 & 0 \\ 4 & -1 & 3 \end{vmatrix}=-6,$$

所以，方程组有唯一解

$$x_1=\frac{D_1}{D}=1,\quad x_2=\frac{D_2}{D}=2,\quad x_3=\frac{D_3}{D}=1.$$

三、n 阶行列式

把 n^2 个数排成一个正方形数表，并在它的两旁各加一条竖线，表示一个算式，如

$$\begin{vmatrix} a_{11} & a_{12} & \cdots & a_{1n} \\ a_{21} & a_{22} & \cdots & a_{2n} \\ \vdots & \vdots & & \vdots \\ a_{n1} & a_{n2} & \cdots & a_{nn} \end{vmatrix} = a_{11}A_{11}+a_{12}A_{12}+\cdots+a_{1n}A_{1n}=\sum_{j=1}^{n} a_{1j}A_{1j}.$$

我们把等式的左端称为 n 阶行列式，右端称为 n 阶行列式按第一行的展开式，其中 a_{ij} $(i,j=1,2,\cdots,n)$ 称为 n 阶行列式的元素，A_{1j} 为元素 $a_{1j}(j=1,2,\cdots,n)$ 的代数余子式.当 n

$=1$ 时,称为一阶行列式且规定 $|a_{11}|=a_{11}$. 要注意一阶行列式与绝对值的区别.

在 n 阶行列式

$$\begin{vmatrix} a_{11} & \cdots & a_{1j} & \cdots & a_{1n} \\ \vdots & \vdots & \vdots & & \vdots \\ a_{i1} & \cdots & a_{ij} & \cdots & a_{in} \\ \vdots & & \vdots & & \vdots \\ a_{n1} & \cdots & a_{nj} & \cdots & a_{nn} \end{vmatrix}$$

中划去元素 a_{ij} 所在的第 i 行与第 j 列,剩下的 $(n-1)^2$ 个元素按原来的顺序构成一个 $n-1$ 阶行列式

$$\begin{vmatrix} a_{11} & \cdots & a_{1,j-1} & a_{1,j+1} & \cdots & a_{1n} \\ \vdots & & \vdots & \vdots & & \vdots \\ a_{i-1,1} & \cdots & a_{i-1,j-1} & a_{i-1,j+1} & \cdots & a_{i-1,n} \\ a_{i+1,1} & \cdots & a_{i+1,j-1} & a_{i+1,j+1} & \cdots & a_{i+1,n} \\ \vdots & & \vdots & \vdots & & \vdots \\ a_{n1} & \cdots & a_{n,j-1} & a_{n,j+1} & \cdots & a_{nn} \end{vmatrix}$$

称为元素 a_{ij} 的余子式,记作 M_{ij},称 $A_{ij}=(-1)^{i+j}M_{ij}$ 为元素 a_{ij} 的代数余子式.

定理 1　n 阶行列式

$$D=\begin{vmatrix} a_{11} & a_{12} & \cdots & a_{1n} \\ a_{21} & a_{22} & \cdots & a_{2n} \\ \vdots & \vdots & & \vdots \\ a_{n1} & a_{n2} & \cdots & a_{nn} \end{vmatrix}.$$

(1) D 等于它的任意一行(或列)的各元素与其对应的代数余子式乘积之和,即

$$D=a_{i1}A_{i1}+a_{i2}A_{i2}+\cdots+a_{in}A_{in}=\sum_{j=1}^{n}a_{ij}A_{ij},\quad (i=1,2,\cdots,n);$$

$$D=a_{1j}A_{1j}+a_{2j}A_{2j}+\cdots+a_{nj}A_{nj}=\sum_{i=1}^{n}a_{ij}A_{ij},\quad (j=1,2,\cdots,n).$$

(2) D 中任意一行(或列)的各元素与其另一行(或列)对应元素的代数余子式乘积之和为零,即

$$a_{k1}A_{i1}+a_{k2}A_{i2}+\cdots+a_{kn}A_{in}=\sum_{j=1}^{n}a_{kj}A_{ij}=0,\quad (k\neq i);$$

$$a_{1s}A_{1j}+a_{2s}A_{2j}+\cdots+a_{ns}A_{nj}=\sum_{i=1}^{n}a_{is}A_{ij}=0\quad (s\neq j).$$

定义 1　将 n 阶行列式 D 的行换成同序数的列,得到的行列式称为 D 的转置行列式,记为 D^{T} 或 D'.即若 $D=\begin{vmatrix} a_{11} & a_{12} & \cdots & a_{1n} \\ a_{21} & a_{22} & \cdots & a_{2n} \\ \vdots & \vdots & & \vdots \\ a_{n1} & a_{n2} & \cdots & a_{nn} \end{vmatrix}$,则

$$D^{\mathrm{T}}=\begin{vmatrix} a_{11} & a_{21} & \cdots & a_{n1} \\ a_{12} & a_{22} & \cdots & a_{n2} \\ \vdots & \vdots & & \vdots \\ a_{1n} & a_{2n} & \cdots & a_{nn} \end{vmatrix}.$$

四、行列式的性质

性质 1 行列式 D 与它的转置行列式 D^{T} 相等，即 $D=D^{\mathrm{T}}$.

性质 2 互换行列式的两行(或两列)，行列式变号，而绝对值相等，即

$$\begin{vmatrix} a_{11} & a_{12} & \cdots & a_{1n} \\ \vdots & \vdots & & \vdots \\ a_{i1} & a_{i2} & \cdots & a_{in} \\ \vdots & \vdots & & \vdots \\ a_{j1} & a_{j2} & \cdots & a_{jn} \\ \vdots & \vdots & & \vdots \\ a_{n1} & a_{n2} & \cdots & a_{nn} \end{vmatrix} = -\begin{vmatrix} a_{11} & a_{12} & \cdots & a_{1n} \\ \vdots & \vdots & & \vdots \\ a_{j1} & a_{j2} & \cdots & a_{jn} \\ \vdots & \vdots & & \vdots \\ a_{i1} & a_{i2} & \cdots & a_{in} \\ \vdots & \vdots & & \vdots \\ a_{n1} & a_{n2} & \cdots & a_{nn} \end{vmatrix}.$$

推论 1 若行列式有两行(或列)元素相同，则行列式为零.

性质 3 行列式的某一行(或列)的所有元素的公因子 k 可以提到行列式外面，即

$$\begin{vmatrix} a_{11} & a_{12} & \cdots & a_{1n} \\ \vdots & \vdots & & \vdots \\ ka_{i1} & ka_{i2} & \cdots & ka_{in} \\ \vdots & \vdots & & \vdots \\ a_{n1} & a_{n2} & \cdots & a_{nn} \end{vmatrix} = k\begin{vmatrix} a_{11} & a_{12} & \cdots & a_{1n} \\ \vdots & \vdots & & \vdots \\ a_{i1} & a_{i2} & \cdots & a_{in} \\ \vdots & \vdots & & \vdots \\ a_{n1} & a_{n2} & \cdots & a_{nn} \end{vmatrix}.$$

推论 2 如果行列式的两行(或列)对应元素成比例，则行列式的值为零.

性质 4 行列式的某一行(或列)都是两项之和，则它等于相应两个行列式之和，即

$$\begin{vmatrix} a_{11} & a_{12} & \cdots & a_{1n} \\ \vdots & \vdots & & \vdots \\ a_{i1}+a'_{i1} & a_{i2}+a'_{i2} & \cdots & a_{in}+a'_{in} \\ \vdots & \vdots & & \vdots \\ a_{n1} & a_{n2} & \cdots & a_{nn} \end{vmatrix} = \begin{vmatrix} a_{11} & a_{12} & \cdots & a_{1n} \\ \vdots & \vdots & & \vdots \\ a_{i1} & a_{i2} & \cdots & a_{in} \\ \vdots & \vdots & & \vdots \\ a_{n1} & a_{n2} & \cdots & a_{nn} \end{vmatrix} + \begin{vmatrix} a_{11} & a_{12} & \cdots & a_{1n} \\ \vdots & \vdots & & \vdots \\ a'_{i1} & a'_{i2} & \cdots & a'_{in} \\ \vdots & \vdots & & \vdots \\ a_{n1} & a_{n2} & \cdots & a_{nn} \end{vmatrix}.$$

性质 5 把行列式的某一行(或列)的各元素同乘以一个数然后加到另外一行(或列)的对应元素上，行列式的值不变，即

$$\begin{vmatrix} a_{11} & a_{12} & \cdots & a_{1n} \\ \vdots & \vdots & & \vdots \\ a_{i1} & a_{i2} & \cdots & a_{in} \\ \vdots & \vdots & & \vdots \\ a_{j1} & a_{j2} & \cdots & a_{jn} \\ \vdots & \vdots & & \vdots \\ a_{n1} & a_{n2} & \cdots & a_{nn} \end{vmatrix} = \begin{vmatrix} a_{11} & a_{12} & \cdots & a_{1n} \\ \vdots & \vdots & & \vdots \\ a_{i1} & a_{i2} & \cdots & a_{in} \\ \vdots & \vdots & & \vdots \\ a_{j1}+ka_{i1} & a_{j2}+ka_{i2} & \cdots & a_{jn}+ka_{in} \\ \vdots & \vdots & & \vdots \\ a_{n1} & a_{n2} & \cdots & a_{nn} \end{vmatrix}$$

为了以后计算方便，我们引进以下记号：

(1) 交换第 i 行(或列)和第 j 行(或列)，记为 $r_i \leftrightarrow r_j$(或 $c_i \leftrightarrow c_j$)；

(2) 第 i 行(或列)各元素乘以 k 加到第 j 行(或列)对应元素上，记为 $r_i \times k + r_j$(或 $c_i \times k + c_j$)；

(3) 第 i 行(或列)各元素乘以 $k(k\neq 0)$，记为 $r_i \times k$(或 $c_i \times k$).

例 3 证明下三角行列式 $D=\begin{vmatrix} a_{11} & 0 & \cdots & 0 \\ a_{21} & a_{22} & \cdots & 0 \\ \vdots & \vdots & & \vdots \\ a_{n1} & a_{n2} & \cdots & a_{nn} \end{vmatrix}=a_{11}a_{22}\cdots a_{nn}$.

证 用数学归纳法证之.

(1) 当 $n=1$ 时,左边$=a_{11}=$右边,等式成立;

当 $n=2$ 时,左边$=\begin{vmatrix} a_{11} & 0 \\ a_{21} & a_{22} \end{vmatrix}=a_{11}a_{22}=$右边,等式成立;

(2) 假设 $n=k$ 时,结论成立,即

$$\begin{vmatrix} a_{11} & 0 & \cdots & 0 \\ a_{21} & a_{22} & \cdots & 0 \\ \vdots & \vdots & & \vdots \\ a_{k1} & a_{k2} & \cdots & a_{kk} \end{vmatrix}=a_{11}a_{22}\cdots a_{kk},$$

那么,当 $n=k+1$ 时,由行列式的定义可得

$$\begin{vmatrix} a_{11} & 0 & \cdots & 0 \\ a_{21} & a_{22} & \cdots & 0 \\ \vdots & \vdots & & \vdots \\ a_{k+1,1} & a_{k+1,2} & \cdots & a_{k+1,k+1} \end{vmatrix}=a_{k+1,k+1}\begin{vmatrix} a_{11} & \cdots & 0 \\ \vdots & & \vdots \\ a_{k1} & \cdots & a_{kk} \end{vmatrix}=a_{11}a_{22}\cdots a_{kk}a_{k+1,k+1}.$$

这就是说,当 $n=k+1$ 时等式也成立.

根据(1),(2)可以断定,当 $n\in\mathbf{N}$ 时,等式成立.

下三角行列式 D 的转置行列式 D^{T} 称为上三角行列式.

由行列式的性质 1 可得

$$D=D^{\mathrm{T}}=\begin{vmatrix} a_{11} & a_{12} & \cdots & a_{1n} \\ 0 & a_{22} & \cdots & a_{2n} \\ \vdots & \vdots & & \vdots \\ 0 & 0 & \cdots & a_{nn} \end{vmatrix}=a_{11}a_{22}\cdots a_{nn}.$$

于是,求一个行列式的值时,我们可以利用行列式的性质,将其化成上、下三角行列式的形式,再求其值.

例 4 计算行列式 $D=\begin{vmatrix} 1 & 2 & 0 & 1 \\ -3 & 0 & 2 & 1 \\ 3 & 0 & 3 & 2 \\ -1 & -1 & 0 & 2 \end{vmatrix}$.

解 $$D=\begin{vmatrix} 1 & 2 & 0 & 1 \\ -3 & 0 & 2 & 1 \\ 3 & 0 & 3 & 2 \\ -1 & -1 & 0 & 2 \end{vmatrix}\xlongequal[r_1+r_4]{\substack{r_1\times 3+r_2 \\ r_1\times(-3)+r_3}}\begin{vmatrix} 1 & 2 & 0 & 1 \\ 0 & 6 & 2 & 4 \\ 0 & -6 & 3 & -1 \\ 0 & 1 & 0 & 3 \end{vmatrix}\xlongequal{r_2\leftrightarrow r_4}-\begin{vmatrix} 1 & 2 & 0 & 1 \\ 0 & 1 & 0 & 3 \\ 0 & -6 & 3 & -1 \\ 0 & 6 & 2 & 4 \end{vmatrix}$$

$$\xlongequal[r_2\times(-6)+r_4]{r_2\times 6+r_3} -\begin{vmatrix} 1 & 2 & 0 & 1 \\ 0 & 1 & 0 & 3 \\ 0 & 0 & 3 & 17 \\ 0 & 0 & 2 & -14 \end{vmatrix} \xlongequal{r_3\times\left(-\frac{2}{3}\right)+r_4} -\begin{vmatrix} 1 & 2 & 0 & 1 \\ 0 & 1 & 0 & 3 \\ 0 & 0 & 3 & 17 \\ 0 & 0 & 0 & -\frac{76}{3} \end{vmatrix}$$

$$=-3\times\left(-\frac{76}{3}\right)=76.$$

例 5 计算 n 阶行列式 $D=\begin{vmatrix} a & b & b & \cdots & b \\ b & a & b & \cdots & b \\ b & b & a & \cdots & b \\ \vdots & \vdots & \vdots & & \vdots \\ b & b & b & \cdots & a \end{vmatrix}$.

解 $D=\begin{vmatrix} a & b & b & \cdots & b \\ b & a & b & \cdots & b \\ b & b & a & \cdots & b \\ \vdots & \vdots & \vdots & & \vdots \\ b & b & b & \cdots & a \end{vmatrix}$

$$\xlongequal[r_n+r_1]{\substack{r_2+r_1\\ r_3+r_1\\ \cdots}} \begin{vmatrix} a+(n-1)b & a+(n-1)b & a+(n-1)b & \cdots & a+(n-1)b \\ b & a & b & \cdots & b \\ b & b & a & \cdots & b \\ \vdots & \vdots & \vdots & & \vdots \\ b & b & b & \cdots & a \end{vmatrix}$$

$$=[a+(n-1)b]\begin{vmatrix} 1 & 1 & 1 & \cdots & 1 \\ b & a & b & \cdots & b \\ b & b & a & \cdots & b \\ \vdots & \vdots & \vdots & & \vdots \\ b & b & b & \cdots & a \end{vmatrix}$$

$$\xlongequal[r_1\times(-b)+r_n]{\substack{r_1\times(-b)+r_2\\ r_1\times(-b)+r_3\\ \cdots}} [a+(n-1)b]\begin{vmatrix} 1 & 1 & 1 & \cdots & 1 \\ 0 & a-b & 0 & \cdots & 0 \\ 0 & 0 & a-b & \cdots & 0 \\ \vdots & \vdots & \vdots & & \vdots \\ 0 & 0 & 0 & \cdots & a-b \end{vmatrix}$$

$$=[a+(n-1)b](a-b)^{n-1}.$$

五、克莱姆(Cramer)法则

现在我们来应用行列式解决线性方程组的问题.在这里只考虑方程个数与未知数的个数相等的情形.以后会看到,这是一个重要的情形.至于更一般的情形,留到后面讨论.下面我们将得出与二元和三元线性方程组相仿的公式.

定理 2(克莱姆法则) 如果 n 元线性方程组

$$\begin{cases}a_{11}x_1+a_{12}x_2+\cdots+a_{1n}x_n=b_1,\\a_{21}x_1+a_{22}x_2+\cdots+a_{2n}x_n=b_2,\\\cdots\cdots\cdots\cdots\cdots\cdots\cdots\cdots\cdots\cdots\\a_{n1}x_1+a_{n2}x_2+\cdots+a_{nn}x_n=b_n\end{cases}$$

的系数行列式

$$D=\begin{vmatrix}a_{11}&a_{12}&\cdots&a_{1n}\\a_{21}&a_{22}&\cdots&a_{2n}\\\vdots&\vdots&&\vdots\\a_{n1}&a_{n2}&\cdots&a_{nn}\end{vmatrix}\neq 0,$$

则 n 元线性方程组有唯一解

$$x_1=\frac{D_1}{D},x_2=\frac{D_2}{D},\cdots,x_n=\frac{D_n}{D},$$

其中 D_j 是把行列式 D 中第 j 列变换成方程组的常数项 $b_1,b_2,\cdots,b_n$ 所成的行列式，即

$$D_j=\begin{vmatrix}a_{11}&\cdots&a_{1,j-1}&b_1&a_{1,j+1}&\cdots&a_{1n}\\a_{21}&\cdots&a_{2,j-1}&b_2&a_{2,j+1}&\cdots&a_{2n}\\\vdots&&\vdots&\vdots&\vdots&&\vdots\\a_{n1}&\cdots&a_{n,j-1}&b_n&a_{n,j+1}&\cdots&a_{nn}\end{vmatrix},\quad (j=1,2,\cdots,n).$$

例 6　解方程组

$$\begin{cases}2x_1+x_2-5x_3+x_4=8,\\x_1-3x_2-6x_4=9,\\2x_2-x_3+2x_4=-5,\\x_1+4x_2-7x_3+6x_4=0.\end{cases}$$

解　因为

$$D=\begin{vmatrix}2&1&-5&1\\1&-3&0&-6\\0&2&-1&2\\1&4&-7&6\end{vmatrix}=27\neq 0,$$

$$D_1=\begin{vmatrix}8&1&-5&1\\9&-3&0&-6\\-5&2&-1&2\\0&4&-7&6\end{vmatrix}=81,\quad D_2=\begin{vmatrix}2&8&-5&1\\1&9&0&-6\\0&-5&-1&2\\1&0&-7&6\end{vmatrix}=-108,$$

$$D_3=\begin{vmatrix}2&1&8&1\\1&-3&9&-6\\0&2&-5&2\\1&4&0&6\end{vmatrix}=-27,\quad D_4=\begin{vmatrix}2&1&-5&8\\1&-3&0&9\\0&2&-1&-5\\1&4&-7&0\end{vmatrix}=27,$$

所以，方程组有唯一解 $x_1=\frac{D_1}{D}=3,x_2=\frac{D_2}{D}=-4,x_3=\frac{D_3}{D}=-1,x_4=\frac{D_4}{D}=1.$

应该注意，克莱姆法则所解决的只是方程的个数与未知数的个数相同且系数行列式不为零的方程组，至于其他情形的方程组，将在后面讨论.

六、n 阶方阵行列式

定义 2　把方阵 **A** 的元素按照原来的次序排列的行列式，称为方阵 **A** 的行列式，记作 det**A**.

例 7　设 $\boldsymbol{A}=\begin{pmatrix}1&2\\0&3\end{pmatrix}$，$\boldsymbol{B}=\begin{pmatrix}-1&0\\3&5\end{pmatrix}$，求 $\boldsymbol{A}+\boldsymbol{B}$，$3\boldsymbol{A}$，$\boldsymbol{AB}$；$\det\boldsymbol{A}$，$\det\boldsymbol{B}$，$\det(\boldsymbol{A}+\boldsymbol{B})$，$\det(3\boldsymbol{A})$，$det(\boldsymbol{AB})$.

解　$(\boldsymbol{A}+\boldsymbol{B})=\begin{pmatrix}0&2\\3&8\end{pmatrix}$，　$3\boldsymbol{A}=\begin{pmatrix}3&6\\0&9\end{pmatrix}$，　$\boldsymbol{AB}=\begin{pmatrix}5&10\\9&15\end{pmatrix}$，

$$\det\boldsymbol{A}=\begin{vmatrix}1&2\\0&3\end{vmatrix}=3,\quad \det\boldsymbol{B}=\begin{vmatrix}-1&0\\3&5\end{vmatrix}=-5,\quad \det(\boldsymbol{A}+\boldsymbol{B})=\begin{vmatrix}0&2\\3&8\end{vmatrix}=-6,$$

$$\det(3\boldsymbol{A})=\begin{vmatrix}3&6\\0&9\end{vmatrix}=27=3^2\det\boldsymbol{A},\quad \det(\boldsymbol{AB})=\begin{vmatrix}5&10\\9&15\end{vmatrix}=-15=\det\boldsymbol{A}\det\boldsymbol{B}.$$

由上例知：

(1) 矩阵的加法与行列式的加法不同，矩阵的加法是对应元素相加，而行列式是对应两个数相加.一般地，$\det(\boldsymbol{A}+\boldsymbol{B})\neq\det\boldsymbol{A}+\det\boldsymbol{B}$.

(2)“数与矩阵相乘”和“数与行列式相乘”也是两个不同的概念.数与矩阵相乘是用数乘以矩阵的每一个元素，而数与行列式相乘只是用数乘行列式的某一行(或列)的各元素.

设 $\boldsymbol{A}$，$\boldsymbol{B}$ 都是 n 阶方阵，则方阵行列式满足下列运算规律：

(1) $\det(\boldsymbol{A}^{\mathrm{T}})=\det\boldsymbol{A}$；

(2) $\det(k\boldsymbol{A})=k^n\det\boldsymbol{A}$；

(3) $\det(\boldsymbol{AB})=\det(\boldsymbol{BA})=\det\boldsymbol{A}\det\boldsymbol{B}$.

训练任务 7.3

1. 计算下列行列式：

(1) $\begin{vmatrix}\sin x&\cos x\\-\cos x&\sin x\end{vmatrix}$；　(2) $\begin{vmatrix}a&b\\0&c\end{vmatrix}$；　(3) $\begin{vmatrix}1&-1&-2\\0&3&-1\\-2&2&-4\end{vmatrix}$；

(4) $\begin{vmatrix}1&0&1\\2&1&1\\3&2&1\end{vmatrix}$；　(5) $\begin{vmatrix}0&a_1&0&0&0\\0&0&a_2&0&0\\0&0&0&a_3&0\\0&0&0&0&a_4\\a_5&b&c&d&e\end{vmatrix}$；　(6) $\begin{vmatrix}0&0&0&1\\0&0&1&2\\0&1&2&3\\1&2&3&4\end{vmatrix}$.

2. 如果 $D=\begin{vmatrix}a_{11}&a_{12}&a_{13}\\a_{21}&a_{22}&a_{23}\\a_{31}&a_{32}&a_{33}\end{vmatrix}=5$，计算：

(1) $\begin{vmatrix}2a_{11}&2a_{12}&2a_{13}\\2a_{21}&2a_{22}&2a_{23}\\2a_{31}&2a_{32}&2a_{33}\end{vmatrix}$；　(2) $\begin{vmatrix}a_{11}+2a_{21}-3a_{31}&a_{12}+2a_{22}-3a_{32}&a_{13}+2a_{23}-3a_{33}\\a_{21}&a_{22}&a_{23}\\a_{31}&a_{32}&a_{33}\end{vmatrix}$.

3. 计算下列行列式：

(1) $\begin{vmatrix}1&2&0&1\\1&3&5&6\\0&1&5&6\\1&2&3&4\end{vmatrix}$；　(2) $\begin{vmatrix}1&2&3&4\\2&3&4&1\\3&4&1&2\\4&1&2&3\end{vmatrix}$；

(3) $\begin{vmatrix}y&y&x+y\\x&x+y&x\\x+y&x&y\end{vmatrix}$；　(4) $\begin{vmatrix}0&a&b&a\\a&0&a&b\\b&a&0&a\\a&b&a&0\end{vmatrix}$；

(5) $\begin{vmatrix} x & y & 0 & 0 & 0 \\ 0 & x & y & 0 & 0 \\ 0 & 0 & x & y & 0 \\ 0 & 0 & 0 & x & y \\ y & 0 & 0 & 0 & x \end{vmatrix}$；　　(6) $\begin{vmatrix} 1+x & 1 & 1 & 1 \\ 1 & 1-x & 1 & 1 \\ 1 & 1 & 1+y & 1 \\ 1 & 1 & 1 & 1-y \end{vmatrix}$.

4. 用克莱姆法则解下列线性方程组：

(1) $\begin{cases} 2x_1-x_2-x_3=4, \\ 3x_1+4x_2-2x_3=11, \\ 3x_1-2x_2+4x_3=11; \end{cases}$　　(2) $\begin{cases} x_1+x_2+2x_3=-1, \\ 2x_1-x_2+2x_3=-4, \\ 4x_1+x_2+4x_3=-2. \end{cases}$

第四节　逆矩阵

一、提出问题

密码学在经济和军事方面都起着极其重要的作用.在密码学中，将信息代码称为密码，没有转换成密码的文字信息称为明文，把密码表示的信息称为密文.从明文转换为密文的过程叫加密，反之则为解密.现在密码学涉及很多高深的数学知识.

1929 年，希尔(Hill)通过矩阵理论对传输信息进行加密处理，提出了在密码学史上有重要地位的希尔加密算法.

假设我们要发出“attack”这个消息，首先把每个字母 $a,b,c,d,\cdots,x,y,z$ 映射到数 1，2，3，4，…，24，25，26.例如 1 表示 a，3 表示 c，20 表示 t，11 表示 k，另外用 0 表示空格，用 27 表示句号等.于是可以用以下数集来表示消息“attack”：

$$\{1,20,20,1,3,11\}.$$

把这个消息按列写成矩阵的形式：

$$\boldsymbol{M}=\begin{pmatrix} 1 & 1 \\ 20 & 3 \\ 20 & 11 \end{pmatrix}.$$

“加密”工作：现在任选一个三阶的可逆矩阵，例如

$$\boldsymbol{A}=\begin{pmatrix} 1 & 2 & 3 \\ 1 & 1 & 2 \\ 0 & 1 & 2 \end{pmatrix},$$

于是可以把将要发出的消息或者矩阵经过乘以 $\boldsymbol{A}$ 变成“密码”($\boldsymbol{B}$)后发出.

$$\boldsymbol{AM}=\begin{pmatrix} 1 & 2 & 3 \\ 1 & 1 & 2 \\ 0 & 1 & 2 \end{pmatrix}\begin{pmatrix} 1 & 1 \\ 20 & 3 \\ 20 & 11 \end{pmatrix}=\begin{pmatrix} 101 & 40 \\ 61 & 26 \\ 60 & 25 \end{pmatrix}=\boldsymbol{B}.$$

当然矩阵 $\boldsymbol{A}$ 是通信双方都知道的.那么，接收方如何进行解密呢？

二、逆矩阵的概念

前面，我们引进了矩阵和矩阵的乘积，以及相等的定义，这样我们可以把线性方程组写成矩阵的形式.

对于 n 元方程组

$$\begin{cases} a_{11}x_1+a_{12}x_2+\cdots+a_{1n}x_n=b_1, \\ a_{21}x_1+a_{22}x_2+\cdots+a_{2n}x_n=b_2, \\ \cdots\cdots\cdots\cdots\cdots\cdots\cdots\cdots\cdots\cdots \\ a_{n1}x_1+a_{n2}x_2+\cdots+a_{nn}x_n=b_n, \end{cases}$$

令

$$\boldsymbol{A}=\begin{pmatrix} a_{11} & a_{12} & \cdots & a_{1n} \\ a_{21} & a_{22} & \cdots & a_{2n} \\ \vdots & \vdots & & \vdots \\ a_{m1} & a_{m2} & \cdots & a_{mn} \end{pmatrix},\quad \boldsymbol{X}=\begin{pmatrix} x_1 \\ x_2 \\ \vdots \\ x_n \end{pmatrix},\quad \boldsymbol{b}=\begin{pmatrix} b_1 \\ b_2 \\ \vdots \\ b_m \end{pmatrix},$$

其中 $\boldsymbol{A}$ 称为 n 元方程组的系数矩阵，$\boldsymbol{X}$ 称为未知量矩阵，$\boldsymbol{b}$ 称为常数项矩阵.于是方程组可写成

$$\boldsymbol{AX}=\boldsymbol{b}.$$

称其为矩阵方程或向量方程.为了进一步研究矩阵方程，我们引入逆矩阵的概念.

定义 1　设 $\boldsymbol{A}$ 是 n 阶方阵，$\boldsymbol{E}$ 是 n 阶单位矩阵，若存在一个 n 阶方阵 $\boldsymbol{C}$，使得 $\boldsymbol{AC}=\boldsymbol{CA}=\boldsymbol{E}$，则称 $\boldsymbol{C}$ 为方阵 $\boldsymbol{A}$ 的逆矩阵(简称逆阵)，记作 $\boldsymbol{A}^{-1}$，即 $\boldsymbol{AA}^{-1}=\boldsymbol{A}^{-1}\boldsymbol{A}=\boldsymbol{E}$.

若 $\boldsymbol{A}$ 的逆矩阵存在，则称 $\boldsymbol{A}$ 是可逆的.

有了逆矩阵的概念，矩阵方程中，若 $\boldsymbol{A}$ 可逆，则

$$\boldsymbol{AX}=\boldsymbol{b}\Rightarrow\boldsymbol{A}^{-1}\boldsymbol{AX}=\boldsymbol{A}^{-1}\boldsymbol{b}\Rightarrow\boldsymbol{EX}=\boldsymbol{A}^{-1}\boldsymbol{b}\Rightarrow\boldsymbol{X}=\boldsymbol{A}^{-1}\boldsymbol{b}.$$

例 1　设 $\boldsymbol{A}=\begin{pmatrix} 2 & 0 \\ 0 & 2 \end{pmatrix}$，$\boldsymbol{B}=\begin{pmatrix} \frac{1}{2} & 0 \\ 0 & \frac{1}{2} \end{pmatrix}$，验证：$\boldsymbol{B}=\boldsymbol{A}^{-1}$.

解　因为

$$\boldsymbol{AB}=\begin{pmatrix} 2 & 0 \\ 0 & 2 \end{pmatrix}\times\begin{pmatrix} \frac{1}{2} & 0 \\ 0 & \frac{1}{2} \end{pmatrix}=\begin{pmatrix} 1 & 0 \\ 0 & 1 \end{pmatrix}=\boldsymbol{E},$$

$$\boldsymbol{BA}=\begin{pmatrix} \frac{1}{2} & 0 \\ 0 & \frac{1}{2} \end{pmatrix}\times\begin{pmatrix} 2 & 0 \\ 0 & 2 \end{pmatrix}=\begin{pmatrix} 1 & 0 \\ 0 & 1 \end{pmatrix}=\boldsymbol{E},$$

所以 $\boldsymbol{AB}=\boldsymbol{BA}=\boldsymbol{E}$，故 $\boldsymbol{B}=\boldsymbol{A}^{-1}$.

由于矩阵的乘法不满足交换律，而可逆矩阵有 $\boldsymbol{AA}^{-1}=\boldsymbol{A}^{-1}\boldsymbol{A}=\boldsymbol{E}$，不难看出 $\boldsymbol{A}$ 必须是方阵，且 $\boldsymbol{A}^{-1}$ 是与 $\boldsymbol{A}$ 同阶的方阵，那么，是否所有 n 阶方阵都可逆？可逆矩阵又满足什么性质呢？

三、逆矩阵的性质

性质 1　若 $\boldsymbol{A}$ 可逆，则逆矩阵唯一.

证　设 $\boldsymbol{C}$，$\boldsymbol{D}$ 均为 $\boldsymbol{A}$ 的逆阵，即

$$\boldsymbol{AC}=\boldsymbol{CA}=\boldsymbol{E},\quad \boldsymbol{AD}=\boldsymbol{DA}=\boldsymbol{E},$$

则

$$\boldsymbol{D}=\boldsymbol{DE}=\boldsymbol{D}(\boldsymbol{AC})=(\boldsymbol{DA})\boldsymbol{C}=\boldsymbol{EC}=\boldsymbol{C},$$

故逆矩阵是唯一的.

性质 2　若 $\boldsymbol{A}$ 可逆，则 $\boldsymbol{A}^{-1}$ 也可逆，且 $(\boldsymbol{A}^{-1})^{-1}=\boldsymbol{A}$.

证　由于 $\boldsymbol{A}$ 可逆，知 $\boldsymbol{A}\boldsymbol{A}^{-1}=\boldsymbol{A}^{-1}\boldsymbol{A}=\boldsymbol{E}$，要证 $\boldsymbol{A}^{-1}$ 可逆，只需找一方阵 $\boldsymbol{B}$，使 $\boldsymbol{A}^{-1}\boldsymbol{B}=\boldsymbol{B}\boldsymbol{A}^{-1}=\boldsymbol{E}$ 即可.事实上，取 $\boldsymbol{B}=\boldsymbol{A}$，则 $\boldsymbol{A}^{-1}\boldsymbol{B}=\boldsymbol{A}^{-1}\boldsymbol{A}=\boldsymbol{A}\boldsymbol{A}^{-1}=\boldsymbol{B}\boldsymbol{A}^{-1}=\boldsymbol{E}$，故 $\boldsymbol{A}^{-1}$ 可逆，且 $(\boldsymbol{A}^{-1})^{-1}=\boldsymbol{A}$.

性质 3　若 $\boldsymbol{A}$ 可逆，则 $\boldsymbol{A}^{\mathrm{T}}$ 也可逆，且 $(\boldsymbol{A}^{\mathrm{T}})^{-1}=(\boldsymbol{A}^{-1})^{\mathrm{T}}$.

证　由于 $\boldsymbol{A}$ 可逆，则 $\boldsymbol{A}\boldsymbol{A}^{-1}=\boldsymbol{A}^{-1}\boldsymbol{A}=\boldsymbol{E}$，所以 $(\boldsymbol{A}\boldsymbol{A}^{-1})^{\mathrm{T}}=(\boldsymbol{A}^{-1}\boldsymbol{A})^{\mathrm{T}}=\boldsymbol{E}^{\mathrm{T}}=\boldsymbol{E}$.再由转置运算规律知

$$(\boldsymbol{A}^{-1})^{\mathrm{T}}\boldsymbol{A}^{\mathrm{T}}=\boldsymbol{A}^{\mathrm{T}}(\boldsymbol{A}^{-1})^{\mathrm{T}}=\boldsymbol{E},$$

故 $\boldsymbol{A}^{\mathrm{T}}$ 可逆，且 $(\boldsymbol{A}^{\mathrm{T}})^{-1}=(\boldsymbol{A}^{-1})^{\mathrm{T}}$.

性质 4　若 $\boldsymbol{A},\boldsymbol{B}$ 都是 n 阶可逆方阵，则 $\boldsymbol{A}\boldsymbol{B}$ 也可逆，且 $(\boldsymbol{A}\boldsymbol{B})^{-1}=\boldsymbol{B}^{-1}\boldsymbol{A}^{-1}$.

证　由于 $\boldsymbol{A},\boldsymbol{B}$ 均可逆，则

$$\boldsymbol{A}\boldsymbol{A}^{-1}=\boldsymbol{A}^{-1}\boldsymbol{A}=\boldsymbol{E},\quad \boldsymbol{B}\boldsymbol{B}^{-1}=\boldsymbol{B}^{-1}\boldsymbol{B}=\boldsymbol{E},$$

那么

$$(\boldsymbol{A}\boldsymbol{B})(\boldsymbol{B}^{-1}\boldsymbol{A}^{-1})=\boldsymbol{A}(\boldsymbol{B}\boldsymbol{B}^{-1})\boldsymbol{A}^{-1}=\boldsymbol{A}\boldsymbol{E}\boldsymbol{A}^{-1}=\boldsymbol{A}\boldsymbol{A}^{-1}=\boldsymbol{E},$$

且

$$(\boldsymbol{B}^{-1}\boldsymbol{A}^{-1})(\boldsymbol{A}\boldsymbol{B})=\boldsymbol{B}^{-1}(\boldsymbol{A}^{-1}\boldsymbol{A})\boldsymbol{B}=\boldsymbol{B}^{-1}\boldsymbol{E}\boldsymbol{B}=\boldsymbol{B}^{-1}\boldsymbol{B}=\boldsymbol{E}.$$

所以，$\boldsymbol{A}\boldsymbol{B}$ 可逆，且 $(\boldsymbol{A}\boldsymbol{B})^{-1}=\boldsymbol{B}^{-1}\boldsymbol{A}^{-1}$.

性质 5　若 $\boldsymbol{A}$ 可逆，则 $\det\boldsymbol{A}\neq 0$，$\det\boldsymbol{A}^{-1}\neq 0$，且 $\det\boldsymbol{A}^{-1}=\dfrac{1}{\det\boldsymbol{A}}$.

证　由于 $\boldsymbol{A}$ 可逆，则 $\boldsymbol{A}\boldsymbol{A}^{-1}=\boldsymbol{A}^{-1}\boldsymbol{A}=\boldsymbol{E}$，那么

$$\det(\boldsymbol{A}\boldsymbol{A}^{-1})=\det(\boldsymbol{A}^{-1}\boldsymbol{A})=\det\boldsymbol{A}\det(\boldsymbol{A}^{-1})=\det\boldsymbol{E}=1.$$

所以 $\det\boldsymbol{A}\neq 0$，$\det(\boldsymbol{A}^{-1})\neq 0$，且 $\det\boldsymbol{A}^{-1}=\dfrac{1}{\det\boldsymbol{A}}$.

四、逆矩阵存在的充要条件

为了说明逆矩阵的存在性，首先考虑和它相似的行列式的情况.由上一节定理 1 知，n 阶行列式 $\det A$ 等于它任一行(或列)元素和它对应代数余子式的乘积之和，且任意一行(或列)元素和其他行(或列)各元素对应代数余子式乘积之和为零，所以我们把 $\det A$ 中所有元素的代数余子式按一定顺序排列得到一个新的矩阵——伴随矩阵.

定义 2　设 n 阶方阵 $\boldsymbol{A}=(a_{ij})_n$，其行列式 $|A|$ 中各元素 a_{ij} 的代数余子式为 A_{ij}，将 A_{ij} 按 $|A|$ 中 a_{ij} 的顺序排列成方阵，再转置后得到的方阵称为方阵 $\boldsymbol{A}$ 的伴随矩阵，记作 $\boldsymbol{A}^*$，即

$$\boldsymbol{A}^*=\begin{pmatrix} A_{11} & A_{21} & \cdots & A_{n1} \\ A_{12} & A_{22} & \cdots & A_{n2} \\ \vdots & \vdots & & \vdots \\ A_{1n} & A_{2n} & \cdots & A_{nn} \end{pmatrix}.$$

由上一节定理 1 可知

$$\boldsymbol{A}\boldsymbol{A}^*=\begin{pmatrix} a_{11} & a_{12} & \cdots & a_{1n} \\ a_{21} & a_{22} & \cdots & a_{2n} \\ \vdots & \vdots & & \vdots \\ a_{n1} & a_{n2} & \cdots & a_{nn} \end{pmatrix}\begin{pmatrix} A_{11} & A_{21} & \cdots & A_{n1} \\ A_{12} & A_{22} & \cdots & A_{n2} \\ \vdots & \vdots & & \vdots \\ A_{1n} & A_{2n} & \cdots & A_{nn} \end{pmatrix}$$

$$=\begin{pmatrix} \det\boldsymbol{A} & 0 & \cdots & 0 \\ 0 & \det\boldsymbol{A} & \cdots & 0 \\ \vdots & \vdots & & \vdots \\ 0 & 0 & \cdots & \det\boldsymbol{A} \end{pmatrix}=(\det\boldsymbol{A})\boldsymbol{E}.$$

同理，得
$$\boldsymbol{A}^*\boldsymbol{A}=(\det\boldsymbol{A})\boldsymbol{E}.$$

若 $\det\boldsymbol{A}\neq 0$，则有

$$\boldsymbol{A}\left(\frac{\boldsymbol{A}^*}{\det\boldsymbol{A}}\right)=\left(\frac{\boldsymbol{A}^*}{\det\boldsymbol{A}}\right)\boldsymbol{A}=\boldsymbol{E}.$$

这说明方阵 $\boldsymbol{A}$ 可逆且 $\boldsymbol{A}^{-1}=\dfrac{\boldsymbol{A}^*}{\det\boldsymbol{A}}$，再由性质 5，得到下面的定理.

定理 1 方阵 $\boldsymbol{A}$ 可逆的充要条件是 $\det\boldsymbol{A}\neq 0$ 且当 $\boldsymbol{A}$ 可逆时，有

$$\boldsymbol{A}^{-1}=\frac{\boldsymbol{A}^*}{\det\boldsymbol{A}}.$$

由上述定理可以得到：

(1) 判断方阵 $\boldsymbol{A}$ 是否可逆，先求出 $\det\boldsymbol{A}$，若 $\det\boldsymbol{A}\neq 0$，则 $\boldsymbol{A}$ 一定可逆；否则，$\boldsymbol{A}$ 一定不可逆.

一般地，$\det\boldsymbol{A}\neq 0$ 的 n 阶方阵 $\boldsymbol{A}$ 称为非奇异矩阵或满秩矩阵；$\det\boldsymbol{A}=0$ 的 n 阶方阵 $\boldsymbol{A}$ 称为奇异矩阵或降秩矩阵.

(2) 用伴随矩阵求逆矩阵，先求出 $\det\boldsymbol{A}$ 的值判定方阵 $\boldsymbol{A}$ 是否可逆；若 $\det\boldsymbol{A}\neq 0$，再按 $\boldsymbol{A}^*$ 中 a_{ij} 的排列顺序分别求出 $\det\boldsymbol{A}$ 中元素 a_{ij} 的代数余子式 A_{ij}，求出 $\boldsymbol{A}^*$，则 $\boldsymbol{A}^{-1}=\dfrac{\boldsymbol{A}}{\det\boldsymbol{A}}$.

例 2 判断方阵

$$\boldsymbol{A}=\begin{pmatrix} 3 & 4 \\ 1 & 2 \end{pmatrix}$$

是否可逆，若可逆，求出 $\boldsymbol{A}^{-1}$.

解 因为 $\det\boldsymbol{A}=\begin{vmatrix} 3 & 4 \\ 1 & 2 \end{vmatrix}=2\neq 0$，所以 $\boldsymbol{A}$ 可逆.又因为

$A_{11}=(-1)^{1+1}2=2, A_{21}=(-1)^{2+1}4=-4, A_{12}=(-1)^{1+2}1=-1, A_{22}=(-1)^{2+2}3=3$，
故

$$\boldsymbol{A}^*=\begin{pmatrix} 2 & -4 \\ -1 & 3 \end{pmatrix},$$

所以

$$\boldsymbol{A}^{-1}=\frac{1}{\det\boldsymbol{A}}\boldsymbol{A}^*=\frac{1}{2}\begin{pmatrix} 2 & -4 \\ -1 & 3 \end{pmatrix}=\begin{pmatrix} 1 & -2 \\ -\dfrac{1}{2} & \dfrac{3}{2} \end{pmatrix}.$$

例 3 试用矩阵表示线性方程组 $\begin{cases} -2x_1-x_2+2x_3=1, \\ 4x_1+3x_2-3x_3=1, \\ x_1+5x_2+x_3=3, \end{cases}$ 并求线性方程组的解.

解 设系数矩阵、未知量矩阵、常数项矩阵分别为

$$\boldsymbol{A}=\begin{pmatrix} -2 & -1 & 2 \\ 4 & 3 & -3 \\ 1 & 5 & 1 \end{pmatrix},\quad \boldsymbol{X}=\begin{pmatrix} x_1 \\ x_2 \\ x_3 \end{pmatrix},\quad \boldsymbol{b}=\begin{pmatrix} 1 \\ 1 \\ 3 \end{pmatrix},$$

则方程组可用矩阵表示为 $\boldsymbol{AX}=\boldsymbol{b}$.

因为 $\det\boldsymbol{A}=\begin{vmatrix}-2&-1&2\\4&3&-3\\1&5&1\end{vmatrix}=5\neq0$,知 $\boldsymbol{A}^{-1}$存在.又因为

$A_{11}=18,A_{21}=11,A_{31}=-3,A_{12}=-7,A_{22}=-4,A_{32}=2,A_{13}=17,A_{23}=9,A_{33}=-2$,

故
$$\boldsymbol{A}^{-1}=\frac{1}{\det\boldsymbol{A}}\boldsymbol{A}^{*}=\frac{1}{5}\begin{pmatrix}18&11&-3\\-7&-4&2\\17&9&-2\end{pmatrix}.$$

所以方程组的解为
$$\boldsymbol{X}=\boldsymbol{A}^{-1}\boldsymbol{B}=\frac{1}{5}\begin{pmatrix}18&11&-3\\-7&-4&2\\17&9&-2\end{pmatrix}\begin{pmatrix}1\\1\\3\end{pmatrix}=\begin{pmatrix}4\\-1\\4\end{pmatrix}.$$

五、解决问题

“解密”.解密是加密的逆过程,这里要用到矩阵 $\boldsymbol{A}$ 的逆矩阵 $\boldsymbol{A}^{-1}$,这个逆矩阵称为解密的钥匙,或称为“密匙”.即用
$$\boldsymbol{A}^{-1}=\begin{pmatrix}0&1&-1\\2&-2&-1\\-1&1&1\end{pmatrix}$$

从密码中解出明码:
$$\boldsymbol{A}^{-1}\boldsymbol{B}=\begin{pmatrix}0&1&-1\\2&-2&-1\\-1&1&1\end{pmatrix}\begin{pmatrix}101&40\\61&26\\60&25\end{pmatrix}=\begin{pmatrix}1&1\\20&3\\20&11\end{pmatrix}=\boldsymbol{M}.$$

通过反查字母与数字的映射,即可得到消息“attack”.

在实际应用中,可以选择不同的可逆矩阵、不同的映射关系,也可以把字母对应的数字进行不同的排列得到不同的矩阵,这样就有多种加密和解密的方式,从而保证了传递信息的秘密性.上述例子是矩阵乘法与逆矩阵的应用,将高等代数与密码学紧密结合起来.运用数学知识破译密码,进而运用到军事等方面.可见矩阵的作用是何其强大.

训练任务 7.4

1. 求下列矩阵的逆矩阵:

(1) $\begin{pmatrix}1&2\\4&9\end{pmatrix}$;　(2) $\begin{pmatrix}2&1&1\\3&1&2\\1&-1&0\end{pmatrix}$;　(3) $\begin{pmatrix}1&1&2\\2&-1&0\\1&0&1\end{pmatrix}$.

2. 解下列矩阵方程:

(1) $\begin{pmatrix}2&5\\1&3\end{pmatrix}\boldsymbol{X}=\begin{pmatrix}4&-6\\2&1\end{pmatrix}$;　(2) $\begin{pmatrix}2&1\\3&2\end{pmatrix}\boldsymbol{X}\begin{pmatrix}-3&2\\5&-3\end{pmatrix}=\begin{pmatrix}-2&4\\3&-1\end{pmatrix}$;

(3) $\boldsymbol{X}\begin{pmatrix}2&1&-1\\2&1&0\\1&-1&1\end{pmatrix}=\begin{pmatrix}1&-1&3\\4&3&2\end{pmatrix}$.

3. 利用逆矩阵解下列线性方程组:

(1) $\begin{cases}2x_1-5x_2=4,\\3x_1-8x_2=-5;\end{cases}$　(2) $\begin{cases}x_1+x_3=2,\\2x_1+x_2=0,\\-3x_1+2x_2-5x_3=4.\end{cases}$

第五节 矩阵的秩与初等变换

从前面分析中可知，线性方程组与矩阵之间有着内在的联系，因此，要讨论方程组，就可以从研究矩阵入手.

对于方程组

$$\begin{cases}2x_1-x_2+3x_3=1,\\ x_1+2x_2-x_3=2,\\ 3x_1+x_2+2x_3=3,\end{cases}$$

其系数行列式为零，因此，不能用克莱姆法则和逆矩阵法求解.事实上，把第一个方程与第二个方程相加，就是第三个方程，所以，若 x_1,x_2,x_3 适合前两个方程，则它们必然适合第三个方程.又因为第一、第二个方程的 x_1,x_2 的系数行列式

$$\begin{vmatrix}2 & -1\\ 1 & 2\end{vmatrix}=5\neq 0,$$

所以，可以把方程组等价的变形为

$$\begin{cases}2x_1-x_2=1-3x_3,\\ x_1+2x_2=2+x_3,\end{cases}$$

则任给 x_3 一个值，我们都可以用克莱姆法则求解了.可见，在解这个方程组时，需要考虑它的系数所构成的二阶与三阶行列式是否为零.为此，我们引入矩阵的子式和秩的概念.

一、矩阵的秩

定义 1 在 m 行 n 列的矩阵 $\boldsymbol{A}$ 中，任取 k 行 k 列，位于这些行、列相交处的元素所构成的 k 阶行列式，叫作 $\boldsymbol{A}$ 的 k 阶子式.

例如，矩阵

$$\boldsymbol{A}=\begin{pmatrix}2 & -1 & 3 & 1\\ 1 & 2 & -1 & 2\\ 3 & 1 & 2 & 3\end{pmatrix}$$

中第一、二行和第一、二列相交处的元素构成

$$\begin{vmatrix}2 & -1\\ 1 & 2\end{vmatrix}=5,$$

为一个二阶子式，第一、二、三行和第二、三、四列相交处的元素构成一个三阶子式：

$$\begin{vmatrix}-1 & 3 & 1\\ 2 & -1 & 2\\ 1 & 2 & 3\end{vmatrix}=0.$$

另有
$$\begin{vmatrix}2 & -1 & 3\\ 1 & 2 & -1\\ 3 & 1 & 2\end{vmatrix}=\begin{vmatrix}2 & -1 & 1\\ 1 & 2 & 2\\ 3 & 1 & 3\end{vmatrix}=\begin{vmatrix}2 & 3 & 1\\ 1 & -1 & 2\\ 3 & 2 & 3\end{vmatrix}=0.$$

不难看出，上述矩阵中，任意三阶子式均为零，但存在一个二阶子式不为零，这时，我们称矩阵 $\boldsymbol{A}$ 的秩为 2.事实上，它正好等于上述方程组中独立方程的个数.

定义 2 若矩阵 $\boldsymbol{A}$ 存在一个 k 阶子式不为零，而所有高于 k 阶的子式（如果存在）都为零，则称 k 为矩阵 $\boldsymbol{A}$ 的秩，记作 $r(\boldsymbol{A})$ 或 $R(\boldsymbol{A})$ 或 $Rank(\boldsymbol{A})$.

定义 3　若矩阵 $\boldsymbol{B}$ 满足：

(1) 零行(元素全为零的行)在下方，

(2) 首非零元(即非零行第一个不为零的元素)的列标号随行标号的增加而严格递增，

则称矩阵 $\boldsymbol{B}$ 为阶梯形矩阵.

定义 4　若阶梯形矩阵 $\boldsymbol{B}$ 满足：

(1) 非零行的首非零元都是 1，

(2) 所有首非零元所在的列其他元素都是 0，

则称 $\boldsymbol{B}$ 为行简化阶梯形矩阵.

显然，矩阵

$$\boldsymbol{B}_1=\begin{pmatrix}3 & 1 & 0 & -2 & 7\\0 & -1 & 4 & 6 & -3\\0 & 0 & 0 & 0 & -5\\0 & 0 & 0 & 0 & 0\\0 & 0 & 0 & 0 & 0\end{pmatrix},\quad \boldsymbol{B}_2=\begin{pmatrix}1 & 5 & 0 & 0 & -2\\0 & 0 & 1 & 0 & 2\\0 & 0 & 0 & 1 & -7\\0 & 0 & 0 & 0 & 0\end{pmatrix}$$

均为阶梯形矩阵；其中 $\boldsymbol{B}_2$ 为行简化阶梯形矩阵.

不难看出 $r(\boldsymbol{B}_1)=3$，$r(\boldsymbol{B}_2)=3$，即阶梯形矩阵的秩等于它所有非零行的行数. 为此，我们求一个矩阵 $\boldsymbol{A}$ 的秩，能否在保持 $\boldsymbol{A}$ 的秩不变的条件下，把它化成阶梯形矩阵，然后再求出它的秩呢？

二、矩阵的初等变换

定义 5　下面三种变换称为矩阵的初等行变换：

(1) 互换矩阵的两行(交换第 i，j 行，记作 $r_i\leftrightarrow r_j$)；

(2) 用非零常数 k 乘以某一行所有元素(第 i 行乘 k，记作 kr_i)；

(3) 把第 i 行所有元素乘以常数 k 加到第 j 行对应元素上(记作 $r_i\times k+r_j$).

把定义中的“行”换成“列”，即得到矩阵的初等列变换(所有记号把“r”换成“c”). 矩阵的初等行变换和初等列变换统称为矩阵的初等变换.

任一矩阵都可以用一系列初等行变换化成阶梯形矩阵，进而再化成行简化阶梯形矩阵.

例 1　把矩阵

$$\boldsymbol{A}=\begin{pmatrix}1 & 2 & -3 & -9\\3 & 8 & -12 & -38\\-2 & -5 & 3 & 10\end{pmatrix}$$

化成行简化阶梯形矩阵.

解

$$\boldsymbol{A}=\begin{pmatrix}1 & 2 & -3 & -9\\3 & 8 & -12 & -38\\-2 & -5 & 3 & 10\end{pmatrix}\xrightarrow[r_1\times 2+r_3]{r_1\times(-3)+r_2}\begin{pmatrix}1 & 2 & -3 & -9\\0 & 2 & -3 & -11\\0 & -1 & -3 & -8\end{pmatrix}$$

$$\xrightarrow{r_3+r_2}\begin{pmatrix}1 & 2 & -3 & -9\\0 & 1 & -6 & -19\\0 & -1 & -3 & -8\end{pmatrix}\xrightarrow[r_2+r_3]{r_2\times(-2)+r_1}\begin{pmatrix}1 & 0 & 9 & 29\\0 & 1 & -6 & -19\\0 & 0 & -9 & -27\end{pmatrix}$$

$$\xrightarrow{-\frac{1}{9}r_3}\begin{pmatrix}1 & 0 & 9 & 29\\0 & 1 & -6 & -19\\0 & 0 & 1 & 3\end{pmatrix}\xrightarrow[r_3\times 6+r_2]{r_3\times(-9)+r_1}\begin{pmatrix}1 & 0 & 0 & 2\\0 & 1 & 0 & -1\\0 & 0 & 1 & 3\end{pmatrix}.$$

注意：矩阵初等行变换每一步都是用箭头"→"表示的，即矩阵之间是等价关系，而不是相等关系.变换写在箭头上方.

二、利用初等行变换求矩阵的秩

定理 1　矩阵经过有限次的初等行(或列)变换后，秩不变.

由此，我们可以利用初等行变换，把矩阵 $\boldsymbol{A}$ 变成阶梯形矩阵 $\boldsymbol{B}$，而阶梯形矩阵 $\boldsymbol{B}$ 的秩就等于它非零行的行数，从而求出 $\boldsymbol{A}$ 的秩.

例 2　求矩阵 $\boldsymbol{A}=\begin{pmatrix}1&-2&-1&0&2\\-2&4&2&6&-6\\2&-1&0&2&3\\3&3&3&3&4\end{pmatrix}$ 的秩.

解　$$\boldsymbol{A}=\begin{pmatrix}1&-2&-1&0&2\\-2&4&2&6&-6\\2&-1&0&2&3\\3&3&3&3&4\end{pmatrix}\xrightarrow[\substack{r_1\times(-2)+r_3\\r_1\times(-3)+r_4}]{r_1\times 2+r_2}\begin{pmatrix}1&-2&-1&0&2\\0&0&0&6&-2\\0&3&2&2&-1\\0&9&6&3&-2\end{pmatrix}$$

$$\xrightarrow{r_2\leftrightarrow r_3}\begin{pmatrix}1&-2&-1&0&2\\0&3&2&2&-1\\0&0&0&6&-2\\0&9&6&3&-2\end{pmatrix}\xrightarrow[\frac{1}{2}\times r_3]{r_2\times(-3)+r_4}\begin{pmatrix}1&-2&-1&0&2\\0&3&2&2&-1\\0&0&0&3&-1\\0&0&0&-3&1\end{pmatrix}$$

$$\xrightarrow{r_3+r_4}\begin{pmatrix}1&-2&-1&0&2\\0&3&2&2&-1\\0&0&0&-3&1\\0&0&0&0&0\end{pmatrix},$$

所以 $r(\boldsymbol{A})=3$.

三、利用初等行变换求逆矩阵

定理 2　可逆方阵 $\boldsymbol{A}$ 经过一系列的初等行变换后，一定可化为单位矩阵；同时，同阶单位矩阵 $\boldsymbol{E}$ 经过同样的初等行变换可化成 $\boldsymbol{A}^{-1}$.

上述定理告诉我们求逆矩阵的另外一种方法，即 $(\boldsymbol{A}\quad\boldsymbol{E})\xrightarrow{\text{初等行变换}}(\boldsymbol{E}\quad\boldsymbol{A}^{-1})$.

例 3　设 $\boldsymbol{A}=\begin{pmatrix}1&2&3\\2&2&1\\3&4&3\end{pmatrix}$，求 $\boldsymbol{A}^{-1}$.

解　$$(\boldsymbol{A}\,\boldsymbol{E})=\begin{pmatrix}1&2&3&1&0&0\\2&2&1&0&1&0\\3&4&3&0&0&1\end{pmatrix}\xrightarrow[r_1\times(-3)+r_3]{r_1\times(-2)+r_2}\begin{pmatrix}1&2&3&1&0&0\\0&-2&-5&-2&1&0\\0&-2&-6&-3&0&1\end{pmatrix}$$

$$\xrightarrow[r_2\times(-1)+r_3]{r_2+r_1}\begin{pmatrix}1&0&-2&-1&1&0\\0&-2&-5&-2&1&0\\0&0&-1&-1&-1&1\end{pmatrix}$$

$$\xrightarrow[r_3\times(-5)+r_2]{r_3\times(-2)+r_1}\begin{pmatrix}1&0&0&1&3&-2\\0&-2&0&3&6&-5\\0&0&-1&-1&-1&1\end{pmatrix}$$

$$\xrightarrow[-1\times r_3]{-\frac{1}{2}\times r_2}\begin{pmatrix}1&0&0&1&3&-2\\0&1&0&-\frac{3}{2}&-3&\frac{5}{2}\\0&0&1&1&1&-1\end{pmatrix},$$

所以

$$\boldsymbol{A}^{-1}=\begin{pmatrix}1&3&-2\\-\frac{3}{2}&-3&\frac{5}{2}\\1&1&-1\end{pmatrix}.$$

训练任务 7.5

1. 利用初等行变换求下列矩阵的秩：

(1) $\begin{pmatrix}1&3&0&2\\-1&1&2&-1\\3&1&-4&4\end{pmatrix}$；　(2) $\begin{pmatrix}2&-1&-1&-2&1\\-1&1&2&1&0\\1&-1&-2&2&0\end{pmatrix}$；

(3) $\begin{pmatrix}1&2&-3\\2&1&0\\-2&-1&3\\-1&4&-2\end{pmatrix}$；　(4) $\begin{pmatrix}7\\6\\-4\\-1\end{pmatrix}$.

2. 利用初等行变换求下列矩阵的逆矩阵：

(1) $\begin{pmatrix}1&-1&2\\-2&-1&-2\\4&3&3\end{pmatrix}$；　(2) $\begin{pmatrix}1&0&2\\2&-1&3\\4&1&8\end{pmatrix}$；

(3) $\begin{pmatrix}2&1&0&0\\3&2&0&0\\5&7&1&8\\-1&-3&-1&-6\end{pmatrix}$；　(4) $\begin{pmatrix}-1&3&-7&10\\-7&-3&5&-10\\3&1&-1&2\\1&1&-1&2\end{pmatrix}$.

阅读材料——数学家的故事

克莱姆

克莱姆(Gabriel　Cramer,1704—1752),瑞士数学家.他早年在日内瓦读书,1724 年起在日内瓦加尔文学院任教,1734 年成为几何学教授,1750 年任哲学教授.他自 1727 年进行了为期两年的旅行访学,在巴塞尔与约翰·伯努利、欧拉等人学习交流,结为挚友.后来又到英国、荷兰、法国等拜见许多数学名家,回国后,在与他们的长期通信中加强了数学家之间的联系,为数学宝库留下了大量有价值的文献.他一生未婚,专心治学,平易近人且德高望重,先后当选为伦敦皇家学会、柏林研究院等学会的成员.

他的主要著作是《代数曲线的分析引论》(1750),其中首先定义了正则、非正则、超越曲线和无理曲线等,第一次正式引入坐标系的纵轴(Y 轴),然后讨论曲线变换,并依据曲线方程的阶数将曲线进行分类.为了确定经过 5 个点的一般二次曲线的系数，应用了著名的“克莱姆法则”，即由线性方程组的系数确定方程组解的表达式.该法则于1729年由英国数学家麦克劳林得到，于1748年发表，但克莱姆的优越符号使之得以流传.

本章内容小结

一、本章主要内容

1. 几类特殊的方阵：上三角形矩阵、下三角形矩阵、对角矩阵、数量矩阵、单位矩阵.
2. 矩阵的运算：(1) 加法运算；(2) 数乘运算；(3) 乘法运算；(4) 转置运算.
3. n 阶方阵的行列式的计算.
4. 克莱姆法则.
5. 逆矩阵的概念.
6. 可逆矩阵的充要条件.
7. 矩阵的初等变换.

二、学习方法

1. 从案例去理解矩阵的定义.
2. 熟记矩阵的运算法则；矩阵的运算要注意应满足的条件，符合运算规律.
3. 能熟练运用克莱姆法则求解线性方程组，注意其使用条件.
4. 可逆矩阵的判定可以采用 $\det\boldsymbol{A}\neq 0$，也可以采用矩阵的秩来判断.
5. 利用初等变换求矩阵的逆时要做到认真仔细，避免计算错误.

三、重点和难点

重点：
1. 矩阵的概念及运算；
2. 行列式的概念及运算；
3. 克莱姆法则的应用；
4. 逆矩阵的概念及求法.

难点：
1. 矩阵的乘法运算；
2. 矩阵秩的概念；
3. 逆矩阵的求法.

自测题1(基础层次)

1. 选择题.

(1) 若 $\begin{vmatrix} a_{11} & a_{12} \\ a_{21} & a_{22} \end{vmatrix}=a$，则 $\begin{vmatrix} 3a_{12} & 3a_{22} \\ 3a_{11} & 3a_{21} \end{vmatrix}=$ (　　).

A. $3a$　　B. $-3a$　　C. $9a$　　D. $-9a$

(2) 已知 4 阶行列式中第 2 行元素依次是 2,1,3,1,第 1 行元素的代数余子式依次是 $-1,3,2,x$,则 x =(　　).

A. 7　　B. -7　　C. 0　　D. 2

(3) 若 $\boldsymbol{A}$ 为 n 阶方阵,k 为不为零的常数,则 $|k\boldsymbol{A}|$=(　　).

A. $k|\boldsymbol{A}|$　　B. $|k||\boldsymbol{A}|$

C. $k^n|\boldsymbol{A}|$　　D. $|k|^n|\boldsymbol{A}|$

(4) 设 $\boldsymbol{A},\boldsymbol{B}$ 均为 n 阶方阵,则必有(　　).

A. $|\boldsymbol{A}+\boldsymbol{B}|=|\boldsymbol{A}|+|\boldsymbol{B}|$　　B. $\boldsymbol{AB}=\boldsymbol{BA}$

C. $|\boldsymbol{AB}|=|\boldsymbol{BA}|$　　D. $|\boldsymbol{A}|^2=|\boldsymbol{B}|^2$

(5) n 阶方阵 A 可逆的充分必要条件是(　　).

A. $r(\boldsymbol{A})=r<n$　　B. $\boldsymbol{A}$ 的秩为 n

C. $\boldsymbol{A}$ 的每一个行向量都是非零向量　　D. 伴随矩阵存在

2. 填空题.

(1) 行列式 $\begin{vmatrix} 0 & a & b \\ -a & 0 & c \\ -b & -c & 0 \end{vmatrix}=$________;

(2) $\begin{vmatrix} 0 & 0 & 0 & 1 \\ 0 & 0 & 1 & 0 \\ 0 & 1 & 0 & 0 \\ 1 & 0 & 0 & 0 \end{vmatrix}=$________;

(3) 如果 $D=\begin{vmatrix} a_{11} & a_{12} & a_{13} \\ a_{21} & a_{22} & a_{23} \\ a_{31} & a_{32} & a_{33} \end{vmatrix}=a$,则 $\begin{vmatrix} a_{11} & a_{13} & 3a_{12} \\ a_{21} & a_{23} & 3a_{22} \\ a_{31} & a_{33} & 3a_{32} \end{vmatrix}=$________;

(4) 矩阵 $\begin{pmatrix} 2 & 1 & -1 & -2 & 1 \\ 0 & 0 & 2 & 0 & 0 \\ 0 & 0 & 0 & 0 & 0 \end{pmatrix}$ 的秩为________;

(5) $\begin{pmatrix} 1 \\ 0 \\ 2 \end{pmatrix}(1 \quad -2)=$________.

3. 计算:

(1) $\begin{pmatrix} 1 & 2 & 1 \\ 2 & 1 & 0 \\ 0 & -1 & 3 \end{pmatrix}\begin{pmatrix} 1 \\ 2 \\ 0 \end{pmatrix}$;　　(2) $\begin{pmatrix} 2 & -1 \\ 1 & 0 \\ 0 & 2 \end{pmatrix}\begin{pmatrix} 2 & -1 \\ 3 & 0 \end{pmatrix}$;

(3) $\begin{vmatrix} -1 & 0 & 2 \\ 3 & 1 & -1 \\ 1 & 2 & 3 \end{vmatrix}$;　　(4) $\begin{vmatrix} 5 & 1 & 1 & 1 \\ 1 & 5 & 1 & 1 \\ 1 & 1 & 5 & 1 \\ 1 & 1 & 1 & 5 \end{vmatrix}$.

4. 解矩阵方程 $\begin{pmatrix} 1 & 2 & 0 \\ 2 & 1 & 1 \\ -1 & -1 & 1 \end{pmatrix}\boldsymbol{X}=\begin{pmatrix} -1 & 0 \\ 0 & 5 \\ 1 & -3 \end{pmatrix}$.

5. 设矩阵 $\boldsymbol{A}=\begin{pmatrix} -3 & 0 & 1 \\ 2 & -1 & 4 \end{pmatrix}$,$\boldsymbol{B}=\begin{pmatrix} 7 & -2 \\ -2 & 5 \\ 1 & 6 \end{pmatrix}$,求 $\boldsymbol{X}$,使 $3\boldsymbol{A}+2\boldsymbol{X}=\boldsymbol{B}^{\mathrm{T}}$.

6. 用克莱姆法则求解线性方程组 $\begin{cases} x_2+2x_3=1, \\ x_1+x_2+4x_3=1, \\ 2x_1-x_2=2. \end{cases}$

7. 求矩阵 $\boldsymbol{A}=\begin{pmatrix} 2 & 3 & 4 & 3 \\ -4 & 0 & 8 & 6 \\ 1 & 1 & -1 & -1 \end{pmatrix}$ 的秩.

自测题 2(提高层次)

1. 选择题.

(1) 设行列式 $D=\begin{vmatrix}1&2&3&4\\2&3&0&-1\\4&3&2&1\\1&0&2&1\end{vmatrix}$，$A_{4j}\,(j=1,2,3,4)$为 D 中第四行元素的代数余子式，则 $4A_{41}+3A_{42}+2A_{43}+A_{44}=$ (　　).

A. 9　　B. -9　　C. 0　　D. 10

(2) 在函数 $f(x)=\begin{vmatrix}2x&x&-1&1\\-1&-x&1&2\\3&2&-x&3\\0&0&0&1\end{vmatrix}$ 中，x^3 项的系数是(　　).

A. 1　　B. -1　　C. 0　　D. 2

(3) 若 $\boldsymbol{A},\boldsymbol{B},\boldsymbol{C}$ 为 n 阶方阵，$\boldsymbol{I}$ 为 n 阶单位矩阵，则下列命题正确的是(　　).

A. 若 $\boldsymbol{AB}=\boldsymbol{0}$，则 $\boldsymbol{A}=\boldsymbol{0}$ 或 $\boldsymbol{B}=\boldsymbol{0}$　　B. $\boldsymbol{AB}=\boldsymbol{BA}$

C. $(\boldsymbol{AB})^2=\boldsymbol{A}^2\boldsymbol{B}^2$　　D. $(\boldsymbol{AB})\boldsymbol{C}=\boldsymbol{A}(\boldsymbol{BC})$

(4) 如果 $\boldsymbol{A}\begin{pmatrix}a_{11}&a_{12}&a_{13}\\a_{21}&a_{22}&a_{23}\\a_{31}&a_{32}&a_{33}\end{pmatrix}=\begin{pmatrix}a_{11}-3a_{31}&a_{12}-3a_{32}&a_{13}-3a_{33}\\a_{21}&a_{22}&a_{23}\\a_{31}&a_{32}&a_{33}\end{pmatrix}$，则 $\boldsymbol{A}=$(　　).

A. $\begin{pmatrix}1&0&0\\0&1&0\\-3&0&1\end{pmatrix}$　　B. $\begin{pmatrix}1&0&-3\\0&1&0\\0&0&1\end{pmatrix}$　　C. $\begin{pmatrix}0&0&-3\\0&1&0\\1&0&1\end{pmatrix}$　　D. $\begin{pmatrix}1&0&0\\0&1&0\\0&-3&1\end{pmatrix}$

(5) 设 $\boldsymbol{A},\boldsymbol{B}$ 是两个 $m\times n$ 矩阵，那么 $(\boldsymbol{A}-\boldsymbol{B})^2$ 为(　　).

A. $\boldsymbol{A}^2-2\boldsymbol{AB}+\boldsymbol{B}^2$　　B. $\boldsymbol{A}^2-\boldsymbol{BA}-\boldsymbol{AB}+\boldsymbol{B}^2$

C. $\boldsymbol{A}^2-\boldsymbol{B}^2$　　D. $\boldsymbol{A}^2+\boldsymbol{B}^2$

2. 填空题.

(1) 设 $\boldsymbol{A}$ 为 n 阶方阵，$\boldsymbol{I}$ 为 n 阶单位阵，且 $\boldsymbol{A}^2=\boldsymbol{I}$，则行列式 $|\boldsymbol{A}|=$________；

(2) 行列式 $\begin{vmatrix}0&1&0&\cdots&0\\0&0&2&\cdots&0\\\vdots&\vdots&\vdots&&\vdots\\0&0&0&\cdots&n-1\\n&0&0&\cdots&0\end{vmatrix}=$________；

(3) $\begin{vmatrix}0&0&1&0\\0&1&0&0\\0&0&0&1\\1&0&0&0\end{vmatrix}=$________；

(4) 矩阵 $\begin{pmatrix}2&7&3&1&6\\3&5&2&2&4\\9&4&1&7&2\end{pmatrix}$ 的秩为________；

(5) 设 $\boldsymbol{A}=\begin{pmatrix}1&2&3\\2&1&2\\1&2&t-1\end{pmatrix}$，且 $r(\boldsymbol{A})=2$，则 $t=$________.

3. 计算：

(1) $\begin{pmatrix}1&2&3\\2&4&6\\3&6&9\end{pmatrix}\begin{pmatrix}-1&-2&-4\\-1&-2&-4\\1&2&4\end{pmatrix}$；

(2) $\begin{pmatrix}1&-1\\1&0\end{pmatrix}\begin{pmatrix}2&1&0\\1&-1&3\end{pmatrix}\begin{vmatrix}1&0&0\\0&1&0\\0&0&1\end{vmatrix}$；

(3) $\begin{vmatrix}103&100&204\\199&200&395\\301&300&600\end{vmatrix}$；

(4) $\begin{vmatrix}2&1&0&0&0\\1&2&1&0&0\\0&1&2&1&0\\0&0&1&2&1\\0&0&0&1&2\end{vmatrix}$.

4. 解方程 $\begin{vmatrix}0&1&x&1\\1&0&1&x\\x&1&1&0\\1&x&1&0\end{vmatrix}=0$.

5. 解矩阵方程 $\begin{pmatrix}0&1&0\\1&0&0\\0&0&1\end{pmatrix}\boldsymbol{X}\begin{pmatrix}2&0\\-1&1\end{pmatrix}=\begin{pmatrix}1&3\\2&-1\\1&0\end{pmatrix}$.

6. 问 a,b 满足什么条件时，方程组 $\begin{cases}x_1+x_2-x_3=1,\\2x_1+(a+2)x_2-(b+2)x_3=3,\\-3ax_2+(a+2b)x_3=3\end{cases}$ 有唯一解？求出该解.

7. 四个工厂均能生产三种产品 A,B,C，其单位成本如下表：

	工厂一	工厂二	工厂三	工厂四
产品 A	2	4	3	2
产品 B	4	2	4	2
产品 C	5	3	5	4

计划生产产品 A300 件，产品 B400 件，产品 C500 件，哪个工厂成本最低？

第八章　线性方程组

【知识目标】

1. 理解 n 元线性方程组的概念及矩阵表示形式；
2. 理解系数矩阵与增广矩阵的概念；
3. 掌握用消元法解线性方程组；
4. 掌握阶梯形矩阵概念，能将矩阵化成阶梯形；
5. 掌握线性方程组解的判定条件.

【能力目标】

1. 能够将实际问题转化成线性方程组进行求解；
2. 通过学习线性代数，提高利用数学思维分析问题的能力；
3. 提高学生实际应用和解决问题的能力.

引子

网络流模型

网络流模型广泛应用于交通、运输、通信、电力分配、城市规划、任务分派以及计算机辅助设计等众多领域.当科学家、工程师和经济学家研究某种网络中的流量问题时，线性方程组就自然而然地产生了.例如：城市规划设计人员和交通工程师监控城市道路网络内的交通流量，电气工程师计算电路中流经的电流，经济学家分析产品通过批发商和零售商网络从生产者到消费者的分配等.大多数网络流模型中的方程组都包含了数百甚至上千个未知量和线性方程.这时，我们需要对线性方程组求解方法有一定的了解.

第一节　n 元线性方程组

一、n 元线性方程组

案例 1　在减肥食谱中的应用

下表是该食谱中的 3 种食物以及 100 克每种食物成分含有某些营养素的量.

营　养	每 100 克食物所含营养素的量			减肥所要求的每日营养量
	脱脂牛奶	大豆面粉	乳清	
蛋白质/g	36	51	13	33
碳水化合物/g	52	34	74	45
脂肪/g	0	7	1.1	3

如果用这三种食物作为每天的主要食物，那么它们的用量应各取多少才能全面准确地实现这个营养要求？

以 100 克为一个单位，为了保证减肥所要求的每日营养量，设每日需食用脱脂牛奶 x_1 个单位，大豆面粉 x_2 个单位，乳清 x_3 个单位，则由所给条件得

$$\begin{cases}36x_1+51x_2+13x_3=33,\\52x_1+34x_2+74x_3=45,\\7x_2+1.1x_3=3.\end{cases}$$

一般地，称由 n 个未知量，m 个方程组成的方程组

$$\begin{cases}a_{11}x_1+a_{12}x_2+\cdots+a_{1n}x_n=b_1,\\a_{21}x_1+a_{22}x_2+\cdots+a_{2n}x_n=b_2,\\\cdots\cdots\cdots\cdots\cdots\cdots\cdots\cdots\cdots\cdots\cdots\cdots\\a_{m1}x_1+a_{m2}x_2+\cdots+a_{mn}x_n=b_m\end{cases}$$

为 n 元线性方程组.其中，x_j 是未知量，a_{ij} 是第 i 个方程中第 j 个未知量 x_j 的系数，b_i 是第 i 个方程的常数项（$i=1,2,\cdots,m;j=1,2,\cdots,n$）.

当 n 元方程组中的常数项 $b_1,b_2,\cdots,b_m$ 不全为 0 时，称方程组为非齐次线性方程组.当 $b_1,b_2,\cdots,b_m$ 全为 0 时，即

$$\begin{cases}a_{11}x_1+a_{12}x_2+\cdots+a_{1n}x_n=0,\\a_{21}x_1+a_{22}x_2+\cdots+a_{2n}x_n=0,\\\cdots\cdots\cdots\cdots\cdots\cdots\cdots\cdots\cdots\cdots\cdots\cdots\\a_{m1}x_1+a_{m2}x_2+\cdots+a_{mn}x_n=0\end{cases}$$

称为齐次线性方程组.

由 n 个数 $c_1,c_2,\cdots,c_n$ 组成一个有序数组（$c_1,c_2,\cdots,c_n$），若将它们依次代替 n 元方程组中的 $x_1,x_2,\cdots,x_n$，即 $x_1=c_1,x_2=c_2,\cdots,x_n=c_n$，使方程组中的各个方程都变成恒等式，则称这个有序数组（$c_1,c_2,\cdots,c_n$）为 n 元方程组的一个解.显然，由 $x_1=0,x_2=0,\cdots,x_n=0$ 组成的有序数组（0,0,…,0）是 n 元齐次线性方程组的一个解，我们称这个解为 n 元齐次线性方程组的零解（也称为平凡解），而称齐次线性方程组的未知量取值不全为零的解为非零解.

二、线性方程组的矩阵形式

线性方程组还可以用矩阵形式表示，即

$$\begin{pmatrix}a_{11}&a_{12}&\cdots&a_{1n}\\a_{21}&a_{22}&\cdots&a_{2n}\\\vdots&\vdots&&\vdots\\a_{m1}&a_{m2}&\cdots&a_{mn}\end{pmatrix}\begin{pmatrix}x_1\\x_2\\\vdots\\x_n\end{pmatrix}=\begin{pmatrix}b_1\\b_2\\\vdots\\b_m\end{pmatrix},$$

其中矩阵

$$\begin{pmatrix}a_{11}&a_{12}&\cdots&a_{1n}\\a_{21}&a_{22}&\cdots&a_{2n}\\\vdots&\vdots&&\vdots\\a_{m1}&a_{m2}&\cdots&a_{mn}\end{pmatrix},\quad\begin{pmatrix}x_1\\x_2\\\vdots\\x_n\end{pmatrix}\quad\text{和}\quad\begin{pmatrix}b_1\\b_2\\\vdots\\b_m\end{pmatrix}$$

分别称为 n 元方程组的系数矩阵、未知量矩阵和常数矩阵，分别记为 $\boldsymbol{A}$，$\boldsymbol{X}$ 和 $\boldsymbol{b}$.于是 n 元方程组可简记为

$$\boldsymbol{AX}=\boldsymbol{b}.$$

这样，解 n 元方程组等价于从矩阵方程中解出未知量矩阵 $\boldsymbol{X}$.

另外，称由系数和常数项组成的矩阵

$$\begin{pmatrix} a_{11} & a_{12} & \cdots & a_{1n} & b_1 \\ a_{21} & a_{22} & \cdots & a_{2n} & b_2 \\ \vdots & \vdots & & \vdots & \vdots \\ a_{m1} & a_{m2} & \cdots & a_{mn} & b_m \end{pmatrix}$$

为 n 元方程组的增广矩阵，记为 $\overline{\boldsymbol{A}}$.由于 n 元线性方程组是由它的系数和常数项确定的，因此用增广矩阵可以完全清楚地表示一个 n 元线性方程组.

例 1 写出线性方程组

$$\begin{cases} 4x_1-5x_2-x_3=1, \\ -x_1+5x_2+x_3=2, \\ x_1+x_3=0, \\ 5x_1-x_2-3x_3=4 \end{cases}$$

的增广矩阵和矩阵形式.

解 增广矩阵是

$$\overline{\boldsymbol{A}}=\begin{pmatrix} 4 & -5 & -1 & 1 \\ -1 & 5 & 1 & 2 \\ 1 & 0 & 1 & 0 \\ 5 & -1 & 3 & 4 \end{pmatrix},$$

矩阵形式的方程组是

$$\begin{pmatrix} 4 & -5 & -1 \\ -1 & 5 & 1 \\ 1 & 0 & 1 \\ 5 & -1 & 3 \end{pmatrix}\begin{pmatrix} x_1 \\ x_2 \\ x_3 \end{pmatrix}=\begin{pmatrix} 1 \\ 2 \\ 0 \\ 4 \end{pmatrix}.$$

训练任务 8.1

1. 医院营养师为病人配制的一份菜肴由蔬菜、鱼和肉松组成，这份菜肴需含 1 200 cal 热量，30 g 蛋白质和 300 mg 维生素 C.已知三种食物每 100 g 中的有关营养的含量见下表，试列出线性方程组.

	蔬 菜	鱼	肉 松
热量/cal	60	300	600
蛋白质/g	3	9	6
维生素 C/mg	90	60	30

2. 将下列方程组写成矩阵形式.

(1) $\begin{cases}2x_1+x_2=5,\\-x_1+x_2+2x_3=3,\\3x_1-2x_2-4x_3=2;\end{cases}$　　(2) $\begin{cases}5x_1+6x_2=1,\\x_1+5x_2+6x_3=-2,\\x_2+5x_3+6x_4=2,\\x_3+5x_4+6x_5=-2,\\5x_4+6x_5=-1.\end{cases}$

第二节　消元法

消元法是解二元或三元一次线性方程组常用的方法，将其运用到解 n 元线性方程组中也是有效的.它的基本思想是将方程组中的一部分方程变成未知量较少的方程，从而容易判断方程组解的情况，进而求出方程组的解.

下面通过例子说明消元法的具体做法.

例 1　解线性方程组

$$\begin{cases}2x_1+5x_2+3x_3-2x_4=3,\\-3x_1-x_2+2x_3+x_4=-4,\\-2x_1+3x_2-4x_3-7x_4=-13,\\x_1+2x_2+4x_3+x_4=4.\end{cases}$$

解　为避免出现分数，将方程组中的第 1 与第 4 个方程交换位置，得

$$\begin{cases}x_1+2x_2+4x_3+x_4=4,\\-3x_1-x_2+2x_3+x_4=-4,\\-2x_1+3x_2-4x_3-7x_4=-13,\\2x_1+5x_2+3x_3-2x_4=3;\end{cases}$$

将第 1 个方程的适当倍数分别加到第 2,3,4 个方程上，消去这些方程中的 x_1，得

$$\begin{cases}x_1+2x_2+4x_3+x_4=4,\\5x_2+14x_3+4x_4=8,\\7x_2+4x_3-5x_4=-5,\\x_2-5x_3-4x_4=-5;\end{cases}$$

交换第 2,4 个方程的位置，得

$$\begin{cases}x_1+2x_2+4x_3+x_4=4,\\x_2-5x_3-4x_4=-5,\\7x_2+4x_3-5x_4=-5,\\5x_2+14x_3+4x_4=8;\end{cases}$$

将第 2 个方程的适当倍数加到第 3,4 个方程上，消去这些方程中的 x_2，得

$$\begin{cases}x_1+2x_2+4x_3+x_4=4,\\x_2-5x_3-4x_4=-5,\\39x_3+23x_4=30,\\39x_3+24x_4=33;\end{cases}$$

将第 3 个方程乘以(−1)加到第 4 个方程上，消去这个方程中的 x_3，得

$$\begin{cases}x_1+2x_2+4x_3+x_4=4,\\x_2-5x_3-4x_4=-5,\\39x_3+23x_4=30,\\x_4=3.\end{cases}$$

我们称具有上面形式的方程组为阶梯形方程组.

由上面阶梯形方程组的最后一个方程是一元一次方程,可解得

$$x_4=3;$$

代回第 3 个方程,可解得

$$x_3=-1;$$

将 $x_3=-1,x_4=3$ 代回第 2 个方程,可解得

$$x_2=2;$$

将 $x_2=2,x_3=-1,x_4=3$ 代回到得 1 个方程,可解得

$$x_1=1.$$

经过验算知,$(1,2,-1,3)^{\mathrm{T}}$ 是原方程组的解.

总结例 1 的求解过程,实际上是对方程组反复施行了三种变换:

(1) 交换两个方程的位置;

(2) 用一个不为零的数乘以某一个方程;

(3) 将一个方程倍乘一个数后加到另一个方程上.

可以证明:

(1) 任一线性方程组利用这三种变换都能化成阶梯形方程组;

(2) 这三种变换不改变线性方程组的解.

由此可得知阶梯形方程组与原方程组是同解方程组.

于是,解一般线性方程组的问题就化为解阶梯形方程组的问题.从解例 1 中的阶梯形方程组的过程看,阶梯形方程组用逐次回代的方法是很容易求解的,因此,一般线性方程组只要化成阶梯形方程组后,求解问题也就迎刃而解了.

由于线性方程组可以用增广矩阵表示,并且对方程组施行的三种变换实质上就是对矩阵施行初等行变换,故线性方程组的求解过程完全可以用矩阵的初等行变换表示出来.如例 1,用增广矩阵表示线性方程组,则解题过程可写成:

$$\overline{\boldsymbol{A}}=\begin{pmatrix}2&5&3&-2&3\\-3&-1&2&1&-4\\-2&3&-4&-7&13\\1&2&4&1&4\end{pmatrix}\xrightarrow{r_1\leftrightarrow r_4}\begin{pmatrix}1&2&4&1&4\\-3&-1&2&1&-4\\-2&3&-4&-7&13\\2&5&3&-2&3\end{pmatrix}$$

$$\xrightarrow[r_1\times(-2)+r_4]{\substack{r_1\times(-3)+r_2\\r_1\times2+r_3}}\begin{pmatrix}1&2&4&1&4\\0&5&14&4&8\\0&7&4&-5&-5\\0&1&-5&-4&-5\end{pmatrix}\xrightarrow{r_1\leftrightarrow r_4}\begin{pmatrix}1&2&4&1&4\\0&1&-5&-4&-5\\0&7&4&-5&-5\\0&5&14&4&8\end{pmatrix}$$

$$\xrightarrow[r_2\times(-5)+r_4]{r_2\times(-7)+r_3}\begin{pmatrix}1&2&4&1&4\\0&1&-5&-4&-5\\0&0&39&23&30\\0&0&39&24&33\end{pmatrix}\xrightarrow{r_3\times(-1)+r_4}\begin{pmatrix}1&2&4&1&4\\0&1&-5&-4&-5\\0&0&39&23&30\\0&0&0&1&3\end{pmatrix},$$

它表示的方程组就是例 1 中的阶梯形方程组，解为

$$\begin{cases}x_1=1,\\x_2=2,\\x_3=-1,\\x_4=3.\end{cases}$$

可见，用矩阵表示线性方程组的求解过程，不仅简便，而且清晰明了，也易于在计算机上操作.当未知量个数或方程数目较多时，优势更为明显.

归纳起来，例 1 的求解过程为：

(1) 写出线性方程组 $\boldsymbol{AX}=\boldsymbol{b}$ 的增广矩阵 $\overline{\boldsymbol{A}}$；

(2) 将 $\overline{\boldsymbol{A}}$ 用初等行变换化成阶梯形矩阵；

(3) 用逐次回代的方法解对应阶梯形方程组，所得的解即为要求的解.

这种解线性方程组的方法称为高斯消元法，简称消元法.

例 2　解线性方程组

$$\begin{cases}x_1+x_2+x_3+x_4=4,\\2x_1+3x_2+x_3+x_4=9,\\-3x_1+2x_2-8x_3-8x_4=-4.\end{cases}$$

解　因为

$$\overline{\boldsymbol{A}}=\begin{pmatrix}1&1&1&1&4\\2&3&1&1&9\\-3&2&-8&-8&-4\end{pmatrix}\xrightarrow[r_1\times3+r_3]{r_1\times(-2)+r_2}\begin{pmatrix}1&1&1&1&4\\0&1&-1&-1&1\\0&5&-5&-5&8\end{pmatrix}$$

$$\xrightarrow{r_2\times(-5)+r_3}\begin{pmatrix}1&1&1&1&4\\0&1&-1&-1&1\\0&0&0&0&3\end{pmatrix},$$

这个矩阵对应的阶梯形方程组是

$$\begin{cases}x_1+x_2+x_3+x_4=4,\\x_2-x_3-x_4=1,\\0x_4=3.\end{cases}$$

显然，无论 x_1,x_2,x_3,x_4 取哪一组数，都不能使上面的阶梯形方程组的第 3 个方程变成恒等式，这说明此方程组无解，从而原方程组无解.

例 3　解线性方程组

$$\begin{cases}x_1+x_2+x_3+2x_4=3,\\2x_1-x_2+3x_3+8x_4=8,\\-3x_1+2x_2-x_3-9x_4=-5,\\x_2-2x_3-3x_4=-4.\end{cases}$$

解　因为

$$\overline{\boldsymbol{A}}=\begin{pmatrix}1&1&1&2&3\\2&-1&3&8&8\\-3&2&-1&-9&-5\\0&1&-2&-3&-4\end{pmatrix}\xrightarrow[r_1\times3+r_3]{r_1\times(-2)+r_2}\begin{pmatrix}1&1&1&2&3\\0&-3&1&4&2\\0&5&2&-3&4\\0&1&-2&-3&-4\end{pmatrix}$$

$$\xrightarrow{r_2\leftrightarrow r_4}\begin{pmatrix}1&1&1&2&3\\0&1&-2&-3&-4\\0&5&2&-3&4\\0&-3&1&4&2\end{pmatrix}\xrightarrow[r_2\times 3+r_4]{r_2\times(-5)+r_3}\begin{pmatrix}1&1&1&2&3\\0&1&-2&-3&-4\\0&0&12&12&24\\0&0&-5&-5&10\end{pmatrix}$$

$$\xrightarrow{r_3\times\frac{5}{12}+r_4}\begin{pmatrix}1&1&1&2&3\\0&1&-2&-3&-4\\0&0&12&12&24\\0&0&0&0&0\end{pmatrix}\xrightarrow{r_3\times\frac{1}{12}}\begin{pmatrix}1&1&1&2&3\\0&1&-2&-3&-4\\0&0&1&1&2\\0&0&0&0&0\end{pmatrix},$$

最后一个矩阵对应的阶梯形方程组是

$$\begin{cases}x_1+x_2+x_3+2x_4=3,\\x_2-2x_3-3x_4=-4,\\x_3+x_4=2.\end{cases}$$

现在通过解这个方程组来得到原方程组的解.先将方程组中含 x_4 的项移到等号的右端,得

$$\begin{cases}x_1+x_2+x_3=-2x_4+3,\\x_2-2x_3=3x_4-4,\\x_3=-x_4+2,\end{cases}$$

将最后一个方程代回到第 2 个方程,得

$$x_2=x_4,$$

将 $x_2=x_4,x_3=-x_4+2$ 代回到第 1 个方程,得

$$x_1=-2x_4+1,$$

于是得到原方程组的解为

$$\begin{cases}x_1=-2x_4+1,\\x_2=x_4,\\x_3=-x_4+2.\end{cases}$$

显然,未知量 x_4 任取一个值代入上式,都可求得相应的 x_1,x_2,x_3 的一组值,从而得到方程组的一个解.因为未知量 x_4 可以任意取值,所以原方程组有无穷多个解.

我们称上面解中等号右边的未知量 x_4 为原方程组的自由未知量,称用自由未知量表示其他未知量的解的表达式为方程组的一般解.在一般解中,自由未知量都取零值,所得方程组的解称为方程组的特解.如上面例题中,自由未知量 x_4 取 0,代入一般解中,得到方程组的一个特解$(1,0,2,0)^{\mathrm{T}}$.

上面三个例子中线性方程组分别有唯一解、无解、无穷多解.可以证明:线性方程组解的情况只可能是这三种情况之一,即有唯一解、无解或无穷多解(证明略).

用消元法解线性方程组的过程中,当增广矩阵经过初等行变换化成阶梯形矩阵后,要写出相应的阶梯形方程组,并用回代的方法来求解.其实,回代的过程也可用矩阵表示出来,这个过程实际上就是对阶梯形矩阵进一步化简,成为行简化阶梯形矩阵,从这种矩阵中就可直接解出或读出方程组的解.看例 3 的阶梯形矩阵

$$\overline{\boldsymbol{A}}\to\begin{pmatrix}1&1&1&2&3\\0&1&-2&-3&-4\\0&0&1&1&2\\0&0&0&0&0\end{pmatrix}\xrightarrow[r_3\times(-1)+r_1]{r_3\times 2+r_2}\begin{pmatrix}1&1&0&1&1\\0&1&0&-1&0\\0&0&1&1&2\\0&0&0&0&0\end{pmatrix},$$

$$\xrightarrow{r_2\times(-1)+r_1}\begin{pmatrix}1&0&0&2&1\\0&1&0&-1&0\\0&0&1&1&2\\0&0&0&0&0\end{pmatrix},$$

这个矩阵所对应的阶梯形方程组是

$$\begin{cases}x_1+2x_4=1,\\x_2-x_4=0,\\x_3+x_4=2.\end{cases}$$

将此方程组中含 x_4 的项移到等号的右端，就得到原方程组的一般解.

观察阶梯形矩阵知，前三列是未知量 x_1,x_2,x_3 的系数；第 4 列是自由未知量 x_4 的系数，最后一列是方程组的常数项.写方程组的一般解时，含 x_4 的项要移到等号右端，所以 x_4 的系数的符号改变；因为常数项不用移项，所以它的符号不变.掌握了上述规律后，从阶梯形矩阵中就可直接读出方程组的解

$$\begin{cases}x_1=-2x_4+1,\\x_2=x_4,\\x_3=-x_4+2\end{cases}\quad(x_4\text{ 是自由未知量}).$$

例 4　解线性方程组

$$\begin{cases}x_1+4x_2+5x_3-3x_4=8,\\3x_1-x_2-x_3+4x_4=2,\\2x_1+x_2+x_3+x_4=3,\\-x_1+3x_2-2x_3-4x_4=-13.\end{cases}$$

解　对增广矩阵进行初等行变换，将其化成行简化阶梯形矩阵：

$$\overline{\boldsymbol{A}}=\begin{pmatrix}1&4&5&-3&8\\3&-1&-1&4&2\\2&1&1&1&3\\-1&3&-2&-4&-13\end{pmatrix}\xrightarrow[r_1+r_4]{\substack{r_1\times(-3)+r_2\\r_1\times(-2)+r_3}}\begin{pmatrix}1&4&5&-3&8\\0&-13&-16&13&-22\\0&-7&-9&7&-13\\0&7&3&-7&-5\end{pmatrix}$$

$$\xrightarrow{\substack{r_4\times2+r_2\\r_4+r_3}}\begin{pmatrix}1&4&5&-3&8\\0&1&-10&-1&-32\\0&0&-6&0&-18\\0&7&3&-7&-5\end{pmatrix}\xrightarrow{\substack{r_2\times(-4)+r_1\\r_2\times(-7)+r_4\\-\frac{1}{6}r_3}}\begin{pmatrix}1&0&45&1&136\\0&1&-10&-1&-32\\0&0&1&0&3\\0&0&73&0&219\end{pmatrix}$$

$$\xrightarrow{\substack{r_3\times(-45)+r_1\\r_3\times10+r_2\\r_3\times(-73)+r_4}}\begin{pmatrix}1&0&0&1&1\\0&1&0&-1&-2\\0&0&1&0&3\\0&0&0&0&0\end{pmatrix},$$

所以，方程组的一般解是

$$\begin{cases}x_1=-x_4+1,\\x_2=x_4-2,\\x_3=3\end{cases}\quad(x_4\text{ 是自由未知量}).$$

综上所述，用消元法解线性方程组的具体步骤可归纳为：

第一步：写出增广矩阵 $\overline{\mathbf{A}}$，用初等行变换将 $\overline{\mathbf{A}}$ 化成阶梯形矩阵，或将 $\overline{\mathbf{A}}$ 化成行简化阶梯形矩阵；

第二步：写出相应的阶梯形方程组，并用回代的方法求解，或从行简化阶梯形矩阵读出解.

最后提醒注意的是，方程组的自由未知量的取法不是唯一的.如例 4 也可以取 x_1 做自由未知量(当然，取 x_2 做也可以)，由第一个方程 $x_1=-x_4+1$ 得 $x_4=-x_1+1$，代入到第二个方程中，得 $x_2=-x_1-1$，于是得到

$$\begin{cases} x_2=-x_1-1, \\ x_3=3, \\ x_4=-x_1+1 \end{cases} \quad (x_1 \text{ 是自由未知量}).$$

它也是例 4 的一般解.上式虽然和前面的解形式上不同，但其本质是相同的，都表示了线性方程组的所有解.

例 5 已知某厂的总成本函数是产量的三次函数. 据统计资料，某厂生产的产品与总成本见下表，求总成本函数.

批　次	第 1 批	第 2 批	第 3 批	第 4 批
产量 q/百件	2	3	4	5
总成本 C/千元	122	146	180	230

解 设总成本函数为

$$C=a+bq-cq^2+dq^3,$$

由表 8-1 可得

$$\begin{cases} a+2b-4c+8d=122, \\ a+3b-9c+27d=146, \\ a+4b-16c+64d=180, \\ a+5b-25c+125d=230. \end{cases}$$

增广矩阵

$$(\boldsymbol{AB})=\begin{pmatrix} 1 & 2 & -4 & 8 & 122 \\ 1 & 3 & -9 & 27 & 146 \\ 1 & 4 & -16 & 64 & 180 \\ 1 & 5 & -25 & 125 & 230 \end{pmatrix} \xrightarrow[r_4+r_1\times(-1)]{\substack{r_2+r_1\times(-1) \\ r_3+r_1\times(-1)}} \begin{pmatrix} 1 & 2 & -4 & 8 & 122 \\ 0 & 1 & -5 & 19 & 24 \\ 0 & 2 & -12 & 56 & 58 \\ 0 & 3 & -21 & 117 & 108 \end{pmatrix}$$

$$\xrightarrow[r_4+r_2\times(-3)]{\substack{r_1+r_2\times(-2) \\ r_3+r_2\times(-2)}} \begin{pmatrix} 1 & 0 & 6 & -30 & 74 \\ 0 & 1 & -5 & 19 & 24 \\ 0 & 0 & -2 & 18 & 10 \\ 0 & 0 & -6 & 60 & 36 \end{pmatrix} \xrightarrow{\left(-\frac{1}{2}\right)r_3} \begin{pmatrix} 1 & 0 & 6 & -30 & 74 \\ 0 & 1 & -5 & 19 & 24 \\ 0 & 0 & 1 & -9 & -5 \\ 0 & 0 & -6 & 60 & 36 \end{pmatrix}$$

$$\xrightarrow[r_4+r_3\times 6]{\substack{r_1+r_3\times(-6) \\ r_2+r_3\times 5}} \begin{pmatrix} 1 & 0 & 0 & 24 & 104 \\ 0 & 1 & 0 & -26 & -1 \\ 0 & 0 & 1 & -9 & -5 \\ 0 & 0 & 0 & 6 & 6 \end{pmatrix} \xrightarrow{\frac{1}{6}r_4} \begin{pmatrix} 1 & 0 & 0 & 24 & 104 \\ 0 & 1 & 0 & -26 & -1 \\ 0 & 0 & 1 & -9 & -5 \\ 0 & 0 & 0 & 1 & 1 \end{pmatrix}$$

$$\xrightarrow[r_4+r_4\times 9]{\substack{r_1+r_4\times(-24)\\ r_2+r_4\times 26}}\begin{pmatrix}1&0&0&0&80\\0&1&0&0&25\\0&0&1&0&4\\0&0&0&1&1\end{pmatrix},$$

所以，$a=80$，$b=25$，$c=4$，$d=1$. 因此，所求的总成本函数是

$$C=80+25q-4q^2+q^3.$$

训练任务 8.2

1. 判断下列矩阵是否为行简化阶梯形矩阵；若不是，将其化为行简化阶梯形矩阵.

(1) $\begin{pmatrix}5&4&0&0&1\\0&2&7&0&5\\0&0&0&1&3\end{pmatrix}$；(2) $\begin{pmatrix}1&0&-2&5\\0&1&4&-1\\0&1&2&3\end{pmatrix}$；(3) $\begin{pmatrix}1&5&0&7&6\\0&0&1&2&5\\0&0&0&1&3\end{pmatrix}$；(4) $\begin{pmatrix}1&0&0&3&0\\0&0&1&2&0\\0&0&0&0&1\end{pmatrix}$.

2. 已知线性方程组 $\boldsymbol{AX}=\boldsymbol{b}$ 的增广矩阵经初等行变换化为阶梯形矩阵

$$\begin{pmatrix}1&2&-1&6&3&35\\0&2&1&-3&8&1\\0&0&1&-5&2&-1\\0&0&0&0&0&0\end{pmatrix},$$

求方程组的解.

3. 用消元法解下列方程组：

(1) $\begin{cases}5x_1+x_2+2x_3=2,\\2x_1+x_2+x_3=4,\\9x_1+2x_2+5x_3=3;\end{cases}$
(2) $\begin{cases}2x_1-3x_2+x_3+5x_4=6,\\-3x_1+x_2+2x_3-4x_4=5,\\-x_1-2x_2+3x_3+x_4=11;\end{cases}$

(3) $\begin{cases}x_1-5x_2+2x_3-3x_4=-9,\\-3x_1+x_2-4x_3+2x_4=-1,\\-x_1-9x_2-4x_4=-19,\\5x_1+3x_2+6x_3-x_4=11;\end{cases}$
(4) $\begin{cases}x_1+3x_2-7x_3=-8,\\2x_1+5x_2+4x_3=4,\\-3x_1-7x_2-2x_3=-3,\\x_1+4x_2-12x_3=-15;\end{cases}$

(5) $\begin{cases}2x_1+x_2-5x_3=0,\\x_1+3x_2=-5,\\-x_1+x_2+4x_3=-3,\\4x_1+5x_2-7x_3=-6;\end{cases}$
(6) $\begin{cases}x_1+x_2+x_3+x_4=-7,\\x_1-3x_3-x_4=8,\\x_1+2x_2-x_3+x_4=-2,\\3x_1+3x_2+3x_3+2x_4=-11,\\2x_1+2x_2+2x_3+x_4=-4;\end{cases}$

(7) $\begin{pmatrix}2&-3&1&-5\\-5&-10&-2&1\\1&4&3&2\\2&-4&9&-3\end{pmatrix}\begin{pmatrix}x_1\\x_2\\x_3\\x_4\end{pmatrix}=\begin{pmatrix}1\\-21\\1\\-16\end{pmatrix}$.

4. 解下列齐次线性方程组：

(1) $\begin{cases}3x_1-5x_2+x_3-2x_4=0,\\2x_1+3x_2-5x_3+x_4=0,\\-x_1+7x_2-4x_3+3x_4=0,\\4x_1+15x_2-7x_3+10x_4=0;\end{cases}$
(2) $\begin{cases}5x_1-2x_2+4x_3-3x_4=0,\\-3x_1+5x_2-x_3+2x_4=0,\\x_1-3x_2+2x_3+x_4=0.\end{cases}$

第三节　线性方程组解的情况判定

第一节讨论了消元法解线性方程组，解的情况有三种：唯一解、无穷多解、无解．回顾它的求解过程，实际上就是对线性方程组

$$\begin{cases}a_{11}x_1+a_{12}x_2+\cdots+a_{1n}x_n=b_1,\\ a_{21}x_1+a_{22}x_2+\cdots+a_{2n}x_n=b_2,\\ \cdots\cdots\cdots\cdots\cdots\cdots\cdots\cdots\cdots\cdots\cdots\cdots\\ a_{m1}x_1+a_{m2}x_2+\cdots+a_{mn}x_n=b_m\end{cases}$$

的增广矩阵

$$\overline{\mathbf{A}}=\begin{pmatrix}a_{11} & a_{12} & \cdots & a_{1n} & b_1\\ a_{21} & a_{22} & \cdots & a_{2n} & b_2\\ \vdots & \vdots & & \vdots & \vdots\\ a_{m1} & a_{m2} & \cdots & a_{mn} & b_m\end{pmatrix}$$

通过初等行变换，化成如下形式的矩阵

$$\begin{pmatrix}c_{11} & c_{12} & \cdots & c_{1j} & \cdots & c_{1n} & d_1\\ 0 & c_{22} & \cdots & c_{2j} & \cdots & c_{2n} & d_2\\ \vdots & \vdots & & \vdots & & \vdots & \vdots\\ 0 & 0 & \cdots & c_{rj} & \cdots & c_{rn} & d_r\\ 0 & 0 & \cdots & 0 & \cdots & 0 & d_{r+1}\\ \vdots & \vdots & & \vdots & & \vdots & \vdots\\ 0 & 0 & \cdots & 0 & \cdots & 0 & 0\end{pmatrix},$$

其中 $c_{rj}\neq 0$.

当 $d_{r+1}\neq 0$ 时，对应的方程组中出现矛盾式，$0x_1+0x_2+\cdots+0x_n=d_{r+1}\neq 0$，此时，原方程组无解．因此，只有当 $d_{r+1}=0$ 时，原方程组有解；当 $d_{r+1}\neq 0$ 时，原方程组无解．这就是说，方程组是否有解，关键在于增广矩阵 $\overline{\mathbf{A}}$ 化为阶梯形矩阵后，d_{r+1} 是否为 0，也就是增广矩阵 $\overline{\mathbf{A}}$ 化为阶梯形矩阵后的非 0 行数和系数矩阵 $\mathbf{A}$ 化为阶梯形矩阵后的非 0 行的行数是否相等．我们知道，一个矩阵经过初等行变换化为阶梯形矩阵后，其非 0 行的数目就是该矩阵的秩，因此，线性方程组是否有解，就可以用系数矩阵和增广矩阵的秩来刻画．

定理 1　线性方程组 $\mathbf{AX}=\boldsymbol{b}$ 有解的充分必要条件是它的系数矩阵的秩和增广矩阵的秩相等，即

$$r(\mathbf{A})=r(\overline{\mathbf{A}}).$$

这样，当方程组有解时，$d_{r+1}=0$，$r(\mathbf{A})=r(\overline{\mathbf{A}})=r$，增广矩阵 $\overline{\mathbf{A}}$ 就可化为如下阶梯形矩阵

$$\begin{pmatrix}c_{11} & c_{12} & \cdots & c_{1j} & c_{1,j+1} & \cdots & c_{1n} & d_1\\ 0 & c_{22} & \cdots & c_{2j} & c_{2,j+1} & \cdots & c_{2n} & d_2\\ \vdots & \vdots & & \vdots & \vdots & & \vdots & \vdots\\ 0 & 0 & \cdots & c_{rj} & c_{r,j+1} & \cdots & c_{rn} & d_r\\ 0 & 0 & \cdots & 0 & 0 & \cdots & 0 & 0\\ \vdots & \vdots & & \vdots & \vdots & & \vdots & \vdots\\ 0 & 0 & \cdots & 0 & 0 & \cdots & 0 & 0\end{pmatrix},$$

其中 $c_{rj}\neq 0$,此阶梯形矩阵有 r 个非 0 行,每个非 0 行的第一个元素称为主元素,有 r 个.主元素所在列对应的未知量称为基本未知量,也有 r 个.其余的未知量做自由未知量,有 $n-r$ 个.将阶梯形矩阵表示的方程组中含有基本未知量的项留在方程左端,含自由未知量的项移到方程右端,并用逐个方程回代的方法就得到线性方程组的一般解.在一般解中,对于自由未知量任意取定的一组值,可以唯一地确定相应基本未知量的一组值,从而构成方程组的一个解.由此可知,只要存在自由未知量,线性方程组就有无穷多个解;反之,若没有自由未知量,即 $n-r=0$,亦即 $r=n$ 时,方程组就只有唯一解.于是有以下定理:

定理 2　若线性方程组 $\boldsymbol{AX}=\boldsymbol{b}$ 满足 $r(\boldsymbol{A})=r(\overline{\boldsymbol{A}})=r$,则当 $r=n$ 时,线性方程组有唯一解;当 $r<n$ 时,线性方程组有无穷多解.

定理 1 回答线性方程组是否有解的问题,定理 2 回答线性方程组在有解的情况下,解是否唯一的问题.而如何求解以及解的表达问题,已在第一节中给予了回答.至此,本章开头提出的问题已全部解决.

定理 1 和定理 2 统称为线性方程组解的判定定理.因为 n 元齐次线性方程组

$$\begin{cases} a_{11}x_1+a_{12}x_2+\cdots+a_{1n}x_n=0, \\ a_{21}x_1+a_{22}x_2+\cdots+a_{2n}x_n=0, \\ \cdots\cdots\cdots\cdots\cdots\cdots\cdots\cdots\cdots\cdots \\ a_{m1}x_1+a_{m2}x_2+\cdots+a_{mn}x_n=0 \end{cases}$$

总有零解,齐次线性方程组在什么情况下有非零解呢? 由定理 2 得到:

推论　n 元齐次线性方程组 $\boldsymbol{AX}=\boldsymbol{0}$ 有非零解的充要条件是系数矩阵 $\boldsymbol{A}$ 的秩小于未知量的个数,即

$$r(\boldsymbol{A})<n.$$

例 1　判定下列方程组是否有解;若有解,说明解的个数.

(1) $\begin{cases} x_1-2x_2+x_3=0, \\ 2x_1-3x_2+x_3=-4, \\ 4x_1-3x_2-2x_3=-2, \\ 3x_1-2x_3=5; \end{cases}$　　(2) $\begin{cases} x_1-2x_2+x_3=0, \\ 2x_1-3x_2+x_3=-4, \\ 4x_1-3x_2-2x_3=-2, \\ 3x_1-2x_3=-42; \end{cases}$

(3) $\begin{cases} x_1-2x_2+x_3=0, \\ 2x_1-3x_2+x_3=-4, \\ 4x_1-3x_2-2x_3=-20, \\ 3x_1-2x_3=-24. \end{cases}$

解　(1) $$\overline{\boldsymbol{A}}=\begin{pmatrix} 1 & -2 & 1 & 0 \\ 2 & -3 & 1 & -4 \\ 4 & -3 & -2 & -2 \\ 3 & 0 & -2 & 5 \end{pmatrix} \xrightarrow[r_1\times(-3)+r_4]{\substack{r_1\times(-2)+r_2 \\ r_1\times(-4)+r_3}} \begin{pmatrix} 1 & -2 & 1 & 0 \\ 0 & 1 & -1 & -4 \\ 0 & 5 & -6 & -2 \\ 0 & 6 & -5 & 5 \end{pmatrix}$$

$$\xrightarrow[r_2\times(-6)+r_4]{r_2\times(-5)+r_3} \begin{pmatrix} 1 & -2 & 1 & 0 \\ 0 & 1 & -1 & -4 \\ 0 & 0 & -1 & 18 \\ 0 & 0 & 1 & 29 \end{pmatrix} \xrightarrow{r_3+r_4} \begin{pmatrix} 1 & -2 & 1 & 0 \\ 0 & 1 & -1 & -4 \\ 0 & 0 & -1 & 18 \\ 0 & 0 & 0 & 47 \end{pmatrix},$$

因为 $r(\boldsymbol{A})=3\neq 4=r(\overline{\boldsymbol{A}})$,所以该方程无解.

同理,将方程组(2),(3)的增广矩阵化为阶梯形矩阵:

$$(2)\ \overline{\mathbf{A}}=\begin{pmatrix}1 & -2 & 1 & 0\\ 2 & -3 & 1 & -4\\ 4 & -3 & -2 & -2\\ 3 & 0 & -2 & -42\end{pmatrix}\to\cdots\to\begin{pmatrix}1 & -2 & 1 & 0\\ 0 & 1 & -1 & -4\\ 0 & 0 & -1 & 18\\ 0 & 0 & 0 & 0\end{pmatrix},$$

因为 $r(\mathbf{A})=r(\overline{\mathbf{A}})=3$,所以方程组有唯一解.

$$(3)\ \overline{\mathbf{A}}=\begin{pmatrix}1 & -2 & 1 & 0\\ 2 & -3 & 1 & -4\\ 4 & -3 & -1 & -20\\ 3 & 0 & -3 & -24\end{pmatrix}\to\cdots\to\begin{pmatrix}1 & -2 & 1 & 0\\ 0 & 1 & -1 & -4\\ 0 & 0 & 0 & 0\\ 0 & 0 & 0 & 0\end{pmatrix},$$

因为 $r(\mathbf{A})=r(\overline{\mathbf{A}})=2<3$,所以方程组有无穷多解.

例 2　当 a,b 为何值时,线性方程组

$$\begin{cases}x_1+3x_2+x_3=0,\\ 3x_1+2x_2+3x_3=-1,\\ -x_1+4x_2+ax_3=b\end{cases}$$

有唯一解、无穷多解或无解?

解　$$\overline{\mathbf{A}}=\begin{pmatrix}1 & 3 & 1 & 0\\ 3 & 2 & 3 & -1\\ -1 & 4 & a & b\end{pmatrix}\xrightarrow{r_1\times(-3)+r_2}\begin{pmatrix}1 & 3 & 1 & 0\\ 0 & -7 & 0 & -1\\ 0 & 7 & a+1 & b\end{pmatrix}$$

$$\xrightarrow{r_2+r_3}\begin{pmatrix}1 & 3 & 1 & 0\\ 0 & -7 & 0 & -1\\ 0 & 0 & a+1 & b-1\end{pmatrix}.$$

当 $a=-1$ 且 $b\neq1$ 时,$r(\mathbf{A})<r(\overline{\mathbf{A}})$,方程组无解;

当 $a=-1$ 且 $b=1$ 时,$r(\mathbf{A})<r(\overline{\mathbf{A}})=2<3$,方程组有无穷多解;

当 $a\neq-1$ 时,$r(\mathbf{A})<r(\overline{\mathbf{A}})=3$,方程组有唯一解.

例 3　当 λ 为何值时,线性方程组

$$\begin{cases}x_1-7x_2+4x_3+2x_4=0,\\ 2x_1-5x_2+3x_3+2x_4=1,\\ 5x_1-8x_2+5x_3+4x_4=3,\\ 4x_1-x_2+x_3+2x_4=\lambda\end{cases}$$

有解?若有解,求出它的解.

解　$$\overline{\mathbf{A}}=\begin{pmatrix}1 & -7 & 4 & 2 & 0\\ 2 & -5 & 3 & 2 & 1\\ 5 & -8 & 5 & 4 & 3\\ 4 & -1 & 1 & 2 & \lambda\end{pmatrix}\xrightarrow[r_1\times(-4)+r_4]{\substack{r_1\times(-2)+r_2\\ r_1\times(-5)+r_3}}\begin{pmatrix}1 & -7 & 4 & 2 & 0\\ 0 & 9 & -5 & -2 & 1\\ 0 & 27 & -15 & -6 & 3\\ 0 & 27 & -15 & -6 & \lambda\end{pmatrix}$$

$$\xrightarrow{\substack{r_2\times(-3)+r_3\\ r_2\times(-3)+r_4}}\begin{pmatrix}1 & -7 & 4 & 2 & 0\\ 0 & 9 & -5 & -2 & 1\\ 0 & 0 & 0 & 0 & 0\\ 0 & 0 & 0 & 0 & \lambda-3\end{pmatrix}.$$

当 $\lambda=3$ 时，$r(\mathbf{A})=r(\overline{\mathbf{A}})=2<4$，方程组有无穷多解.这时，将 $\overline{\mathbf{A}}$ 继续进行初等行变换，化为行简化阶梯形矩阵

$$\overline{\mathbf{A}}\rightarrow\begin{pmatrix}1&-7&4&2&0\\0&9&-5&-2&1\\0&0&0&0&0\\0&0&0&0&0\end{pmatrix}\longrightarrow\begin{pmatrix}1&0&\frac{1}{9}&\frac{4}{9}&\frac{7}{9}\\0&1&-\frac{5}{9}&-\frac{2}{9}&\frac{1}{9}\\0&0&0&0&0\\0&0&0&0&0\end{pmatrix},$$

所以，线性方程组的一般解为

$$\begin{cases}x_1=-\frac{1}{9}x_3-\frac{4}{9}x_4+\frac{7}{9},\\x_2=\frac{5}{9}x_3+\frac{2}{9}x_4+\frac{1}{9}\end{cases}\quad(\text{其中 } x_3,x_4 \text{ 是自由未知量}).$$

训练任务 8.3

1. 判断下列方程组解的情况：

(1) $\begin{pmatrix}2&1&1\\1&3&1\\1&1&5\\2&3&-3\end{pmatrix}\begin{pmatrix}x_1\\x_2\\x_3\end{pmatrix}=\begin{pmatrix}2\\5\\-7\\14\end{pmatrix}$；

(2) $\begin{pmatrix}2&1&-1&1\\3&-2&2&-3\\5&1&-1&2\\2&-1&1&-3\end{pmatrix}\begin{pmatrix}x_1\\x_2\\x_3\\x_4\end{pmatrix}=\begin{pmatrix}1\\2\\-1\\4\end{pmatrix}$；

(3) $\begin{cases}x_1-3x_2-2x_3-x_4=6,\\3x_1-8x_2+x_3+5x_4=0,\\-2x_1+x_2-4x_3+2x_4=-4,\\-x_1-2x_2-6x_3+x_4=2;\end{cases}$

(4) $\begin{cases}3x_1+2x_2+5x_3+3x_4=0,\\4x_1-5x_2+3x_4=0,\\-2x_1-x_3-3x_4=0,\\5x_1-3x_2+2x_3+5x_4=0.\end{cases}$

2. 判断下列方程组是否有解；若有解，求出解.

(1) $\begin{cases}x_1-2x_2+x_3-x_4=0,\\2x_1+x_2-x_3+x_4=0,\\x_1+7x_2-5x_3+5x_4=0,\\3x_1-x_2-2x_3-\lambda x_4=0;\end{cases}$

(2) $\begin{cases}x_1-2x_2+3x_3-4x_4=4,\\x_2-x_3+x_4=-3,\\x_1+3x_2-3x_4=1,\\-7x_2+3x_3+x_4=2.\end{cases}$

3. λ 为何值时，方程组 $\begin{pmatrix}\lambda&1&1\\1&\lambda&1\\1&1&\lambda\end{pmatrix}\begin{pmatrix}x\\y\\z\end{pmatrix}=\begin{pmatrix}1\\\lambda\\\lambda^2\end{pmatrix}$ 有唯一解或无穷多解？

4. a,b 为何值时，方程组 $\begin{cases}x_1-x_2-x_3=1,\\x_1+x_2-2x_3=2,\\x_1+3x_2+ax_3=b\end{cases}$ 有唯一解、无穷多解或无解？

5. 判断下列方程组解的情况，有解时求解.

(1) $\begin{cases}x_1+3x_2-2x_3=0,\\x_1+7x_2+2x_3=0,\\2x_1+14x_2+5x_3=0;\end{cases}$

(2) $\begin{cases}x_1-2x_2+3x_3=4,\\2x_1+x_2-3x_3=5,\\-x_1+2x_2+2x_3=6,\\3x_1-3x_2+2x_3=7.\end{cases}$

第四节　线性规划简介

线性规划是运筹学中应用广泛的一个重要分支，是辅助人们进行科学管理的一种数学方法. 在工农业生产、经营活动、企业管理等各个领域，提高经济效益是人们的目标，而提高经济效益一般通过两种途径：一是技术改进，如改善生产工艺，使用新设备和新型原材料；二是科学的管理决策，也就是合理调配人力、物力、财力资源. 线性规划所研究的是在一定条件下，合理安排人力、物力等资源，使经济效益达到最好. 本节将简单介绍如何建立线性规划问题的数学模型和求解线性规划问题的基本方法.

一、线性规划数学模型的构建

用线性规划数学模型解决复杂的实际问题，需要用简单的数学形式将实际问题描述出来，使建立的数学模型能简单、准确地反映实际问题. 一般地，求线性目标函数在线性约束条件下的最大值或最小值的问题，统称为线性规划问题.

建立线性规划数学模型，首先要设出决策变量，其次是确定目标函数，然后找出约束条件.

例 1　某建筑工地要用长度为 6 000 mm 的铝合金方管做 1 500 个日字形窗框，需用长度为 1 800 mm 长的毛料 3 000 条，1 400 mm 长的毛料 4 500 条. 问怎样下料能使所用材料最省？试建立其数学模型.

解　把长度为 6 000 mm 的方管截成长度分别为 1 800 mm 和 1 400 mm 的毛料，共有 4 种不同的方法选用，具体见下表.

	方法 1	方法 2	方法 3	方法 4	需求量/条
1 800	3	2	1	0	3 000
1 400	0	1	3	4	4 500
余料头长度/mm	600	1 000	0	400	

设 x_1, x_2, x_3, x_4 分别表示 4 种下料方法所用方管数，则 $x_j \geqslant 0\ (j=1,2,3,4)$.

要达到的目标就是使用的方管数

$$S=x_1+x_2+x_3+x_4$$

最小，即目标函数为

$$\min S=x_1+x_2+x_3+x_4.$$

因为四种方法所得到的 1 800 mm 长的毛料数 $3x_1+2x_2+x_3+0x_4$ 应是 3 000 条，所以，满足这一条件的约束方程为

$$3x_1+2x_2+x_3=3\ 000.$$

同理可得 1 400 mm 长的毛料的约束方程为

$$x_2+3x_3+4x_4=4500.$$

综上，该问题的数学模型是

$$\min S=x_1+x_2+x_3+x_4,$$
$$\begin{cases}3x_1+2x_2+x_3=3\ 000,\\x_2+3x_3+4x_4=4\ 500,\\x_j\geqslant 0\ (j=1,2,3,4).\end{cases}$$

例 2 某工厂生产Ⅰ、Ⅱ两种型号的产品．已知生产 1 个单位的Ⅰ型产品只需用 A 原料 4 个单位，获利 200 元，需用 1 个设备台时；生产 1 个单位的Ⅱ型产品只需用 B 原料 4 个单位，获利 300 元，需用 2 个设备台时．该厂每日消耗 A 原料最多 20 单位，B 原料 12 单位，每日设备 8 台时，如下表所示．问应如何安排生产，使其获利最大？试建立其数学模型．

	产品Ⅰ	产品Ⅱ	设备台时总量或原材料总量
设备台时	1	2	8
原料 A	4	0	20
原料 B	0	4	12
利润/百元	2	3	

解 设 x_1,x_2 分别为生产Ⅰ、Ⅱ型产品的单位数量，则 $x_1\geqslant 0,x_2\geqslant 0$．

要达到的目标就是使获得的利润

$$S=2x_1+3x_2$$

最大，即目标函数为

$$\max S=2x_1+3x_2.$$

约束条件为

$$x_1+2x_2\leqslant 8,$$
$$4x_1\leqslant 20,$$
$$4x_2\leqslant 12.$$

所以，该问题的数学模型是

$$\max S=2x_1+3x_2,$$
$$\begin{cases}x_1+2x_2\leqslant 8,\\4x_1\leqslant 20,\\4x_2\leqslant 12,\\x_1\geqslant 0,x_2\geqslant 0.\end{cases}$$

从上面两例可以看出，首先要确定一组有明确含义的变量，称为决策变量．问题的目标是选取这些决策变量的值，使一个函数取得最大值或最小值，这个函数称为目标函数．利用决策变量把问题的条件表示成等式或不等式，称为约束条件．如果目标函数是决策变量的线性函数，约束条件也都是决策变量的线性等式或线性不等式，则称这一类问题为线性规划问题．

二、线性规划模型的标准形式

线性规划问题有多种形式，其中例 1 和例 2 都是线性规划问题的一般形式．为了便于讨论，我们将下列形式的线性规划问题称为线性规划问题的标准形式．

$$\max S=c_1x_1+c_2x_2+\cdots+c_nx_n,$$
$$\begin{cases}a_{11}x_1+a_{12}x_2+\cdots+a_{1n}x_n=b_1,\\a_{21}x_1+a_{22}x_2+\cdots+a_{2n}x_n=b_2,\\\cdots\cdots\quad\cdots\cdots\quad\cdots\cdots\cdots\cdots\\a_{m1}x_1+a_{m2}x_2+\cdots+a_{mn}x_n=b_m,\\x_1\geqslant 0,x_2\geqslant 0,\cdots,x_n\geqslant 0,\end{cases}$$

其中 $b_i\geqslant 0(i=1,2,\cdots,m)$. 或简记成

$$\max S=\sum_{j=1}^{n}c_jx_j,$$
$$\begin{cases}\sum_{j=1}^{n}a_{ij}x_j=b_i\ (b_i\geqslant 0)(i=1,2,\cdots,m),\\x_j\geqslant 0\ (j=1,2,\cdots,n).\end{cases}$$

线性规划问题的标准形式具有下述特点.

(1) 对目标函数一律求最大值;

(2) 所有的变量都是非负的;

(3) 除非负外,所有的约束条件都用等式表示;

(4) 约束方程等式右端的常数(称为约束常数)都是非负的.

所有形式的线性规划问题都可化为标准形式. 如何将线性规划问题的一般形式化为标准形式呢? 有以下几种情况.

(1) 如果目标函数是求最小值,即 $\min S=\sum_{j=1}^{n}c_jx_j$,只要令 $Z=-S$,问题就转化为

$$\max Z=\sum_{j=1}^{n}(-c_jx_j).$$

(2) 当决策变量 x_i 无非负约束时(这时称 x_i 为自由变量),可以引入两个非负变量 $x_{n+k}\geqslant 0,x_{n+k+1}\geqslant 0$,令 $x_i=x_{n+k}-x_{n+k+1}$,代入目标函数和约束条件消去 x_i,并添加 $x_{n+k}\geqslant 0$ 和 $x_{n+k+1}\geqslant 0$ 两个约束条件.

(3) 当约束条件中出现 $x_i\geqslant d_i(d_i\neq 0)$时,只要令 $y_i=x_i-d_i$,代入目标函数和约束条件消去 x_i,则约束条件 $x_i\geqslant d_i(d_i\neq 0)$就化成 $y_i\geqslant 0$.

(4) 如果约束条件中具有不等式 $\sum_{j=1}^{n}a_{ij}x_j\leqslant b_i$,则可引入松弛变量 x_{n+k},使得该约束条件成为

$$\sum_{j=1}^{n}a_{ij}x_j+x_{n+k}=b_i,\quad x_{n+k}\geqslant 0.$$

如果约束条件中具有不等式 $\sum_{j=1}^{n}a_{ij}x_j\geqslant b_i$,则可引入剩余变量 x_{n+k},使得该约束条件成为

$$\sum_{j=1}^{n}a_{ij}x_j-x_{n+k}=b_i,\quad x_{n+k}\geqslant 0.$$

(5) 当约束条件右端的约束常数 $b_i<0$ 时,只要在第 i 个约束方程两端同乘以 -1,便可得 $-b_i\geqslant 0$.

例 3 将下面的线性规划问题化为标准形式:

$$\min S=-x_1+3x_2,$$
$$\begin{cases}3x_1+x_2\leqslant 12,\\ -x_1+x_2\geqslant 7,\\ -x_1+x_2=-5,\\ x_1\geqslant 0,x_2\geqslant 0.\end{cases}$$

解　令 $Z=-S$;对不等式约束条件,分别引入松弛变量 x_3 和剩余变量 x_4;第 3 个约束条件两端同乘以 -1,就可将线性规划问题化为标准形式

$$\max Z=x_1-3x_2,$$
$$\begin{cases}3x_1+x_2+x_3=12,\\ -x_1+x_2-x_4=7,\\ x_1-x_2=5,\\ x_j\geqslant 0\ (j=1,2,3,4).\end{cases}$$

例 4　将下面的线性规划问题化为标准形式

$$\max S=2x_1+3x_2-x_3,$$
$$\begin{cases}3x_1+x_2-x_3\leqslant 9,\\ x_1+2x_2-2x_3\geqslant 5,\\ -x_1+x_2+3x_3=-2,\\ x_1\geqslant 0,x_2\geqslant 0,x_3\text{ 为自由变量}.\end{cases}$$

解　由于 x_3 是自由变量,故令 $x_3=x_4-x_5$,$x_4\geqslant 0$,$x_5\geqslant 0$;对不等式约束条件,分别引入松弛变量 x_6 和剩余变量 x_7;第 3 个约束条件两端同乘以 -1,就可将线性规划问题化为标准形式

$$\max S=2x_1+3x_2-x_4+x_5+0x_6+0x_7,$$
$$\begin{cases}3x_1+x_2-x_4+x_5+x_6=9,\\ x_1+2x_2-2x_4+2x_5+x_7=5,\\ -x_1+x_2-3x_4+3x_5=2,\\ x_j\geqslant 0\ (j=1,2,4,5,6,7).\end{cases}$$

三、两个变量线性规划模型问题的图解法

线性规划问题的图解法是解两个变量线性规划问题的几何方法,它是线性规划问题的代数解法——单纯形法的基础. 下面先给出线性规划问题的几个概念.

1. 可行解与可行域

满足线性规划问题约束条件的解称为线性规划问题的可行解. 所有可行解组成的区域称为线性规划问题的可行域(就是由约束条件围成的区域).

2. 最优解与最优值

使目标函数成立的可行解称为线性规划问题的最优解. 最优解对应的目标函数值称为最优值.

例 5　用图解法解线性规划问题

$$\max S=-x_1+3x_2,$$
$$\begin{cases}x_1+2x_2\leqslant 10,\\ x_1-2x_2\leqslant 6,\\ x_1\geqslant 0,x_2\geqslant 0.\end{cases}$$

解　在直角坐标系 x_1Ox_2 内画出直线 $x_1+2x_2=10$，$x_1-2x_2=6$. 确定由约束条件 $x_1+2x_2\leqslant 10$，$x_1-2x_2\geqslant 6$，$x_1\geqslant 0$，$x_2\geqslant 0$ 围成的可行域. 图 8-1 所示的四边形区域 $OABC$ 就是可行域.

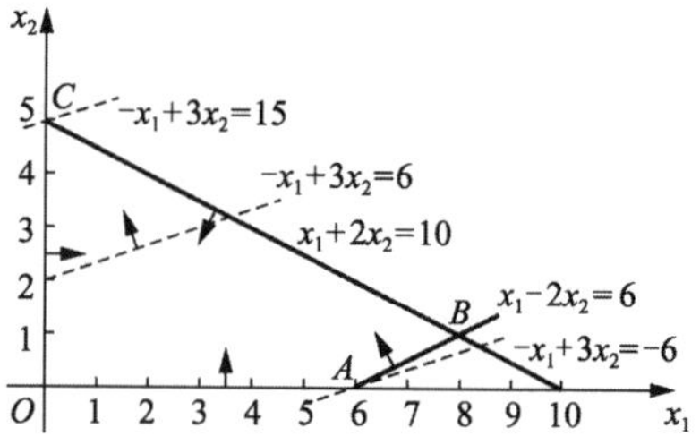

图 8-1

可行域 $OABC$ 上每一点都满足约束条件，因此，可行域 $OABC$ 上每一点的坐标都是可行解. 我们的目的是在可行域 $OABC$ 上找到使目标函数 $S=-x_1+2x_2$ 取值最大的可行解，为此，我们把 $S=-x_1+2x_2$ 中的 S 看成参数，当 S 取定值时，$S=-x_1+2x_2$是一条直线. 当 $S=-6,6,15$ 时，目标函数 $S=-x_1+2x_2$ 的图像(图 8-1 中的虚线所示，称为目标函数等值线)可看出 S 增加的方向. 易见，可行域的顶点 C 是使目标函数值最大的可行解. 所以，该线性规划问题的最优解为

$$\begin{cases}x_1=0,\\ x_2=5,\end{cases}$$

目标函数的最优值为

$$\max S=-0+3\times 5=15.$$

例 6　用图解法解线性规划问题

$$\max S=x_1+2x_2,$$
$$\begin{cases}x_1+2x_2\leqslant 10,\\ x_1-2x_2\leqslant 6,\\ x_1\geqslant 0,x_2\geqslant 0.\end{cases}$$

解　可行域与例 5 相同，只是目标函数与例 5 不同.

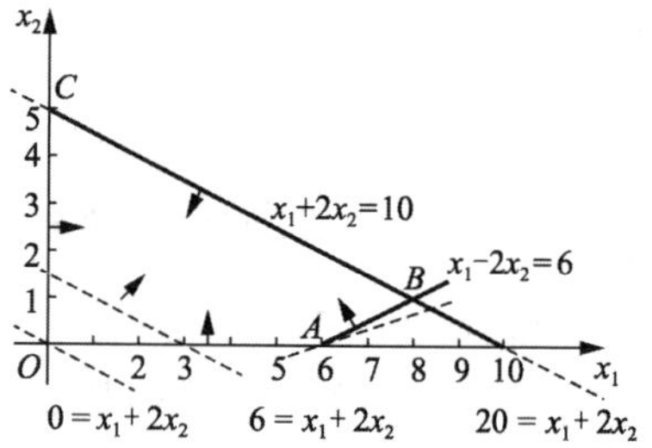

图 8-2

由图 8-2 可以看出，使 S 取得最大值的目标函数等值线与线段 BC 重合，这说明，该问题的最优解有无限多个，线段 BC 上每一点的坐标都是最优解，当然，两个顶点 A，B 的坐标均是最优解. 目标函数的最优值为

$$\max S=20.$$

通过例 5 和例 6 可以看出，如果线性规划问题的最优解存在，则最优解总在可行域的顶点处取得. 可行域的顶点(称为基点)对应的可行解称为基本可行解，如例 5 和例 6 中的点 O，A，B，C 对应的解都是基本可行解. 达到最优值的顶点对应的解称为基本最优解，如例 5 中的点 C 对应的解和例 6 中的点 C，B 对应的解都是基本最优解. 如果可行域的两个相邻顶点对应的都是最优解，则这两个顶点连线上的点对应的解也都是最优解.

不是所有的线性规划问题都有最优解. 有的不存在可行域，当然就不存在最优解；有的虽存在可行域，但也不一定有最优解.

例 7　用图解法解线性规划问题

$$\max S=2x_1+x_2,$$

$$\begin{cases}x_1+2x_2\geqslant 2,\\ x_2\leqslant 5,\\ x_1\geqslant 0,x_2\geqslant 0.\end{cases}$$

解　在直角坐标系 x_1Ox_2 中画直线 $x_1+2x_2=2$，$x_2=5$，图 8-3 中箭头指示的重叠部分就是可行域，它是一个在 x_2 轴右方、x_1 轴上方、直线 $x_2=5$ 下方、直线 $x_1+2x_2=2$ 上方的无界区域.

根据图 8-3 中目标函数等值线(虚线)就可以发现，目标函数等值线越往右，目标函数值就越大，并且随着等值线的无限往右移动，目标函数值无限增大.

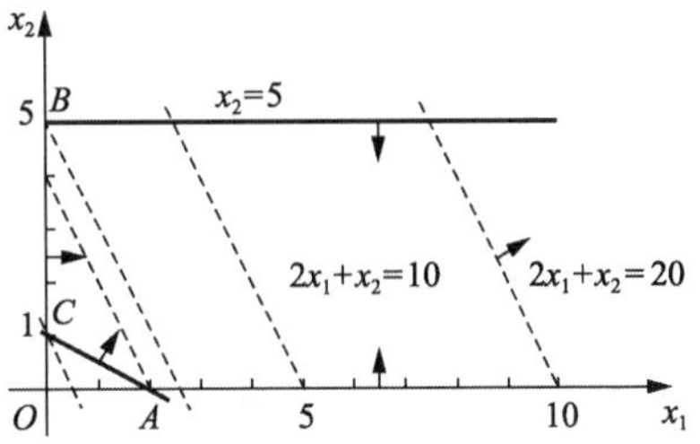

图 8-3

因此，目标函数值无上界，即目标函数无最优值，所以该线性规划问题没有最优解.

如果例 7 中的目标函数改为 $\min S=2x_1+x_2$，其他不变，则有最优解为

$$\begin{cases}x_1=0,\\ x_2=1.\end{cases}$$

最优值为

$$\min S=1.$$

例 8　用图解法解线性规划问题

$$\max S=x_1+x_2,$$

$$\begin{cases}2x_1-x_2\leqslant 0,\\ x_1-2x_2\geqslant 2,\\ x_1\geqslant 0,x_2\geqslant 0.\end{cases}$$

解　由图 8-4 可知，同时满足 4 个约束条件的点不存在，可行域是空集，所以，该线性规划问题没有可行解，当然也就没有最优解.

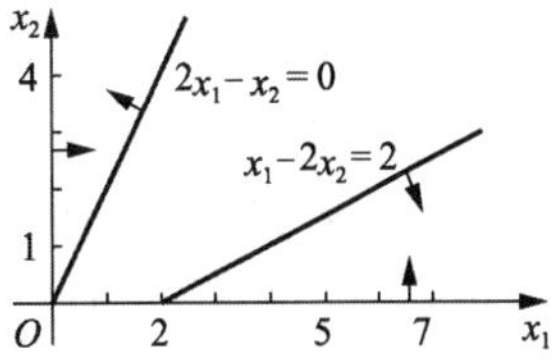

图 8-4

四、单纯形法

单纯形法是解线性规划问题的一种代数方法，其基本思想方法是，将线性规划问题的一个基点选为当前基点，把当前基点与某个相邻的基点做比较，如果某个相邻的基点比当前基点更优(即相应的目标函数值更大)，就把该基点选作新的当前基点(这时，原来的基点不再是基点). 再重复上述过程，直到当前基点的所有相邻基点均不比其更优为止. 这时，当前基点的坐标就是线性规划问题的最优解.

1. 基变量、非基变量和初始单纯形表

本节例 5 中的线性规划问题的标准形式为

$$\max S=-x_1+3x_2+0x_3+0x_4,$$

$$\begin{cases}x_1+2x_2+x_3=10,\\ x_1-2x_2+x_4=6,\\ x_j\geqslant 0\ (j=1,2,3,4).\end{cases}$$

其中 x_3 与 x_4 是松弛变量.

不难看出，该线性规划问题的约束方程组的系数矩阵

$$A=\begin{pmatrix}1 & 2 & 1 & 0\\1 & -2 & 0 & 1\end{pmatrix}$$

的秩为 2，而 x_3 与 x_4 的系数构成的矩阵的秩也是 2，且恰好是单位矩阵，我们把这样的变量称为基变量，而变量 x_1 与 x_2 称为非基变量. 如果我们用非基变量表示基变量，得

$$\begin{cases}x_3=10-x_1-2x_2,\\x_4=6-x_1+2x_2.\end{cases}$$

代入目标函数，得

$$\max S=-x_1+3x_2.$$

由于 S 也是变量，因此有

$$\begin{cases}S=-x_1+3x_2,\\x_3=10-x_1-2x_2,\\x_4=6-x_1+2x_2.\end{cases}$$

也就是

$$\begin{cases}S+x_1-3x_2=0,\\x_1+2x_2+x_3=10,\\x_1-2x_2+x_4=6.\end{cases}$$

当 $x_1=x_2=0$ 时，目标函数和基变量的取值为

$$S=0,\quad x_3=10,\quad x_4=6.$$

对应于 $x_1=x_2=0$ 的点(0,0)就是图 8-1 中可行域 $OABC$ 的一个顶点(即基点)O. 这时，基本可行解为 $\boldsymbol{X}_1=(0\quad 0\quad 10\quad 6)^{\mathrm{T}}$，目标函数值 $S=0$.

由于上式的第一个方程中 x_2 的系数是负数(对于前一式来说 x_2 的系数是正数)，故取 x_2 为正数，可使目标函数值 S 增大，从而 $S=0$ 不是最大值，可行解 $\boldsymbol{X}_1=(0\quad 0\quad 10\quad 6)^{\mathrm{T}}$不是最优解. 因此，我们把 x_2 换成基变量(称换入者为“进基”，换出者为“出基”)，如果 x_1 与 x_2 的系数为负数，则选取系数的绝对值较大者进基.

当 x_2 进基后，就必须从原基变量 x_3 与 x_4 中选取一个出基，究竟选取它们中的哪一个出基呢？当 x_2 进基时，x_1 仍是非基变量，所以 $x_1=0$，于是

$$\begin{cases}S=3x_2,\\x_3=10-2x_2,\\x_4=6+2x_2.\end{cases}$$

为了保证变量都满足非负性，应有

$$x_2\leqslant 5,$$

当 $x_2=5$ 时，$x_3=0$，所以，原基变量 x_3 出基.

注：这里是用“进基变量”的系数列中大于 0 的元素做除数，对应的约束方程的常数项做被除数，得到的商的最小者对应的变量“出基”.

为了获得以 x_2 与 x_4 为基变量的一个基本可行解，我们将方程组的增广矩阵进行初等行变换，使新基变量 x_2 所对应的系数列向量变为原基变量 x_3 所对应的单位列向量，即

$$\left(\begin{array}{ccccc:c}1 & 1 & -3 & 0 & 0 & 0\\ \hdashline 0 & 1 & (2) & 1 & 0 & 10\\ 0 & 1 & -2 & 0 & 1 & 6\end{array}\right)\xrightarrow[r_3+r_2]{r_1+r_2\times\frac{3}{2}}\left(\begin{array}{ccccc:c}1 & 2.5 & 0 & 1.5 & 0 & 15\\ \hdashline 0 & 1 & 2 & 1 & 0 & 10\\ 0 & 2 & 0 & 1 & 1 & 16\end{array}\right)$$

$$\xrightarrow{\frac{1}{2}r_2}\left(\begin{array}{ccccc:c}1 & 2.5 & 0 & 1.5 & 0 & 15\\ \hdashline 0 & 0.5 & 1 & 0.5 & 0 & 5\\ 0 & 2 & 0 & 1 & 1 & 16\end{array}\right).$$

这里，第一个矩阵的第二行第三列的元素“2”用圆括号“( )”括起来，表示该元素是进基变量 x_2 所在的列与出基变量 x_3 所在的行交叉点的元素，称为该次换基迭代的“主元”. 上述初等行变换的目的是将主元变为 1，并将主元所在列的其他元素都变为 0.

最后一个矩阵对应的方程组的一般解为

$$\begin{cases}S=15-2.5x_1-1.5x_3,\\ x_2=5-0.5x_1-0.5x_3,\\ x_3=16-2x_1-x_3,\end{cases}$$

其中 x_1 与 x_3 为非基变量. 当 $x_1=x_3=0$ 时，得 $S=15$，并得另一个基本可行解

$$\boldsymbol{X}_2=(0\quad 5\quad 0\quad 16)^{\mathrm{T}}.$$

在目标函数中，非基变量 x_1 与 x_3 的系数都不是正数，这说明 x_1 与 x_3 中的任意一个进基，都会使目标函数值减少，所以，$\boldsymbol{X}_2=(0\quad 5\quad 0\quad 16)^{\mathrm{T}}$ 已经是最优解，对应的 $S=15$ 就是最优值.

注意到，在对方程组的增广矩阵进行初等行变换的过程中，第一列始终不变，因此，今后在用单纯形法解线性规划问题时，将增广矩阵的第一列略去不写，即

$$\left(\begin{array}{cccc:c}1 & -3 & 0 & 0 & 0\\ \hdashline 1 & (2) & 1 & 0 & 10\\ 1 & -2 & 0 & 1 & 6\end{array}\right).$$

该矩阵称为初始单纯形表. 其中第一行中除最后一列的元素外称为检验数(记作 c_{0j} $(j=1,2,\cdots,n)$). 如果按前述方法对初始单纯形表进行初等行变换，当得到的新单纯形表的“检验数”全部非负时，新单纯形表第一行最后一列的元素就是最优解.

2. 约束条件全是“≤”情形举例

例 9 用单纯形法解线性规划问题

$$\max S=2x_1+x_2,$$

$$\begin{cases}2x_1-x_2\leqslant 4,\\ -x_1+2x_2\leqslant 4,\\ x_1\geqslant 0,x_2\geqslant 0.\end{cases}$$

解 先将问题化为标准形式

$$\max S=2x_1+x_2+0x_3+0x_4,$$

$$\begin{cases}2x_1-x_2+x_3=4,\\ -x_1+2x_2+x_4=4,\\ x_j\geqslant 0\ (j=1,2,3,4).\end{cases}$$

取 x_3,x_4 为基变量，初始单纯形表

$$\left(\begin{array}{cccc:c} -2 & -1 & 0 & 0 & 0 \\ \hdashline (2) & -1 & 1 & 0 & 4 \\ -1 & 2 & 0 & 1 & 4 \end{array}\right) \xrightarrow[r_3+r_2\times\frac{1}{2}]{r_1+r_2} \left(\begin{array}{cccc:c} 0 & -2 & 1 & 0 & 4 \\ \hdashline 2 & -1 & 1 & 0 & 4 \\ 0 & 3/2 & 1/2 & 1 & 6 \end{array}\right)$$

$$\xrightarrow{\frac{1}{2}r_2} \left(\begin{array}{cccc:c} 0 & -2 & 1 & 0 & 4 \\ \hdashline 1 & -1/2 & 1/2 & 0 & 2 \\ 0 & (3/2) & 1/2 & 1 & 6 \end{array}\right) \xrightarrow[r_2+r_3\times\frac{1}{3}]{r_1+r_3\times\frac{4}{3}} \left(\begin{array}{cccc:c} 0 & 0 & 5/3 & 4/3 & 12 \\ \hdashline 1 & 0 & 1/2 & 1/3 & 4 \\ 0 & 3/2 & 1/2 & 1 & 6 \end{array}\right)$$

$$\xrightarrow{\frac{2}{3}r_3} \left(\begin{array}{cccc:c} 0 & 0 & 5/3 & 4/3 & 12 \\ \hdashline 1 & 0 & 1/2 & 1/3 & 4 \\ 0 & 1 & 1/3 & 1/3 & 4 \end{array}\right),$$

最后一个单纯形表中，检验数 $c_{0j}\geqslant 0\ (j=1,2,3,4)$，所以，最优解是

$$\boldsymbol{X}=(4\quad 4\quad 0\quad 0)^{\mathrm{T}},$$

对应的最优值为

$$S=12.$$

*例 10　用单纯形法解线性规划问题

$$\max S=120x_1+70x_2+27x_3,$$

$$\begin{cases} 15x_1+10x_2+3x_3\leqslant 400, \\ 4x_1+2x_2+x_3\leqslant 100, \\ 3x_1+2x_2\leqslant 100, \\ x_1\geqslant 0, x_2\geqslant 0, x_3\geqslant 0. \end{cases}$$

解　先将问题化为标准形式

$$\max S=120x_1+70x_2+27x_3+0x_4+0x_5+0x_6,$$

$$\begin{cases} 15x_1+10x_2+3x_3+x_4=400, \\ 4x_1+2x_2+x_3+x_5=100, \\ 3x_1+2x_2+x_6=100, \\ x_j\geqslant 0\quad (j=1,2,3,4,5,6). \end{cases}$$

取 x_4,x_5,x_6 为基变量，初始单纯形表

$$\left(\begin{array}{cccccc:c} -120 & -70 & -27 & 0 & 0 & 0 & 0 \\ \hdashline 15 & 10 & 3 & 1 & 0 & 0 & 400 \\ (4) & 2 & 1 & 0 & 1 & 0 & 100 \\ 3 & 2 & 0 & 0 & 0 & 1 & 100 \end{array}\right)$$

$$\xrightarrow[\substack{r_2+r_3\times\left(-\frac{15}{4}\right)\\ r_4+r_3\times\left(-\frac{3}{4}\right)}]{r_1+r_3\times 30} \left(\begin{array}{cccccc:c} 0 & -10 & 3 & 0 & 30 & 0 & 3\,000 \\ \hdashline 0 & \frac{5}{2} & -\frac{3}{4} & 1 & -\frac{15}{4} & 0 & 25 \\ 4 & 2 & 1 & 0 & 1 & 0 & 100 \\ 0 & \frac{1}{2} & -\frac{3}{4} & 0 & -\frac{3}{4} & 1 & 25 \end{array}\right)$$

$$\xrightarrow{\frac{1}{4}r_3}\left(\begin{array}{cccccc|c} 0 & -10 & 3 & 0 & 30 & 0 & 3\,000 \\ \hline 0 & \left(\frac{5}{2}\right) & -\frac{3}{4} & 1 & -\frac{15}{4} & 0 & 25 \\ 1 & \frac{1}{2} & \frac{1}{4} & 0 & \frac{1}{4} & 0 & 25 \\ 0 & \frac{1}{2} & -\frac{3}{4} & 0 & -\frac{3}{4} & 1 & 25 \end{array}\right)$$

$$\xrightarrow[r_4+r_2\times\left(-\frac{1}{5}\right)]{\substack{r_1+r_2\times\frac{20}{5} \\ r_3+r_2\times\left(-\frac{1}{5}\right)}}\left(\begin{array}{cccccc|c} 0 & 0 & 0 & 4 & 30 & 0 & 3\,000 \\ \hline 0 & \frac{5}{2} & -\frac{3}{4} & 1 & -\frac{15}{4} & 0 & 25 \\ 1 & 0 & \frac{2}{5} & -\frac{1}{5} & 1 & 0 & 20 \\ 0 & 0 & -\frac{3}{5} & -\frac{1}{5} & 0 & 1 & 20 \end{array}\right)$$

$$\xrightarrow{\frac{2}{5}r_2}\left(\begin{array}{cccccc|c} 0 & 0 & 0 & 4 & 30 & 0 & 3\,000 \\ \hline 0 & 1 & -\frac{3}{10} & \frac{2}{5} & -\frac{3}{4} & 0 & 10 \\ 1 & 0 & \frac{2}{5} & -\frac{1}{5} & 1 & 0 & 20 \\ 0 & 0 & -\frac{3}{5} & -\frac{1}{5} & 0 & 1 & 20 \end{array}\right),$$

最后一个单纯形表中，检验数 $c_{0j}\geqslant 0\ (j=1,2,3,4,5,6)$，所以，最优解是

$$\boldsymbol{X}_1=(20\quad 10\quad 0\quad 0\quad 0\quad 20)^{\mathrm{T}},$$

对应的最优值为

$$S=3\,000.$$

从检验数中可见，除基变量 x_1,x_2,x_6 的检验数为“0”外，还有非基变量 x_3 的检验数为“0”，这就说明有可能存在其他最优解. 我们让非基变量 x_3 进基试验，即

$$\left(\begin{array}{cccccc|c} 0 & 0 & 0 & 4 & 30 & 0 & 3\,000 \\ \hline 0 & 1 & -\frac{3}{10} & \frac{2}{5} & -\frac{3}{4} & 0 & 10 \\ 1 & 0 & \frac{2}{5} & -\frac{1}{5} & 1 & 0 & 20 \\ 0 & 0 & -\frac{3}{5} & -\frac{1}{5} & 0 & 1 & 20 \end{array}\right)\xrightarrow[r_4+r_3\times\frac{3}{2}]{r_2+r_3\times\frac{3}{4}}\left(\begin{array}{cccccc|c} 0 & 0 & 0 & 4 & 30 & 0 & 3\,000 \\ \hline 0 & 1 & 0 & \frac{1}{4} & 0 & 0 & 25 \\ 1 & 0 & \frac{2}{5} & -\frac{1}{5} & 1 & 0 & 20 \\ \frac{3}{2} & 0 & 0 & -\frac{1}{2} & \frac{3}{2} & 1 & 50 \end{array}\right)$$

$$\xrightarrow{\frac{5}{2}r_3}\left(\begin{array}{cccccc|c} 0 & 0 & 0 & 4 & 30 & 0 & 3\,000 \\ \hline 0 & 1 & 0 & \frac{1}{4} & 0 & 0 & 25 \\ \frac{5}{2} & 0 & 1 & -\frac{1}{2} & \frac{5}{2} & 0 & 50 \\ \frac{3}{2} & 0 & 0 & -\frac{1}{2} & \frac{3}{2} & 1 & 50 \end{array}\right),$$

所以有最优解

$$\boldsymbol{X}_2=(0\quad 25\quad 50\quad 0\quad 0\quad 50)^{\mathrm{T}},$$

对应的最优值为

$$S=3\ 000.$$

所以，该线性规划问题有无限多个最优解

$$\boldsymbol{X}=\alpha\boldsymbol{X}_1+(1-\alpha)\boldsymbol{X}_2\quad(\text{其中 }0\leqslant\alpha\leqslant 1).$$

* **例 11**　用单纯形法解线性规划问题

$$\max S=4x_1-x_2,$$
$$\begin{cases}-x_1+x_2\leqslant 3,\\ 2x_1-5x_2\leqslant 6,\\ x_1-3x_2\leqslant 4,\\ x_1\geqslant 0,x_2\geqslant 0.\end{cases}$$

解　先将问题化为标准形式

$$\max S=4x_1-x_2+0x_3+0x_4+0x_5,$$
$$\begin{cases}-x_1+x_2+x_3=3,\\ 2x_1-5x_2+x_4=6,\\ x_1-3x_2+x_5=4,\\ x_j\geqslant 0\ (j=1,2,3,4,5).\end{cases}$$

取 x_3,x_4,x_5 为基变量，初始单纯形表

$$\left(\begin{array}{ccccc|c}-4&1&0&0&0&0\\ \hline -1&1&1&0&0&3\\ (2)&-5&0&1&0&6\\ 1&-3&0&0&1&4\end{array}\right)\xrightarrow[r_4+r_3\times\left(-\frac{1}{2}\right)]{\substack{r_1+r_3\times 2\\ r_2+r_3\times\frac{1}{2}}}\left(\begin{array}{ccccc|c}0&-9&0&2&0&12\\ \hline 0&-\frac{3}{2}&1&\frac{1}{2}&0&6\\ 2&-5&0&1&0&6\\ 0&-\frac{1}{2}&0&-\frac{1}{2}&1&1\end{array}\right)$$

$$\xrightarrow{\frac{1}{2}r_3}\left(\begin{array}{ccccc|c}0&-9&0&2&0&12\\ \hline 0&-\frac{3}{2}&1&-\frac{1}{2}&0&6\\ 1&-\frac{5}{2}&0&\frac{1}{2}&0&6\\ 0&-\frac{1}{2}&0&-\frac{1}{2}&1&1\end{array}\right).$$

在最后一个单纯形数表中，虽然检验数 $c_{02}=-9<0$，非基变量 x_2 可以进基，但 x_2 所在列的元素全部是非正数，故没有出基变量. 说明当 x_2 进基后，目标函数值 S 可以无限地增大而不影响线性规划问题的可行性，所以，该线性规划问题没有最优解.

* **3. 约束条件有“≥”或“=”情形举例**

对约束条件有“≥”或“=”的线性规划问题的解法，我们只通过例子说明.

例 12　用单纯形法解线性规划问题

$$\max S=x_1+2x_2-2x_3-x_4,$$
$$\begin{cases}2x_1-x_2+x_3=6,\\x_1+2x_2+x_4=4,\\x_1\geqslant 0,x_2\geqslant 0.\end{cases}$$

解　在约束方程组中，由于 x_3 和 x_4 的系数构成单位矩阵，故首先选取 x_3 和 x_4 为基变量，利用初等行变换将 x_3 和 x_4 对应的检验数化为"0". 因为

$$\left(\begin{array}{cccc|c}-1&-2&2&1&0\\\hline 2&-1&1&0&6\\1&2&0&1&4\end{array}\right)\xrightarrow[r_1+r_3\times(-1)]{r_1+r_2\times(-2)}\left(\begin{array}{cccc|c}-6&-2&0&0&-16\\\hline (2)&-1&1&0&6\\1&2&0&1&4\end{array}\right)$$

$$\xrightarrow[r_3+r_1\times\left(-\frac{1}{2}\right)]{r_1+r_2\times 3}\left(\begin{array}{cccc|c}0&-5&3&0&2\\\hline 2&-1&1&0&6\\0&\frac{5}{2}&-\frac{1}{2}&1&1\end{array}\right)\xrightarrow{\frac{1}{2}r_2}\left(\begin{array}{cccc|c}0&-5&3&0&2\\\hline 1&-\frac{1}{2}&\frac{1}{2}&0&3\\0&\left(\frac{5}{2}\right)&-\frac{1}{2}&1&1\end{array}\right)$$

$$\xrightarrow[r_2+r_3\times\frac{1}{5}]{r_1+r_3\times 2}\left(\begin{array}{cccc|c}0&0&2&2&4\\\hline 1&0&\frac{2}{5}&\frac{1}{5}&\frac{16}{5}\\0&\frac{5}{2}&-\frac{1}{2}&1&1\end{array}\right)\xrightarrow{\frac{2}{5}r_3}\left(\begin{array}{cccc|c}0&0&2&2&4\\\hline 1&0&\frac{2}{5}&\frac{1}{5}&\frac{16}{5}\\0&1&-\frac{1}{5}&\frac{2}{5}&\frac{2}{5}\end{array}\right),$$

所以最优解为

$$\boldsymbol{X}=\left(\frac{16}{5}\quad\frac{2}{5}\quad 0\quad 0\right)^{\mathrm{T}},$$

对应的最优值为

$$S=4.$$

例 13　用单纯形法解线性规划问题

$$\min S=-2x_1-x_2,$$
$$\begin{cases}x_1+x_2\geqslant 3,\\-x_1+x_2\geqslant 1,\\x_1+2x_2\leqslant 8,\\x_1\geqslant 0,x_2\geqslant 0.\end{cases}$$

解　先将问题化为标准形式，令 $Z=-S$，引入剩余变量 x_3，x_4 和松弛变量 x_5，则

$$\max Z=2x_1+x_2+0x_3+0x_4+0x_5,$$
$$\begin{cases}x_1+x_2-x_3=3,\\-x_1+x_2-x_4=1,\\x_1+2x_2+x_5=8,\\x_j\geqslant 0\ (j=1,2,3,4,5).\end{cases}$$

因为在约束方程组的系数矩阵中没有三阶单位矩阵，需要在第一、第二个约束方程中分别引入非负变量 $x_6\geqslant 0$，$x_7\geqslant 0$，使其和变量 x_5 在约束方程组中的系数构成一个三阶单位矩阵，即可取 x_5，x_6，x_7 作为基变量.

$$\max Z=2x_1+x_2+0x_3+0x_4+0x_5-Mx_6-Mx_7,$$

$$\begin{cases}x_1+x_2-x_3+x_6=3,\\ -x_1+x_2-x_4+x_7=1,\\ x_1+2x_2+x_5=8,\\ x_j\geqslant 0\ (j=1,2,3,4,5,6,7).\end{cases}$$

这种为了配齐基变量而人为引入的变量 x_6 和 x_7 称为人工变量. 由于加入人工变量 x_6 和 x_7 改变了问题的约束条件，即两个约束方程组不是等价的，要使它们等价，只有当变量 x_6 和 x_7 都等于"0". 为了使 $x_6=x_7=0$，必须将它们从基变量中调出，即它们必须出基，为此，我们在目标函数中加入"$-Mx_6-Mx_7$"成为新目标函数，其中 M 是一个充分大的正数，以示惩罚，逼它们出基. 这就转化成了和例 12 相同的问题.

$$\begin{pmatrix}-2 & -1 & 0 & 0 & 0 & M & M & 0\\ \hdashline 1 & 1 & -1 & 0 & 0 & 1 & 0 & 3\\ -1 & 1 & 0 & -1 & 0 & 0 & 1 & 1\\ 1 & 2 & 0 & 0 & 1 & 0 & 0 & 8\end{pmatrix}$$

$$\xrightarrow[r_1+r_3\times(-M)]{r_1+r_2\times(-M)}\left(\begin{array}{ccccccc:c}-2 & -1-2M & M & M & 0 & 0 & 0 & -4M\\ \hdashline 1 & 1 & -1 & 0 & 0 & 1 & 0 & 3\\ -1 & (1) & 0 & -1 & 0 & 0 & 1 & 1\\ 1 & 2 & 0 & 0 & 1 & 0 & 0 & 8\end{array}\right)$$

$$\xrightarrow[\substack{r_2+r_3\times(-1)\\ r_4+r_3\times(-2)}]{r_1+r_3\times(1+2M)}\left(\begin{array}{ccccccc:c}-3-2M & 0 & M & -1-M & 0 & 0 & 1+2M & 1-2M\\ \hdashline (2) & 0 & -1 & 1 & 0 & 1 & -1 & 2\\ -1 & 1 & 0 & -1 & 0 & 0 & 1 & 1\\ 3 & 0 & 0 & 2 & 1 & 0 & -2 & 6\end{array}\right)$$

$$\xrightarrow[\substack{r_3+r_2\times\frac{1}{2}\\ r_4+r_2\times\left(-\frac{3}{2}\right)}]{r_1+r_2\times\frac{3+2M}{2}}\left(\begin{array}{ccccccc:c}0 & 0 & -\frac{3}{2} & \frac{1}{2} & 0 & \frac{3}{2}+M & -\frac{1}{2}+M & 4\\ \hdashline 2 & 0 & -1 & 1 & 0 & 1 & -1 & 2\\ 0 & 1 & -\frac{1}{2} & -\frac{1}{2} & 0 & \frac{1}{2} & \frac{1}{2} & 2\\ 0 & 0 & \frac{3}{2} & \frac{1}{2} & 1 & -\frac{3}{2} & -\frac{1}{2} & 3\end{array}\right)$$

$$\xrightarrow{\frac{1}{2}r_2}\left(\begin{array}{ccccccc:c}0 & 0 & -\frac{3}{2} & \frac{1}{2} & 0 & \frac{3}{2}+M & -\frac{1}{2}+M & 4\\ \hdashline 1 & 0 & -\frac{1}{2} & \frac{1}{2} & 0 & \frac{1}{2} & -\frac{1}{2} & 1\\ 0 & 1 & -\frac{1}{2} & -\frac{1}{2} & 0 & \frac{1}{2} & \frac{1}{2} & 2\\ 0 & 0 & \left(\frac{3}{2}\right) & \frac{1}{2} & 1 & -\frac{3}{2} & -\frac{1}{2} & 3\end{array}\right)$$

$$\xrightarrow[r_3+r_4\times\frac{1}{3}]{\substack{r_1+r_4\\ r_2+r_4\times\frac{1}{3}}}\left(\begin{array}{ccccccc|c} 0 & 0 & 0 & 1 & 1 & M & M & 7 \\ \hline 1 & 0 & 0 & \frac{2}{3} & \frac{1}{3} & 0 & -\frac{2}{3} & 2 \\ 0 & 1 & 0 & -\frac{1}{2} & 0 & \frac{1}{2} & \frac{1}{2} & 3 \\ 0 & 0 & \frac{3}{2} & \frac{1}{2} & 1 & -\frac{3}{2} & -\frac{1}{2} & 3 \end{array}\right)$$

$$\xrightarrow{\frac{2}{3}r_4}\left(\begin{array}{ccccccc|c} 0 & 0 & 0 & 1 & 1 & M & M & 7 \\ \hline 1 & 0 & 0 & \frac{2}{3} & \frac{1}{3} & 0 & -\frac{2}{3} & 2 \\ 0 & 1 & 0 & -\frac{1}{2} & 0 & \frac{1}{2} & \frac{1}{2} & 3 \\ 0 & 0 & 1 & \frac{1}{3} & \frac{2}{3} & -1 & -\frac{1}{3} & 2 \end{array}\right),$$

x_6 和 x_7 都已经出基，所以，最优解为 $(2\quad 3\quad 2\quad 0\quad 0)^{\mathrm{T}}$，最优值为 $S=-7$.

训练任务 8.4

1. 将下列线性规划问题化为标准形式：

(1) $\min S=2x_1-x_2-x_3$,
$$\begin{cases} x_1+x_3\leqslant 3, \\ x_2+2x_3\leqslant 0, \\ x_i\geqslant 0\ (i=1,2,3); \end{cases}$$

(2) $\max S=x_1-x_2$,
$$\begin{cases} 3x_1+5x_2\geqslant 2, \\ x_1+4x_2\leqslant 6, \\ x_1\geqslant 0, x_2\geqslant 0; \end{cases}$$

(3) $\max S=4x_2-5x_3$,
$$\begin{cases} 2x_1-x_2+x_3\leqslant 4, \\ 2x_2-4x_3\geqslant 1, \\ x_i\geqslant 0\ (i=1,2,3); \end{cases}$$

(4) $\min S=x_1-3x_2+4x_3$,
$$\begin{cases} x_1-2x_2+3x_3\leqslant 6, \\ 2x_1+x_2-x_3\geqslant 3, \\ x_i\geqslant 0\ (i=1,2,3). \end{cases}$$

2. 假设某厂计划生产甲、乙两种产品，现库存主要原料有 A 类 3 600 kg，B 类 2 000 kg，C 类 3 000 kg. 每件甲产品需用材料 A 类 9 kg，B 类 4 kg，C 类 3 kg. 每件乙产品需用材料 A 类 4 kg，B 类 5 kg，C 类 10 kg. 甲单位产品的利润为 70 元，乙单位产品的利润为 120 元. 问如何安排生产才能使该厂所获的利润最大？

3. 某工厂生产 A，B 两种产品，已知生产 A 产品每千克需耗煤 9 吨，耗电 400 度，用工 3 个工作日；生产 B 产品每千克需耗煤 4 吨，耗电 500 度，用工 10 个工作日. A 产品每千克利润 700 元，B 产品每千克利润 1 200元，因客观条件限制，该厂只能得到煤 360 吨，电 20 000 度，劳动力 300 个，问该厂如何安排生产才能使总利润最大？

4. 某公司有一批资金用于 4 个工程项目的投资，其投资各项目时所得的净收益（投入资金的百分比）见下表. 由于某种原因，决定用于项目 A 的投资不大于其他各项目投资之和，而用于项目 B 和 C 的投资要大于项目 D 的投资. 试确定该公司收益最大的投资分配方案.

工程项目	A	B	C	D
收益/%	15	10	8	12

阅读材料——数学家的故事

高斯

约翰·卡尔·弗里德里希·高斯(Johann Carl Friedrich Gauss,1777—1855),德国著名数学家、物理学家、天文学家、大地测量学家,是近代数学奠基者之一.高斯被认为是历史上最重要的数学家之一,并享有"数学王子"之称.高斯和阿基米德、牛顿并列为世界三大数学家.高斯一生成就极为丰硕,以他名字命名的成果达 110 个,属数学家中之最.

高斯的数学研究几乎遍及所有领域,他在数论、代数学、非欧几何、复变函数和微分几何等方面都做出了开创性的贡献.他还把数学应用于天文学、大地测量学和磁学的研究,发明了最小二乘法原理.高斯首先迷恋上的也是自然数.他在 1808 年谈到:"任何一个花过一点功夫研习数论的人,必然会感受到一种特别的激情与狂热."

高斯对代数学的重要贡献是证明了代数基本定理,他的存在性证明开创了数学研究的新途径.事实上在高斯之前有许多数学家认为已给出了这个结果的证明,可是没有一个证明是严密的.高斯把前人证明的缺失一一指出来,然后提出自己的见解.他一生中一共给出了四个不同的证明.高斯在 1816 年左右就得到了非欧几何的原理.他还深入研究复变函数,建立了一些基本概念,发现了著名的柯西积分定理.他还发现了椭圆函数的双周期性,但这些工作在他生前都没发表出来.高斯一生共发表论文 155 篇,他对待学问十分严谨,只是把他自己认为是十分成熟的作品发表出来.

在物理学方面,高斯最引人注目的成就是在 1833 年和物理学家韦伯发明了有线电报,这使高斯的声望超出了学术圈而进入公众社会.此外,高斯在力学、测地学、水工学、电动学、磁学和光学等方面均有杰出的贡献.

高斯是"人类的骄傲",爱因斯坦曾评论说,"高斯对于近代物理学的发展,尤其是对于相对论的数学基础所做的贡献(指曲面论),其重要性是超越一切,无与伦比的."

本章内容小结

一、本章主要内容

1. n 元线性方程组及矩阵表示;
2. 高斯消元法;
3. 线性方程组解的情况判定.

二、学习方法

1. 从案例去理解 n 元线性方程组的概念;
2. 熟练掌握高斯消元法,通过消元求出线性方程组的解;
3. 能熟练运用线性方程组解的判定定理,利用初等行变换将增广矩阵化成阶梯形,从而进行判定.

三、重点和难点

重点：

1. n 元线性方程组及矩阵表示；

2. 高斯消元法及线性方程组解的情况判定.

难点：

1. 高斯消元法；

2. 线性方程组解的情况判定.

自测题 1(基础层次)

1. 选择题.

(1) 若 $x_0=\begin{pmatrix}1\\0\end{pmatrix}$ 为线性方程组 $\boldsymbol{AX}=\boldsymbol{b}$ 的解，其中 $\boldsymbol{A}=\begin{pmatrix}1&0\\-2&1\end{pmatrix}$，则 $\boldsymbol{b}=$(　　).

A. $\begin{pmatrix}1\\0\end{pmatrix}$　　B. $\begin{pmatrix}1\\-2\end{pmatrix}$　　C. $\begin{pmatrix}0\\1\end{pmatrix}$　　D. $\begin{pmatrix}1\\2\end{pmatrix}$

(2) 线性方程组 $\begin{cases}x_1+x_2+x_3=1,\\x_1+2x_2+3x_3=0,\\4x_1+7x_2+10x_3=1\end{cases}$（　　）.

A. 无解　　B. 有唯一解　　C. 有无穷多解　　D. 其他

(3) 齐次线性方程组 $\boldsymbol{AX}=\boldsymbol{0}$ 有非零解，则其系数矩阵的秩 $r(\boldsymbol{A})$(　　)未知量的个数.

A. $<$　　B. $>$　　C. $=$　　D. 其他

(4) 设 $\boldsymbol{A}$ 是 $m\times n$ 矩阵，非齐次线性方程组 $\boldsymbol{AX}=\boldsymbol{b}$ 对应的齐次方程为 $\boldsymbol{AX}=\boldsymbol{0}$. 若 $m<n$，则(　　).

A. $\boldsymbol{AX}=\boldsymbol{b}$ 必有无穷多解　　B. $\boldsymbol{AX}=\boldsymbol{b}$ 必有唯一解

C. $\boldsymbol{AX}=\boldsymbol{0}$ 必有非零解　　D. $\boldsymbol{AX}=\boldsymbol{0}$ 必有唯一解

(5) 若线性方程组的增广矩阵为 $\overline{\boldsymbol{A}}=\begin{pmatrix}2&a&-1\\-4&1&2\end{pmatrix}$，则当 $a=$(　　)时，线性方程组有无穷多个解.

A. 1　　B. -1　　C. $\dfrac{1}{2}$　　D. $-\dfrac{1}{2}$

2. 填空题.

(1) 线性方程组 $\begin{cases}kx_1+2x_2+x_3=0,\\2x_1+kx_2=0,\\x_1-x_2+x_3=0\end{cases}$ 仅有零解的充分必要条件是________；

(2) 齐次线性方程组 $\begin{cases}x_1+2x_2=0,\\ax_1+4x_2=0\end{cases}$ 当 $a=$________时有非零解；

(3) 齐次线性方程组所含方程的个数小于未知数的个数时，它一定有________解；

(4) 线性方程组 $\begin{cases}x_1+x_2+2x_3=1,\\x_2+4x_3=1,\\2x_2+8x_3=2\end{cases}$ 的解为________；

(5) 设线性方程组 $\boldsymbol{A}_{3\times4}\boldsymbol{X}_{4\times1}=\boldsymbol{0}$，如果 $r(\boldsymbol{A})=3$，则自由未知量有________个.

3. 判断下列线性方程组解的情况：

(1) $\begin{cases} x_1-x_2+2x_3=1, \\ 3x_1+x_2+2x_3=3, \\ x_1-2x_2+x_3=-1, \\ 2x_1-2x_2-3x_3=-5; \end{cases}$　　(2) $\begin{cases} 4x_1+2x_2-x_3=2, \\ 3x_1-x_2+2x_3=10, \\ 11x_1+3x_2=8. \end{cases}$

4. 用消元法解线性方程组 $\begin{cases} x_1+2x_2+3x_3=8, \\ 2x_1+5x_2+9x_3=16, \\ 3x_1-4x_2-5x_3=32. \end{cases}$

5. 求解线性方程组 $\begin{pmatrix} 1 & -1 & 1 & -1 \\ 2 & -1 & 3 & -2 \\ 3 & -2 & -1 & 2 \end{pmatrix}\begin{pmatrix} x_1 \\ x_2 \\ x_3 \\ x_4 \end{pmatrix}=\begin{pmatrix} 0 \\ -1 \\ 4 \end{pmatrix}$.

6. λ 为何值时，方程组 $\begin{cases} \lambda x_1+x_2-x_3=0, \\ x_1+\lambda x_2-x_3=0, \\ x_1-x_2+x_3=0 \end{cases}$ 有非零解？

自测题 2(提高层次)

1. 选择题.

(1) 设 $\boldsymbol{A}$ 为 $m\times n$ 矩阵，则下列结论正确的是(　　).

A. 若 $\boldsymbol{AX}=\boldsymbol{0}$ 仅有零解，则 $\boldsymbol{AX}=\boldsymbol{b}$ 有唯一解

B. 若 $\boldsymbol{AX}=\boldsymbol{0}$ 有非零解，则 $\boldsymbol{AX}=\boldsymbol{b}$ 有无穷多解

C. 若 $\boldsymbol{AX}=\boldsymbol{b}$ 有无穷多解，则 $\boldsymbol{AX}=\boldsymbol{0}$ 仅有零解

D. 若 $\boldsymbol{AX}=\boldsymbol{b}$ 有无穷多解，则 $\boldsymbol{AX}=\boldsymbol{0}$ 有非零解

(2) 方程组 $\begin{cases} x_1+2x_2-x_3=4, \\ x_2+2x_3=2, \\ (\lambda-2)x_3=-(\lambda-3)(\lambda-4)(\lambda-1) \end{cases}$ 无解的充分条件是 $\lambda=$(　　).

A. 1　　B. 2　　C. 3　　D. 4

(3) 设 $\boldsymbol{A}$ 是 $m\times n$ 矩阵，则线性方程组 $\boldsymbol{AX}=\boldsymbol{b}$ 有无穷解的充要条件是(　　).

A. $r(\boldsymbol{A})<m$　　B. $r(\boldsymbol{A})<n$

C. $r(\boldsymbol{A})=r(\overline{\boldsymbol{A}})<n$　　D. $r(\boldsymbol{A})=r(\overline{\boldsymbol{A}})<m$

(4) 设线性方程组 $\boldsymbol{A}_{n\times m}\boldsymbol{X}=\boldsymbol{b}$，则方程组有无穷多个解的必要条件是(　　).

A. $r(\boldsymbol{A})<m$　　B. $r(\boldsymbol{A})<n$　　C. $r(\boldsymbol{A})\leqslant m$　　D. $r(\boldsymbol{A})\leqslant n$

(5) 一个 n 元线性方程组无解，则(　　).

A. 该方程组为齐次线性方程组　　B. 该方程组为非齐次线性方程组

C. 该方程组系数矩阵的秩小于 n　　D. 方程组有 n 个方程

2. 填空题.

(1) 若线性方程组 $\boldsymbol{A}_{m\times n}\boldsymbol{X}=\boldsymbol{b}$ 的系数矩阵的秩为 m，则其增广矩阵的秩为________；

(2) 设 $\boldsymbol{A}$ 为 $m\times n$ 矩阵，$r(\boldsymbol{A})=r<\min(m,n)$，则 $\boldsymbol{AX}=\boldsymbol{0}$ 有________个解；

(3) 设 $\boldsymbol{A}=\begin{pmatrix} 1 & 2 & 1 \\ 2 & 3 & a+2 \\ 1 & a & -2 \end{pmatrix}$，$\boldsymbol{b}=\begin{pmatrix} 1 \\ 3 \\ 0 \end{pmatrix}$，$\boldsymbol{X}=\begin{pmatrix} x_1 \\ x_2 \\ x_3 \end{pmatrix}$，若线性方程组 $\boldsymbol{AX}=\boldsymbol{b}$ 无解，则 $a=$________；

(4) 设线性方程组 $\begin{cases} x_1+x_2=a_1, \\ x_2+x_3=a_2, \\ x_1+2x_2+x_3=a_3, \end{cases}$ 则其有解的充分必要条件是________；

(5) 若线性方程组 $\boldsymbol{A}_{m\times n}\boldsymbol{X}=\boldsymbol{0}$ 的系数矩阵的秩为 r，则它有非零解的充要条件是________.

3. 判断下列线性方程组解的情况：

(1) $\begin{cases}x_1+2x_2+x_3-x_4=0,\\3x_1+6x_2-x_3-3x_4=0,\\5x_1+10x_2+x_3-5x_4=0;\end{cases}$　　(2) $\begin{cases}x_1-2x_2+x_3+x_4=1,\\x_1-2x_2+x_3-x_4=-1,\\x_1-2x_2+x_3+5x_4=5;\end{cases}$

(3) $\begin{cases}2x_1-x_2+3x_3=3,\\3x_1+x_2-5x_3=0,\\4x_1-x_2+x_3=3,\\x_1+3x_2-13x_3=-6.\end{cases}$

4. a,b 为何值时，方程组 $\begin{cases}x_1-x_2-x_3=1,\\x_1+x_2-2x_3=2,\\x_1+3x_2+ax_3=b\end{cases}$ 有唯一解、无穷多解或无解？

5. 假设你是一个建筑师，某小区要建造一栋公寓，现在有一个模块构造计划方案需要你来设计.根据基本建筑面积，每个楼层可以有三种设置户型的方案，如下表所示.如果要设计出含有 136 套一居室，74 套两居室，66 套三居室，是否可行？设计方案是否唯一？

方　案	一居室/套	两居室/套	三居室/套
A	8	7	3
B	8	4	4
C	9	3	5

6. 某药厂生产三种中成药，每件中成药的生产要经过 3 个车间加工.3 个车间每周的工时、每件中成药在各车间需要的工时数如下表所示，问三种中成药每周的产量各是多少？

	中成药 1	中成药 2	中成药 3	车间工时/(时/周)
车间 1	1	1	2	40
车间 2	3	2	3	75
车间 3	1	1	1	28

第九章　概率统计初步

【知识目标】

1. 理解随机事件、频率、概率等概念，理解事件独立性概念，掌握随机事件的运算；

2. 熟练掌握概率的加法公式和乘法公式，掌握条件概率公式和全概率公式，掌握伯努利概型；

3. 理解随机变量、离散型随机变量和连续型随机变量的概念；

4. 理解分布列、概率密度函数和分布函数的概念及性质，会求分布列和分布函数；

5. 熟练掌握数学期望、方差的性质与计算，掌握二点分布、二项分布、泊松分布、均匀分布、指数分布和正态分布的期望和方差；

6. 掌握标准正态化方法，会求随机变量的期望与方差；

7. 了解总体、样本、样本容量、统计量的概念，掌握参数估计中的点估计和区间估计的方法；

8. 会用最小二乘法求回归方程.

【能力目标】

1. 能运用概率论与数理统计的知识分析实际问题，提高分析与解决问题的能力；

2. 能用所掌握的数据处理、数据分析、数据推断的各种基本方法具体解决社会经济所遇到的各种问题；

3. 能独立获取知识能力和独立思考的能力；

4. 能运用随机数学特有的思维，通过观察、分析、归纳等方法培养学生发现问题和提出问题的能力.

概率统计是研究随机现象并进行推断分析的一门学科，本章主要介绍随机事件及其概率、随机变量的分布、随机变量的数字特征和统计初步等基本内容，并利用概率统计的相关知识解决一些简单的经济问题.

引子

买不买这个保险

今年“五一”，某人从东营乘飞机去西安旅游，乘飞机可以花 20 元买保险，万一失事能够获得保险金 20 万元. 此人想，中国民航是安全的，买保险不过白扔 20 元. 但是又想，万一失事，妻子、孩子今后怎么办？毕竟，保险金是保险费的一万倍.

飞机失事是一种偶然现象. 实际上，在经济生活中，这种偶然现象是很多的.例如，用抽样方法判断产品是否合格，抽样检查自来水是不是合格，参加有奖销售活动能不能中奖，会不会碰上伪劣产品……这些问题的共同点是，它们都受到很多不确定因素的影响，让人捉摸不定.对于这样一类现象，寻求它们的规律，需要学习概率论. 概率论就是研究偶然性现象统计规律的学科.

第一节　随机事件与概率

一、随机事件及其相互关系

1. 随机试验与随机事件

案例 1　三个试验

(1) 抛一枚硬币,观察正面、反面的出现情况.

(2) 掷一颗骰子,观察出现的点数.

(3) 从一批产品中抽取一件,观察是正品还是次品.

分析:以上三个试验都具有以下三个共同特点:

(1) 相同的条件下可以重复进行;

(2) 每次试验具有多种可能的结果,但是试验前不能确定会出现哪种结果;

(3) 试验之前知道试验可能出现的所有结果.

具有以上三个条件的试验称为随机试验,简称试验,通常用字母 E 表示. 随机试验 E 的所有可能结果组成的集合称为 E 的样本空间,记为 Ω. E 中的每一个可能发生的不能再分解的基本结果称为该随机试验的样本点,记为 e_i. 试验 E 的样本空间 Ω 的若干个样本点组成的集合称为该随机试验 E 的随机事件,简称事件,通常用大写字母 $A,B,C,\cdots$ 等表示.

案例 1 中的三个试验都是随机试验,可分别记为:

E_1:抛一枚硬币,观察正面、反面的出现情况;

E_2:掷一颗骰子,观察出现的点数;

E_3:从一批产品中抽取一件,观察是正品还是次品.

试验 E_1 的样本空间由两个样本点组成,即 $\Omega=\{$正面,反面$\}$;试验 E_2 的样本空间由 6 个样本点组成,即 $\Omega=\{1,2,3,4,5,6\}$;试验 E_3 的样本空间由两个样本点组成,即 $\Omega=\{$正品,次品$\}$.

由一个样本点 e_i 组成的集合 $\{e_i\}$ 称为基本事件. 由若干个基本事件组成的事件称为复合事件. 如果某事件包含样本空间的所有样本点,那么该事件在每次试验中总是会发生的,此事件称为必然事件,用 Ω 表示;如果某事件不包含样本空间中的任何样本点,它在每次试验中都不会发生,此事件称为不可能事件,用 $\varnothing$ 表示.

例如,设试验 E 为掷一颗骰子,观察其出现的点数.

记 $A_n=\{$出现点数 $n\}$,$n=1,2,3,4,5,6$. 显然,A_1,A_2,A_3,A_4,A_5,A_6 都是基本事件. 设 $B=\{$出现被 2 整除的点$\}=\{2,4,6\}$,$C=\{$出现奇数点$\}=\{1,3,5\}$,则 B,C 都是随机事件,而事件$\{$出现小于 7 的点数$\}$是必然事件,$\{$出现大于 6 的点数$\}=\varnothing$是不可能事件.

例如,甲、乙、丙、丁 4 支篮球队参加篮球单循环赛,考察甲队获胜情况.

在这个试验中,如果记 $A_n=\{$甲队胜 n 场$\}$,$n=0,1,2,3,4$,则 A_1,A_2,A_3,A_4,A_5 都是基本事件. 设 $B=\{$甲队胜少于 4 场$\}$,$C=\{$甲队胜少于 5 场$\}$,则 B 是复合事件,C 是必然事件,而 $D=\{$甲队获胜超过 4 场$\}$是不可能事件.

2. 事件间的关系与运算

在研究一个随机事件时,会同时涉及许多事件,而这些事件之间往往是有一定的关系的. 只有了解了事件间的相互关系，才能便于我们通过对简单事件的了解，去研究与其有关的较复杂的事件的规律，这一点在研究随机现象的规律性上是十分重要的.

(1) 事件的包含与相等.

如果事件 A 发生，必然导致事件 B 发生，则称事件 B 包含事件 A，或事件 A 包含于事件 B，记作 $B\supset A$ 或者 $A\subset B$.

如果 $A\subset B$ 且 $B\subset A$ 成立，则称事件 A 与事件 B 相等，记作 $A=B$.

(2) 事件的和.

由事件 A 与事件 B 至少有一个发生所构成的事件，称为事件 A 与事件 B 的和，记作 $A+B$，即 $A+B=\{A$ 与 B 至少有一个发生$\}$.

例如，在 10 件产品中，有 8 件正品、2 件次品，从中任意取出两件，$A_1=\{$恰有 1 件次品$\}$，$A_2=\{$恰有 2 件次品$\}$，$B=\{$至少有 1 件次品$\}$，则 $B=A_1+A_2$.

显然，对于任意事件 A，有 $A+A=A$，$A+\Omega=\Omega$，$A+\varnothing=A$.

(3) 事件的积.

由事件 A 与事件 B 同时发生所构成的事件，称为事件 A 与 B 的积，记作 AB. 即 $AB=\{A$ 与 B 同时发生$\}$.

例如，设 $A=\{$甲学校的毕业生$\}$，$B=\{$优秀毕业生$\}$，$C=\{$甲学校的优秀毕业生$\}$，则 $C=AB$.

显然，对于任意事件 A，有

$$AA=A,\quad A\Omega=A,\quad A\varnothing=\varnothing.$$

这可推广到有限个事件的 $A_1,A_2,\cdots,A_n$ 和可列个事件 $A_1,A_2,\cdots,A_n,\cdots$.

(4) 事件的差.

由事件 A 发生而事件 B 不发生所构成的事件，称为事件 A 与事件 B 的差，记作 $A-B$.

例如，设 $A=\{$2008 年奥运会参赛运动员$\}$，$B=\{$未获奖运动员$\}$，$D=\{$2008 年奥运会获奖运动员$\}$，则 $D=A-B$.

(5) 互斥事件(互不相容事件).

若事件 A 与事件 B 不能同时发生，即 $AB=\varnothing$，则称事件 A 与 B 互斥或称事件 A 与 B 互不相容.

显然，同一试验中的各个基本事件是互斥的.

例如，从 1,2,3,4,5,6,7,8,9,10 这 10 个数字中抽取一个，$A=\{$大于 1 的完全平方数$\}$，$B=\{$素数$\}$，则 A 与 B 是互斥事件. 又 $C=\{$大于 3 的奇数$\}$，则 A 与 C 也是互斥事件.

(6) 对立事件(互逆事件)与完备事件组.

如果事件 A 与事件 B 满足 $A+B=\Omega$，$AB=\varnothing$，则称事件 A 与事件 B 为对立事件或互逆事件，称事件 A 是事件 B 的逆事件，记作 $A=\overline{B}$. 显然，事件 B 也是事件 A 的逆事件，记作 $B=\overline{A}$.

例如，从 1,2,3,4,5,6,7,8,9,10 这 10 个数字中抽取一个，$A=\{$偶数$\}$，$B=\{$奇数$\}$，则 A 与 B 是对立事件.

显然，互逆与互斥是两个不同的概念，互逆必互斥，但互斥不一定互逆.

例如，掷一枚骰子，$A=\{$掷出 6 点$\}$与 $B=\{$掷出 4 点$\}$是互斥事件，但不是互逆事件.

若 n 个事件 $A_1,A_2,\cdots,A_n$ 两两互斥，并且 $A_1+A_2+\cdots+A_n=\Omega$，则称事件 $A_1,A_2,\cdots,A_n$ 构成一个完备事件组，简称完备组. 它的实际意义是每次试验中必然发生且仅能发生

$A_1, A_2, \cdots, A_n$中的一个事件. 当 $n=2$ 时,构成一个完备组的两个事件 A_1与 A_2是互逆事件.

二、概率

1. 概率的统计定义

案例 2　投掷硬币的试验

本试验具体情况见下表.

试验者	投掷次数 n	出现正面向上的次数 m	正面向上的频率 $\frac{m}{n}$
摩　根	2 048	1 061	0.518 1
蒲　丰	4 040	2 048	0.506 9
皮尔逊	24 000	12 012	0.500 5
维　尼	30 000	14 994	0.499 8

分析:通过上面的试验可知,随机试验结果的不确定性只是对一次或几次试验而言,当试验次数越来越多时,正面向上的频率越来越稳定地接近于 0.5,结果具有某种稳定性.

大量的随机试验的结果也表明,当多次重复地进行同一试验时,随机事件的变化呈现出一定的规律性,当试验次数 n 很大时,某一事件 A 发生的频率具有一定的稳定性,即其数值(频率)将会在某个确定的常数附近摆动,并且随着试验次数的增加,频率就越接近这个数值. 这种性质称为频率的稳定性,是随机现象统计规律的典型表现.因此,这个频率的稳定值可以描述这一随机事件发生可能性的大小,叫作随机事件发生的概率. 下面给出概率的统计定义.

定义 1　在 n 次相同条件下的重复试验中,若事件 A 发生的次数为 m 次,当 n 很大时,如果频率$\frac{m}{n}$总是在某一个确定的常数 p 附近摆动,且呈现一定的稳定性,则称 p 为事件 A 的概率,记作 $P(A)$. 即

$$P(A)=p.$$

由概率的统计定义,我们可以很容易地知道概率有如下性质:

性质 1　对任一事件 A,有 $0\leqslant P(A)\leqslant 1$.

性质 2　$P(\Omega)=1, P(\varnothing)=0$.

概率的统计定义实际上给出了近似计算随机事件概率的方法. 当试验重复次数 n 较大时,随机事件 A 的频率$\frac{m}{n}$可以作为随机事件 A 的概率的近似值.

2. 古典概率

案例 3　在一个暗盒中放有 5 个不同颜色的小球,如果从中任取一个小球,可以知道每个小球被取到的可能性都为$\frac{1}{5}$.

案例 4　某人向某一个目标射击,可能出现的结果有击中目标和没有击中目标,可以知道出现任意结果的可能性都为$\frac{1}{2}$.

分析:以上两个试验具有下面三个共同特点:

(1) 试验结果的个数是有限的,即基本事件的个数是有限的;

(2) 每个试验结果出现的可能性相同，即每个基本事件发生的可能性是相同的；

(3) 在任意一次试验中，只能出现一个结果，也就是有限个基本事件是两两互不相容的.

满足上述三个特点的试验称为古典型试验，它的数学模型称为古典概型. 根据古典概型的特点，我们可以定义任一随机事件 A 的概率.

定义 2 如果古典概型中的所有基本事件的总数是 n，而事件 A 包含的基本事件的个数是 m，则称 $\frac{m}{n}$ 为事件 A 的概率，记作 $P(A)$. 即

$$P(A)=\frac{m}{n}=\frac{\text{事件 } A \text{ 包含的基本事件的个数}}{\text{基本事件的总数}}.$$

这种定义称为概率的古典定义.

根据概率的定义，可知概率具有以下性质：

性质 1 对任一事件 A，有 $0\leqslant P(A)\leqslant 1$.

性质 2 $P(\Omega)=1, P(\varnothing)=0$.

例 1 同时抛掷两枚均匀硬币，求落下后恰有一枚正面向上的概率.

解 设事件 $A=\{$恰有一枚正面向上$\}$.

因为抛掷两枚硬币，所有的基本事件有{正，正}、{正，反}、{反，正}、{反，反}，共 4 种，而事件 A 包含的基本事件有{正，反}、{反，正}有 2 种，所以

$$P(A)=\frac{2}{4}=\frac{1}{2}.$$

例 2 有 6 支代表队参加某知识竞赛，每支代表队由 3 名队员组成. 根据比赛规则，第一轮是必答题. 要求每只代表队从装有 18 道密封题的试题袋中抽取 3 道当场回答，而 18 道密封题中有 6 道打“∗”的题目，第一代表队先抽. 求第一代表队恰好抽到一道打“∗”题的概率.

解 设 $A=\{$三题中恰有 1 道打“∗”题$\}$. 从 18 道题中任意抽取 3 题的所有基本事件共有 C_{18}^3 个，而事件 A 包含的基本事件有 $C_6^1 C_{12}^2$ 个，所以

$$P(A)=\frac{C_6^1 C_{12}^2}{C_{18}^3}=\frac{33}{68}.$$

例 3 一箱产品共有 100 件，其中有 95 件优质品、5 件次品. 每次取一件，连取三次，求：

(1) 无放回地抽取，3 件都是优质品的概率；

(2) 有放回地抽取，3 件都是优质品的概率.

解 设 $A=\{$三件优质品$\}$.

(1) 从 100 件产品中无放回地抽取 3 件产品的所有基本事件共有 C_{100}^3 种取法，而事件 A 包含的基本事件有 C_{95}^3 种取法，所以

$$P(A)=\frac{C_{95}^3}{C_{100}^3}=0.856\ 0.$$

(2) 从 100 件产品中有放回地抽取 3 件产品的所有基本事件共有 100^3 种取法，而事件 A 所包含得基本事件有 95^3 种取法，所以

$$P(A)=\frac{95^3}{100^3}=0.857\ 4.$$

三、加法公式、条件概率与乘法公式

1. 加法公式

案例 5　甲、乙两人向同一个目标射击，已知甲射中目标的概率为 0.89，乙射中目标的概率为 0.87，甲、乙两人都射中目标的概率为 0.85，问至少有一个射中目标的概率是多少？

分析：设 $A=\{$甲射中目标$\}$，$B=\{$乙射中目标$\}$，则 $AB=\{$甲、乙两人都射中目标$\}$，$A+B=\{$至少有一人射中目标$\}$. 那么上面的问题可转化为：

已知 $P(A)=0.89$，$P(B)=0.87$，$P(AB)=0.85$，求 $P(A+B)$.

如图 9-1 所示，$P(A+B)$可以用图中阴影部分的面积表示，它应该等于 A 的面积 $P(A)$与 B 的面积 $P(B)$之和减去重复计算了一次的 AB 的面积 $P(AB)$.即

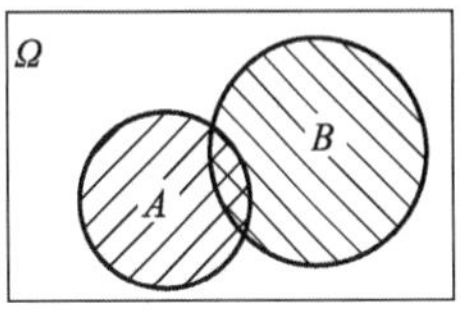

图 9-1

$$P(A+B)=P(A)+P(B)-P(AB)=0.89+0.87-0.85=0.91,$$

即至少有一个射中目标的概率是 0.91.

定理 1　对于任意两个事件 A 和 B，有

$$P(A+B)=P(A)+P(B)-P(AB).$$

上式称为概率的加法公式.

特别地，当事件 A 与 B 互斥时，即 $AB=\varnothing$时，有 $P(A+B)=P(A)+P(B)$.

又因为 $A+\overline{A}=\Omega$，$A\overline{A}=\varnothing$，所以 $P(\overline{A})=1-P(A)$.

另外，概率的加法公式也可以推广到多个随机事件和的概率. 若设 A，B，C 为三个随机事件，则

$$P(A+B+C)=P(A)+P(B)+P(C)-P(AB)-P(AC)-P(BC)+P(ABC).$$

例 4　已知某校 2015 级会计(1)班男、女生各为 22、21，会计(2)班男、女生各为 23、18，现从中抽取 1 人，问抽取到的学生为女生或(1)班学生的概率是多少？

解　设 $A=\{$女生$\}$，$B=\{$(1)班学生$\}$，则 $A+B=\{$女生或(1)班学生$\}$，且

$$P(A)=\frac{39}{84},\quad P(B)=\frac{43}{84},\quad P(AB)=\frac{21}{84}.$$

由概率的加法公式得

$$P(A+B)=P(A)+P(B)-P(AB)=\frac{61}{84}.$$

例 5　某地有甲、乙、丙三家物流公司，各物流公司货车司机和轿车司机人数见下表.

司机属性 \ 物流公司	甲	乙	丙	总　计
货车司机	19	15	20	54
轿车司机	12	8	11	31
合　计	31	23	31	85

从中随机选取一名司机，求该司机是甲物流公司的司机或是货车司机的概率.

解　设 $A=\{$甲物流公司司机$\}$，$B=\{$货车司机$\}$，则 $A+B=\{$甲物流公司的司机或货车司机$\}$，且

$$P(A)=\frac{31}{85},\quad P(B)=\frac{54}{85},\quad P(AB)=\frac{19}{85}.$$

由概率的加法公式得

$$P(A+B)=P(A)+P(B)-P(AB)=\frac{31}{85}+\frac{54}{85}-\frac{19}{85}=\frac{66}{85}\approx 0.776\,5.$$

2. 条件概率

案例 6　某单位有 400 名男职工,360 名女职工,其中男、女技术能手各 20 名. 现在要选取一名职工参加一项技术比赛. 求:已知选出的是男职工的前提下是技术能手的概率.

分析:在已经知道选出的是男职工的前提下,说明是从 400 名男职工中任选 1 人,要求是技术能手的概率,即为 $\frac{20}{400}=\frac{1}{20}$.

若设 $A=\{$选到 1 名技术能手$\}$,$B=\{$选到 1 名男职工$\}$,则选出的是一名男职工的概率为 $P(B)=\frac{400}{760}=\frac{10}{19}$,选出既是男职工又是技术能手的概率 $P(AB)=\frac{20}{760}=\frac{1}{38}$. 经研究发现

$$\frac{1}{20}=\frac{20}{400}=\frac{20/760}{400/760}=\frac{P(AB)}{P(B)}.$$

以上所求的概率是在已知选出的是男职工这个事件发生的前提下求是技术能手的概率,我们称这样的概率为在某一事件发生的条件下另一事件的条件概率.

定义 3　设 A,B 是任意两个随机事件,且 $P(B)\neq 0$,则称 $\frac{P(AB)}{P(B)}$ 为事件 B 发生的条件下,事件 A 发生的条件概率,记作 $P(A|B)$,即

$$P(A|B)=\frac{P(AB)}{P(B)}.$$

同理可定义在事件 A 发生的条件下,事件 B 发生的条件概率

$$P(B|A)=\frac{P(AB)}{P(A)}\quad (P(A)\neq 0).$$

例 6　某彩票每 10 000 张开奖,中奖率 5%,其中特等奖 1 名. 现从中任意抽取一张,求在已知中奖的条件下中的是特等奖的概率.

解　设 $A=\{$抽取一张中特等奖$\}$,$B=\{$抽取一张中奖$\}$,则 $A\subset B$ 且 $P(B)=0.05$,$P(AB)=P(A)=0.000\,1$,因此,所求的概率为

$$P(A|B)=\frac{P(AB)}{P(B)}=\frac{0.000\,1}{0.05}=0.002.$$

3. 乘法公式

将条件概率公式变形,就得到概率的乘法公式.

定理 2　设 $P(A)\neq 0,P(B)\neq 0$,则事件 A 与 B 之积的概率等于其中任一事件的概率乘以在该事件发生的条件下另一事件发生的概率,即

$$P(AB)=P(A)P(B|A)=P(B)P(A|B).$$

利用乘法公式可以计算两事件同时发生的概率 $P(AB)$.

例 7　已知库房里同型号的产品 12 件,其中 7 件优质品,5 合格品.从中无放回地连取两次,每次取一件,求取到的两件都是优质品的概率.

解　设 $A=\{$第一次取到优质品$\}$,$B=\{$第二次取到优质品$\}$,则

$$P(A)=\frac{7}{12},\quad P(B|A)=\frac{6}{11}.$$

所以，两次都取得优质品的概率是

$$P(AB)=P(A)P(B|A)=\frac{7}{12}\frac{6}{11}=\frac{7}{22}.$$

*四、全概率公式与逆概率公式

1. 全概率公式

案例 7　设 10 张彩票中有 3 张中奖彩票，甲先乙后各买一张，两人的中奖概率分别是多少？

分析：设 $A=\{$甲中奖$\}$，$B=\{$乙中奖$\}$，则

$$P(A)=\frac{3}{10},\quad P(\overline{A})=\frac{7}{10},\quad P(B|A)=\frac{2}{9},\quad P(B|\overline{A})=\frac{3}{9}.$$

因为
$$B=B\Omega=B(A+\overline{A})=BA+B\overline{A},$$

所以
$$P(B)=P(BA+B\overline{A})=P(BA)+P(B\overline{A})=P(A)P(B|A)+P(\overline{A})P(B|\overline{A})=\frac{3}{10},$$

即两人中奖的概率都为 $\frac{3}{10}$.

定理 3　若事件 $A_1,A_2,\cdots,A_n$ 是两两互斥事件，且 $A_1+A_2+\cdots+A_n=\Omega$，$P(A_i)>0$ $(i=1,2,\cdots,n)$，则对任意事件 B，有

$$P(B)=\sum_{i=1}^{n}P(A_i)P(B|A_i).$$

称此公式为全概率公式.

例 8　某商场为了促销，凡到该商场购物满 100 元者，参加抽奖活动，共设奖券 1 000 张，其中一等奖 10 张，二等奖 20 张，三等奖 50 张，其余为象征性奖. 王某是第 2 个抽奖的人，问王某抽到一等奖的概率是多少？

解　设事件 $A_1=\{$第 1 个人抽中一等奖$\}$，$A_2=\{$第 1 个人抽中二等奖$\}$，$A_3=\{$第 1 个人抽中三等奖$\}$，$A_4=\{$第 1 个人抽中象征性奖$\}$，$A=\{$王某抽中一等奖$\}$，显然 A_1,A_2,A_3,A_4 构成一个完备事件组.由全概率公式，得

$$\begin{aligned}P(A)&=P(A_1)P(A|A_1)+P(A_2)P(A|A_2)+P(A_3)P(A|A_3)+P(A_4)P(A|A_4)\\&=\frac{10}{1\,000}\frac{9}{999}+\frac{20}{1\,000}\frac{10}{999}+\frac{50}{1\,000}\frac{10}{999}+\frac{920}{1\,000}\frac{10}{999}=\frac{10}{1\,000}=0.01.\end{aligned}$$

即王某抽到一等奖的概率是 0.01.

从本例的计算我们发现，第 2 个抽奖的人与第 1 个抽奖的人中一等奖的概率是相同的. 我们还可以计算出第 3,4,5,…，直到第 1 000 个抽奖的人中一等奖的概率都与第一个抽奖的人中一等奖的概率相同. 这也说明在抓阄活动中，其概率是与抓阄的先后次序无关的.

例 9　有一批种子，其中含有一级种子 95%，二级种子 3%，三级种子 2%. 已知一级种子发芽率为 99%，二级种子发芽率为 96%，三级种子发芽率为 92%. 求这批种子的发芽率.

解　设 $A=\{$任取 1 粒种子发芽$\}$，$A_i=\{$取到 1 粒 i 级种子$\}(i=1,2,3)$，则

$$P(A_1)=95\%,\quad P(A_2)=3\%,\quad P(A_3)=2\%,$$
$$P(A|A_1)=99\%,\quad P(A|A_2)=96\%,\quad P(A|A_3)=92\%,$$

于是
$$\begin{aligned}P(A)&=P(A_1)P(A|A_1)+P(A_2)P(A|A_2)+P(A_3)P(A|A_3)\\&=\frac{95}{100}\frac{99}{100}+\frac{3}{100}\frac{96}{100}+\frac{2}{100}\frac{92}{100}=0.987\,7.\end{aligned}$$

2. 逆概率公式

案例 8 两个一模一样的碗,一号碗有 30 颗水果糖和 10 颗巧克力糖,二号碗有水果糖和巧克力糖各 20 颗. 现在随机选择一个碗,从中摸出一颗糖,发现是水果糖. 请问这颗水果糖来自一号碗的概率有多大?

分析:设 $A_1=\{一号碗\}$,$A_2=\{二号碗\}$,$B=\{水果糖\}$,则问题变为求在 B 发生的条件下 A_1 发生的概率,即 $P(A_1|B)$.

因为
$$P(A_1|B)=\frac{P(A_1B)}{P(B)},$$
$$P(B)=P(A_1)P(B|A_1)+P(A_2)P(B|A_2)=\frac{1}{2}\times\frac{3}{4}+\frac{1}{2}\times\frac{2}{4}=\frac{5}{8},$$
而
$$P(A_1B)=P(A_1)P(B|A_1)=\frac{1}{2}\times\frac{3}{4}=\frac{3}{8},$$
所以
$$P(A_1|B)=\frac{P(A_1)P(B|A_1)}{P(B)}=\frac{3}{5}=0.6.$$

定理 4 若事件 $A_1,A_2,\cdots,A_n$ 是两两互斥事件,且 $A_1+A_2+\cdots+A_n=\Omega$,则对于任一事件 B,有
$$P(A_i|B)=\frac{P(A_i)P(B|A_i)}{\sum\limits_{i=1}^{n}P(A_i)P(B|A_i)},\quad (i=1,2,\cdots,n).$$
称此公式为逆概率公式或贝叶斯公式.

例 10 某厂有四条流水线生产同一产品,该四条流水线的产量分别占总产量的 15%,20%,30%,35%,各流水线的次品率为 0.05,0.04,0.03,0.02. 从出厂产品中随机抽取一件,发现是次品,求此次品来自第一条流水线的概率是多少?

解 设 $A_i=\{第\ i\ 条流水线\}\ (i=1,2,3,4)$,$B=\{任取一件产品是次品\}$,则
$$P(A_1)=15\%,\quad P(A_2)=20\%,\quad P(A_3)=30\%,\quad P(A_4)=35\%,$$
$$P(B|A_1)=0.05,\quad P(B|A_2)=0.04,\quad P(B|A_3)=0.03,\quad P(B|A_4)=0.02,$$
而
$$P(B)=\sum_{i=1}^{4}P(A_i)P(B|A_i)=0.031\ 5,$$
$$P(A_1)P(B|A_1)=15\%\times0.05=0.007\ 5,$$
所以
$$P(A_1|B)=\frac{P(A_1)P(B|A_1)}{\sum\limits_{i=1}^{4}P(A_i)P(B|A_i)}=\frac{0.007\ 5}{0.031\ 5}\approx0.238.$$

五、独立试验序列概型

1. 事件的独立性

案例 9 设袋中有 m 个白球,n 个红球,采用有放回的摸球,求:

(1) 在第 1 次摸得红球的条件下,第 2 次摸得红球的概率;

(2) 第 2 次摸得红球的概率.

分析:设事件 $A=\{第 1 次摸得红球\}$,$B=\{第 2 次摸得红球\}$,则
$$P(A)=\frac{n}{m+n},\quad P(AB)=\frac{n^2}{(m+n)^2},\quad P(A\overline{B})=\frac{mn}{(m+n)^2},$$

所以

(1) $P(B|A)=\dfrac{P(AB)}{P(A)}=\dfrac{n}{m+n}$;

(2) $P(B)=P(AB+A\overline{B})=P(AB)+P(A\overline{B})=\dfrac{n^2}{(m+n)^2}+\dfrac{mn}{(m+n)^2}=\dfrac{n}{m+n}$.

注意到 $P(B|A)=P(B)$，这是因为第二次摸球时袋中球的组成与第一次完全相同，当然第一次抽取的结果对第二次抽取丝毫没有影响. 在这种场合，我们可以认为事件 A 与事件 B 之间具有某种独立性.下面给出独立性定义.

定义 4　如果两个事件 A，B 中任一事件的发生不影响另一事件的概率，即

$$P(A|B)=P(A)\quad 或 \quad P(B|A)=P(B),$$

则称事件 A 与事件 B 是相互独立的. 否则称事件 A 与事件 B 不是相互独立的.

若事件 A 与事件 B 是相互独立的，由条件概率公式可得

$$P(AB)=P(A)P(B).$$

还可以得到事件 $\overline{A}$ 与 B、事件 A 与 $\overline{B}$、事件 $\overline{A}$ 与 $\overline{B}$ 也是相互独立的.

2. 独立试验序列概型

案例 10　某射手每次击中目标的概率是 0.6，如果射击 5 次，求恰好击中 2 次的概率.

分析：把每次射击看作是一次试验，则每次试验都是相互独立的，且只有击中与未击中两种结果，而每次击中目标的概率是相同的，这一独立的试验组称为独立试验序列.

定义 5　设随机试验 E 满足以下条件：

(1) 在相同条件下进行 n 次重复试验；

(2) 每次试验只有两种可能结果，即 A 发生或 A 不发生；

(3) 在每次试验中事件 A 发生的概率均相同，即 $P(A)=p$；

(4) 各次试验是相互独立的.

则称这种试验为 n 重独立试验序列，这个试验模型称为 n 重独立试验序列概型，也称为 n 重伯努利概型，简称伯努利概型.

对于伯努利概型，事件 A 恰好发生 k 次的概率

$$P_n(k)=C_n^k p^k(1-p)^{n-k}\quad (k=0,1,2,\cdots,n).$$

这个公式也称为二项概率公式.

例 11　某物流公司有 30 台运输车辆，由于车辆需要维护等原因，每辆车不能正常出车的概率是 0.15，求：

(1) 恰有三台车不能正常出车的概率；

(2) 最多有三台车不能正常出车的概率.

解　(1) 设 $A=\{$恰有三台车不能正常出车$\}$，则

$$P_{30}(A)=C_{30}^3\cdot 0.15^3\cdot(1-0.15)^{27}=0.170\ 3.$$

(2) 设 $B=\{$最多有三台车不能正常出车$\}$，则

$$\begin{aligned}P_{30}(B)=&C_{30}^0\cdot 0.15^0\cdot(1-0.15)^{30}+C_{30}^1\cdot 0.15^1\cdot(1-0.15)^{29}+C_{30}^2\cdot 0.15^2\cdot(1-0.15)^{28}+\\&C_{30}^3\cdot 0.15^3\cdot(1-0.15)^{27}\\=&0.007\ 6+0.004\ 04+0.103\ 5+0.170\ 3=0.321\ 7.\end{aligned}$$

例 12　某产品的次品率为 4%，现从一大批该产品中随机抽出 40 个进行检验，问这 40 个产品中恰有 2 个次品的概率是多少？

解　这是一个无放回抽样检验问题，由于一批产品的数量很大，且抽出的样品数量相对较小，因而可以当作是有放回抽样处理.这样做会有一些误差，但误差不会太大. 抽出 40 个样品检验，可以看作是做了 40 次独立试验，每一次是否为次品可以看成是一次试验的结果.

设 $A=\{$恰有 2 个次品$\}$，则

$$P_{40}(A)=C_{40}^{2}\times 0.04^{2}\times 0.96^{38}\approx 0.264\ 6.$$

训练任务 9.1

1. 写出下列随机试验的样本空间：

(1) 将一枚均匀硬币连续抛掷两次，观察正、反面出现的情况；

(2) 暗盒中有 8 只红球，2 只黄球，无放回地从中随机取 2 只，观察取出两球的颜色；

(3) 设有 10 件同一种产品，其中有 4 件优质品，每次从中抽取一件，取后不放回，一直到 4 件优质品都被取出为止，记录可能抽取的次数；

(4) 在某一地区的同一种型号的汽车中，任意抽取一辆，记录它的总行车里程.

2. 判断下列事件是不是随机事件：

(1) 一批彩票中有一等奖、二等奖和鼓励奖三种，从中任意抽出一张是一等奖；

(2) 今晚看到流星；

(3) 某电话台每分钟接收到电话信号的次数；

(4) 在地面上石英石是固体；

(5) 炸药遇到火星会爆炸.

3. 下表是某地区 10 年来的新生婴儿性别统计情况：

出生年份	1995	1996	1997	1998	1999	2000	2001	2002	2003	2004	累　计
男	3 018	2 929	3 015	3 112	3 006	3 041	3 054	3 117	2 543	2 526	29 361
女	2 796	2 702	2 778	2 907	2 778	2 814	2 816	2 871	2 341	2 328	27 131
总　计	5 814	5 631	5 793	6 019	5 784	5 855	5 870	5 988	4 884	4 854	56 492

据此估计该地区生男孩、女孩的概率.

4. 掷两枚均匀的骰子，求下列事件的概率：

(1) 点数和为 1；　　(2) 点数和为 4；

(3) 点数和为 12；　　(4) 点数和小于 6；

(5) 点数和不超过 11.

5. 在 100 张奖券中，有 4 张中奖券，从中任取两张，求两张都中奖的概率.

6. 同时抛掷两枚均匀硬币，求恰有一枚正面向上的概率.

7. 袋中有 4 个红球，2 个黄球，现从中任取 2 个球，求下列事件的概率：

(1) 两球恰好同色；　　(2) 两球中至少有一个红球.

8. 微机室中有 10 台电脑，其中有 3 台损坏，现有 4 名同学上机随机挑选，每人一台，求：

(1) 其中只有 1 名同学挑选到损坏的电脑的概率；

(2) 4 名同学都挑选到正常的电脑的概率；

(3) 至少有 1 名同学挑选到损坏的电脑的概率.

9. 设 $P(A)=0.65$，$P(B)=0.48$，$P(AB)=0.32$，求 $P(\overline{A}B)$ 和 $P(A\overline{B})$.

10. 某射手连续射击 2 发子弹，已知至少 1 发子弹中靶的概率为 0.88，第 1 发不中靶的概率为 0.3，第 2 发不中靶的概率为 0.4，求：

(1) 两发均未中靶的概率；

(2) 第 1 发中靶而第 2 发未中靶的概率.

11. 某工厂有三个车间. 第一车间有男职工 400 人，女职工 160 人；第二车间有男职工 300 人，女职工 140 人；第三车间有男职工 80 人，女职工 50 人. 如果从该厂职工中任选一人，求该职工为女职工或第三车间职工的概率.

12. 一箱产品共计 50 件，其中有 46 件合格品，4 件次品，从中随机抽取 3 件，求：

(1) 至少有 1 件次品的概率；

(2) 次品数不超过 2 件的概率.

第二节　随机变量及其分布

一、随机变量及其分布函数

1. 随机变量

案例 1　货架上有 10 个热水瓶. 在 0 ℃的条件下，装满 100 ℃的开水后 72 小时，其中有 8 个水温能保持在 45 ℃以上，有 2 个水温在 45 ℃以下. 一顾客买了 2 只，用一个变量 X 表示“2 只热水瓶中 72 小时后水温能保持在 45 ℃以上的个数”，则 X 的取值是随机的，可能的取值有 0，1，2.

案例 2　某物流公司日接待客户最多 50 家. 用变量 Y 表示该公司日接待客户数，则 Y 的取值是随机的，可能的取值有 $0,1,2,3,\cdots,50$.

案例 3　测试灯泡的使用寿命这一试验，用变量 Z 表示灯泡的寿命(单位：小时)，则 Z 的取值范围是连续区间 $(0,+\infty)$，Z 的取值是随机的，当试验结果确定后，Z 的取值也就确定了.

上述三个例子中的变量 X,Y,Z 都具有以下三个特征：

(1) 取值是随机的，事前不知道取到哪个值；

(2) 所取的每一个值都相应于某一随机事件；

(3) 所取的每一个值的概率大小是确定的.

把满足以上三个特征的变量称为随机变量.

定义 1　如果一个变量，它的取值随着试验结果的不同而变化，当试验结果确定后，它所取的值也就跟着确定了，这种变量叫作随机变量.

随机变量一般用大写字母 $X,Y,Z,\cdots$ 或希腊字母 $\xi,\eta,\zeta,\cdots$ 等表示.

随机变量的实质就是用一个变量来表示一列事件. 随机变量的一个取值表示一个事件.

有了随机变量，随机试验中的各种事件就可以通过随机变量的关系式表达出来；对随机现象统计规律性的研究，就由对事件与事件概率的研究转化为对随机变量及其取值的研究.

按随机变量的取值情况，可以把随机变量分为离散型与非离散型两类. 如果随机变量的所有可能取值可以按一定次序一一列出，这样的随机变量叫作离散型随机变量；如果随机变量的所有可能取值不能一一列出，那么称这样的随机变量叫作非离散型随机变量. 在非离散型随机变量中，最重要的是连续型随机变量.

2. 分布函数

为方便起见，把随机变量 X 在区间 $(-\infty,x]$ 中的取值记为 $(X\leqslant x)$. 那么，随机变量在某区间内取值的概率及它取某特定值时的概率，可用 $P(X\leqslant x)$ 及 $P(X=x)$ 表示. 为此，我们引入分布函数的概念.

定义 2 设 X 是一个随机变量,称函数

$$F(x)=P(X\leqslant x)$$

为随机变量 X 的分布函数,记作 $F(x)$.

分布函数 $F(x)$具有以下性质:

(1) $0\leqslant F(x)\leqslant 1$.

(2) $F(x)$是单调不减函数.

(3) $F(+\infty)=\lim\limits_{x\to+\infty}F(x)=1,\quad F(-\infty)=\lim\limits_{x\to-\infty}F(x)=0$.

由分布函数可知,对于任意实数 $a<b$,都有 $P(a<X\leqslant b)=F(b)-F(a)$. 因此,当分布函数已知时,随机变量落在某区间的概率就可以确定了.

二、离散型随机变量及其分布

1. 离散型随机变量的概率分布

案例 4 随机抛掷两枚质地均匀的硬币,如果用随机变量 X 表示正面向上的枚数,那么 X 的可能取值为 0,1,2,相应的概率分别为$\frac{1}{4},\frac{1}{2},\frac{1}{4}$. 可以用

X	0	1	2
p_k	$\frac{1}{4}$	$\frac{1}{2}$	$\frac{1}{4}$

来表示.

我们把上述情况定义为离散型随机变量的分布列.

定义 3 设随机变量 X 的所有可能取值为 $x_1,x_2,\cdots,x_k,\cdots$,并且 X 取值相应的概率分别为

$$p_k=P(X=x_k),\quad k=1,2,\cdots,$$

则称 X 为离散型随机变量,称上式为离散型随机变量 X 的概率分布或分布列,简称分布.

为清楚起见,X 及其概率分布也可用表格的形式表示:

X	x_1	x_2	$\cdots$	x_k	$\cdots$
p_k	p_1	p_2	$\cdots$	p_k	$\cdots$

由概率和随机变量的分布列的定义可知,p_k 满足下列性质:

(1) $p_k>0,k=1,2,\cdots$

(2) $\sum\limits_{k=1}^{\infty}p_k=1$.

例 1 从 1,2,3,4,5,6,7,8,9 中任取 3 个组成一个小于 500 的三位数,记 X 为这个三位数的百位上的数字,求 X 的分布列.

解 X 所有可能的取值为 1,2,3,4,相应的概率为

$$P(X=1)=\frac{P_8^2}{P_4^1P_8^2}=0.25,\quad P(X=2)=\frac{P_8^2}{P_4^1P_8^2}=0.25,$$

$$P(X=3)=\frac{P_8^2}{P_4^1P_8^2}=0.25,\quad P(X=4)=\frac{P_8^2}{P_4^1P_8^2}=0.25,$$

所以

$$\sum_{k=1}^{4}P(X=k)=0.25+0.25+0.25+0.25=1.$$

于是得到 X 的分布列为

X	1	2	3	4
p_k	0.25	0.25	0.25	0.25

例 2　设离散型随机变量 X 的分布列为

X	-1	1	5	13
p_k	0.1	0.3	a	0.3

，

求常数 a.

解　由分布列的性质，得

$$0.1+0.3+a+0.3=1,$$

解得

$$a=0.3.$$

2. 离散型随机变量的分布函数

由离散型随机变量的分布列可求出离散型随机变量 X 的分布函数：

$$F(x)=P(X\leqslant x)=\sum_{x_i\leqslant x}P(X=x_i).$$

例 3　随机变量 X 的概率分布是

X	-1	0	1
p_i	0.3	0.5	0.2

求 X 的分布函数.

解　当 $x<-1$ 时，因为事件$\{X\leqslant x\}=\varnothing$，所以

$$F(x)=0;$$

当 $-1\leqslant x<0$ 时，有

$$F(x)=P(X\leqslant x)=P(X=-1)=0.3;$$

当 $0\leqslant x<1$ 时，有

$$\begin{aligned}F(x)&=P(X\leqslant x)=P(X=-1)+P(X=0)\\&=0.3+0.5=0.8;\end{aligned}$$

当 $1\leqslant x$ 时，有

$$\begin{aligned}F(x)&=P(X\leqslant x)=P(X=-1)+P(X=0)+P(X=1)\\&=0.3+0.5+0.2=1.\end{aligned}$$

所以 X 的分布函数为

$$F(x)=P(X\leqslant x)=\begin{cases}0, & x<-1,\\0.5, & -1\leqslant x<0,\\0.8, & 0\leqslant x<1,\\1, & x\geqslant 1.\end{cases}$$

例 4　袋中有 3 件正品，2 件次品. 从中任取 2 件，求取到次品数 X 的分布列，并求 X 的分布函数.

解　(1) 次品数 X 的取值范围为 0,1,2. 因为

$$P(X=0)=\frac{C_3^2}{C_5^2}=\frac{3}{10},\quad P(X=1)=\frac{C_3^1C_2^1}{C_5^2}=\frac{6}{10},\quad P(X=2)=\frac{C_2^2}{C_5^2}=\frac{1}{10},$$

所以取到次品数 X 的分布列为

X	0	1	2
p_k	$\frac{3}{10}$	$\frac{6}{10}$	$\frac{1}{10}$

(2) 当 $x<0$ 时，$F(x)=P(X\leqslant x)=0$；

当 $0 \leqslant x < 1$ 时，$F(x)=P(X \leqslant x)=P(X=0)=\frac{3}{10}$；

当 $1 \leqslant x < 2$ 时，$F(x)=P(X \leqslant x)=P(X=0)+P(X=1)=\frac{3}{10}+\frac{6}{10}=\frac{9}{10}$；

当 $x \geqslant 2$ 时，$F(x)=P(X \leqslant x)=P(X=0)+P(X=1)+P(X=2)=1$.

所以 X 的分布函数为

$$F(x)=\begin{cases} 0, & x<0, \\ \frac{3}{10}, & 0 \leqslant x<1, \\ \frac{9}{10}, & 1 \leqslant x<2, \\ 1, & x \geqslant 2. \end{cases}$$

3. 几种常见的离散型随机变量的分布

(1) 二点分布.

设随机变量 X 只可能取 0,1 两个值，它的概率分布是

$$P(X=1)=p, \quad P(X=0)=1-p \quad (0<p<1),$$

则称 X 服从二点分布，或 X 具有二点分布.

只有两个实验结果的随机试验就可以用二点分布来描述. 例如，射击试验如果只考虑射中与不中，则可以用二点分布表示为

$$X=\begin{cases} 1, & \text{子弹中靶}, \\ 0, & \text{子弹脱靶}, \end{cases}$$

且

$$P(X=1)=p, \quad P(X=0)=1-p.$$

二点分布是经常遇到的一种分布，许多试验可以归结为二点分布.如产品的“合格”与“不合格”，新生儿性别登记“男”与“女”，掷硬币的“正面”与“反面”，乒乓球比赛的“胜”与“负”等等.

(2) 二项分布.

设随机变量 X 的概率分布为

$$p_k=P(X=k)=C_n^k p^k (1-p)^{n-k} \quad (k=0,1,2,\cdots,n;0<p<1),$$

则称 X 服从参数为 n,p 的二项分布，记为 $X \sim B(n,p)$.

当 $n=1$ 时就是二点分布. 二项分布实际就是对只有两个结果的试验独立重复地进行 n 次，某事件发生的次数 X 服从二项分布.

例 5　某射手一次射击命中靶心的概率是 0.9，射击 5 次，求：

(1) 命中靶心的概率；　　(2) 命中靶心不少于 4 次的概率.

解　命中靶心的次数 $X \sim B(5,0.9)$.

(1) 设 $A=\{$命中靶心$\}$，则 $\overline{A}=\{$没命中靶心$\}$，

$$P(A)=1-P(\overline{A})=1-C_5^0 \times 0.9^0 \times 0.1^5=0.999\ 99.$$

(2) 设 $B=\{$命中靶心不少于 4 次$\}$，

$$P(B)=P(X=4)+P(X=5)=C_5^4 \times 0.9^4 \times 0.1+C_5^5 \times 0.9^5=0.918\ 54.$$

例 6　已知某地人群患某病的概率是 20%，现有 15 人接受新药试验，结果都没得该病. 问这种新药对该病是否有效?

解　若药无效，则这 15 人得病的人数 $X\sim B(15,0.2)$，所以，15 人不得病的概率是

$$P(X=0)=C_{15}^{0}\times 0.20^{0}\times(1-0.20)^{15}=0.035.$$

这说明，若药无效，则 15 人都不得病的可能性只有 0.035，这是一个小概率事件，实际上不大可能发生，所以可以认为新药有效.

(3) 泊松(Poisson)分布.

设随机变量 X 取值为 0，1，2，…，其相应的概率分布为

$$P(X=k)=\frac{\lambda^{k}}{k!}e^{-\lambda}\quad(k\in\mathbf{N}),$$

其中 λ 为大于零的参数，则称 X 服从泊松分布，记作 $X\sim P(\lambda)$.

实际问题中，很多随机现象都服从泊松分布.例如，某时间段内，通过某十字路口的车辆数；一段时间内某交换台电话被呼叫的次数；某商店的顾客数；某容器内的细菌数；某段布的疵点数等等都服从泊松分布.

例 7　电话交换台每分钟接到的呼叫次数 X 是随机变量，设 $X\sim P(4)$.求：

(1) 一分钟内呼叫次数恰为 8 次的概率；

(2) 一分钟内呼叫次数不超过 1 次的概率.

解　因为 $\lambda=4$，故

$$P(X=k)=\frac{4^{k}}{k!}e^{-4},\quad k=1,2,3,\cdots.$$

(1) $P(X=8)=\dfrac{4^{8}}{8!}e^{-4}=0.0298$；

(2) $P(X\leqslant 1)=P(X=0)+P(X=1)=\dfrac{4^{0}}{0!}e^{-4}+\dfrac{4^{1}}{1!}e^{-4}=0.092.$

注：这里 λ 是电话交换台平均每分钟接到的呼叫次数.

可以证明，当 n 很大 P 很小时，二项分布可以用泊松分布近似代替，有

$$C_{n}^{k}p^{k}(1-p)^{n-k}\approx\lambda^{k}e^{-\lambda}/k!,\quad 其中\ \lambda=np.$$

也就是说，泊松分布是一个概率很小的事件在大量试验中出现的次数的概率分布.实际问题中，当 $n>10$ 且 $p<0.1$ 时就可用这个近似公式.

例 8　已知某比赛的得奖率是 0.002 5，某单位有 800 人参赛，求恰有 2 人得奖的概率.

解　用 X 表示得奖人数，则{恰有 2 人得奖}表示为"$X=2$"，$X\sim B(800,0.0025)$，用二项分布计算，则

$$P(X=2)=C_{800}^{2}\times 0.0025^{2}\times 0.9975^{798}.$$

由于试验次数较多，计算很烦琐，故用泊松分布计算.$n=800$，$p=0.0025$，$\lambda=np=2$，$k=2$，于是

$$P(X=2)\approx\frac{2^{2}}{2!}e^{-2}\approx 0.135.$$

三、连续型随机变量及其分布

1. 连续型随机变量的概率密度

案例 5　假如某公交车站每隔 30 分钟发出一班公交车，某人随机到该公交车站候车，若把候车时间看作随机变量 X，则随机变量 X 可取$[0,30]$内的任意值. 像这一类可能取值不能一一列出的随机变量称为连续型随机变量.

定义 4 对于随机变量 X,若存在一个非负可积函数$f(x)$,使得对于任意实数 $a<b$,有

$$P(a\leqslant X\leqslant b)=\int_a^b f(x)\mathrm{d}x,$$

则称 X 是连续型随机变量,称$f(x)$为 X 的概率密度函数,简称密度函数或概率密度.

由概率和积分的性质可知,连续型随机变量的概率密度有下列性质:

(1) $f(x)\geqslant 0$. (非负性)

(2) $\int_{-\infty}^{+\infty} f(x)\mathrm{d}x=1$. (规范性)

由微积分的知识可知,对于任意的实数 a,有

$$P(X=a)=P(a\leqslant X\leqslant a)=\int_a^a f(x)\mathrm{d}x=0.$$

即连续型随机变量 X 在任意一点处的概率都是 0.所以,在计算连续型随机变量落在某一区间上的概率时,不必考虑区间是否为闭区间,即有

$$P(a<X<b)=P(a<X\leqslant b)=P(a\leqslant X<b)=P(a\leqslant X\leqslant b)=\int_a^b f(x)\mathrm{d}x.$$

例 9 设随机变量 X 的概率密度函数$f(x)=\begin{cases}\frac{1}{10}\mathrm{e}^{-\frac{x}{10}}, & x\geqslant 0,\\ 0, & x<0,\end{cases}$ 求 X 落在区间$(20,+\infty)$内的概率.

解 $P(20<X<+\infty)=\int_{20}^{+\infty}f(x)\mathrm{d}x=\int_{20}^{+\infty}\frac{1}{10}\mathrm{e}^{-\frac{x}{10}}\mathrm{d}x=-\mathrm{e}^{-\frac{x}{10}}\Big|_{20}^{+\infty}=\mathrm{e}^{-2}\approx 0.135\ 3.$

例 10 设随机变量 X 的概率密度函数是$f(x)=\begin{cases}Ax, & 0\leqslant x\leqslant 1,\\ 0, & 其他,\end{cases}$ 求:

(1) 系数 A; (2) X 分别落在区间$\left(-\frac{1}{2},\frac{1}{2}\right)$及$(-\sqrt{3},2)$内的概率.

解 (1) 根据概率密度函数的性质(2),得

$$\int_{-\infty}^{+\infty} f(x)\mathrm{d}x=\int_0^1 Ax\mathrm{d}x=\frac{Ax^2}{2}\Big|_0^1=\frac{A}{2}=1,$$

所以 $$A=2.$$

(2) $P\left(-\frac{1}{2}<X<\frac{1}{2}\right)=\int_0^{\frac{1}{2}} f(x)\mathrm{d}x=\int_0^{\frac{1}{2}} 2x\mathrm{d}x=x^2\Big|_0^{\frac{1}{2}}=\frac{1}{4}.$

$P(-\sqrt{3}<X<2)=\int_0^1 f(x)\mathrm{d}x=\int_0^1 2x\mathrm{d}x=x^2\Big|_0^1=1.$

2. 连续型随机变量的分布函数

由分布函数的定义知,概率密度为$f(x)$的连续型随机变量 X 的分布函数是

$$F(x)=P(X\leqslant x)=\int_{-\infty}^{x} f(t)\mathrm{d}t.$$

它是一个变动上限的无穷积分.由微积分的知识可知,在$f(x)$的连续点处,有

$$F'(x)=f(x).$$

也就是说,如果密度函数是连续函数,那么,密度函数就是分布函数的导数.

分布函数实际上就是概率密度的"累计和". 通过上面的讨论可知,分布函数和密度函数只要知道其中之一,就可以求得另一个.

例 11　设随机变量 X 的概率密度是

$$f(x)=\begin{cases}\dfrac{1}{b-a}, & a\leqslant x\leqslant b,\\ 0, & 其他,\end{cases}\quad (a<b)$$

求 X 的分布函数 $F(x)$.

解　由分布函数的定义 $F(x)=P(X\leqslant x)=\int_{-\infty}^{x}f(t)\mathrm{d}t$,可得:

当 $x<a$ 时,$f(x)=0$,故

$$F(x)=0;$$

当 $a\leqslant x<b$ 时,$f(x)=\dfrac{1}{b-a}$,故

$$F(x)=\int_{-\infty}^{x}f(x)\mathrm{d}x=\int_{-\infty}^{a}0\mathrm{d}x+\int_{a}^{x}\frac{1}{b-a}\mathrm{d}x=\frac{x-a}{b-a};$$

当 $b\leqslant x$ 时,$f(x)=0$,故

$$F(x)=\int_{-\infty}^{x}f(x)\mathrm{d}x=\int_{-\infty}^{a}0\mathrm{d}x+\int_{a}^{b}\frac{1}{b-a}\mathrm{d}x+\int_{b}^{x}0\mathrm{d}x=1.$$

所以

$$F(x)=P(X\leqslant x)=\begin{cases}0, & x<a,\\ \dfrac{x-a}{b-a}, & a\leqslant x<b,\\ 1, & x\geqslant b.\end{cases}$$

例 12　随机变量 X 的分布函数是

$$F(x)=\begin{cases}0, & x<0,\\ x^3, & 0\leqslant x<1,\\ 1, & 1\leqslant x,\end{cases}$$

求:(1) X 的概率密度;　　(2) $P(-1<X<1)$.

解　(1) 由导数的概念易知 $F(x)$ 在 $(-\infty,+\infty)$ 内连续,所以

$$f(x)=F'(x)=\begin{cases}0, & x<0,\\ 3x^2, & 0\leqslant x<1,\\ 0, & 1\leqslant x.\end{cases}$$

(2) $P(-1<X<0.5)=F(0.5)-F(-1)=0.5^3-0=0.125$.

3. 几种常见的连续型随机变量的分布

(1) 均匀分布.

如果随机变量 X 的概率密度为

$$f(x)=\begin{cases}\dfrac{1}{b-a}, & a\leqslant x\leqslant b,\\ 0, & 其他,\end{cases}$$

则称 X 服从 $[a,b]$ 上的均匀分布,记为

$$X\sim U(a,b).$$

如果 X 在 $[a,b]$ 上服从均匀分布,则对任意满足 $a\leqslant c\leqslant d\leqslant b$ 的 c,d,有

$$P(c\leqslant X\leqslant d)=\int_{c}^{d}f(x)\mathrm{d}x=\frac{d-c}{b-a}.$$

即 X 取值于$[a,b]$上任一小区间的概率与该小区间的长度成正比，而与该小区间的位置无关.这就是均匀分布的概率意义. 图 9-2 是均匀分布 $U(a,b)$的概率密度函数图形.

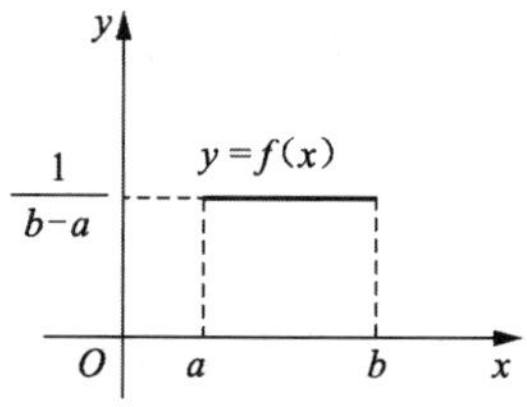

图 9-2

例 13　某市 999 路公交车每 10 分钟发一班车，如果乘客不知道发车时间，求乘客候车不超过 5 分钟的概率和候车超过 7 分钟的概率.

解　因为乘客在 0 到 10 分钟内乘上车的可能性是相同的，所以乘客的候车时间 X 的概率分布是均匀分布

$$f(x)=\begin{cases}\dfrac{1}{10}, & 0\leqslant x\leqslant 10,\\ 0, & \text{其他},\end{cases}$$

所以乘客候车不超过 5 分钟的概率是

$$P(0\leqslant X\leqslant 5)=\int_0^5\frac{1}{10}\mathrm{d}x=0.5.$$

乘客候车超过 7 分钟的概率是

$$P(7<X\leqslant 10)=\int_7^{10}\frac{1}{10}\mathrm{d}x=0.3.$$

(2) 指数分布.

如果随机变量 X 的概率密度函数是

$$f(x)=\begin{cases}\lambda\mathrm{e}^{-\lambda x}, & x\geqslant 0,\\ 0, & x<0,\end{cases}$$

其中 $\lambda>0$ 为参数，则称 X 服从参数为 λ 的指数分布，记作 $X\sim E(\lambda)$.

例 14　某电子元件的使用寿命 X(单位:小时)服从指数分布，概率密度函数是

$$f(x)=\begin{cases}\dfrac{1}{15\,000}\mathrm{e}^{-\frac{x}{15\,000}}, & x>0,\\ 0, & x\leqslant 0.\end{cases}$$

求该电子元件能运行 15 000～30 000 小时的概率和运行不少于 15 000 小时的概率.

解　运行 15 000～30 000 小时的概率

$$P(15\,000\leqslant X\leqslant 30\,000)=\int_{15\,000}^{30\,000}\frac{1}{15\,000}\mathrm{e}^{-\frac{x}{15\,000}}\mathrm{d}x=-\mathrm{e}^{-\frac{x}{15\,000}}\Big|_{15\,000}^{30\,000}\approx 0.232\,5.$$

运行时间不少于 15 000 小时的概率是

$$\begin{aligned}P(X\geqslant 15\,000)&=1-P(X<15\,000)=1-\int_0^{15\,000}\frac{1}{15\,000}\mathrm{e}^{-\frac{x}{15\,000}}\mathrm{d}x\\&=1+\mathrm{e}^{-\frac{x}{15\,000}}\Big|_0^{15\,000}=\mathrm{e}^{-1}\approx 0.367\,9.\end{aligned}$$

(3) 正态分布.

在连续型随机变量中，最重要的分布是正态分布.

① 正态分布.

如果随机变量 X 的概率密度函数是

$$f(x)=\frac{1}{\sigma\sqrt{2\pi}}\mathrm{e}^{-\frac{(x-\mu)^2}{2\sigma^2}}\quad(-\infty<x<+\infty),$$

其中 $\mu\in\mathbf{R}$，$\sigma>0$ 为参数，则称 X 服从正态分布，记作

$$X \sim N(\mu,\sigma^2).$$

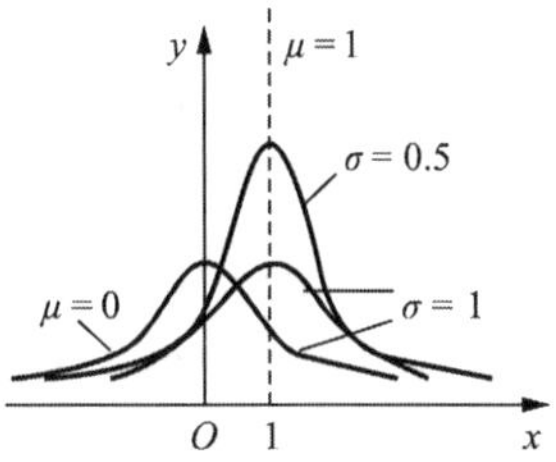

图 9-3

正态分布是非常重要的分布. 利用微积分的知识可知，正态分布的概率密度函数$f(x)$(图 9-3)的性态如下：

(1) $x=\mu$ 是密度函数$f(x)$的对称轴且 $x=\mu$ 时，$f(x)$取得最大值. 最大值为$\dfrac{1}{\sigma\sqrt{2\pi}}$.

(2) 当 $x\to\infty$时，$f(x)\to 0$，即曲线 $y=f(x)$向左右无限延伸且 x 轴是密度函数$f(x)$的水平渐近线.

(3) 点$\left(\mu-\sigma,\dfrac{1}{\sigma\sqrt{2e\pi}}\right)$和点$\left(\mu+\sigma,\dfrac{1}{\sigma\sqrt{2e\pi}}\right)$是密度函数$f(x)$的两个拐点.

(4) 若固定参数 σ 而改变参数 μ 的值，则正态分布曲线沿 x 轴向左右平行移动，而不改变形状，即曲线的位置完全由参数 μ 确定. 若固定参数 μ 而改变参数σ 的值，则当 σ 越小时分布曲线变得越陡峭；反之，当 σ 越大时分布曲线变得越平缓. 因此，σ 的值刻画了随机变量取值的分散程度：σ 的值越小，取值越集中，σ 的值越大，取值越分散.

② 标准正态分布.

若正态分布 $N(\mu,\sigma^2)$中的两个参数分别为 $\mu=0,\sigma=1$ 时，相应的分布 $N(0,1)$称为标准正态分布，它的概率密度函数通常记为 $\Phi(x)$，有

$$\Phi(x)=\frac{1}{\sqrt{2\pi}}e^{-\frac{1}{2}x^2}\quad (x\in\mathbf{R}),$$

其图形关于 y 轴对称，见图 9-4. 它的分布函数记作 $\Phi(x)$，即 $X\sim N(0,1)$，有

$$\Phi(x)=P(X\leqslant x)=\int_{-\infty}^{x}\varphi(t)\,dt=\int_{-\infty}^{x}\frac{1}{\sqrt{2\pi}}e^{-\frac{1}{2}t^2}\,dt.$$

这说明，若随机变量 $X\sim N(0,1)$，则事件$\{X\leqslant x\}$的概率是标准正态分布概率密度曲线 $y=\Phi(x)$与 x 轴之间小于x 的区域的面积，即图 9-5 所示的阴影部分的面积.

由此容易得到事件$\{a\leqslant X\leqslant b\}$的概率为

$$P(a\leqslant X\leqslant b)=\int_a^b\frac{1}{\sqrt{2\pi}}e^{-\frac{x^2}{2}}\,dx=\Phi(b)-\Phi(a).$$

由于 $\Phi(x)$是偶函数，如图 9-6 所示，左右两阴影部分的面积相等，所以有

$$\Phi(-x)=1-\Phi(x)\quad 或\quad \Phi(x)=1-\Phi(-x),$$

且 $\Phi(0)=0.5$.

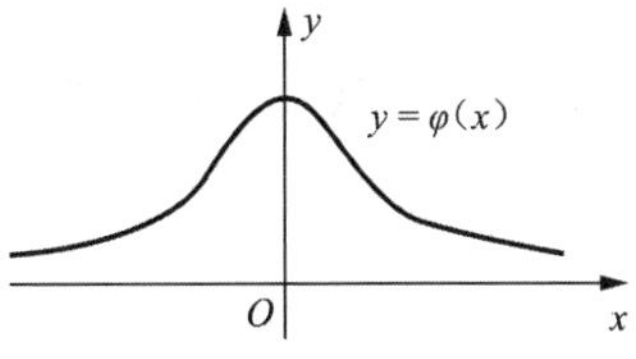

图 9-4

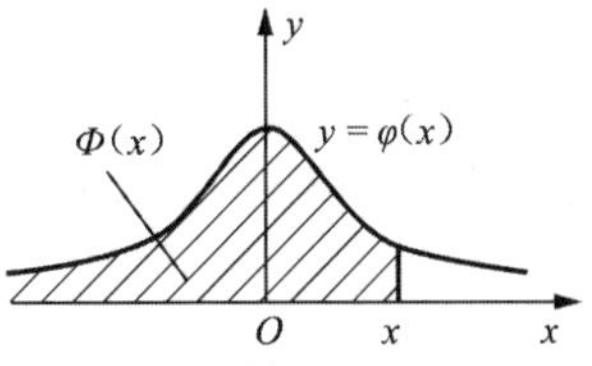

图 9-5

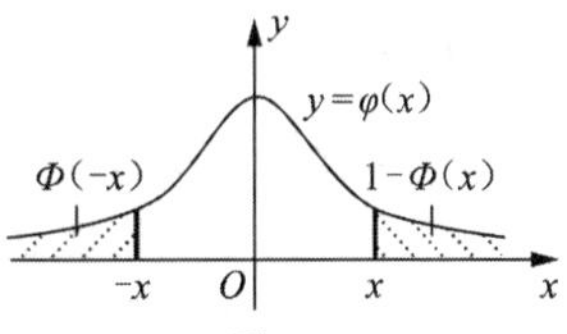

图 9-6

若随机变量 $X\sim N(0,1)$，则求事件$\{X\leqslant x\}$或事件$\{a\leqslant X\leqslant b\}$的概率就化为求 $\Phi(x)$的值，而 $\Phi(x)$的计算是很困难的，为此，编制了它的近似计算数值表(附表 1)，供读者使用.

例 15　设随机变量 $X\sim N(0,1)$，求下列概率：

(1) $P(X<1.5)$；　　(2) $P(1.65\leqslant X<1.96)$；

(3) $P(-1<X\leqslant 3)$；　　(4) $P(|X|\leqslant 2)$.

解 (1) $P(X<1.5)=\Phi(1.5)=0.9332$；

(2) $P(1.65\leqslant X<1.96)=\Phi(1.96)-\Phi(1.65)=0.9750-0.9505=0.0245$；

(3) $P(-1<X\leqslant 3)=\Phi(3)-\Phi(-1)=0.9987-(1-0.8413)=0.8400$；

(4) $P(|X|\leqslant 2)=P(-2\leqslant X\leqslant 2)=\Phi(2)-\Phi(-2)=2\Phi(2)-1$

$=2\times 0.9772-1=0.9544$.

③ 非标准正态分布 $N(\mu,\sigma^2)$ 的概率的计算.

设 $X\sim N(\mu,\sigma^2)$，对任意的 $x_1<x_2$，由概率密度的定义，有

$$P(x_1\leqslant X\leqslant x_2)=\int_{x_1}^{x_2}\frac{1}{\sigma\sqrt{2\pi}}e^{-\frac{(x-\mu)^2}{2\sigma^2}}dx.$$

用换元积分法.设 $y=\frac{x-\mu}{\sigma}$，则

$$P(x_1\leqslant X\leqslant x_2)=P\left(\frac{x_1-\mu}{\sigma}\leqslant Y\leqslant\frac{x_2-\mu}{\sigma}\right)=\int_{\frac{x_1-\mu}{\sigma}}^{\frac{x_2-\mu}{\sigma}}\frac{1}{\sqrt{2\pi}}e^{-\frac{y^2}{2}}dy$$

$$=\Phi\left(\frac{x_2-\mu}{\sigma}\right)-\Phi\left(\frac{x_1-\mu}{\sigma}\right),$$

即
$$P(x_1\leqslant X\leqslant x_2)=\Phi\left(\frac{x_2-\mu}{\sigma}\right)-\Phi\left(\frac{x_1-\mu}{\sigma}\right).$$

从而将非标准正态分布的概率计算问题转化成了查标准正态分布数值表的计算问题.从上述的推导过程，我们得到如下定理.

定理 1 若随机变量 $X\sim N(\mu,\sigma^2)$，则 $Y=\frac{X-\mu}{\sigma}\sim N(0,1)$.

定理中的线性变换 $Y=\frac{X-\mu}{\sigma}$ 称为随机变量 X 的标准正态化.

例 16 设 $X\sim N(1,0.4^2)$，求 $P(X<1.8)$，$P(0.4\leqslant X\leqslant 1.2)$.

解 设 $Y=\frac{X-1}{0.4}$，则 $Y\sim N(0,1)$，所以

$$P(X<1.8)=\Phi\left(\frac{1.8-1}{0.4}\right)=\Phi(2)=0.9772;$$

$$P(0.4\leqslant X\leqslant 1.2)=\Phi\left(\frac{1.2-1}{0.4}\right)-\Phi\left(\frac{0.4-1}{0.4}\right)=\Phi(0.5)-\Phi(-1.5)$$

$$=\Phi(0.5)+\Phi(1.5)-1=0.6915+0.9332-1=0.6247.$$

例 17 某班级在一次考试中学生得分 X 服从正态分布 $N(76.6,10^2)$，其中一份试卷满分为 100 分，60 分及 60 分以上为及格，90 及 90 分以上为优秀. 求：

(1) 该次考试班级优秀率；

(2) 不及格率是否低于 5%.

解 因为 $X\sim N(76.6,10^2)$，所以，$Y=\frac{X-76.6}{10}\sim N(0,1)$，于是

(1) $P(X\geqslant 90)=1-P(X<90)=1-\Phi\left(\frac{90-76.6}{10}\right)=1-\Phi(1.34)=1-0.9099=0.0901$，

即本次考试优秀率约为 9%；

(2) $P(X<60)=\Phi\left(\frac{60-76.6}{10}\right)=\Phi(-1.66)=1-\Phi(1.66)=1-0.9515=0.0485<0.05$，即本次考试不及格率低于 5%.

训练任务 9.2

1. 判断以下两表的对应值能否作为离散型随机变量的概率分布：

(1) $\begin{bmatrix} -2 & 0 & 2 \\ 0.3 & 0.5 & 0.1 \end{bmatrix}$；　　(2) $\begin{bmatrix} 1 & 2 & 3 & 4 \\ \frac{1}{2} & \frac{1}{4} & \frac{1}{8} & \frac{1}{8} \end{bmatrix}$.

2. 设随机变量 X 的概率分布为 $P(X=k)=m\left(\frac{2}{3}\right)^k(k=1,2,3)$，求常数 m.

3. 某射手对一目标进行射击，直到击中为止. 如果每次射击的命中率是 p，求射击次数 X 的分布列.

4. 一袋内装有 5 个球，其中 2 个红球，3 个白球，从中任取两个，求取到的白球个数 X 的分布列.

5. 设随机变量 X 的概率分布为

X	1	2	3	4
P_k	0.1	0.3	0.4	0.2

，求：

(1) X 的分布函数 $F(x)$；　(2) $P(X\leqslant 3)$；　(3) $P(2\leqslant X\leqslant 4)$.

6. 设随机变量 X 的概率分布为

X	0	1	2
P_k	0.1	0.6	0.3

，求 X 的分布函数 $F(x)$.

7. 设随机变量 X 的概率密度为 $f(x)=\begin{cases} Ax^2, & -1<x<1, \\ 0, & \text{其他}, \end{cases}$ 求：

(1) 常数 A；　(2) $P(-2<X\leqslant 0.5)$.

8. 设随机变量 X 的概率密度为 $f(x)=\begin{cases} 2x, & 0\leqslant x\leqslant 1, \\ 0, & \text{其他}, \end{cases}$ 求：

(1) X 的分布函数；　(2) $P\left(X\leqslant\frac{1}{2}\right)$；　(3) $P\left(\frac{1}{4}<X<2\right)$.

9. 设随机变量 X 的概率分布为

X	1	2	3
P_k	0.2	0.5	0.3

，求：

(1) X 的分布函数 $F(x)$；　(2) $Y=3X-1$ 的分布列.

10. 某篮球运动员每次投篮的命中率为 0.8，连投 4 次，投中次数为 X 随机变量，求：

(1) X 的概率分布；　(2) 求 $P(X>1)$.

11. 在 100 只灯泡中，有 95 只合格品，5 只次品，有放回地连取 5 次，每次只取 1 只，X 是取得次品灯泡的个数，求：

(1) X 的概率分布；　(2) 求 $P(X=2)$.

12. 设随机变量 $X\sim P(\lambda)$，且 $P(X=0)=0.5$，求参数 λ.

13. 已知某厂生产的产品的次品率为 1%，任取 200 件进行检验，问这 200 件产品中恰有 3 件次品的概率是多少？

14. 已知某设备的一项指标 X 在 95～105 之间服从均匀分布，求：

(1) X 的概率密度函数和分布函数；　(2) X 落在[92.5，102.5]上的概率.

15. 设随机变量 $X\sim U(2,12)$. 求：

(1) X 的概率密度函数；　(2) $P(X<3)$和 $P(5<X\leqslant 15)$.

第三节　随机变量的数字特征

对于一个随机变量 X，如果知道了它的分布函数，就可以对它的取值以及取值相应的概率等统计特性有全面的了解．但在实际问题中，求随机变量的分布函数有时是比较困难的，或者有时并不需要求出它的分布函数，而只需知道随机变量取值的平均数以及描述随机变量取值分散程度等一些特征数即可．虽然这些特征数不能完整地描述随机变量，但可以描述随机变量在某些方面的重要特征．

一、随机变量的数学期望

1. 数学期望的定义

案例 1　甲、乙两位工人，在一天中生产的废品数的分布如下：

$X_甲$	0	1	2	3
P	0.4	0.3	0.2	0.1

$X_乙$	0	1	2
P	0.3	0.5	0.2

假定两人日产量相等，问谁的技术好？

分析：这个问题不是一眼就能看出来的．这说明分布列虽完整地描述了随机变量，但却不能够集中地反映随机变量某一方面的特征．

假设甲、乙两位工人各生产 10 件产品，则他们生产的平均废品数分别是：

甲：$\dfrac{0\times0.4\times10+1\times0.3\times10+2\times0.2\times10+3\times0.1\times10}{10}=1$，

乙：$\dfrac{0\times0.3\times10+1\times0.5\times10+2\times0.2\times10}{10}=0.9$，

因此，乙生产的平均废品数比甲要少，所以乙工人的技术要比甲工人的好．

在概率论中，我们把能反映平均数概念的量叫数学期望．

2. 离散型随机变量的数学期望

定义 1　设离散型随机变量 X 的概率分布为

X	x_1	x_2	$\cdots$	x_n
$P(X=x_k)$	p_1	p_2	$\cdots$	p_n

$(k=1,2,\cdots,n)$

则称 $\sum\limits_{k=1}^{n} x_k p_k$ 为随机变量 X 的数学期望，简称期望或均值，记作 $E(X)$，即

$$E(X)=\sum_{k=1}^{n} x_k p_k.$$

例 1　设 X 的概率分布为

X	-1	1	3	5	7
P_K	0.15	0.20	0.30	0.20	0.15

，

求：$E(X)$，$E(X^2-1)$，$E(2X-1)$．

解　$E(X)=(-1)\times0.15+1\times0.20+3\times0.30+5\times0.20+7\times0.15=3$；

$$\begin{aligned}E(X^2-1)&=[(-1)^2-1]\times0.15+(1^2-1)\times0.20+(3^2-1)\times0.30+\\&\quad(5^2-1)\times0.20+(7^2-1)\times0.15\\&=14.4;\end{aligned}$$

$$E(2X-1)=[2\times(-1)-1]\times0.15+(2\times1-1)\times0.20+(2\times3-1)\times0.30+(2\times5-1)\times0.20+(2\times7-1)\times0.15=5.$$

3. 连续型随机变量的数学期望

定义 2　如果连续型随机变量 X 的概率密度是 $f(x)$，则称积分 $\int_{-\infty}^{+\infty}xf(x)\mathrm{d}x$ 为连续型随机变量 X 的数学期望，记作 $E(X)$，即

$$E(X)=\int_{-\infty}^{+\infty}xf(x)\mathrm{d}x.$$

例 2　设随机变量 X 的密度函数为

$$f(x)=\begin{cases}\dfrac{1}{b-a}, & a<x<b,\\ 0, & \text{其他}.\end{cases}$$

(1) 求 $E(X)$；　　(2) 设 $Y=3X^2-1$，求 $E(Y)$.

解　(1) $E(X)=\int_{-\infty}^{+\infty}x\,f(x)\mathrm{d}x=\int_a^b x\,\dfrac{1}{b-a}\mathrm{d}x=\dfrac{1}{b-a}\left[\dfrac{1}{2}x^2\right]_a^b=\dfrac{a+b}{2}$；

(2) $E(Y)=\int_{-\infty}^{+\infty}(3x^2-1)f(x)\mathrm{d}x=\int_a^b(3x^2-1)\dfrac{1}{b-a}\mathrm{d}x=\dfrac{1}{b-a}[x^3-x]_a^b$

$=a^2+ab+b^2-1.$

4. 数学期望的性质

性质 1　设 c 为任意常数，则 $E(c)=c$.

性质 2　设 c 为任意常数，则 $E(cX)=cE(X)$.

性质 3　设 c,d 为任意常数，则 $E(cX+d)=cE(X)+d$.

性质 4　设 X,Y 为两个随机变量，则 $E(X\pm Y)=E(X)\pm E(Y)$.

二、随机变量的方差

1. 方差的定义

案例 2　甲、乙两个显像管厂生产同一种规格的显像管，其使用寿命(单位：千小时)的概率分布如下：

$X_甲$	8	9	10	11	12
P	0.1	0.2	0.4	0.2	0.1

$X_乙$	8	9	10	11	12
P	0.2	0.2	0.2	0.2	0.2

，

试比较甲、乙两厂生产的显像管的质量.

分析：通过计算可知，甲、乙两厂生产的显像管的平均使用寿命均为 10 千小时，但是两厂显像管的使用寿命偏离 10 千小时的程度不同，所以只了解其均值是不够的，还必须要了解取值与均值之间的偏离程度.

定义 3　设 X 是一个随机变量，若 $E[X-E(X)]^2$ 存在，则称 $E[X-E(X)]^2$ 为随机变量 X 的方差，记为 $D(X)$，即

$$D(X)=E[X-E(X)]^2.$$

方差的算术平方根 $\sqrt{D(X)}$ 称为随机变量 X 的标准差.

方差刻画了随机变量的取值对于其数学期望的离散程度.若 X 的取值比较集中，则方差 $D(X)$ 较小；若 X 的取值比较分散，则方差 $D(X)$ 较大.

计算方差的常用公式为：

$$D(X)=E(X^2)-[E(X)]^2.$$

例 3 设随机变量 X 的分布列为 $\begin{array}{c|cc} X & 0 & 1 \\ \hline P_K & q & p \end{array}$，求 $D(X)$.

解 因为 $E(X)=0\times q+1\times p=p$，$E(X^2)=0^2\times q+1^2\times p=p$，

所以 $D(X)=E(X^2)-[E(X)]^2=p-p^2=p(1-p)=pq.$

例 4 设 X 的概率分布为 $\begin{array}{c|cccc} X & -1 & 0 & 2 & 3 \\ \hline P_K & \frac{1}{8} & \frac{1}{4} & \frac{3}{8} & \frac{1}{4} \end{array}$，求 $D(X)$.

解 因为 $E(X)=-1\times\frac{1}{8}+0\times\frac{1}{4}+2\times\frac{3}{8}+3\times\frac{1}{4}=\frac{11}{8}$，

$$E(X^2)=(-1)^2\times\frac{1}{8}+0^2\times\frac{1}{4}+2^2\times\frac{3}{8}+3^2\times\frac{1}{4}=\frac{31}{8},$$

所以 $D(X)=E(X^2)-[E(X)]^2=\frac{31}{8}-\left(\frac{11}{8}\right)^2=\frac{127}{64}.$

例 5 设 X 的密度函数为

$$f(x)=\frac{1}{\sqrt{2\pi}}e^{-\frac{x^2}{2}},\quad x\in(-\infty,+\infty),$$

求 $E(X),D(X)$.

解 因为 $E(X)=\int_{-\infty}^{+\infty}x\frac{1}{\sqrt{2\pi}}e^{-\frac{x^2}{2}}dx=0$（因为被积函数是奇函数），

$$E(X^2)=\int_{-\infty}^{+\infty}x^2\frac{1}{\sqrt{2\pi}}e^{-\frac{x^2}{2}}dx=\int_{-\infty}^{+\infty}xd\left(-\frac{1}{\sqrt{2\pi}}e^{-\frac{x^2}{2}}\right)$$

$$=-\frac{1}{\sqrt{2\pi}}xe^{-\frac{x^2}{2}}\Big|_{-\infty}^{+\infty}+\int_{-\infty}^{+\infty}\frac{1}{\sqrt{2\pi}}e^{-\frac{x^2}{2}}dx=0+1=1,$$

所以 $D(X)=E(X^2)-[E(X)]^2=1.$

2. 方差的性质

性质 1 设 c 为任意常数，则 $D(c)=0$.

性质 2 设 c 为任意常数，则 $D(cX)=c^2D(X)$.

性质 3 设 c,d 为任意常数，则 $D(cX+d)=c^2D(X)$.

性质 4 设 X,Y 为两个随机变量，则 $D(X\pm Y)=D(X)\pm D(Y)$.

3. 几种常见分布的数字特征（见下表）

	分布	分布列或密度	期望	方差
离散型	0—1 分布	$P(X=0)=q,P(X=1)=p$ $0<p<1,q=1-p.$	p	pq
	$X\sim B(n,p)$	$P(X=k)=C_n^kp^kq^{n-k}$，$k=0,1,2,\cdots$； $0<p<1,q=1-p.$	np	npq
	$X\sim P(\lambda)$	$P(X=k)=\frac{\lambda^k}{k!}e^{-\lambda}$，$k=0,1,2,\cdots;\lambda>0.$	λ	λ

续表

	分　布	分布列或密度	期　望	方　差
连续型	$X\sim U(a,b)$	$f(x)=\begin{cases}\dfrac{1}{b-a}, & a\leqslant x\leqslant b,\\ 0, & \text{其他}.\end{cases}$	$\dfrac{a+b}{2}$	$\dfrac{(b-a)^2}{12}$
	$X\sim E(\lambda)$	$f(x)=\begin{cases}\lambda e^{-\lambda x}, & x\geqslant 0,\\ 0, & x<0.\end{cases}$	$\dfrac{1}{\lambda}$	$\dfrac{1}{\lambda^2}$
	$X\sim N(\mu,\sigma^2)$	$f(x)=\dfrac{1}{\sqrt{2\pi}\sigma}e^{-\frac{(x-\mu)^2}{2\sigma^2}}\quad(\sigma>0).$	μ	σ^2

训练任务 9.3

1. 设 $\begin{array}{c|cccc} X & 0 & 1 & 2 & 3\\ \hline P_k & 0.1 & 0.3 & 0.5 & 0.1\end{array}$，求 $D(X)$，$D(X^2)$，$D(4X+3)$.

2. 设随机变量 X 的概率密度为$f(x)=\begin{cases}\dfrac{3}{2}x^2, & -1\leqslant x\leqslant 1,\\ 0, & \text{其他},\end{cases}$求 $E(X)$，$D(X)$，$D(5X+4)$.

3. 设 X 服从$[a,b]$上的均匀分布，且 $E(X)=3$，$D(X)=\dfrac{1}{3}$，求 X 的概率密度函数和 $P(X=2)$.

4. 设 $X\sim B(n,p)$，且 $E(X)=2.4$，$D(X)=1.44$，求 n 和 p.

5. 设 $X\sim E(\lambda)$，且 $D(X)=0.25$，求 X 的概率密度函数.

6. 设 $X\sim N(1,2)$，$Y\sim N(2,2)$，随机变量 X，Y 相互独立，求 $X-2Y+3$ 的方差.

7. 设随机变量 X 的概率密度为$f(x)=\begin{cases}a+bx^2, & 0\leqslant x\leqslant 1,\\ 0, & \text{其他},\end{cases}$且 $E(X)=0.6$，求常数 a 和 b.

8. 设随机变量 X 的概率密度为$f(x)=\begin{cases}1+x, & -1\leqslant x\leqslant 0,\\ 1-x, & 0<x\leqslant 1,\\ 0, & \text{其他},\end{cases}$ 求 $E(X)$，$D(X)$.

9. 设生产 1 000 个产品甲、乙机床所出的次品数 X，Y 的分布列分别为

$$\begin{array}{c|cccc} X & 0 & 1 & 2 & 3\\ \hline P_i & 0.4 & 0.3 & 0.2 & 0.1\end{array},\quad \begin{array}{c|cccc} Y & 0 & 1 & 2 & 3\\ \hline P_i & 0.6 & 0.2 & 0.1 & 0.1\end{array},$$

问哪台机床质量好些？

10. 从甲地到乙地，每天出事故的次数 X 服从泊松分布，且已知一天内发生一次事故与发生两次事故的概率相同，求每天发生事故不超过一次的概率.

11. 设随机变量 X 的概率密度为

$$f(x)=\begin{cases}2-2x, & 0\leqslant x\leqslant 1,\\ 0, & \text{其他},\end{cases}$$

求 $E(X)$，$E(2X-3)$，$D(X)$，$D(2X-3)$.

12. 设随机变量 X 满足 $E(X)=-1$，$D(X)=3$，求 $E(X^2+3)$.

第四节　统计初步

一、统计量

1. 总体和样本

案例 1　为了解切割机的运行是否正常，一般是从切割机当天加工的产品中随机抽取一小部分(例如 5 件)的尺寸进行检测，根据检测的数据对切割机做出工作是否正常的判断.

案例 2　要检测饮料厂生产的一批标准净含量为 500 mL 的瓶装饮料，从中任意抽取 12 瓶进行检测，检测结果如下：

495　498　501　504　496　489　506　503　496　493　496　493

根据这 12 瓶的净含量做出对这一批饮料含量是否合格的判断.

分析：上述两个例子有一个共同的特点，就是为了研究某个对象的性质，不是一一研究对象所包含的全部个体，而是只研究其中的一部分，通过对这部分个体的研究，推断对象全体的性质，这就引出了总体和样本的概念.

在数理统计中，把研究对象的一个或多个指标的全体称为总体；组成总体的基本单位称为个体；从总体中抽取出来的个体称为样品；每个个体的观测值称为样品值；由样品组成的集合称为样本；所有样品的观测值称为样本值；样本中所包含的样品的个数称为样本容量.由 n 个样品组成的样本用 $x_1,x_2,\cdots,x_n$ 表示. 为方便起见，在不发生混淆的情况下，样本值仍用 $x_1,x_2,\cdots,x_n$ 表示.

我们的目的是要根据观测到的样本值 $x_1,x_2,\cdots,x_n$，对总体的某些特性进行估计、推断，这就需要对样本的抽取提出一些要求：第一，要求样本 $x_1,x_2,\cdots,x_n$ 是相互独立的随机变量；第二，要求每个样品 $x_i(i=1,2,\cdots,n)$与总体具有相同的概率分布. 这样的样本称为简单随机样本. 这种抽样的方法称为简单抽样. 今后凡提到样本，都是指简单随机样本. 通常情况下，样本的容量相对于总体中个体的数量都是很小的，取了一个样品后，总体分布可以认为毫无改变，因此样品之间彼此是相互独立且与总体是同分布的，即样本 $x_1,x_2,\cdots,x_n$ 是一个简单随机样本.又如重复测量一个物体的长度，测量值是一个随机变量，在重复测量 n 次后得到的样本 $x_1,x_2,\cdots,x_n$ 也是独立同分布的，因此也是一个简单随机样本.

2. 统计量

案例 3　已知每株苹果树的产量 X(kg)服从正态分布 $N(\mu,\sigma^2)$，从一片苹果园中随机抽取 6 棵苹果树，测算其产量分别为 211，181，212，215，246，255. 问这 6 棵苹果树的平均产量是多少？

分析：计算平均数，得

$$\frac{1}{6}\times(211+181+212+215+246+255)=220.$$

也就是说，这 6 棵树的平均产量为 220 kg. 如果我们用这 6 棵苹果树的平均产量近似地推断该苹果园的平均产量，那么就可以认为苹果园中每株苹果树的平均产量为 220 kg. 这就是统计中用样本数据推断总体指标的统计方法.

样本来自总体，数理统计的任务就是对样本值进行加工、分析，然后得出结论说明总体.最常用的加工处理方法是构造样本函数，这种函数在数理统计中称为统计量.

定义 1 设 $x_1,x_2,\cdots,x_n$ 是总体 X 的样本，$f(x_1,x_2,\cdots,x_n)$ 是 n 元函数，如果 $f(x_1,x_2,\cdots,x_n)$ 中不包含任何未知参数，则称 $f(x_1,x_2,\cdots,x_n)$ 为样本 $x_1,x_2,\cdots,x_n$ 的一个统计量. 当 $x_1,x_2,\cdots,x_n$ 取定一组值时，$f(x_1,x_2,\cdots,x_n)$ 就是统计量的一个观测值.

从定义可知，统计量是一组独立同分布的随机变量的函数，而随机变量的函数仍是随机变量，因此统计量仍为随机变量. 应该特别注意的是，统计量中不含未知参数. 例如，设 x_1，$x_2,\cdots,x_n$ 是正态总体 $N(\mu,\sigma^2)$ 中抽取的一个样本，其中 μ,σ^2 是未知参数，则 $\sum\limits_{i=1}^{n}\dfrac{x_i-\mu}{n}$ 与 $\sum\limits_{i=1}^{n}\dfrac{(x_i-\mu)^2}{\sigma^2}$ 都不是统计量，而 $\sum\limits_{i=1}^{n}\dfrac{x_i}{n}$ 与 $\dfrac{1}{n-1}\sum\limits_{i=1}^{n}x_i^2$ 都是统计量.

3. 常用的统计量

设 $x_1,x_2,\cdots,x_n$ 是从总体 X 中抽取出来的一个样本，称统计量

$$\overline{x}=\frac{1}{n}\sum_{i=1}^{n}x_i$$

为样本均值；称统计量

$$s^2=\frac{1}{n}\sum_{i=1}^{n}(x_i-\overline{x})^2$$

为样本方差；称统计量

$$s=\sqrt{\frac{1}{n}\sum_{i=1}^{n}(x_i-\overline{x})^2}$$

为样本标准差；称统计量

$$S^2=\frac{1}{n-1}\sum_{i=1}^{n}(x_i-\overline{x})^2$$

为样本修正方差.

二、抽样分布

我们已经知道，统计量是样本 $x_1,x_2,\cdots,x_n$ 的函数. 统计量的分布又称为抽样分布. 一般来说，要确定某一统计量的分布是比较复杂的问题，这里，我们不加证明地给出几个常用统计量的分布的结论和使用方法.

1. χ^2 分布

(1) χ^2 变量及其分布密度.

定义 2 设 $x_1,x_2,\cdots,x_n$ 是来自标准正态分布 $N(0,1)$ 的一个样本，则称统计量

$$\chi^2=x_1^2+x_2^2+\cdots+x_n^2$$

所服从的分布为自由度是 n 的 χ^2 分布，简记作 $\chi^2\sim\chi^2(n)$.

χ^2 分布的概率密度为

$$f(x)=\begin{cases}\dfrac{1}{2^{\frac{n}{2}}\Gamma\left(\dfrac{n}{2}\right)}x^{\frac{n}{2}-1}\mathrm{e}^{-\frac{x}{2}}, & x>0,\\ 0, & x\leqslant 0.\end{cases}$$

其中 $\Gamma\left(\dfrac{n}{2}\right)$ 是 Γ 函数 $\Gamma(t)=\int_0^{+\infty}x^{t-1}\mathrm{e}^{-x}\mathrm{d}x\ (t>0)$ 在 $t=\dfrac{n}{2}$ 处的函数值.

χ^2 分布的密度函数 $f(x)$ 的图形与自由度 n 有关,大致如图 9-7 所示. 它是一条主体位于第一象限的不对称曲线.

图 9-7

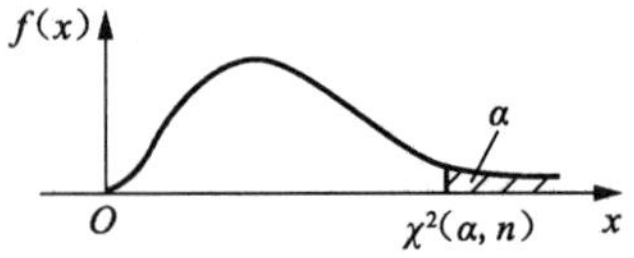

图 9-8

(2) χ^2 分布的上 100α 百分位点(或临界值).

对于给定的正数 $\alpha(0<\alpha<1)$,称满足 $\int_{\chi^2(\alpha,n)}^{+\infty} f(x)\mathrm{d}x=\alpha$ 的点 $\chi^2(\alpha,n)$ 为 $\chi^2(n)$ 分布的上 100α 百分位点(或临界值),其中 $f(x)$ 是 $\chi^2(n)$ 分布的概率密度(图 9-8).

对于不同的 α 和 n,上 100α 百分位点 $\chi^2(\alpha,n)$ 的值已制成表格可以查用(附表 3). 表的最上一行是临界概率 α,最左一列是自由度 n,表中的数值是与 α,n 对应的上 100α 百分位点 $\chi^2(\alpha,n)$.

强调指出:记号 $\chi^2(\alpha,n)$ 表示密度函数曲线与 x 轴之间位于 $\chi^2(\alpha,n)$ 右侧的面积是 α,即图 9-8 中阴影部分的面积.

例 1　给定临界概率 $\alpha=0.05$,自由度 $n=10$,求上 100α 百分位点 $\chi^2(\alpha,n)$.

解　查表得 $\chi^2(\alpha,n)=\chi^2(0.05,10)=18.307$,即有

$$P\{\chi^2(10)\geqslant\chi^2(0.05,10)\}=\int_{18.307}^{+\infty} f(x)\mathrm{d}x=0.05.$$

例 2　给定临界概率 $\alpha=0.1$,自由度 $n=22$,求上 100α 百分位点 $\chi^2(\alpha,n)$,$\chi^2\left(\frac{\alpha}{2},n\right)$ 和 $\chi^2\left(1-\frac{\alpha}{2},n\right)$.

解　查表得

$$\chi^2(\alpha,n)=\chi^2(0.1,22)=30.813;$$

$$\chi^2\left(\frac{\alpha}{2},n\right)=\chi^2(0.05,22)=33.924;$$

$$\chi^2(1-\frac{\alpha}{2},n)=\chi^2(0.95,22)=12.338.$$

附表 3 中,$\chi^2(\alpha,n)$ 分布表只列到 $n=40$. 当 n 很大时(一般地 $n>40$),可以证明 $\sqrt{2\chi^2(n)}$ 近似地服从正态分布 $N(\sqrt{2n-1},1)$,即 $\sqrt{2\chi^2(n)}-\sqrt{2n-1}$ 近似地服从 $N(0,1)$,从而可得

$$\sqrt{2\chi^2(\alpha,n)}-\sqrt{2n-1}\approx u_\alpha,$$

其中 u_α 是标准正态分布 $N(0,1)$ 的上 100α 百分位点,即 $\Phi(u_\alpha)=1-\alpha$ (图 9-9).

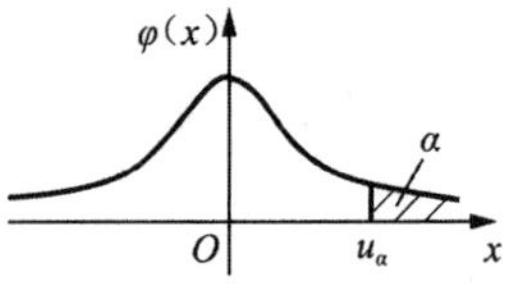

图 9-9

由此得到当 n 较大时 $\chi^2(n)$ 分布的上 100α 百分位点 $\chi^2(\alpha,n)$ 的近似值为

$$\chi^2(\alpha,n)\approx\frac{1}{2}(u_\alpha+\sqrt{2n-1})^2.$$

例如 $\alpha=0.05,n=50$,近似地有

$$\chi^2(\alpha,n)=\chi^2(0.05,50)\approx\frac{1}{2}(1.645+\sqrt{99})^2=67.221.$$

2. t 分布

(1) t 变量及其分布密度.

定义 3　设 $X\sim N(0,1)$，$Y\sim\chi^2(n)$且 X 与 Y 相互独立，则称随机变量

$$t=\frac{X}{\sqrt{Y/n}}$$

是自由度为 n 的 t 分布，记作 $t\sim t(n)$. 可以证明，t 分布的概率密度为

$$f(x)=\frac{\Gamma\left(\frac{n+1}{2}\right)}{\Gamma\left(\frac{n}{2}\right)\sqrt{n\pi}}\left(1+\frac{x^2}{n}\right)^{-\frac{n+1}{2}},\quad x\in(-\infty,+\infty).$$

t 分布密度函数$f(x)$的图形也与自由度 n 有关，大致形状如图 9-10 所示. 与标准正态分布函数的图形类似，是以 x 轴为渐近线，y 轴为对称轴的曲线.

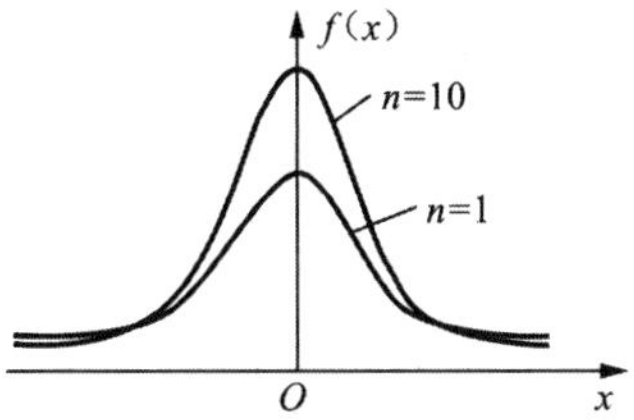

图 9-10

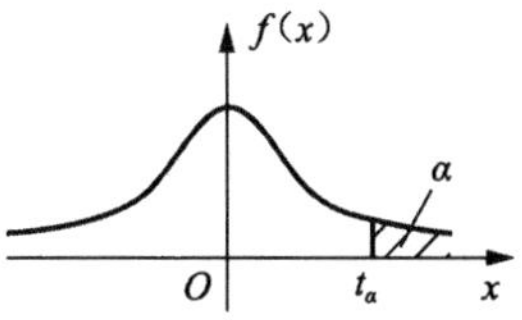

图 9-11

*(2) t 分布的上 100α 百分位点(或临界值).

对于给定的正数 $\alpha(0<\alpha<1)$，称满足 $\int_{t_\alpha}^{+\infty}f(x)\mathrm{d}x=\alpha$ 的点 t_α 为 t 分布的上 100α 百分位点(或临界值)，其中$f(x)$是 t 分布的概率密度(图 9-11). 为了突现 α 和自由度 n，也把 t 分布的上 100α 百分位点表示成 $t_\alpha(n)$.

根据 t 分布的上 100α 百分位点的定义可知

$$t_{1-\alpha}(n)=-t_\alpha(n).$$

t 分布的上 100α 百分位点可由附表 2 查得.

***例 3**　给定 $\alpha=0.10$，$n=20$，求：

(1) 上 100α 百分位点 t_α，$t_{1-\alpha}$；

(2) 上 100α 百分位点 $t_{\frac{\alpha}{2}}$，$t_{1-\frac{\alpha}{2}}$.

解　(1) $t_\alpha=t_{0.10}(20)=1.325\ 3$，$t_{1-\alpha}=-t_\alpha=-1.325\ 3$.

(2) $t_{\frac{\alpha}{2}}=t_{0.05}(20)=1.724\ 7$，$t_{1-\frac{\alpha}{2}}=-t_{\frac{\alpha}{2}}=-1.724\ 7$.

但是，当 $n>35$ 时，可以利用标准正态分布 $N(0,1)$来近似计算：

$$t_\alpha\approx u_\alpha\quad(n>35).$$

三、参数估计

参数估计是统计推断的基本问题. 在统计推断理论中，对均值、方差等未知参数进行估计叫作参数估计，对概率分布进行估计叫作非参数估计. 对参数进行估计有两种方法，一种是点估计，另一种是区间估计. 如果已知总体 X 的分布，但它的一个或多个参数未知，通过实验得到 X 的样本观测值 $x_1,x_2,\cdots,x_n$，用这组数据来估计总体参数的值，这个问题称为

参数的点估计问题. 有时不是对参数作定值估计，而是要估计参数的一个所在范围，并指出该参数被包含在该范围内的概率，这种问题称为参数的区间估计.

1. 点估计

设 θ 为总体 X 的待估计的参数，一般用样本 $x_1,x_2,\cdots,x_n$ 构成的一个统计量 $\hat{\theta}=\hat{\theta}(x_1,x_2,\cdots,x_n)$来估计 θ，称 $\hat{\theta}$ 为 θ 的一个点估计量，对应于样本值 $x_1,x_2,\cdots,x_n$.估计量 $\hat{\theta}$ 的值$\hat{\theta}(x_1,x_2,\cdots,x_n)$称为 θ 的估计值，并仍记作 $\hat{\theta}$. 于是点估计的问题就归结为求一个作为待估计参数 θ 的估计量 $\hat{\theta}(x_1,x_2,\cdots,x_n)$的问题. 参数的点估计的方法有很多，最常用、最简便的是数字特征法.

我们知道，对总体 $X\sim N(\mu,\sigma^2)$的未知参数的估计，可以通过对总体 X 的期望 μ 和方差 σ^2 进行.由于来自于总体 X 的样本 $x_1,x_2,\cdots,x_n$ 能反映总体的特征，因此，我们常常选择样本均值 $\overline{x}$ 和样本修正方差 S^2 分别作为总体期望 μ 和方差 σ^2 的估计量，即

$$\hat{\mu}=\overline{x}=\frac{1}{n}\sum_{i=1}^{n}x_i,\quad \hat{\sigma}^2=S^2=\frac{1}{n-1}\sum_{i=1}^{n}(x_i-\overline{x})^2.$$

这种以样本数字特征作为总体数字特征的估计量的方法称为数字特征法.

例 4 设某品牌轮胎的寿命 $X\sim N(\mu,\sigma^2)$，其中 μ,σ^2 未知，今随机抽取 5 轮胎，测得寿命(单位:km)分别为

42 100　38 700　39 200　45 300　40 500

求 μ 和 σ^2 的点估计值.

解 已知轮胎的寿命 $X\sim N(\mu,\sigma^2)$，那么随机抽取 5 轮胎的平均寿命就是 μ，修正方差就是 σ^2. 根据已知的样本观测值，得

$$\hat{\mu}=\overline{x}=\frac{1}{5}(42\ 100+38\ 700+39\ 200+45\ 300+40\ 500)=41\ 160,$$

$$\begin{aligned}\hat{\sigma}^2&=S^2=\frac{1}{5-1}(42\ 100^2+38\ 700^2+39\ 200^2+45\ 300^2+40\ 500^2)-41\ 160^2\\&=430\ 624\ 400.\end{aligned}$$

例 5 设总体 X 的分布密度

$$f(x)=\begin{cases}\theta x^{\theta-1}, & 0<x<1,\\ 0, & \text{其他},\end{cases}$$

其中 $\theta>0$ 为待估参数，0.52，0.43，0.24，0.32，0.21，0.36 是总体 X 的一组样本值，求 θ 的点估计量及相应的点估计值.

解 因为
$$E(X)=\int_{-\infty}^{+\infty}x\,f(x)\mathrm{d}x=\int_0^1 x\,\theta\,x^{\theta-1}\mathrm{d}x=\frac{\theta}{\theta+1},$$

令
$$\frac{\hat{\theta}}{\hat{\theta}+1}=\overline{x},$$

得 θ 的矩估计量为

$$\hat{\theta}=\frac{\overline{x}}{1-\overline{x}}.$$

由于 $\overline{x}=\dfrac{1}{6}(0.52+0.43+0.24+0.32+0.21+0.36)=0.35$，所以，$\theta$ 的矩估计值为

$$\hat{\theta}=\frac{\overline{x}}{1-\overline{x}}=\frac{0.35}{1-0.35}=0.538\ 5.$$

2. 区间估计

参数的点估计给出了一个确定的数 $\hat{\theta}$ 作为未知参数 θ 的估计值，它给出了待估参数的一个明确的数量概念. 但是点估计没有给出这种近似的精确程度和可信程度，这就使它在实际应用中受到很大限制. 区间估计可以弥补这一不足.

(1) 置信区间与置信水平.

设 $x_1,x_2,\cdots,x_n$ 为总体 X 的一个样本，θ 为总体的一个未知参数，对于给定的 $0<\alpha<1$，如果能构造两个适当的样本函数 $\hat{\theta}_1(x_1,x_2,\cdots,x_n)$ 和 $\hat{\theta}_2(x_1,x_2,\cdots,x_n)$，使得

$$P(\hat{\theta}_1<\theta<\hat{\theta}_2)=1-\alpha,$$

则称区间 $(\hat{\theta}_1,\hat{\theta}_2)$ 为 θ 的置信区间，概率 $1-\alpha$ 为置信水平(或置信度)，α 称为显著性水平.

置信区间的意义是，随机区间 $(\hat{\theta}_1,\hat{\theta}_2)$ 是在大量实验下所得到的一系列定值区间，其中的约 $100(1-\alpha)\%$ 会包含真值 θ，而只有其中的约 $100\alpha\%$ 不包含真值 θ.

置信区间是与一定的概率保证相对应的，概率大的相应的置信区间的长度就长，概率相同时，测量精度越高，相应的置信区间就越短.

(2) 数学期望的区间估计.

对数学期望的区间估计分为两类：一类是总体方差 σ^2 已知的情形；另一类是总体方差 σ^2 未知的情形.

① 总体方差 σ^2 已知时，对期望 μ 进行区间估计.

设 $x_1,x_2,\cdots,x_n$ 是总体 $N(\mu,\sigma^2)$ 的一个样本，其中 μ 未知，σ^2 已知. 现要根据样本 $x_1,x_2,\cdots,x_n$，以置信度 $1-\alpha$ 估计未知参数 μ 的真值所在的区间.

由于 $X\sim N(\mu,\sigma^2)$，所以样本均值

$$\overline{x}=\frac{1}{n}\sum_{i=1}^{n}x_i\sim N\left(\mu,\frac{\sigma^2}{n}\right),$$

而样本函数

$$U=\frac{\overline{x}-\mu}{\sigma/\sqrt{n}}\sim N(0,1).$$

对于给定的置信水平 $1-\alpha$，查正态分布数值表(附表 1)，得临界值 $u_{\frac{\alpha}{2}}$，使得

$$P(-u_{\frac{\alpha}{2}}<U<u_{\frac{\alpha}{2}})=1-\alpha,$$

所以

$$-u_{\frac{\alpha}{2}}<\frac{\overline{x}-\mu}{\sigma/\sqrt{n}}<u_{\frac{\alpha}{2}},$$

解得

$$\overline{x}-u_{\frac{\alpha}{2}}\frac{\sigma}{\sqrt{n}}<\mu<\overline{x}+u_{\frac{\alpha}{2}}\frac{\sigma}{\sqrt{n}},$$

从而得到期望 μ 的置信水平为 $1-\alpha$ 的置信区间为

$$\left(\overline{x}-u_{\frac{\alpha}{2}}\frac{\sigma}{\sqrt{n}},\overline{x}+u_{\frac{\alpha}{2}}\frac{\sigma}{\sqrt{n}}\right).$$

例 6　从正态总体 $N(\mu,7)$ 中抽取容量为 7 的样本，样本均值为 $\overline{x}=17.48$，求 μ 的置信水平为 0.95 的置信区间.

解 由于 $\sigma^2=7$ 已知，故选取

$$U=\frac{\overline{x}-\mu}{\sigma/\sqrt{n}}\sim N(0,1).$$

由置信水平 $1-\alpha=0.95$，得 $\alpha=0.05$，查表得临界值 $u_{\frac{\alpha}{2}}=u_{0.025}=1.96$，于是

$$\overline{x}-u_{\frac{\alpha}{2}}\frac{\sigma}{\sqrt{n}}=17.48-1.96\times\frac{\sqrt{7}}{\sqrt{7}}=15.52,$$

$$\overline{x}+u_{\frac{\alpha}{2}}\frac{\sigma}{\sqrt{n}}=17.48+1.96\times\frac{\sqrt{7}}{\sqrt{7}}=19.44,$$

所以，μ 的置信水平为 0.95 的置信区间为(15.52,19.44).

② 总体方差 σ^2 未知，对期望 μ 进行区间估计.

设 $x_1,x_2,\cdots,x_n$ 是总体 $N(\mu,\sigma^2)$ 的一个样本，其中 μ,σ^2 未知. 现要根据样本 $x_1,x_2,\cdots,x_n$，以置信度 $1-\alpha$ 估计未知参数 μ 的真值所在的区间.

由于总体方差 σ^2 未知，比照总体方差 σ^2 已知情形下选取的样本函数 $U=\frac{\overline{x}-\mu}{\sigma/\sqrt{n}}$，在此用 σ^2 的无偏估计样本修正方差 $S^2=\frac{1}{n-1}\sum\limits_{i=1}^{n}(x_i-\overline{x})^2$ 来代替 σ^2，选取样本函数

$$t=\frac{\overline{x}-\mu}{S/\sqrt{n}}\sim t(n-1),\quad (t\text{ 分布})$$

由置信水平 $1-\alpha$，查 t 分布临界值表，得 $t_{\frac{\alpha}{2}}$，使得

$$P(-t_{\frac{\alpha}{2}}<t<t_{\frac{\alpha}{2}})=1-\alpha,$$

所以

$$-t_{\frac{\alpha}{2}}<\frac{\overline{x}-\mu}{S/\sqrt{n}}<t_{\frac{\alpha}{2}},$$

解得

$$\overline{x}-t_{\frac{\alpha}{2}}\frac{S}{\sqrt{n}}<t<\overline{x}+t_{\frac{\alpha}{2}}\frac{S}{\sqrt{n}},$$

从而得到期望 μ 的置信水平为 $1-\alpha$ 的置信区间为

$$\left(\overline{x}-t_{\frac{\alpha}{2}}\frac{S}{\sqrt{n}},\overline{x}+t_{\frac{\alpha}{2}}\frac{S}{\sqrt{n}}\right).$$

例 7 从一年级的数学试卷中随机地抽取 10 份试卷，其成绩分别为

71　95　81　64　62　56　83　72　73　65

设考试成绩服从正态总体 $N(\mu,\sigma^2)$，μ 为待估参数，σ^2 未知，求 μ 的置信水平为 0.95 的置信区间.

解 由于 σ^2 未知，故选取样本函数

$$t=\frac{\overline{x}-\mu}{S/\sqrt{n}}\sim t(n-1).$$

由置信水平 $1-\alpha=0.95$，得 $\alpha=0.05$，查 t 分布临界值表得临界值

$$t_{\frac{\alpha}{2}}=t_{\frac{\alpha}{2}}(n-1)=t_{0.025}(9)=2.262\,2.$$

由题设，得

$$\overline{x}=72.3,\quad S^2=(11.555)^2=133.52,$$

所以

$$\overline{x}-t_{\frac{\alpha}{2}}\frac{S}{\sqrt{n}}=72.3-2.262\ 2\times\frac{\sqrt{133.52}}{\sqrt{10}}=72.3-8.266=64.034,$$

$$\overline{x}+t_{\frac{\alpha}{2}}\frac{\sigma}{\sqrt{n}}=72.3+2.262\ 2\times\frac{\sqrt{133.52}}{\sqrt{10}}=80.566,$$

所以 μ 的置信度为 0.95 的置信区间为(64.034,80.566).

*四、方差 σ^2 的区间估计

设 $x_1,x_2,\cdots,x_n$ 是总体 $N(\mu,\sigma^2)$的一个样本,其中 σ^2 未知. 现要根据样本 $x_1,x_2,\cdots,x_n$,以置信度 $1-\alpha$ 估计未知参数 σ^2 的真值所在的区间.

(1) 总体均值 μ 已知的情形.

对样本中的每一个分量 x_i 标准正态化,得

$$\frac{x_i-\mu}{\sigma}\sim N(0,1)\quad(i=1,2,\cdots,n),$$

并根据 χ^2 变量的定义知,样本函数

$$\chi^2=\sum_{i=1}^{n}\left(\frac{x_i-\mu}{\sigma}\right)^2\sim\chi^2(n).$$

对给定的置信度 $1-\alpha$,查 χ^2 分布临界值表,得两个临界值 $\chi^2_{\frac{\alpha}{2}}(n)$和 $\chi^2_{1-\frac{\alpha}{2}}(n)$,使得

$$P\left[\chi^2_{1-\frac{\alpha}{2}}(n)<\sum_{i=1}^{n}\left(\frac{x_i-\mu}{\sigma}\right)^2<\chi^2_{\frac{\alpha}{2}}(n)\right]=1-\alpha.$$

解不等式 $\chi^2_{1-\frac{\alpha}{2}}(n)<\sum_{i=1}^{n}\left(\frac{x_i-\mu}{\sigma}\right)^2<\chi^2_{\frac{\alpha}{2}}(n)$,得

$$\frac{\sum_{i=1}^{n}(x_i-\mu)^2}{\chi^2_{\frac{\alpha}{2}}(n)}<\sigma^2<\frac{\sum_{i=1}^{n}(x_i-\mu)^2}{\chi^2_{1-\frac{\alpha}{2}}(n)},$$

所以,总体方差 σ^2 的置信度为 $1-\alpha$ 的置信区间为

$$\left(\frac{\sum_{i=1}^{n}(x_i-\mu)^2}{\chi^2_{\frac{\alpha}{2}}(n)},\frac{\sum_{i=1}^{n}(x_i-\mu)^2}{\chi^2_{1-\frac{\alpha}{2}}(n)}\right).$$

(2) 总体均值 μ 未知的情形.

当总体均值 μ 未知时,用 μ 的无偏估计 $\overline{x}$ 代替 μ,样本函数

$$\chi^2=\sum_{i=1}^{n}\left(\frac{x_i-\overline{x}}{\sigma}\right)^2=\frac{(n-1)S^2}{\sigma^2}\sim\chi^2(n-1).$$

对于给定的置信度 $1-\alpha$,查 χ^2 分布临界值表,得两个临界值 $\chi^2_{\frac{\alpha}{2}}(n-1)$和 $\chi^2_{1-\frac{\alpha}{2}}(n-1)$,使得

$$P\left[\chi^2_{1-\frac{\alpha}{2}}(n-1)<\frac{(n-1)S^2}{\sigma^2}<\chi^2_{\frac{\alpha}{2}}(n-1)\right]=1-\alpha.$$

解不等式 $\chi^2_{1-\frac{\alpha}{2}}(n-1)<\frac{(n-1)S^2}{\sigma^2}<\chi^2_{\frac{\alpha}{2}}(n-1)$,得

$$\frac{(n-1)S^2}{\chi^2_{\frac{\alpha}{2}}(n-1)}<\sigma^2<\frac{(n-1)S^2}{\chi^2_{1-\frac{\alpha}{2}}(n-1)},$$

所以，总体方差 σ^2 的置信度为 $1-\alpha$ 的置信区间为

$$\left(\frac{(n-1)S^2}{\chi^2_{\frac{\alpha}{2}}(n-1)},\frac{(n-1)S^2}{\chi^2_{1-\frac{\alpha}{2}}(n-1)}\right).$$

例 8 设总体 $X\sim N(\mu,\sigma^2)$，σ^2 是待估参数. 样本 $x_1,x_2,\cdots,x_n$ 的一组观测值为 21.3，22.2，20.4，21.5，20.8，21.9，置信度 $1-\alpha=0.95$.求：

(1) $\mu=21.3$ 时，σ^2 与 σ 的置信区间；

(2) μ 未知时，σ^2 与 σ 的置信区间.

解 (1) 因为 $\mu=14.5$ 已知，故选取样本函数

$$\chi^2=\sum_{i=1}^{n}\left(\frac{x_i-\mu}{\sigma}\right)^2\sim\chi^2(n).$$

由置信度 $1-\alpha=0.95$，得 $\alpha=0.05$，查 χ^2 分布临界值表，得临界值

$$\chi^2_{1-\frac{\alpha}{2}}(n)=\chi^2_{0.975}(6)=1.237,$$

$$\chi^2_{\frac{\alpha}{2}}(n)=\chi^2_{0.025}(6)=14.499.$$

经计算

$$\sum_{i=1}^{6}(x_i-\mu)^2=2.27,$$

所以

$$\frac{\sum_{i=1}^{6}(x_i-\mu)^2}{\chi^2_{0.025}(6)}=\frac{2.27}{14.449}=0.16,\quad \frac{\sum_{i=1}^{6}(x_i-\mu)^2}{\chi^2_{0.975}(6)}=\frac{2.27}{1.237}=1.84.$$

因此，当 $\mu=21.3$ 时，σ^2 的置信度为 0.95 的置信区间为(0.16，1.84). 此时，σ 的置信区间为$(\sqrt{0.16},\sqrt{1.84})$，即(0.4，1.36).

(2) 因为 μ 未知，故选取样本函数

$$\chi^2=\frac{(n-1)S^2}{\sigma^2}\sim\chi^2(n-1).$$

由置信度 $1-\alpha=0.95$，得 $\alpha=0.05$，查 χ^2 分布临界值表得临界值

$$\chi^2_{1-\frac{\alpha}{2}}(n-1)=\chi^2_{0.975}(5)=0.831,$$

$$\chi^2_{\frac{\alpha}{2}}(n-1)=\chi^2_{0.025}(5)=12.833.$$

经计算 $S^2=0.671\,6^2=0.451\,0$，所以

$$\frac{(n-1)S^2}{\chi^2_{\frac{\alpha}{2}}(n-1)}=\frac{5\times0.451\,0}{12.833}=0.18,\quad \frac{(n-1)S^2}{\chi^2_{1-\frac{\alpha}{2}}(n-1)}=\frac{5\times0.451\,0}{0.833}=2.71.$$

因此，当 μ 未知时，σ^2 的置信度为 0.95 的置信区间为(0.18，2.71). 此时，σ 的置信区间为$(\sqrt{0.18},\sqrt{2.71})$，即(0.42，1.65).

五、线性回归

现实问题中，变量与变量之间的关系有两类. 一类是确定性的，即传统数学中所研究过的函数关系；另一类是非确定性的，这类变量之间虽然有一定的关系，但不能用一个精确的函数关系式表示出来. 例如，儿童的身高与年龄之间的关系、学生的物理成绩与数学成绩之间的关系，等等. 变量之间的这种关系称为相关关系. 研究两个或更多个变量之间的相关关系时所建立的数学模型及所做的统计分析称为回归分析. 只有两个变量的回归分析叫作一元回归分析. 如果所建立的模型是线性的，称为线性回归分析.

案例 4　某工厂固定资产投资总额 x 与实现利税 y 的数据资料见下表.

月　份	1	2	3	4	5	6	7	8	9	10
x/万元	23.8	27.6	31.6	32.4	33.7	34.9	43.2	52.8	63.8	73.4
y/万元	41.4	51.8	61.7	67.9	68.7	77.5	95.9	137.4	155.0	175.0

试求 y 与 x 之间的一元线性回归方程.

分析：根据数据表将每对数据 $(x_i, y_i)(i=1,2,\cdots,10)$ 标在平面直角坐标系上，得散点图，如图 9-12 所示. 直观分析可知，实现利税 y 与固定资产投资总额 x 大致成线性关系，可设直线方程为 $\hat{y}=a+bx$，其中 $\hat{y}$ 表示估计值. 只要求出 a,b 的估计值 $\hat{a}$,$\hat{b}$，使得直线 $\hat{y}=\hat{a}+\hat{b}x$ 与所给的 n 个观察点 (x_i, y_i) 最接近，那么 $\hat{y}=\hat{a}+\hat{b}x$ 就是我们所求的直线. 也就是使 $Q=\sum\limits_{i=1}^{n}[y_i-(a+bx_i)]^2$ 取最小值，这就是最小二乘法.

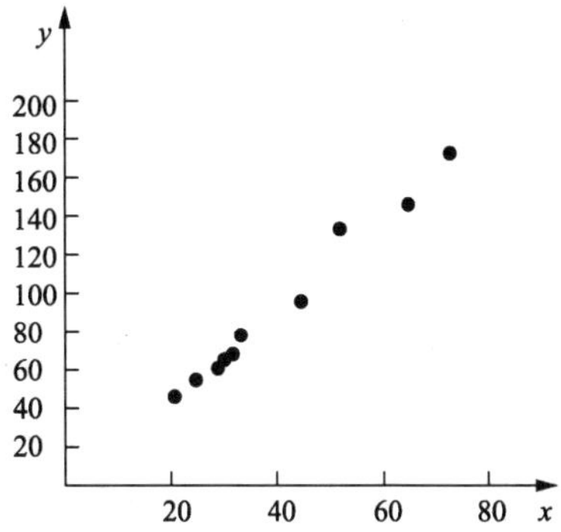

图 9-12

解联立方程组

$$\begin{cases} \dfrac{\partial Q}{\partial a}=-2\sum\limits_{i=1}^{n}(y_i-\hat{a}-\hat{b}x_i)=0, \\ \dfrac{\partial Q}{\partial b}=-2\sum\limits_{i=1}^{n}(y_i-\hat{a}-\hat{b}x_i)x_i=0, \end{cases}$$

整理，得

$$\begin{cases} n\hat{a}+\hat{b}\sum\limits_{i=1}^{n}x_i=\sum\limits_{i=1}^{n}y_i, \\ \hat{a}\sum\limits_{i=1}^{n}x_i+\hat{b}\sum\limits_{i=1}^{n}x_i^2=\sum\limits_{i=1}^{n}x_iy_i, \end{cases}$$

解得

$$\begin{cases} \hat{b}=\dfrac{\sum\limits_{i=1}^{n}(x_i-\overline{x})(y_i-\overline{y})}{\sum\limits_{i=1}^{n}(x_i-\overline{x})^2}, \\ \hat{a}=\overline{y}-\hat{b}\overline{x}. \end{cases}$$

为了便于记忆，引入记号

$$\begin{cases} L_{xx}=\sum\limits_{i=1}^{n}(x_i-\overline{x})^2=\sum\limits_{i=1}^{n}x_i^2-n\overline{x}^2, \\ L_{xy}=\sum\limits_{i=1}^{n}(x_i-\overline{x})(y_i-\overline{y})=\sum\limits_{i=1}^{n}x_iy_i-n\,\overline{x}\,\overline{y}, \\ L_{yy}=\sum\limits_{i=1}^{n}(y_i-\overline{y})^2=\sum\limits_{i=1}^{n}y_i^2-n\overline{y}^2, \end{cases}$$

则最小二乘估计为

$$\begin{cases}\hat{b}=\dfrac{L_{xy}}{L_{xx}},\\ \hat{a}=\overline{y}-\hat{b}\overline{x}.\end{cases}$$

称 $\hat{a}$,$\hat{b}$ 分别为 a,b 的最小二乘估计.方程 $\hat{y}=\hat{a}+\hat{b}x$ 叫作 y 关于 x 的一元线性回归方程,$\hat{b}$ 叫作回归系数,对应的直线叫作回归直线,$\hat{y}$ 叫作回归值.

案例 4 的线性回归方程计算如下.

$$\overline{x}=\frac{\sum_{i=1}^{10}x_i}{10}=\frac{417.2}{10}=41.72,\quad \overline{y}=\frac{\sum_{i=1}^{10}y_i}{10}=\frac{932.3}{10}=93.23,$$

$$L_{xx}=\sum_{i=1}^{10}x_i^2-10\overline{x}^2=19\ 842.3-10\times 41.72^2=2\ 436.716,$$

$$L_{yy}=\sum_{i=1}^{10}y_i^2-10\overline{y}^2=106\ 266-10\times 93.23^2=19\ 347.671,$$

$$L_{xy}=\sum_{i=1}^{10}x_iy_i-10\ \overline{x}\ \overline{y}=45\ 716.22-10\times 41.72\times 93.23=6\ 820.664,$$

$$\hat{b}=\frac{L_{xy}}{L_{XX}}=\frac{6\ 820.664}{2\ 436.716}\approx 2.799,$$

$$\hat{a}=\overline{y}-\hat{b}\overline{x}=93.23-2.799\times 41.72\approx -23.54,$$

所以回归方程为

$$\hat{y}=-23.54+2.799x.$$

例 9　某小城市居民年可支配总额 x(亿元)与社会商品零售总额 y(亿元)的年统计资料见下表,求社会商品零售总额 y 关于居民可支配收入总额 x 的线性回归方程.

年　份	1999	2000	2001	2002	2003	2004	2005	2006
x_i/亿元	37.3	39.4	40.4	40.9	42.1	43.2	44.5	48.2
y_i/亿元	80.9	86.8	89.6	90.3	94.3	97.5	101.2	111.4

解　经计算

$$\overline{x}=\frac{1}{8}(37.3+39.4+40.4+40.9+42.1+43.2+44.5+48.2)=42.0,$$

$$\overline{y}=\frac{1}{8}(80.9+86.8+89.6+90.3+94.3+97.5+101.2+111.4)=94.0,$$

$$\sum_{i=1}^{8}x_i^2=37.3^2+39.4^2+40.4^2+40.9^2+42.1^2+43.2^2+44.5^2+48.2^2=14\ 190.76,$$

$$\sum_{i=1}^{8}x_iy_i=37.3\times 80.9+39.4\times 86.8+40.4\times 89.6+40.9\times 90.3+42.1\times 94.3+$$
$$43.2\times 97.5+44.5\times 101.2+48.2\times 111.4=31\ 805.51,$$

$$L_{xx}=\sum_{i=1}^{8}x_i^2-8\overline{x}^2=14\ 190.76-8\times 42.0^2=78.76,$$

$$L_{xy}=\sum_{i=1}^{8}x_iy_i-8\,\overline{x}\,\overline{y}=31\ 805.51-8\times 42.0\times 94.0=221.51,$$

所以

$$\hat{b}=\frac{L_{xy}}{L_{xx}}=\frac{221.51}{78.76}\approx 2.812\ 5,\quad \hat{a}=\overline{y}-\hat{b}\overline{x}=94.0-2.812\ 5\times 42.0\approx -24.123\ 7,$$

故回归直线方程为

$$\hat{y}=-24.123\ 7+2.812\ 5x.$$

训练任务 9.4

1. 指出下列试验中的总体、个体、样本和样本容量.

(1) 在流感季节到来之前，为验证某种流感疫苗的预防效果，由学校 1 000 名健康的学生自愿报名，组成了 500 人的志愿者团，对所有的志愿者进行了疫苗的接种.试验结束后，从志愿者中抽取 200 人进行问卷调查，结果只有 5 人患流感.

(2) 工厂一个月生产 N 件产品，为检验产品的合格率，现从中随机抽取 n 件进行检验，结果有 m 件产品不合格.

(3) 为调查大一女学生的平均身高，采取整群抽样的方法，对学院经济系大一会计电算化专业的 550 名学生(其中男生 100 名，女生 450 名)逐一测量，测得男生平均身高 175.44 cm，女生平均身高 169.45 cm.

2. 样本均值与总体均值有什么区别？样本方差与总体方差有什么区别？

3. 设 $x_1,x_2,x_3,\cdots,x_n$ 为取自正态总体 $N(\mu,\sigma^2)$ 的一个样本，其中，μ 未知，而 $\sigma>0$ 为已知，指出下列样本函数 $T=T(x_1,x_2,x_3,\cdots,x_n)$ 是否是统计量.

$$\frac{1}{5}(x_1+x_2+x_3),\quad \sum_{i=1}^{n}x_i,\quad \sum_{i=1}^{n}x_i^2,\quad \frac{1}{n}(x_1^2+x_2^2+x_3^2+\cdots+x_n^2),\quad \frac{1}{\sigma^2}(x_1^2+x_2^2+x_3^2+\cdots+x_n^2),$$

$$\frac{1}{n-1}[(x_1-\overline{x})^2+(x_2-\overline{x})^2+(x_3-\overline{x})^2+\cdots+(x_n-\overline{x})^2],\quad \min(x_1,x_2,x_3,\cdots,x_n).$$

4. 要抽检一批奶粉的包装质量，任意抽取了 8 包称重，测得各包的净重(单位：g)如下：

454.0　453.0　451.0　456.0　453.5　452.5　457.0　455.0

试分别计算样本均值 $\overline{X}$，样本方差 s^2 和样本修正方差 S^2.

5. 今对华亚塑胶厂生产的 20 mmPPR 饮用水管外径进行抽检，随机抽取 10 根进行测量，所得数据如下(单位：mm)：

19.1　20.0　20.7　18.8　19.6　20.5　21.0　21.6　19.4　20.3

试分别计算样本均值 $\overline{X}$、样本方差 s^2 和修正样本方差 S^2.

6. 从总体中抽取了容量为 20 的样本，其频率分布如下表：

样本值 x_i	3	4	5
频数 n_i	3	12	5

试分别计算样本均值 $\overline{X}$，样本方差 s^2 和样本修正方差 S^2.

7. 设总体 $X\sim U(\alpha,\beta)$，求 α,β 的点估计量.

8. 设总体 X 的概率密度为 $f(x)=\begin{cases}(\theta+1)x^{\theta}, & 0<x<1,\\ 0, & \text{其他},\end{cases}$ 试求未知参数 θ 的点估计量.

9. 设总体 $X\sim U(48.0,b)$，取容量为 9 的样本，得观测值如下：

49.6　48.4　50.0　48.6　50.6　49.8　50.2　49.2　49.0

求 b 的点估计值.

10. 要抽检一批奶粉的包装质量，任意抽取了 8 包称重，测得净重(单位：g)如下：

454　453　451　456　453.5　452.5　457　455

试用点估计法估计测量值的真值与方差.

11. 某车间生产轴承用的钢珠，钢珠的直径 $X \sim N(\mu, 0.05)$，从某天的产品里随机抽取 6 个，测得直径(单位：mm)如下：

14.7　15.2　14.9　14.8　15.1　15.3

试估计该天产品的直径的平均值当 $\alpha=0.05$ 和 $\alpha=0.10$ 时的置信区间.

12. 对某型号飞机的飞行速度进行了 15 次试验，测得最大飞行速度(单位：米/秒)如下：

422.2　417.2　425.6　420.3　425.8　423.1　418.7　428.2

438.3　434.0　412.3　431.5　413.5　441.3　423.0

根据长期实践，最大飞行速度可认为是服从正态分布的，试对最大飞行速度的数学期望进行区间估计($\alpha=0.05$).

阅读材料——数学家的故事

柯尔莫哥洛夫

1903 年 4 月 25 日，A. N. 柯尔莫哥洛夫出生于俄罗斯的坦博夫城. 他的父亲是一名农艺师和作家，在政府部门任职，1919 年去世. 他的母亲出身于贵族家庭，在他出生后 10 天去世. 他只好由二位姨妈抚育和指导学习，她们培养了他对书本和大自然的兴趣和好奇心. 他五六岁时就归纳出了“$1=1^2, 1+3=2^2, 1+3+5=3^2, 1+3+5+7=4^2, \cdots$”这一数学规律. 1910 年，他进入莫斯科一所文法学校预备班，很快对各科知识都表现出浓厚的兴趣：14 岁时他就开始自学高等数学，汲取了许多数学知识，并掌握了很多数学思想与方法. 1920 年，他高中毕业，进入莫斯科大学，先学习冶金，后来转学数学，并决心以数学为终身职业.

他在数学方面的成就主要包括以下 3 个方面：

1. 在随机数学——概率论、随机过程论和数理统计方面

1924 年他念大学四年级时就和当时的苏联数学家辛钦一起建立了关于独立随机变量的三级数定理. 1928 年，他得到了随机变量序列服从大数定理的充要条件. 1929 年，他得到了独立同分布随机变量序列的重对数律. 1930 年，他得到了强大数定律的非常一般的充分条件. 1931 年，他发表了《概率论的解析方法》一文，奠定了马尔可夫过程论的基础.马尔可夫过程在物理、化学、生物、工程技术和经济管理等学科中有十分广泛的应用，至今仍然是世界数学研究的热点和重点之一. 1932 年，他得到了含二阶矩的随机变量具有无穷可分分布律的充要条件. 1933 年，他出版了《概率论基础》一书，在世界上首次以测度论和积分论为基础建立了概率论公理结论，这是一部具有划时代意义的巨著，在科学史上写下了苏联数学最光辉的一页. 1935 年，他提出了可逆对称马尔可夫过程概念及其特征所服从的充要条件，这种过程成为统计物理、排队网络、模拟退火、人工神经网络、蛋白质结构的重要模型. 1936～1937 年，他给出了可数状态马尔可夫链状态分布. 1939 年，他定义并得到了经验分布与理论分布最大偏差的统计量及其分布函数. 20 世纪 30～40 年代，他和辛钦一起发展了马尔可夫过程和平稳随机过程论，并应用于大炮自动控制和工农业生产中，在卫国战争中立了功. 1941 年，他得到了平稳随机过程的预测和内插公式. 1955～1956 年，他和他的学生，苏联数

学家 Y. V. Prokhorov 开创了取值于函数空间上概率测度的弱极限理论，这个理论和苏联数学家 A. B. Skorohod 引入的 D 空间理论是弱极限理论的划时代成果.

2. 在纯粹数学和确定性现象的数学方面

1921 年他念大学二年级时开始研究三角级数与集合上的算子等许多复杂问题，名扬世界，1922 年定义了集合论中的基本运算. 1925 年，他证明了排中律在超限归纳中成立，构造了直观演算系统，还证明了希尔伯特变换中的一个车贝雪夫型不等式. 1932 年，他应用拓扑、群的观点研究几何学. 1936 年，他构造了上同调群及其运算. 1935～1936 年，他引入一种逼近度量，开创了逼近论的新方向. 1937 年，他给出了一个从一维紧集到二维紧集的开映射. 1934～1938 年，他定义了线性拓扑空间及其有界集和凸集等概念，推进了泛函分析的发展. 20 世纪 50 年代中期，他和他的大学三年级学生弗拉基米尔 · 阿诺德(V. I. Arnord)、德国数学家莫塞尔(J. K. Moser)一起建立了 KAM 理论，解决了动力系统中的基本问题. 他将信息论用于研究系统的遍历性质，成为动力系统理论发展的新起点. 1956～1957 年，他提出基本解题思路，由他的学生阿诺德彻底解决了希尔伯特第 13 问题.

3. 在应用数学方面

在生物学方面，1937 年他首次构造了非线性扩散行波型稳定解，1947 年提出了分支过程及其灭绝概率，1939 年验证了基因遗传的孟德尔定律. 在金属学方面，1937 年他研究了金属随机结晶过程中一个给定点属于结晶团的概率及平均结晶的数目，1941 年应用随机过程的预测和内插公式于无线电工程、火炮等的自动控制、大气海洋等自然现象. 在流体力学方面，他 20 世纪 40 年代得出局部迷向湍流的近似公式.

综观柯尔莫哥洛夫的一生，无论在纯粹数学还是应用数学方面，在确定性现象的数学还是随机数学方面，在数学研究还是数学教育方面，他都做出了杰出的贡献.

由于他的卓越成就，他在国内外享有极高的声誉. 他是美国、法国、民主德国、荷兰、波兰、芬兰等 20 多个科学院的外国院士，是英国皇家学会外国会员，是法国巴黎大学、波兰华沙大学等多所大学的名誉博士. 他 1963 年获国际巴尔桑奖，1975 年获匈牙利奖章，1976 年获美国气象学会奖章、民主德国科学院亥姆霍兹奖章，1980 年获世界最著名的沃尔夫奖. 在国内，他在 1941 年荣获首届苏联国家奖，1951 年获苏联科学院车贝雪夫奖，1963 年获苏维埃英雄称号，1965 年获列宁奖；1940 年获劳动红旗勋章，1944～1979 年获 7 枚列宁勋章、金星奖章及“在伟大的爱国战争中英勇劳动”奖章，1983 年获十月革命勋章，1986 年获苏联科学院罗巴切夫斯基奖.

本章内容小结

一、本章主要内容

1. 随机事件及概率部分主要介绍了随机试验和随机事件的概念、随机事件间的关系及运算；概率的古典定义和统计定义；古典概型，概率的加法公式、乘法公式，条件概率，全概率公式，逆概率公式及事件的独立性.

2. 随机变量及其分布部分主要介绍了随机变量的概念、离散型随机变量及其分布、连续型随机变量及其分布.

3. 随机变量的数学期望部分主要介绍了随机变量的数学期望和随机变量的方差.

4. 统计初步部分主要介绍了统计量、点估计、区间估计和回归方程.

二、学习方法

1. 在事件表示正确的前提下,能用排列、组合的方法计算简单的古典概率;在搞清试验的情况下能用概率的加法公式、概率的乘法公式、条件概率、全概率公式与逆概率公式及事件的独立性等计算随机事件的概率.

2. 分布列是离散型随机变量的一项重要内容,密度函数是连续型随机变量的一项重要内容,要理解含义,并会求、会应用;从实例去理解随机变量的数学期望和方差的意义,并会求、会应用.

3. 从实例去理解统计量的意义,理解点估计、区间估计、回归方程的意义与方法.

三、重点和难点

重点:

1. 随机事件概率的计算;
2. 常见的典型分布;
3. 随机变量数字特征的概念及计算;
4. 点估计与区间估计.

难点:

1. 随机事件的关系;
2. 条件概率与独立试验序列概型;
3. 随机变量的分布;
4. 区间估计.

自测题 1(基础层次)

1. 选择题.

(1) 下列说法正确的是(　　).

A. 互斥事件一定是对立事件　　B. 对立事件一定是互斥事件

C. 互斥事件一定是独立事件　　D. 独立事件一定是互斥事件

(2) 若 $P(AB)=P(A)P(B)$,则 A 与 B 是(　　).

A. 互斥事件　　B. 对立事件　　C. 独立事件　　D. 以上都不对

(3) 设 A,B 为相互独立事件,$P(A)=0.2,P(B)=0.4$,则 $P(A+B)=$(　　).

A. 0.6　　B. 0.52　　C. 0.51　　D. 0.5

(4) X 的方差 $D(X)$ 存在,$Y=aX+b$(a,b 为常数),则(　　).

A. $D(Y)=D(X)$　　B. $D(Y)=aD(X)$

C. $D(Y)=a^2D(X)$　　D. $D(Y)=a^2D(X)+b$

(5) 设 $X\sim N(-3,2)$,则 $Y=$(　　)$\sim N(0,1)$;

A. $\dfrac{X+3}{2}$　　B. $\dfrac{X+3}{\sqrt{2}}$　　C. $\dfrac{X-3}{\sqrt{2}}$　　D. $\dfrac{X-3}{2}$

(6) 设 $X\sim N(0,1)$,则 $P(X>-3)=$(　　).

A. $\Phi(-3)$　　B. $1-\Phi(-3)$　　C. $\Phi(3)$　　D. $1-\Phi(3)$

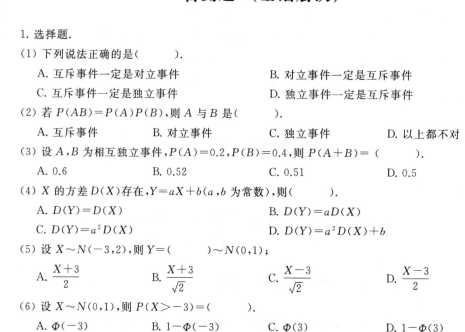

(7) 已知 $x_1,x_2,x_3,\cdots,x_n$ 为取自正态总体 $N(\mu,\sigma^2)$ 的一个样本，其中 μ 未知，而 $\sigma>0$ 为已知，则关于 $x_1,x_2,x_3,\cdots,x_n$ 的函数不是统计量的为(　　).

A. $\sum\limits_{i=1}^{n} x_i^2$　　B. $\frac{1}{n}(x_1^2+x_2^2+x_3^2+\cdots+x_n^2)$

C. $\frac{1}{\sigma^2}(x_1^2+x_2^2+x_3^2+\cdots+x_n^2)$　　D. $\sum\limits_{i=1}^{n}\frac{(x_i-\mu)^2}{\sigma^2}$

(8) 设 $x_1,x_2,x_3,\cdots,x_n$ 为取自正态总体 $N(\mu,\sigma^2)$ 的一个样本，则 $\overline{X}=\frac{1}{n}\sum\limits_{i=1}^{n}x_i$ 服从的分布为(　　).

A. $N(\mu,\sigma^2)$　　B. $N\left(\frac{\mu}{n},\sigma^2\right)$　　C. $N\left(\mu,\frac{\sigma^2}{n}\right)$　　D. $N\left(\frac{\mu}{n},\frac{\sigma^2}{n}\right)$

(9) 设 $x_1,x_2,x_3,\cdots,x_n$ 为取自正态总体 $N(\mu,\sigma^2)$ 的一个样本，则 $\chi^2=\frac{1}{\sigma^2}\sum\limits_{i=1}^{n}(x_i-\mu)^2$ 服从的分布为(　　).

A. $N(\mu,\sigma^2)$　　B. $\chi^2(n)$　　C. $\chi^2(n-1)$　　D. $t(n-1)$

(10) 设 $x_1,x_2,x_3,\cdots,x_n$ 为取自正态总体 $N(\mu,\sigma^2)$ 的一个样本，则 $T=\frac{\overline{X}-\mu}{\sqrt{s^2/(n-1)}}$ 服从的分布为(　　).

A. $N(\mu,\sigma^2)$　　B. $\chi^2(n-1)$　　C. $t(n)$　　D. $t(n-1)$

2. 填空题.

(1) 设 A 为随机事件，$P(\overline{A})=0.13$，则 $P(A)=$________.

(2) 袋子中有 7 只红球，5 只白球，无放回地连取三次，每次取一只，则恰好取到 1 只红球的概率为________，恰有 2 只红球的概率为________.

(3) 设 A 与 B 相互独立，$P(A)=0.2$，$P(B)=0.6$，则 $P(A|B)=$________.

(4) 已知

X	1	2	3	4
P_i	0.1	0.3	$2-a$	0.2

，则常数 $a=$________.

(5) 设 $X\sim U(2,7)$，则 $P(1\leqslant X\leqslant 4)=$________.

3. 某学院举行象棋比赛，有甲、乙、丙、丁 4 支代表队参赛，每支代表队由 6 名队员组成. 按照比赛规程，要进行单循环赛，每轮比赛每支代表队派 4 名队员出场.假设每支代表队每个队员出场的机会是相同的，求三轮比赛中：

(1) 甲代表队 4 号队员出场 3 次的概率；　　(2) 甲代表队 4 号队员出场 2 次的概率；

(3) 甲代表队 4 号队员只出场 1 次的概率；　　(4) 甲代表队 6 号队员出场 0 次的概率.

4. 一批产品的次品率为 5%，而正品中有 80% 为一等品，求任取一件是一等品的概率.

5. 某射手在 3 次射击中至少命中 1 次的概率为 0.875，求该射手在 1 次射击中命中的概率.

6. 设某车间有两台机器，每台机器运转的概率都是 0.85，两台机器同时运转的概率为0.75，求两台机器中至少有一台运转的概率.

7. 有包装外形完全相同未贴标签的 20 桶颜料，其中红色颜料 10 桶，黄色颜料 6 桶，绿色颜料 4 桶. 从中取出 7 桶，求恰好满足需要红色颜料 3 桶，黄色颜料 2 桶，绿色颜料 2 桶的概率.

8. 设 $P(X=k)$ 与 k 成正比，即 $P(X=k)=ak(k=1,2,3,4)$，求：

(1) 常数 a；　　(2) $P(X\leqslant 3.5)$.

9. 设有 5 台机床，每台机床正常工作的概率为 0.7，求：

(1) 5 台机床中至少有一台能正常工作的概率；(2) 恰有 3 台机床正常工作的概率.

10. 第三次人口普查结果表明，由于重报、漏报造成的人口数差错率为 0.000 15，若随机抽取 10 000 张普查登记表进行核实，求发现人口数差错为 0,1,2,3 人的概率.

11. 设随机变量 X 的概率密度为$f(x)=\begin{cases}A\sin x, & 0\leqslant x\leqslant \pi,\\ 0, & 其他,\end{cases}$ 求：

(1) 常数 A；　　(2) $P\left(\frac{\pi}{4}<X<\frac{3\pi}{4}\right)$.

12. 某工厂 5 个月的某种产品的产量 X 与成本费用 Y 的统计资料如下：

x_i/千件	2.3	4.3	3.9	8.4	9.1
y_i/万元	24	37	34	54	75

求一元线性回归直线方程.

自测题 2(提高层次)

1. 选择题.

(1) 设 $P(A)=0.7, P(B)=0.2, B\subset A$,则 $P(B|A)=$ (　　).

A. $\frac{1}{7}$　　B. $\frac{2}{7}$　　C. $\frac{3}{7}$　　D. $\frac{4}{7}$

(2) 抛一枚不均匀的硬币,正面向上的概率为$\frac{2}{3}$,将该硬币连抛 4 次,则恰好 3 次正面向上的概率为(　　).

A. $\frac{8}{81}$　　B. $\frac{8}{27}$　　C. $\frac{32}{81}$　　D. $\frac{3}{4}$

(3) 若随机变量 $X\sim U[a,b]$,且 $E(X)=3, D(X)=\frac{4}{3}$,则 a 和 b 分别为(　　).

A. 0,6　　B. 2,4　　C. -3,3　　D. 1,5

(4) 已知 $X\sim B(n,p)$,且 $E(X)=2.4, D(X)=1.44$,则参数 n 和 p 分别为(　　).

A. 6,0.4　　B. 4,0.6　　C. 16,0.2　　D. 32,0.1

(5) 若总体 $X\sim N(0,\sigma^2)$, $x_1,x_2,x_3,\cdots,x_n$ 为取自正态总体 $N(0,\sigma^2)$的一个样本,则 σ^2 的矩估计量为(　　).

A. $\frac{1}{n}\sum_{i=1}^{n}x_i^2$　　B. $\frac{1}{n-1}\sum_{i=1}^{n}x_i^2$　　C. $\frac{1}{n}\sum_{i=1}^{n}(x_i-\mu)^2$　　D. $\frac{1}{n-1}\sum_{i=1}^{n}(x_i-\mu)^2$

2. 填空题.

(1) 设 A,B 为两个随机事件,$P(A)=\frac{1}{2}, P(B)=\frac{1}{3}, P(B|A)=\frac{1}{2}$,则 $P(AB)=$________,$P(A+B)=$________,$P(A|B)=$________.

(2) 设 $X\sim N(0,2^2)$,则它的概率密度函数为________.

(3) 设 X 服从指数分布,且 $D(X)=0.25$,则 X 的概率密度函数为________.

(4) 已知 $E(X)=-1, D(X)=3$,则 $E(X^2+3)=$________.

(5) 设 $x_1,x_2,x_3,\cdots,x_{16}$为取自正态总体 $N(30,20^2)$的一个样本,则样本均值 $\overline{X}$ 的分布是________.

3. 某商店出售的某种商品的合格率为 0.96,而合格品中的一级品率为 0.75,求该商店出售的该种商品中的一级品率.

4. 已知 500 件产品中有 10%的次品,进行有放回抽样检查,每次取一件,连取 4 次,求其中次品数分别为 0,1,2,3,4 的概率.

5. 一个电路上安装甲、乙两根保险丝,当电流强度超过一定值时,甲烧断的概率为 0.82,乙烧断的概率为 0.74,两根同时烧断的概率是 0.63,求至少烧断一根保险丝的概率.

6. 有外形相同的电子管 100 只,其中甲类 40 只,乙类 30 只,丙类 30 只. 在运输过程中,损坏了 3 只,如果这 100 只电子管中每只被损坏的可能性是一样的，试求这 3 只中每类恰含一只的概率.

7. 在某商店销售的灯泡中，甲厂生产的灯泡占 60%，乙厂生产的灯泡占 40%. 甲厂生产的灯泡中标准品占 95%，乙厂生产的灯泡中标准品占 85%，求消费者买来一个灯泡是标准品的概率.

8. 设随机变量 X 的概率密度为 $f(x)=\begin{cases}3x^2, & 0\leqslant x\leqslant 1,\\ 0, & \text{其他},\end{cases}$ 求 $E(X)$，$D(X)$ 和 $E(3X-2)$.

9. 设随机变量 $X\sim N(1,2^2)$，求：

(1) $P(X\leqslant -3.5)$；　　(2) $P(1\leqslant X<3)$；　　(3) $P(|X|\geqslant 1.5)$.

10. 一批产品中有一、二、三、四等品及废品，相应的概率分别为 0.7，0.1，0.1，0.06，0.04. 若其相应的产值分别为 6，5.4，5，4，0，求该产品的平均产值.

11. 某厂计划对全厂 5% 产量最高的工人发放鼓励奖. 已知该厂工人的日产量 X 服从正态分布 $N(3\,000,40^2)$，问发放鼓励奖的产量标准应定在多少件？

12. 设 $x_1,x_2,x_3,\cdots,x_n$ 为取自正态总体 $N(\mu,\sigma^2)$ 的一个样本.

(1) 已知 $\sigma=2$，$\overline{X}=12$，$n=100$，求 μ 的置信度为 0.90 的置信区间；

(2) 已知 $\sigma=1$，为使 μ 的置信水平为 0.95 的置信区间长度不超过 0.98，样本容量应为多大？

附　　表

附表 1　标准正态分布表

x	0.00	0.01	0.02	0.03	0.04	0.05	0.06	0.07	0.08	0.09
0.0	0.500 0	0.504 0	0.508 0	0.512 0	0.516 0	0.519 9	0.523 9	0.527 9	0.531 9	0.535 9
0.1	0.539 8	0.543 8	0.547 8	0.551 7	0.555 7	0.559 6	0.563 6	0.567 5	0.571 4	0.575 3
0.2	0.579 3	0.583 2	0.587 1	0.591 0	0.594 8	0.598 7	0.602 6	0.606 4	0.610 3	0.614 1
0.3	0.617 9	0.621 7	0.625 5	0.629 3	0.633 1	0.636 8	0.640 4	0.644 3	0.648 0	0.651 7
0.4	0.655 4	0.659 1	0.662 8	0.666 4	0.670 0	0.673 6	0.677 2	0.680 8	0.684 4	0.687 9
0.5	0.691 5	0.695 0	0.698 5	0.701 9	0.705 4	0.708 8	0.712 3	0.715 7	0.719 0	0.722 4
0.6	0.725 7	0.729 1	0.732 4	0.735 7	0.738 9	0.742 2	0.745 4	0.748 6	0.751 7	0.754 9
0.7	0.758 0	0.761 1	0.764 2	0.767 3	0.770 3	0.773 4	0.776 4	0.779 4	0.782 3	0.785 2
0.8	0.788 1	0.791 0	0.793 9	0.796 7	0.799 5	0.802 3	0.805 1	0.807 8	0.810 6	0.813 3
0.9	0.815 9	0.818 6	0.821 2	0.823 8	0.826 4	0.828 9	0.835 5	0.834 0	0.836 5	0.838 9
1.0	0.841 3	0.843 8	0.846 1	0.848 5	0.850 8	0.853 1	0.855 4	0.857 7	0.859 9	0.862 1
1.1	0.864 3	0.866 5	0.868 6	0.870 8	0.872 9	0.874 9	0.877 0	0.879 0	0.881 0	0.883 0
1.2	0.884 9	0.886 9	0.888 8	0.890 7	0.892 5	0.894 4	0.896 2	0.898 0	0.899 7	0.901 5
1.3	0.903 2	0.904 9	0.906 6	0.908 2	0.909 9	0.911 5	0.913 1	0.914 7	0.916 2	0.917 7
1.4	0.919 2	0.920 7	0.922 2	0.923 6	0.925 1	0.926 5	0.927 9	0.929 2	0.930 6	0.931 9
1.5	0.933 2	0.934 5	0.935 7	0.937 0	0.938 2	0.939 4	0.940 6	0.941 8	0.943 0	0.944 1
1.6	0.945 2	0.946 3	0.947 4	0.948 4	0.949 5	0.950 5	0.951 5	0.952 5	0.953 5	0.953 5
1.7	0.955 4	0.956 4	0.957 3	0.958 2	0.959 1	0.959 9	0.960 8	0.961 6	0.962 5	0.963 3
1.8	0.964 1	0.964 8	0.965 6	0.966 4	0.967 2	0.967 8	0.968 6	0.969 3	0.970 0	0.970 6
1.9	0.971 3	0.971 9	0.972 6	0.973 2	0.973 8	0.974 4	0.975 0	0.975 6	0.976 2	0.976 7
2.0	0.977 2	0.977 8	0.978 3	0.978 8	0.979 3	0.979 8	0.980 3	0.980 8	0.981 2	0.981 7
2.1	0.982 1	0.982 6	0.983 0	0.983 4	0.983 8	0.984 2	0.984 6	0.985 0	0.985 4	0.985 7
2.2	0.986 1	0.986 4	0.986 8	0.987 1	0.987 4	0.987 8	0.988 1	0.988 4	0.988 7	0.989 0
2.3	0.989 3	0.989 6	0.989 8	0.990 1	0.990 4	0.990 6	0.990 9	0.991 1	0.991 3	0.991 6
2.4	0.991 8	0.992 0	0.992 2	0.992 5	0.992 7	0.992 9	0.993 1	0.993 2	0.993 4	0.993 6
2.5	0.993 8	0.994 0	0.994 1	0.994 3	0.994 5	0.994 6	0.994 8	0.994 9	0.9951	0.995 2

续表

x	0.00	0.01	0.02	0.03	0.04	0.05	0.06	0.07	0.08	0.09
2.6	0.995 3	0.995 5	0.995 6	0.995 7	0.995 9	0.996 0	0.996 1	0.996 2	0.996 3	0.996 4
2.7	0.996 5	0.996 6	0.996 7	0.996 8	0.996 9	0.997 0	0.997 1	0.997 2	0.997 3	0.997 4
2.8	0.997 4	0.997 5	0.997 6	0.997 7	0.997 7	0.997 8	0.997 9	0.997 9	0.998 0	0.998 1
2.9	0.998 1	0.998 2	0.998 2	0.998 3	0.998 4	0.998 4	0.998 5	0.998 5	0.998 6	0.998 6
3.0	0.998 7	0.998 7	0.998 7	0.998 8	0.998 8	0.998 9	0.998 9	0.998 9	0.999 0	0.999 0
3.1	0.999 0	0.999 1	0.999 1	0.999 1	0.999 2	0.999 2	0.999 2	0.999 2	0.999 3	0.999 3
3.2	0.999 3	0.999 3	0.999 4	0.999 4	0.999 4	0.999 4	0.999 4	0.999 5	0.999 5	0.999 5
3.3	0.999 5	0.999 5	0.999 5	0.999 6	0.999 6	0.999 6	0.999 6	0.999 6	0.999 6	0.999 7
3.4	0.999 7	0.999 7	0.999 7	0.999 7	0.999 7	0.999 7	0.999 7	0.999 7	0.999 7	0.999 8

附表 2　*t* 分布表

n \ λ \ α	0.20	0.15	0.10	0.05	0.025	0.01	0.005
1	1.376	1.963	3.077 7	6.313 8	12.706 2	31.820 7	63.657 4
2	1.061	1.386	1.885 6	2.920 0	4.302 7	6.964 6	9.924 8
3	0.978	1.250	1.637 7	2.353 4	3.182 4	4.540 7	5.840 9
4	0.941	1.190	1.533 2	2.131 8	2.776 4	3.746 9	4.604 1
5	0.920	1.156	1.475 9	2.015 0	2.570 6	3.364 9	4.032 2
6	0.906	1.134	1.439 8	1.943 2	2.446 9	3.142 7	3.707 4
7	0.896	1.119	1.414 9	1.894 6	2.364 6	2.998 0	3.499 5
8	0.889	1.108	1.396 8	1.859 5	2.306 0	2.896 5	3.355 4
9	0.883	1.100	1.383 0	1.833 1	2.262 2	2.821 4	3.249 8
10	0.879	1.093	1.372 2	1.812 5	2.228 1	2.763 8	3.169 3
11	0.876	1.088	1.363 4	1.795 9	2.201 0	2.718 1	3.105 8
12	0.873	1.083	1.356 2	1.782 3	2.178 8	2.681 0	3.054 5
13	0.870	1.079	1.350 2	1.770 9	2.160 4	2.650 3	3.012 3
14	0.868	1.076	1.345 0	1.761 3	2.144 8	2.624 5	2.976 8
15	0.866	1.074	1.340 6	1.753 1	2.131 5	2.602 5	2.946 7
16	0.865	1.071	1.336 8	1.745 9	2.119 9	2.583 5	2.920 8
17	0.863	1.069	1.333 4	1.739 6	2.109 8	2.566 9	2.898 2
18	0.862	1.067	1.330 4	1.734 1	2.100 9	2.552 4	2.878 4
19	0.861	1.066	1.327 7	1.729 1	2.093 0	2.539 5	2.860 9
20	0.860	1.064	1.325 3	1.724 7	2.086 0	2.528 0	2.845 3
21	0.859	1.063	1.323 2	1.720 7	2.079 6	2.517 7	2.831 4
22	0.858	1.061	1.321 2	1.717 1	2.073 9	2.508 3	2.818 8

续表

α / λ / n	0.20	0.15	0.10	0.05	0.025	0.01	0.005
23	0.858	1.060	1.319 5	1.713 9	2.068 7	2.499 9	2.807 3
24	0.857	1.059	1.317 8	1.710 9	2.063 9	2.492 2	2.796 9
25	0.856	1.058	1.316 3	1.708 1	2.059 5	2.485 1	2.787 4
26	0.856	1.058	1.315 0	1.705 6	2.055 5	2.478 6	2.778 7
27	0.855	1.057	1.313 7	1.703 3	2.051 8	2.472 7	2.770 7
28	0.855	1.056	1.312 5	1.701 1	2.048 4	2.467 1	2.763 3
29	0.854	1.055	1.311 4	1.699 1	2.045 2	2.462 0	2.756 4
30	0.854	1.055	1.310 4	1.697 3	2.042 3	2.457 3	2.750 0
31	0.853 5	1.054 1	1.309 5	1.695 5	2.039 5	2.452 8	2.744 0
31	0.853 1	1.053 6	1.308 6	1.693 9	2.036 9	2.448 7	2.738 5
33	0.852 7	1.053 1	1.307 7	1.692 4	2.034 5	2.444 8	2.733 3
34	0.852 4	1.052 6	1.307 0	1.690 9	2.032 2	2.441 1	2.728 4
35	0.852 1	1.052 1	1.306 2	1.689 6	2.030 1	2.437 7	2.723 8
36	0.851 8	1.051 6	1.305 5	1.688 3	2.028 1	2.434 5	2.719 5
37	0.851 5	1.051 2	1.304 9	1.687 1	2.026 2	2.431 4	2.715 4
38	0.851 2	1.050 8	1.304 2	1.686 0	2.024 4	2.428 6	2.711 6
39	0.851 0	1.050 4	1.303 6	1.684 9	2.022 7	2.425 8	2.707 9
40	0.850 7	1.050 1	1.303 1	1.683 9	2.021 1	2.423 3	2.704 5
41	0.850 5	1.049 8	1.302 5	1.682 9	2.019 5	2.420 8	2.701 2
42	0.850 3	1.049 4	1.302 0	1.682 0	2.018 1	2.418 5	2.698 1

附表 3　χ^2分布表

α / λ / n	0.995	0.99	0.975	0.95	0.90	0.10	0.05	0.025	0.01	0.005
1	0.000	0.000	0.001	0.004	0.016	2.706	3.843	5.025	6.637	7.882
2	0.010	0.020	0.051	0.103	0.211	4.605	5.992	7.378	9.210	10.597
3	0.072	0.115	0.216	0.352	0.584	6.251	7.815	9.348	11.344	12.837
4	0.207	0.297	0.484	0.711	1.064	7.779	9.488	11.143	13.277	14.860
5	0.412	0.554	0.831	1.145	1.610	9.236	11.070	12.832	15.085	16.748
6	0.676	0.872	1.237	1.635	2.204	10.645	12.592	14.440	16.812	18.548
7	0.989	1.239	1.690	2.167	2.833	12.017	14.067	16.012	18.474	20.276
8	1.344	1.646	2.180	2.733	3.490	13.362	15.507	17.534	20.090	21.954
9	1.735	2.088	2.700	3.325	4.168	14.684	16.919	19.022	21.665	23.587
10	2.156	2.558	3.247	3.940	4.865	15.987	18.307	20.483	23.209	25.188

续表

α λ n	0.995	0.99	0.975	0.95	0.90	0.10	0.05	0.025	0.01	0.005
11	2.603	3.053	3.816	4.575	5.578	17.275	19.675	21.920	24.724	26.755
12	3.074	3.571	4.404	5.226	6.304	18.549	21.026	23.337	26.217	28.300
13	3.565	4.107	5.009	5.892	7.041	19.812	22.362	24.735	27.687	29.817
14	4.075	4.660	5.629	6.571	7.790	21.064	23.685	26.119	29.141	31.319
15	4.600	5.229	6.262	7.261	8.547	22.307	24.996	27.488	30.577	32.799
16	5.142	5.812	6.908	7.962	9.312	23.542	26.296	28.845	32.000	34.267
17	5.697	6.407	7.564	8.682	10.085	24.769	27.587	30.190	33.408	35.716
18	6.265	7.015	8.231	9.390	10.865	25.989	28.869	31.526	34.805	37.156
19	6.843	7.632	8.906	10.117	11.651	27.203	30.143	32.852	36.190	38.580
20	7.434	8.260	9.591	10.851	12.443	28.412	31.410	34.170	37.566	39.997
21	8.033	8.897	10.283	11.591	13.240	29.615	32.670	35.478	38.930	41.399
22	8.643	9.542	10.982	12.338	14.042	30.813	33.924	36.781	40.289	42.796
23	9.260	10.195	11.688	13.090	14.848	32.007	35.172	38.075	41.637	44.179
24	9.886	10.856	12.401	13.848	15.659	33.196	36.415	39.364	42.980	45.558
25	10.519	11.523	13.120	14.611	16.473	34.381	37.652	40.646	44.313	46.925
26	11.160	12.198	13.844	15.379	17.292	35.563	38.885	41.923	45.642	48.290
27	11.807	12.878	14.573	16.151	18.114	36.741	40.113	43.194	45.962	49.642
28	12.461	13.565	15.308	16.928	18.939	37.916	41.337	44.461	48.278	50.993
29	13.120	14.256	16.147	17.708	19.768	39.087	42.557	45.772	49.586	52.333
30	13.787	14.954	16.791	18.493	20.599	40.256	43.773	46.979	50.892	53.672
31	14.457	15.655	17.538	19.280	21.433	41.422	44.985	48.231	52.190	55.000
31	15.134	16.362	18.291	20.072	22.271	42.585	46.194	49.480	53.486	56.328
33	15.814	17.073	19.046	20.866	23.110	43.745	47.400	50.724	54.774	57.646
34	16.501	17.789	19.806	21.664	23.952	44.903	48.602	51.966	56.061	58.964
35	17.191	18.508	20.569	22.465	24.796	46.059	49.802	53.203	57.340	60.272
36	17.887	19.233	21.336	23.269	25.643	47.212	50.998	54.437	58.619	61.581
37	18.584	19.960	22.105	24.075	26.492	48.363	52.192	55.667	59.891	62.880
38	19.289	20.691	22.878	24.884	27.343	49.513	53.384	56.896	61.162	64.181
39	19.994	21.425	23.654	25.695	28.196	50.660	54.572	58.119	62.426	65.473
40	20.706	22.164	24.433	26.509	29.050	51.805	55.758	59.342	63.691	66.766

习题参考答案与提示

第 1 章　函数与常用经济函数

训练任务 1.1

1. (1) B；　(2) C；　(3) C；　(4) D；　(5) A.

2. (1) $\{x \mid x \geqslant -1 且 x \neq 2\}$；　(2) $[1,2)$；　(3) $4,-3$；　(4) $\left(-\frac{16}{3},-\frac{14}{3}\right)$.

3. $y=\begin{cases}25, & x \leqslant 30, \\ 0.23x+18.1, & x>30.\end{cases}$

4. (1) 设总造价为 y，底边长为 x，函数的定义域为 $x \in (0,30)$，则

$$y=10x^2+\frac{600}{x};$$

(2) 当边长为 2 时，长方形水池总造价为 $f(2)=340$.

5. (1) 设每户每月用水量为 x 立方米，应缴纳水费为 y 元，

$$y=\begin{cases}2.4x, & x \leqslant 7, \\ 3.8x-9.8, & x>7.\end{cases}$$

(2) 用水量为 35 立方米，则应缴纳水费 $y(35)=123.2$ 元.

训练任务 1.2

1. (1) $\left[\frac{1}{2},+\infty\right)$；　(2) $(0,1)\cup(1,+\infty)$；　(3) $(-\infty,-2]\cup[2,+\infty)$.

2. $f[f(x)]=\frac{x-1}{x}$，$f\{f[f(x)]\}=x$.

3. $\left[-\frac{3}{2},1\right]$.

4. (1) $y=(1+\sqrt{x^2+2})^2$；　(2) $y=\arctan 5^{\sin x}$.

5. (1) $y=\sin u, u=1-3x$；　(2) $y=5^u, u=\ln v, v=\sin x$；

(3) $y=2^u, u=v^3, v=\tan x$；　(4) $y=\sqrt{u}, u=\log_5 v, v=\sqrt{w}, w=1-x$；

(5) $y=u^2, u=\arcsin v, v=\sqrt{x}$；　(6) $y=\mathrm{e}^u, u=\sqrt{v}, v=x^2+1$.

训练任务 1.3

1. 每日成本与日产量的函数关系：$C(q)=30\,000+2q, q \in [0,1\,000]$；

$C(600)=31\,200$ 元，　$\overline{C}(600)=52$ 元/件，　$C(800)=31\,600$ 元，　$\overline{C}(800)=39.5$ 元/件.

2. (1) $q=6\,500-25P$；　(2) $P=260$ 元；　(3) $P \in [100,260]$.

3. 需求函数是 $Q=18\,000-500p$.

4. 均衡价格为 $p_0=27$，市场均衡数量 46.

5. (1) 总成本函数 $C(q)=2+5\times10^{-6}q^2$，平均成本函数 $\overline{C}(q)=\frac{2}{q}+5\times10^{-6}q$.

(2) 总成本为 2.05 万元，平均成本为 205 元.

6. (1) 生产 200 件该产品时的，利润为 300 元，平均利润为 1.5 元；

(2) 盈亏平衡点为 125 件.

自测题 1（基础层次）

1. (1) A； (2) A； (3) D； (4) B； (5) D.

2. (1) 1； (2) $y=e^u, u=\tan v, v=\dfrac{1}{x}$； (3) $1,\sqrt{2}$； (4) 5；

(5) $R(q)=-\dfrac{1}{5}q^2+12q, \overline{R}(q)=-\dfrac{1}{5}q+12$.

3. (1) $y=2^u, u=\sqrt{x}$； (2) $y=\ln u, u=\sin x$； (3) $y=\cos u, u=\sqrt{x}$； (4) $y=\sqrt{u}, u=3x-1$.

4. $f[f(x)]=x^4+2x^2+2$.

5. (1) $y=300+20x$； (2) 30 千米.

6. $C=180+2q$，固定成本 180 元，可变成本 2 元.

7. $p_0=20$.

8. $R=\begin{cases}130q, & 0<q\leqslant 700\\ 9\ 100+117q, & 700<q\leqslant 1\ 000.\end{cases}$

9. (1) 设无线鼠标的价格为 p 元/个，月销售量为 q 个，则 $q=9\ 000-50p$；

(2) 180 元；

(3) 定义域 $D=[80,180]$.

自测题 2（基础层次）

1. (1) A； (2) C； (3) A； (4) B； (5) B.

2. (1) 奇函数； (2) $y=\arcsin u, u=x^2$； (3) (1,10)； (4) 7 000 元； (5) $y=50(1-4.5\%)^x$.

3. (1) $(-\infty,-\sqrt{3}]\cup[\sqrt{3},+\infty)$； (2) $(1,+\infty)$； (3) $[1,4]$；

(4) $[-3,-2]\cup[3,4]$； (5) $\left(-\dfrac{1}{2},0\right)\cup(0,1)$.

4. $g(x)=e^x-1$.

5. (1) $y=u^2, u=1+\lg x$； (2) $y=e^u, u=-x^2$；

(3) $y=\lg u, u=\arctan x$； (4) $y=3^u, u=\sqrt{v}, v=\lg x$.

6. (1) $R=300p-2p^2\ (0<p\leqslant 150)$； (2) $L(q)=R-C=-\dfrac{3}{2}q^2+60q-40\ (q\geqslant 0)$；

(3) 150.

7. (1) $C(q)=50+2q$； (2) $R(q)=10q-\dfrac{q^2}{5}$； (3) $L(q)=8q-\dfrac{q^2}{5}-50$；

(4) 当产量 $q=20$ 时，最大利润为 30.

8. $R\begin{cases}300q & 0<q\leqslant 50\\ -3.75q^2+487.5q, & q>50.\end{cases}$

第 2 章 函数的极限与应用

训练任务 2.1

1. (1) 0； (2) $\dfrac{3}{4}$； (3) 0； (4) 0.

2. (1) 1； (2) 不存在； (3) 0.

3. (1) $\dfrac{2}{7}$； (2) $\dfrac{5}{6}$； (3) 0； (4) $-\dfrac{1}{2}$； (5) $\dfrac{4}{3}$； *(6) 0.

训练任务 2.2

1. (1) 1； (2) 4； (3) 0； (4) 4.

2. $\lim\limits_{x\to 0}\text{sgn}(x)$不存在.

3. (1) 0； (2) 0； (3) 1； (4) 1.

4. 因为 $\lim\limits_{x\to 1^-} f(x)=1$, $\lim\limits_{x\to 1^+} f(x)=1$,所以 $\lim\limits_{x\to 1} f(x)=1$.

训练任务 2.3

1. (1) 0； (2) 0； (3) 1； (4) $+\infty$.

2. (1) 不正确； (2) 不正确； (3) 不正确； (4) 正确.

3. (1) 无穷小； (2) 既不是无穷小也不是无穷大； (3) 无穷小；
(4) 无穷大； (5) 无穷大； (6) 无穷小.

4. (1) 0； (2) 0.

*5. (1) 当 $x\to 0$ 时,x^3 是关于 $1\,000x^2$ 的高阶无穷小量；
(2) 当 $x\to+\infty$时,$\dfrac{1}{10\,000x^2+1\,000}$是关于$\dfrac{1}{0.01x^3}$的低阶的无穷小.

训练任务 2.4

1. (1) 15； (2) 0； (3) 0； (4) $\dfrac{1}{7}$.

2. (1) 1； (2) $-\dfrac{1}{2}$； (3) -3； (4) $\dfrac{5}{3}$； (5) 2； (6) -1.

3. (1) 2； (2) $\dfrac{5}{3}$； (3) k； (4) $\dfrac{1}{2}$； (5) $\dfrac{3}{4}$； (6) $\dfrac{7}{\pi}$； (7) $\dfrac{1}{2}$； (8) 3； (9) 0； (10) x.

4. (1) $e^{\frac{1}{2}}$； (2) e^{-3}； (3) e^{-2}； (4) e^{-1}； (5) e； (6) e^{-3}； (7) e^5； *(8) 1.

5. (1) $\dfrac{3}{5}$； (2) 1； (3) 1； (4) 2； (5) $\dfrac{1}{2}$； (6) $3\sqrt{2}$.

训练任务 2.5

1. (1) $(-\infty,3)$； (2) $x=0$； (3) 定义区间； (4) $\dfrac{1}{8}$.

2. (1) 存在,$\lim\limits_{x\to 0}f(x)=0$； (2) $f(x)$在点 $x=0$ 处不连续.

3. (1) $x=2,x=3$； (2) $x=0$； (3) $x=0$； (4) $x=-1$.

4. (1) 2； (2) $\dfrac{1}{2}$； (3) 2； (4) 0.

*5. 设 $f(x)=x^2+x-1$,此函数是初等函数,显然 $f(x)$在$[0,1]$上连续,又 $f(0)=-1<0$,$f(1)=1>0$,由零点存在定理,至少有一点 $\xi\in(0,1)$,使 $f(\xi)=0$,即 $\xi^2+\xi-1=0$,所以方程 $x^2+x=1$ 在$(0,1)$内至少有一个实根.

训练任务 2.6

1. 2 646.3 元.

2. (1) 66 151.48 元； (2) 65 867.4 元.

自测题 1(基础层次)

1. (1) D； (2) A； (3) B； (4) B； (5) D.

2. (1) $\dfrac{2}{3}$； (2) $\dfrac{7}{2}$； (3) 0； (4) $\dfrac{1}{3}$； (5) $(1,2)\cup(2,+\infty)$.

3. (1) 1； (2) 6； (3) -1； (4) $\dfrac{4}{3}$； (5) $\dfrac{1}{2}$； (6) $\dfrac{1}{2}$.

4. (1) $\dfrac{3}{7}$； (2) $\dfrac{5}{3}$； (3) $\dfrac{1}{4}$； (4) $e^{-\frac{1}{3}}$； (5) e^5； (6) e^{-3}； (7) $-\dfrac{1}{2}$； (8) ∞； (9) 1； (10) 2.

5. $a=-7,b=6$.

6. 74.59 万元.

7. 25.

自测题 2（提高层次）

1. (1) D； (2) A； (3) B； (4) B； (5) B.

2. (1) $\frac{5}{6}$； (2) $\frac{7}{2}$； (3) e^{-2}； (4) 0； (5) $A_5=5\ 000\left(1+\frac{6\%}{4}\right)^{4\times5}$，$A_5=5\ 000e^{5\times6\%}$.

3. (1) 0； (2) 0； (3) ∞； (4) $\frac{4}{7}$； (5) $-\frac{1}{2}$； (6)2.

4. (1) $\frac{3}{7}$； (2) 0； (3) 0； (4) $\frac{\sqrt{3}}{6}$； (5) e^5； (6) e^{-3}； (7) $\frac{1}{2}$； (8) ∞； (9) $\frac{1}{6}$； (10) $\frac{1}{2}$.

5. $k=-1$.

6. $\begin{cases}a=1\\b=-1\end{cases}$.

7. (1) 9.71；10.82；5.67；

(2) 如果该产品长期销售，则 $t\to\infty$，即 $\lim\limits_{t\to\infty}s(t)=\lim\limits_{t\to\infty}\frac{220t}{t^2+100}=0$.

第 3 章　导数与微分

训练任务 3.1

1. (1) 2； (2) -1； (3) 3； (4) 2.

2. (1) 27； (2) $\frac{1}{e}$.

3. (1) $y'=\frac{1}{3}x^{-\frac{2}{3}}$； (2) $y'=10x^9$； (3) $y'=\frac{3}{2}x^{\frac{1}{2}}$； (4) $y'=\frac{3}{4}x^{-\frac{5}{2}}$.

4. $y=x-1$ 或 $x-y-1=0$.

5. $y=4x-4$ 或 $4x-y-4=0$.

*6. 在点 $x=0$ 给 x 一个增量 Δx，当 $\Delta x>0$ 时，相应地 $\Delta y=|0+\Delta x|-|0|=\Delta x$，所以 $f'_+(0)=\lim\limits_{\Delta x\to0^+}\frac{\Delta y}{\Delta x}=\lim\limits_{\Delta x\to0^+}\frac{\Delta x}{\Delta x}=1$，当 $\Delta x<0$ 时，相应地 $\Delta y=|0+\Delta x|-|0|=\Delta x$，所以 $f'_+(0)=\lim\limits_{\Delta x\to0^+}\frac{\Delta y}{\Delta x}=\lim\limits_{\Delta x\to0^+}\frac{-\Delta x}{\Delta x}=-1$，因此，函数 $y=|x|$ 在点 $x=0$ 处不可导.

训练任务 3.2

1. (1) $y'=6x-4$；　(2) $y'=3x^2+3-\frac{5}{2\sqrt{x}}$；

(3) $y'=\frac{1}{3}-\frac{3}{x^2}+x-4x^{-3}$；　(4) $y'=5\cos x+3\sin x$；

(5) $y'=6x+\frac{4}{x^3}$；　(6) $y'=4x+\frac{5}{2}x^{\frac{3}{2}}$；

(7) $y'=\frac{3}{x}+\frac{4}{x^3}$；　(8) $y'=-x^2-\frac{5}{2}x^{-\frac{7}{2}}-3x^{-4}$.

2. (1) $y'=10(2x+1)^4$；　(2) $y'=\frac{e^x}{2\sqrt{1+e^x}}$；　(3) $y'=\frac{2}{2x+1}$；

(4) $y'=2\cos 2x+2x\cos x^2$；　(5) $y'=e^{\sin x}\cdot\cos x$；　(6) $y'=\frac{1}{\sqrt{1-x}}\cdot\frac{1}{2\sqrt{x}}$.

3. (1) $y'=\frac{-3x^2-4xy+3y}{2x^2-3x}$；　(2) $y'=\frac{e^{x+y}-y}{x-e^{x+y}}$.

4. $x+2y-3=0$.

*5. $y'=x^x(\ln x+1)$.

训练任务 3.4

1.（1）$y''=8-\frac{1}{x^2}$；（2）$y''=-\cos x-\sin x$；（3）$y''=2e^{-x}\sin x$；（4）$y''=4e^{2x-1}$.

2. 207 360.

*3. $y^{(n)}=2^n e^{2x}$.

训练任务 3.5

1. $\Delta y=18, dy=11; \Delta y=1.161, dy=1.1; \Delta y=0.110\ 601, dy=0.11$.

2.（1）$dy=\left(-\frac{1}{x^2}+\frac{\sqrt{x}}{x}\right)dx$；（2）$dy=(\sin 2x+2x\cos 2x)dx$；

（3）$dy=\frac{2\ln(1+x)}{x-1}dx$；（4）$dy=e^{-x}[\sin(3-x)-\cos(3-x)]dx$；

（5）$dy=\frac{dx}{(1-x^2)\sqrt{1-x^2}}$；（6）$dy=\left(\frac{1}{\sqrt{1-x^2}}-\arctan x-\frac{x}{1+x^2}\right)dx$.

3. $dy|_{x=0}=dx$.

4.（1）$\frac{2at^3}{at^2-b}$；（2）$\frac{2t+\cos t}{1+\sin t}$.

5.（1）0.795 4；（2）9.993 3.

自测题 1（基础层次）

1.（1）C；（2）A；（3）C；（4）B；（5）C.

2.（1）$-f'(x_0)$；（2）(2,2)；（3）0.3；（4）1；（5）$y=x-1$.

3.（1）$y'=-\frac{1}{2}x^{-\frac{3}{2}}-7\sin x$；（2）$y'=-3+4x$；

（3）$y'=-\frac{1}{2\sqrt{x^3}}-\frac{1}{2\sqrt{x}}$；（4）$y'=\frac{4x^2+8x}{(1+x)^2}$；

（5）$y'=\frac{-x^2+2x-2}{e^x}$；（6）$y'=2x\sin x+x^2\cos x$；

（7）$y'=e^x+xe^x$；（8）$y'=\frac{1}{2\sqrt{x}}\ln x+\frac{\sqrt{x}}{x}$；

（9）$y'=\frac{1}{2\sqrt{x}(1+x)}$；（10）$y'=\frac{1}{\sqrt{x^2+a^2}}$.

4. 切线方程为 $x+y-\pi=0$，法线方程为 $x-y-\pi=0$.

5.（1）$y'=-\frac{x}{y}$；（2）$y'=\frac{1}{x+y-1}$.

6. $dy|_{x=\frac{\pi}{2}-1}=-dx$.

7.（1）$f''(0)=-4$；（2）$y''|_{x=e}=e^{-2}(\sin 1-\cos 1)$.

自测题 2（提高层次）

1.（1）B；（2）B；（3）C；（4）B；（5）C.

2.（1）$C'(q)=2q+9$；（2）2；（3）$dy=\left(3+\frac{5}{2\sqrt{x}}\right)dx$；（4）$-2$；（5）$3x-y-2=0$.

3.（1）$y'=5x^4+12x^2-3$；（2）$y'=2x+5x^{\frac{3}{2}}$；（3）$y'=4x+1+\frac{3}{x^2}$；

（4）$y'=18x-30$；（5）$y'=4^x\ln 4\cdot x^4+4x^3 4^x$；（6）$y'=-\sin x\ln x+\frac{\cos x}{x}$.

4.（1）$dy|_{x=0}=\frac{1}{2}dx$；（2）$dy=\left[9x^2-2\cos x+\frac{1}{(1+x)^2}\right]dx$；

(3) $\mathrm{d}y=\dfrac{1+\sin x-x\ln x\cos x}{x(1+\sin x)^2}\mathrm{d}x$； (4) $\mathrm{d}y=6x\cot(1+3x^2)\mathrm{d}x$.

5. (1) $y'=\dfrac{-\mathrm{e}^y}{1+x\mathrm{e}^y}$； (2) $y'=\dfrac{-2\sin 2x-\dfrac{y}{x}-\mathrm{e}^{xy}y}{x\mathrm{e}^{xy}+\ln x}$.

6. (1) 固定成本 200，可变成本 $4q+0.05q^2$；

(2) 总成本的变化率 $C'(q)=4+0.1q$，当 $q=300$ 时，总成本的变化率 $C'(300)=34$，其经济意义：表示当生产了 300 个产品后，再多生产一个产品所增加的成本为 34 元.

7. 该厂 10 月份收入大约增加了 18 000 元.

*8. 当 $x\neq$ 时，$f'(x)=\left(x^2\sin\dfrac{1}{x}\right)'=2x\sin\dfrac{1}{x}-\cos\dfrac{1}{x}$，

在点 $x=0$ 处，给 x 一个增量 Δx，则

$$\Delta y=f(0+\Delta x)-f(0)=(0+\Delta x)^2\sin\frac{1}{0+\Delta x}-0=\Delta x^2\sin\frac{1}{\Delta x},$$

所以 $\dfrac{\Delta y}{\Delta x}=\Delta x\sin\dfrac{1}{\Delta x}$，因此 $f'(0)=\lim\limits_{\Delta x\to 0}\dfrac{\Delta y}{\Delta x}=\lim\limits_{\Delta x\to 0}\left(\Delta x\sin\dfrac{1}{\Delta x}\right)=0$，所以 $f(x)$ 在点 $x=0$ 处可导，因为可导一定连续，故 $f(x)$ 在点 $x=0$ 处连续，即 $f(x)$ 在点 $x=0$ 处可导且连续.

第 4 章　导数的应用

训练任务 4.1

1. (1) 满足； (2) 满足； (3) 不满足； (4) 满足.

2. (1) 3 个实根，分别在 $(-1,1)$，$(1,2)$，$(2,3)$；

(2) 2 个实根，分别在 $(-\sqrt{2},0)$，$(0,\sqrt{2})$；

(3) 2 个实根，分别在 $(0,\pi)$，$(\pi,2\pi)$.

3. (1) 满足，$\xi=\dfrac{1}{\ln 2}$； (2) 满足，$\xi=-1$.

训练任务 4.2

1. (1) $\dfrac{3}{5}$； (2) 1； (3) 0； (4) 0； (5) 0； (6) 0； (7) 0； (8) 1； (9) 0； (10) $-\dfrac{1}{2}$.

*2. (1) 可用洛必达法则，$\lim\limits_{x\to\infty}\dfrac{\mathrm{e}^x+\mathrm{e}^{-x}}{\mathrm{e}^x-\mathrm{e}^{-x}}=\lim\limits_{x\to\infty}\dfrac{\mathrm{e}^{2x}+1}{\mathrm{e}^{2x}-1}\overset{\frac{\infty}{\infty}}{=\!=}\lim\limits_{x\to\infty}\dfrac{2\mathrm{e}^{2x}}{2\mathrm{e}^{2x}}=1$；

(2) 不可用洛必达法则，$\lim\limits_{x\to 0}\dfrac{x^2\sin\dfrac{1}{x}}{\sin x}=\lim\limits_{x\to 0}\left(\dfrac{x}{\sin x}\cdot x\sin\dfrac{1}{x}\right)=1\cdot 0=0$.

训练任务 4.3

1. (1) 单增区间 $(-\infty,-1)$，$(3,+\infty)$，单减区间 $(-1,3)$；

(2) 单增区间 $(-1,1)$，单减区间 $(-\infty,-1)$，$(1,+\infty)$；

(3) 单增区间 $\left(-2,-\dfrac{4}{5}\right)$，单减区间 $\left(-\dfrac{4}{5},1\right)$，$(1,+\infty)$，$(-\infty,-2)$.

2. (1) 极大值 $f(-2)=-4$，极小值 $f(2)=4$；

(2) 极大值 $f(1)=4$，极小值 $f(3)=0$；

(3) 极大值 $f(1)=7$，极小值 $f(3)=3$.

3. (1) 最大值 $f(2)=2$，最小值 $f(3)=1$；

(2) 最大值 $f(-2)=f(4)=5$，最小值 $f(1)=-4$；

(3) 最大值 $f(0.01)=f(100)=100.01$，最小值 $f(1)=2$.

4. $p=3$.

5. $p=160$.

训练任务 4.4

1. (1) 凹区间是$(e^{-3/2},+\infty)$，凸区间是$(0,e^{-3/2})$，拐点是$\left(e^{-3/2},-\frac{3e^{-3}}{2}\right)$；

(2) 凹区间是$(0,+\infty)$，凸区间是$(-\infty,0)$，无拐点；

(3) 凹区间是$\left(\frac{5}{3},+\infty\right)$，凸区间是$\left(-\infty,\frac{5}{3}\right)$，拐点是$\left(\frac{5}{3},-\frac{250}{27}\right)$.

2. $a=-\frac{3}{2}$，$b=\frac{9}{2}$.

*3. (1) 水平渐近线 $y=0$，垂直渐近线 $x=\pm 1$；

(2) 水平渐近线 $y=1$，无垂直渐近线；

(3) 无水平渐近线，垂直渐近线 $x=0$；

(4) 无水平渐近线与垂直渐近线.

训练任务 4.5

1. $C'(q)=\frac{1}{\sqrt{q}}$，　$R'(q)=\frac{4}{(q+2)^2}$，　$L'(q)=\frac{4}{(q+2)^2}-\frac{1}{\sqrt{q}}$.

2. $L'(q)=10-\frac{q}{5}$，　$L'(10)=8$.

3. $\overline{R}(q)=200-0.01q$，　$R'(q)=200-0.02q$.

4. (1) $E(x)=2x$；　(2) $E(x)=-\frac{\sqrt{x}}{3-2\sqrt{x}}$.

5. $\frac{EQ}{Ep}=p$，$\left.\frac{EQ}{Ep}\right|_{p=3}=3$，经济意义是当 $p=3$ 时，价格增加1%时，需求减少3%.

自测题 1（基础层次）

1. (1) C；　(2) C；　(3) C；　(4) B；　(5) C.

2. (1) $\frac{1}{\ln 2}-1$；　(2) $(-2,2)$；　(3) 0；　(4) 400；　(5) 80.

3. (1) 单增区间$(-\infty,1)$，$(2,+\infty)$，单减区间$(1,2)$，极大值 $f(1)=2$，极小值 $f(2)=1$；

(2) 最小值 $f(0)=0$，最大值 $f(4)=8$；　(3) 1；　(4) 0；　(5) 1.

4. 4 百件，0 元.

自测题 2（提高层次）

1. (1) D；　(2) B；　(3) C；　(4) C；　(5) B.

2. (1) 1；　(2) $(-\infty,0)$；　(3) 4；　(4) 1；　(5) 12.

3. (1) $-\frac{1}{2}$；　(2) $\frac{1}{2}$；　(3) 极小值 $f(0)=0$，函数在 $x=-1$ 和 $x=1$ 处没有极值；

(4) 最小值 $f(1)=-7$，最大值 $f(4)=128$.

4. (1) $p=100$，$R(p)=10\,000e^{-1}$；

(2) $\left.\frac{EQ}{Ep}\right|_{p=0.5}=0.05$，经济意义是当 $p=5$ 时，价格增加1%时，需求减少0.05%.

第 5 章　不定积分

训练任务 5.1

1. (1) x^{-2}；　(2) x^{-3}；　(3) $2e^x$；　(4) $5\cos x$.

2. (1) $5x$，$5x+C$；　(2) x^7，x^7+C；　(3) $3x$，$3x+C$；　(4) x^3，x^3+C.

3. (1) $\frac{x^7}{7}+C$；　(2) $\frac{1}{8}x^8+C$；　(3) e^x+C；　(4) $\cos x^4+C$.

4. (1) $(x^3+x^2+x+C)'=3x^2+2x+1$；(2) $\left(-\frac{1}{x}-\frac{1}{2x^2}+C\right)'=3x^2+2x+1$；

(3) $\left(\frac{1}{2}\sin 2x+C\right)'=\cos 2x$；　(4) $\left(-\frac{1}{4}\cos 2x+C\right)'=\frac{1}{2}\sin 2x=\sin x\cos x$.

训练任务 5.2

1. (1) $\frac{x^5}{5}+C$； (2) $\ln|x|+C$； (3) $\sin x+C$； (4) $\ln x$； (5) $\frac{10^x}{\ln 10^x}+C$； (6) e^x+C.

2. (1) $\frac{3}{4}x^{\frac{4}{3}}+C$； (2) $\frac{3}{2}x^{\frac{2}{3}}+C$； (3) $\frac{-2}{\sqrt{x}}+C$； (4) $-\frac{1}{5}x^5+C$； (5) $\frac{3}{5}x^{\frac{5}{3}}+C$；

(6) $-\frac{4}{3}x^{-\frac{3}{4}}+C$.

3. (1) $\frac{1}{4}x^4-x^2+5x+C$； (2) x^4-x^3+C； (3) x^6+x^3+C；

(4) $\frac{1}{12}x^4+\frac{3}{2x^2}+C$； (5) $-\frac{3}{\sqrt[3]{x}}+C$； (6) $\frac{2}{3}x^{\frac{3}{2}}+2x^{\frac{1}{2}}-\frac{4}{5}x^{\frac{5}{4}}+C$；

(7) $-\cos x+\sin x+C$； (8) $4\ln|x|+3e^x+C$； (9) $\arcsin x+\arctan x+C$；

(10) $\frac{1}{2}\arcsin x+C$.

4. $y=x^2-1$.

5. $C(q)=\frac{3}{2}q^2+200q+1\ 000$.

6. $R(q)=2q+q^2-q^3$.

训练任务 5.3

1. (1) $\frac{x^2}{2}+2x+\ln|x|+C$； (2) $-2\cot x+\sin x+C$； (3) $\frac{1}{12}(2x+1)^6+C$；

(4) $\frac{\left(\frac{1}{3}\right)^x}{\ln\frac{1}{3}}-\frac{\left(\frac{2}{3}\right)^x}{\ln\frac{2}{3}}+C$；　(5) $\frac{1}{2}e^{2x}+2x-\frac{1}{2}e^{-2x}+C$；　(6) $\sqrt{\frac{2t}{g}}+C$；

(7) $\frac{4}{7}x^{\frac{7}{4}}+C$； (8) $x-\cos x+C$； (9) $\frac{\left(\frac{3}{e}\right)^x}{\ln\frac{3}{e}}+C$；

(10) $\frac{x}{2}-\frac{\sin x}{2}+C$； (11) $x-\arctan x+C$； (12) $\frac{10^x}{\ln 10}+\tan x-x+C$.

2. (1) $-\frac{1}{3}\cos(3x+1)+C$； (2) $\frac{1}{3}(2x+1)^{\frac{3}{2}}+C$； (3) $\frac{1}{21}(3x-1)^7+C$；

(4) $-\frac{1}{3}\ln|1-3x|+C$； (5) $-\frac{1}{3}e^{1-3x}+C$； (6) $\tan\left(x-\frac{\pi}{3}\right)+C$；

(7) $-\frac{3}{2}\cos\frac{x^2}{3}+C$； (8) $-\frac{1}{2\ln^2 x}+C$； (9) $\frac{1}{2}e^{x^2}+C$；

(10) $\ln|e^x-1|+C$； (11) $\frac{1}{2}\sqrt{2x^2-1}+C$； (12) $-\frac{1}{3}\sin\frac{3}{x}+C$.

3. (1) $-xe^{-x}-e^{-x}+C$； (2) $-\frac{1}{2}x\cos 2x+\frac{1}{4}\sin 2x+C$；

(3) $-\frac{\ln x}{2x^2}-\frac{1}{4}x^{-2}+C$； (4) $\frac{1}{3}x^2\ln x-\frac{1}{9}x^3+C$；

(5) $\frac{1}{3}xe^{3x}-\frac{1}{9}e^{3x}+C$； (6) $x^2e^x-2xe^x+2e^x+C$；

(7) $\frac{1}{2}x\sin 2x+\frac{1}{4}\cos 2x+C$； (8) $-\frac{1}{5}e^{-x}\cos 2x+\frac{2}{5}e^{-x}\sin 2x+C$；

(9) $\frac{1}{4}x^2+\frac{1}{4}x\sin 2x+\frac{1}{8}\cos 2x+C$； (10) $x\arcsin x+\sqrt{1-x^2}+C$.

自测题 1（基础层次）

1. (1) C； (2) B； (3) C； (4) C； (5) C.

2. (1) $F(x)+C$； (2) $x-y+3=0$； (3) $F(x)+Ax+C$；

(4) $e^{x^2}, e^{x^2}+C, e^{x^2}dx$； (5) x^2+C.

3. (1) $\frac{1}{5}e^{5x}+C$； (2) $-\frac{1}{15}(2-3x)^5+C$； (3) $\frac{1}{3}\ln|1+3x|+C$；

(4) $\frac{1}{2}\ln(1+x^2)+C$； (5) $\frac{1}{3}(x^2-3)^{\frac{3}{2}}+C$； (6) $\frac{1}{2}\ln^2 x+C$；

(7) $\frac{1}{2}(\sin x)^2+C$； (8) $e^{\sin x}+C$； (9) $-e^{\frac{1}{x}}+C$；

(10) $\sin e^x+C$； (11) $-2\cot\sqrt{t}+C$； (12) $\frac{1}{3}\arctan(3x)+C$.

3. $y=x^4-x+3$.

自测题 2（提高层次）

1. (1) B； (2) D； (3) C； (4) A； (5) D.

2. (1) $x+\frac{x^3}{3}+1$； (2) $-\frac{2x}{(1+x^2)^2}$； (3) $\sin x+C$； (4) $e^{-x^2}dx$； (5) 1.

3. (1) $\frac{\left(\frac{5}{e}\right)^t}{\ln\frac{5}{e}}+C$； (2) $\frac{3^{2x}}{2\ln 3}+\frac{2(15^x)}{\ln 15}+\frac{5^{2x}}{2\cdot\ln 5^{2x}}+C$； (3) e^x+x+C；

(4) $\frac{1}{2}x^2-4x+C$； (5) $-\cot x-x+C$； (6) $-\cot x+\tan x+C$；

(7) $-3\cot x-2\tan x+C$； (8) $-\cot x-\tan x+C$； (9) $\frac{5^{\arctan x}}{\ln 5}+C$；

(10) $\frac{1}{3}\arcsin^3 x+C$.

第 6 章 定积分及其应用

训练任务 6.1

1. (1) 12, π, 0； (2) 5, −5, $\frac{12}{5}$.

2. (1) B； (2) C.

3. (1) $\int_0^{\frac{\pi}{4}}\arctan x\,dx>\int_0^{\frac{\pi}{4}}(\arctan x)^2dx$； (2) $\int_3^4\ln x\,dx<\int_3^4(\ln x)^2dx$；

(3) $\int_{-1}^1\sqrt{1+x^4}\,dx<\int_{-1}^1(1+x^2)dx$； (4) $\int_0^{\frac{\pi}{2}}(1-\cos x)dx>\int_0^{\frac{\pi}{2}}\frac{1}{2}x^2dx$.

训练任务 6.2

1. (1) ln 2； (2) $\frac{3\sqrt{3}-2}{5}$； (3) 2； (4) $\frac{8}{3}$； (5) $\frac{1}{2}(1-\ln 2)$； (6) $\frac{\pi}{4}$； (7) π^2；

(8) $\frac{\pi}{12}+\frac{\sqrt{3}}{2}-1$； (9) $8\ln 2-4$； (10) $5\ln 5-3\ln 3-2$； (11) $\frac{2\pi}{3}-\frac{\sqrt{3}}{2}$； (12) $\frac{1}{5}(e^\pi-2)$.

2. (1) 0； (2) 2π.

训练任务 6.3

1. (1) $\frac{\pi}{2}$； (2) 发散； (3) -1； (4) 2； (5) 发散； (6) $\frac{1}{a}$； (7) 发散； (8) π.

2. 1.

训练任务 6.4

1. (1) $\frac{1}{6}$； (2) $2+\frac{3\pi}{2}$； (3) 2； (4) $\frac{3}{2}a^2-a^2\ln 2$； (5) $\frac{32}{3}$； (6) $2\pi+\frac{4}{3},6\pi+\frac{4}{3}$.

2. 3.

任务训练 6.5

1. 总成本函数 $C(x)=x^3-7x^2+100x+10\ 000$.
2. 生产量为 200 单位时，利润最大. 最大利润为 39 000 元.
3. 当产量为 300 吨时，平均成本最低.
4. 当 $t=8$ 时停止生产可获得最大利润，最大利润为 18.4 百万元.

自测题 1（基础层次）

1. (1) A； (2) C； (3) D； (4) A； (5) C.

2. (1) $\frac{1}{3}$； (2) 2； (3) e^{2x}； (4) $2-\frac{\pi}{2}$； (5) $1-\sin 1$.

3. (1) $\frac{\pi}{12}$； (2) $\frac{271}{6}$； (3) $\frac{5}{2}$； (4) $2-\tan 1-\frac{\pi}{4}$； (5) $\frac{2\sqrt{3}}{3}$；

(6) $\ln 3-2\ln 2$； (7) 1； (8) $-\frac{2}{3}$； (9) $\frac{19}{3}$； (10) $\pi-2$.

4. 2. 5. $\frac{9}{2}$. 6. $2e^2$. 7. $e+1$. 8. 0.

自测题 2（提高层次）

1. (1) D； (2) C； (3) B； (4) C； (5) A.

2. (1) 0； (2) $x\cos x^2$； (3) e^{x^2},1； (4) 3； (5) 1.

3. (1) 23； (2) $\frac{2}{3}+\ln 3$； (3) $\frac{\pi}{12}$； (4) $\frac{1}{2}\ln 2$； (5) $1-\frac{1}{\sqrt[3]{e}}$； (6) $\frac{3}{2}$；

(7) $2\cos 1$； (8) $\frac{1}{6}$； (9) $\frac{8}{3}$； (10) 1； (11) 2； (12) 1.

4. (1) $\frac{1}{2}$； (2) 0.

5. $\frac{15}{4}$.

6. $2(\sqrt{2}-1)$.

7. (1) 150 000 元； (2) 50 000 元.

*8. (1) $F'(x)=f(x)+\frac{1}{f(x)}\geqslant 2\sqrt{f(x)\cdot\frac{1}{f(x)}}=2$；

(2) $F(a)=\int_b^a \frac{dt}{f(t)}=-\int_a^b \frac{dt}{f(t)}<0, F(b)=\int_a^b f(t)dt>0$,

由闭区间上连续函数性质可知 $F(x)$ 在区间(ab)内必有零点，根据(1)可知函数 $F(x)$ 在区间$[a,b]$上单调增加，从而零点唯一，即方程 $F(x)=0$ 在区间(a,b)内有且仅有一个根.

第 7 章　矩阵与行列式

训练任务 7.1

1. $\begin{pmatrix} 0 & 1 & -1 \\ -1 & 0 & 1 \\ 1 & -1 & 0 \end{pmatrix}$.　　2. $\begin{array}{c} \\ 济南 \\ 大连 \\ 青岛 \\ 东营 \end{array}\begin{array}{c} \begin{array}{cccc} 济南 & 大连 & 青岛 & 东营 \end{array} \\ \begin{pmatrix} 0 & 1 & 1 & 0 \\ 1 & 0 & 1 & 1 \\ 1 & 1 & 0 & 0 \\ 0 & 1 & 0 & 0 \end{pmatrix} \end{array}$.

训练任务 7.2

1. $x=3, y=-1, z=5$.

2. (1) $\begin{pmatrix} -2 \\ 5 \\ 0 \end{pmatrix}$;　(2) (14);

(3) $\begin{pmatrix} -1 & 2 \\ -2 & 4 \\ -3 & 6 \end{pmatrix}$;　(4) $\begin{pmatrix} a_{11}x_1+a_{12}x_2+a_{13}x_3 \\ a_{21}x_1+a_{22}x_2+a_{23}x_3 \\ a_{31}x_1+a_{32}x_2+a_{33}x_3 \end{pmatrix}$;

(5) $(a_{11}x_1+a_{21}x_2+a_{31}x_3 \quad a_{12}x_1+a_{22}x_2+a_{32}x_3 \quad a_{13}x_1+a_{23}x_2+a_{33}x_3)$.

3. $\begin{pmatrix} 22 & 49 \\ 28 & 64 \end{pmatrix}$, $\begin{pmatrix} 22 & 49 \\ 28 & 64 \end{pmatrix}$.

4. $\begin{pmatrix} 2\,300 & 900 & 800 \\ 1\,100 & 550 & 350 \\ 1\,400 & 500 & 500 \end{pmatrix}$.

5. 城市人口为 6 255 380,农村人口为 6 544 620.

训练任务 7.3

1. (1) 1;　(2) ac;　(3) -24;　(4) 0;　(5) $a_1a_2a_3a_4a_5$;　(6) 1.

2. (1) 40;　(2) 5.

3. (1) -3;　(2) 160;　(3) $-2(x^3+y^3)$;　(4) $b^2(b^2-4a^2)$;　(5) x^5+y^5;　(6) x^2y^2.

4. (1) $\begin{cases} x_1=3, \\ x_2=1, \\ x_3=1; \end{cases}$　(2) $\begin{cases} x_1=1, \\ x_2=2, \\ x_3=-2. \end{cases}$

训练任务 7.4

1. (1) $\begin{pmatrix} 9 & -2 \\ -4 & 1 \end{pmatrix}$;　(2) $\frac{1}{2}\begin{pmatrix} 2 & -1 & 1 \\ 2 & -1 & -1 \\ -4 & 3 & -1 \end{pmatrix}$;　(3) $\begin{pmatrix} 1 & 1 & -2 \\ 2 & 1 & -4 \\ -1 & -1 & 3 \end{pmatrix}$.

2. (1) $X=\begin{pmatrix} 2 & -23 \\ 0 & 8 \end{pmatrix}$;　(2) $X=\begin{pmatrix} 24 & 13 \\ -34 & -18 \end{pmatrix}$;　(3) $X=\begin{pmatrix} -2 & 2 & 1 \\ -\frac{8}{3} & 5 & -\frac{2}{3} \end{pmatrix}$.

3. (1) $\begin{cases} x_1=57, \\ x_2=22; \end{cases}$　(2) $\begin{cases} x_1=-7, \\ x_2=14, \\ x_3=9. \end{cases}$

训练任务 7.5

1. (1) 2;　(2) 3;　(3) 3;　(4) 1.

2. (1) $\begin{vmatrix} 3 & 9 & 4 \\ -2 & -5 & -2 \\ -2 & -7 & -3 \end{vmatrix}$;　(2) $\begin{vmatrix} -11 & 2 & 2 \\ -4 & 0 & 1 \\ 6 & -1 & -1 \end{vmatrix}$;

(3) $\begin{vmatrix} 2 & -1 & 0 & 0 \\ -3 & 2 & 0 & 0 \\ -5 & 7 & -3 & -4 \\ 2 & -2 & \frac{1}{2} & \frac{1}{2} \end{vmatrix}$;　(4) $\frac{1}{4}\begin{vmatrix} 0 & 0 & 2 & -2 \\ 0 & 2 & 2 & 8 \\ -2 & -2 & -8 & 8 \\ -1 & -2 & -6 & 3 \end{vmatrix}$.

自测题 1(基础层次)

1. (1) C; (2) B; (3) C; (4) A; (5) B.

2. (1) 0; (2) 1; (3) $-3a$; (4) 2; (5) $\begin{vmatrix} 1 & -2 \\ 0 & 0 \\ 2 & -4 \end{vmatrix}$.

3. (1) $\begin{vmatrix} 5 \\ 4 \\ -2 \end{vmatrix}$; (2) $\begin{vmatrix} 1 & -2 \\ 2 & -1 \\ 6 & 0 \end{vmatrix}$; (3) 5; (4) 512.

4. $\begin{vmatrix} 0 & 4 \\ -\frac{1}{2} & -2 \\ \frac{1}{2} & -1 \end{vmatrix}$.　5. $X\begin{pmatrix} 8 & -1 & -1 \\ -4 & 4 & -3 \end{pmatrix}$.　6. $\begin{cases} x=3, \\ x_2=4, \\ x_3=-\frac{3}{2}. \end{cases}$　7. 3.

自测题 2(提高层次)

1. (1) C; (2) D; (3) D; (4) B; (5) B.

2. (1) 1 或−1; (2) $(-1)^{n-1}n!$; (3) 1; (4) 2; (5) 4.

3. (1) $\begin{vmatrix} 0 & 0 & 0 \\ 0 & 0 & 0 \\ 0 & 0 & 0 \end{vmatrix}$; (2) $\begin{pmatrix} 1 & 2 & -3 \\ 2 & 1 & 0 \end{pmatrix}$; (3) 2 000; (4) 6.

4. $x=-2,0,1$.

5. $\begin{vmatrix} \frac{1}{2} & -1 \\ 2 & 3 \\ \frac{1}{2} & 0 \end{vmatrix}$.

6. $a\neq 0$ 且 $a\neq b$ 时,有唯一解 $\begin{cases} x_1=\frac{5}{a}+1, \\ x_2=\frac{a+5b}{a(a-b)}, \\ x_3=\frac{6}{a-b}. \end{cases}$

7. 工厂四成本最低.

第 8 章　线性方程组

训练任务 8.1

1. 设所配菜肴中蔬菜、鱼和肉松的数量分别为 x_1, x_2, x_3(百克),根据题意,建立方程组

$$\begin{cases} 60x_1+300x_2+600x_3=1200, \\ 3x_1+9x_2+6x_3=30, \\ 90x_1+60x_2+30x_3=300. \end{cases}$$

2. (1) $\begin{pmatrix} 2 & 1 & 0 \\ -1 & 1 & 2 \\ 3 & -2 & -4 \end{pmatrix}\begin{pmatrix} x_1 \\ x_2 \\ x_3 \end{pmatrix}=\begin{pmatrix} 5 \\ 3 \\ 2 \end{pmatrix}$； (2) $\begin{pmatrix} 5 & 6 & 0 & 0 & 0 \\ 1 & 5 & 6 & 0 & 0 \\ 0 & 1 & 5 & 6 & 0 \\ 0 & 0 & 1 & 5 & 6 \\ 0 & 0 & 0 & 5 & 6 \end{pmatrix}\begin{pmatrix} x_1 \\ x_2 \\ x_3 \\ x_4 \\ x_5 \end{pmatrix}=\begin{pmatrix} 1 \\ -2 \\ 2 \\ -2 \\ -1 \end{pmatrix}$.

训练任务 8.2

1. (1) 是； (2)不是，$\begin{pmatrix} 1 & 0 & -2 & 5 \\ 0 & 1 & 4 & -1 \\ 0 & 0 & -2 & 4 \end{pmatrix}$； (3) 是； (4) 是.

2. $\begin{cases} x_1=x_4+x_5+32 \\ x_2=-x_4-3x_5+1 \\ x_3=4x_4-2x_5-1 \end{cases}$.

3. (1) $\begin{cases} x_1=-\dfrac{1}{4}, \\ x_2=\dfrac{23}{4}, \\ x_3=-\dfrac{5}{4}; \end{cases}$ (2) $\begin{cases} x_1=x_3-x_4-3, \\ x_2=x_3+x_4-4; \end{cases}$ (3) $\begin{cases} x_1=-\dfrac{9}{7}x_3+\dfrac{1}{2}x_4+1, \\ x_2=\dfrac{1}{7}x_3-\dfrac{1}{2}x_4+2; \end{cases}$

(4) $\begin{cases} x_1=5, \\ x_2=-2, \\ x_3=1; \end{cases}$ (5) $\begin{cases} x_1=3x_3+1, \\ x_2=-x_3-2; \end{cases}$ (6) $\begin{cases} x_1=-2, \\ x_2=5, \\ x_3=0, \\ x_4=-10; \end{cases}$

(7) $\begin{cases} x_1=\dfrac{5}{3}x_4+3, \\ x_2=-\dfrac{2}{3}x_4+1, \\ x_3=-\dfrac{1}{3}x_4-2. \end{cases}$

4. (1) $\begin{cases} x_1=0, \\ x_2=0, \\ x_3=0, \\ x_4=0; \end{cases}$ (2) $\begin{cases} x_1=\dfrac{55}{41}x_4, \\ x_2=\dfrac{10}{41}x_4, \\ x_3=-\dfrac{33}{41}x_4. \end{cases}$

训练任务 8.3

1. (1) 有唯一解； (2) 无解； (3) 无穷多解； (4) 无穷多解.

2. (1) 当 $\lambda\neq-2$ 时，只有零解；当 $\lambda=-2$ 时，有无穷多解，$\begin{cases} x_1=0 \\ x_2=0 \\ x_3=x_4 \end{cases}$； (2) 无解.

3. 当 $\lambda=1$ 时，有无穷多解；当 $\lambda\neq1$ 且 $\lambda\neq-2$ 时，有唯一解；当 $\lambda=2$ 时，无解.

4. 当 $a\neq-3$ 时，有唯一解；当 $a=-3, b=3$ 时，有无穷多解；当 $a=-3, b\neq3$ 时，无解.

5. (1) 只有零解； (2) 无解.

训练任务 8.4

1.

(1) $\max S=-2x_1+x_2+x_3$,
$$\begin{cases}x_1+x_3+x_4=3,\\x_2-2x_3+x_5=0,\\x_i\geqslant 0\ (i=1,2,3,4,5).\end{cases}$$

(2) $\max S=x_1-x_2$,
$$\begin{cases}3x_1+5x_2-x_3=2,\\x_1+4x_2+x_4=6,\\x_i\geqslant 0\ (i=1,2,3,4).\end{cases}$$

(3) $\max S=4x_2-5x_3$,
$$\begin{cases}2x_1-x_2+x_3+x_4=4,\\2x_2-4x_3-x_5=1,\\x_i\geqslant 0\ (i=1,2,3,4,5);\end{cases}$$

(4) $\max S=-x_1+3x_2-4x_3$,
$$\begin{cases}x_1-2x_2+3x_3+x_4=6,\\2x_1+x_2-x_3-x_5=3,\\x_i\geqslant 0\ (i=1,2,3,4,5).\end{cases}$$

2. 设生产甲、乙产品的件数分别为 x_1,x_2,f 为该厂所获总利润,则
$$\max f=70x_1+120x_2,$$
$$\begin{cases}9x_1+4x_2\leqslant 3\ 600,\\4x_1+5x_2\leqslant 2\ 000,\\3x_1+10x_2\leqslant 3\ 000,\\x_1,x_2\geqslant 0.\end{cases}$$

3. 设 x_1,x_2 分别表示生产 A,B 两种产品的数量,则
$$\max f=700x_1+1\ 200x_2,$$
$$\begin{cases}9x_1+4x_2\leqslant 360,\\400x_1+500x_2\leqslant 20\ 000,\\3x_1+10x_2\leqslant 300,\\x_1,x_2\geqslant 0.\end{cases}$$

4. 设 x_1,x_2,x_3,x_4 分别表示用于项目 A,B,C,D 的投资百分数,则
$$\max f=0.15x_1+0.1x_2+0.08x_3+0.12x_4,$$
$$\begin{cases}x_1-x_2-x_3-x_4\leqslant 0,\\x_2+x_3\geqslant x_4,\\x_1+x_2+x_3+x_4=1,\\x_j\geqslant 0\ (j=1,2,3,4).\end{cases}$$

自测题 1(基础层次)

1. (1) B; (2) C; (3) A; (4) C; (5) D.

2. (1) $k\neq -2$ 且 $k\neq 3$; (2) 2; (3) 非零; (4) $\begin{cases}x_1=-x_3\\x_2=1-x_3\end{cases}$; (5) 1.

3. (1) 有唯一解; (2) 无解.

4. $\begin{cases}x_1=\dfrac{19}{2},\\x_2=-\dfrac{3}{2},\\x_3=\dfrac{1}{2}.\end{cases}$ 5. $\begin{cases}x_1=-x_4+1,\\x_2=-x_4,\\x_3=x_4-1.\end{cases}$ 6. $\lambda=1$.

自测题 2(提高层次)

1. (1) D; (2) B; (3) C; (4) A; (5) B.

2. (1) m; (2)无穷多; (3) -1; (4) $a_1+a_2-a_3=0$; (5) $r<n$.

3. (1) 无穷多解; (2) 无穷多解; (3) 有唯一解.

4. 当 $a\neq1,b\neq0$ 时，有唯一解；当 $a=1,b=\frac{1}{2}$ 时，有无穷多解；其余情况无解.

5. 设计方案可行且唯一，设计方案为：6 层采用方案 A，2 层采用方案 B，8 层采用方案 C.

6. 三种中成药每周的产量分别为 7 件，9 件，12 件.

第 9 章　概率统计初步

训练任务 9.1

1. (1) $U=\{$(正正)，(正反)，(反正)，(反反)$\}$；(2) $U=\{$(红红)，(红黄)，(黄红)，(黄黄)$\}$；(3) $U=\{4,5,6,7,8,9,10\}$；(4) $U=\{s\mid s>0\}$.

2. (1) 随机事件；(2) 随机事件；(3) 随机事件；(4) 不是随机事件；(5) 不是随机事件.

3. 生男孩的概率为 0.519 7，生女孩的概率为 0.480 3.

4. (1) 0；(2) $\frac{1}{12}$；(3) $\frac{1}{36}$；(4) $\frac{5}{18}$；(5) $\frac{35}{36}$.

5. 0.001 2.

6. 0.5.

7. (1) $\frac{7}{15}$；(2) $\frac{4}{5}$.

8. (1) $\frac{1}{2}$；(2) $\frac{1}{6}$；(3) $\frac{5}{6}$.

9. $P(\overline{A}B)=0.33,P(A\overline{B})=0.16$.

10. (1) 0.12；(2) 0.2.

11. 0.381.

12. (1) 0.225 5；(2) 0.990 8.

训练任务 9.2

1. (1) 不能；(2) 能.

2. $m=\frac{27}{38}$.

3. 随机变量 X 的概率分布为

X	1	2	3	…	k
P_i	p	$p(1-p)$	$p(1-p)^2$	…	$p(1-p)^k$

4. 随机变量 X 的概率分布为

X	0	1	2
P_i	0.1	0.6	0.3

5. (1) $F(x)=P(X\leqslant x)=\begin{cases}0,x<1,\\0.1,1\leqslant x<2,\\0.4,2\leqslant x<3,\\0.8,3\leqslant x<4,\\1,x\geqslant4;\end{cases}$

(2) $P(X\leqslant3)=0.8$；(3) $P(2\leqslant X\leqslant4)=0.9$.

6. $F(x)=P(X\leqslant x)=\begin{cases}0,x<0,\\0.1,0\leqslant x<1,\\0.7,1\leqslant x<2,\\1,x\geqslant2.\end{cases}$

7. (1) $A=\frac{3}{2}$；(2) $P(-2<X\leqslant0.5)=\frac{9}{16}$.

8. $F(x)=P(X\leqslant x)=\begin{cases}0, x<0,\\ x^2, 0\leqslant x<1,\\ 1, x\geqslant 1.\end{cases}$

9. (1) $F(x)=P(X\leqslant x)=\begin{cases}0, x<1,\\ 0.2, 1\leqslant x<2,\\ 0.7, 2\leqslant x<5,\\ 1, x\geqslant 5.\end{cases}$

(2)

Y	2	5	14
P_i	0.2	0.5	0.3

.

10. (1)

X	0	1	2	3	4
P_i	0.001 6	0.025 6	0.153 6	0.409 6	0.409 6

;

(2) $P(X>1)=0.992\ 0$.

11. (1)

X	0	1	2	3	4	5
P_i	0.0312 5	0.1562 5	0.312 5	0.312 5	0.1562 5	0.0312 5

;

(2) $P(X=2)=0.001\ 7$.

12. $\lambda=\ln 2$.

13. 0.181.

14. (1) X 的概率密度函数为$f(x)=\begin{cases}\dfrac{1}{10}, & 95\leqslant x\leqslant 105,\\ 0, & 其他,\end{cases}$

X 的分布函数 $F(x)=p(X\leqslant x)=\begin{cases}0, & x<95,\\ \dfrac{x-95}{10}, & 95\leqslant x<105,\\ 1, & x\geqslant 105.\end{cases}$

(2) $P(92.5\leqslant X\leqslant 102.5)=1$.

15. (1) X 的概率密度函数为$f(x)=\begin{cases}\dfrac{1}{10}, & 2\leqslant x\leqslant 12,\\ 0, & 其他;\end{cases}$

(2) $P(X<4)=0.3, P(5<X\leqslant 15)=1$.

训练任务 9.3

1. $E(X)=0.6, E(X^2)=1, E(3X-1)=0.8$.

2. $E(X)=0, D(X)=0.6, D(5X+4)=15$.

3. X 的概率密度函数$f(x)=\begin{cases}\dfrac{1}{2}, & 2\leqslant x\leqslant 4\\ 0, & 其他.\end{cases}$, $P(X=2)=0$.

4. $n=6, p=0.4$.

5. X 的概率密度函数为$f(x)=\begin{cases}2e^{-2\lambda}, & x\geqslant 0,\\ 0, & x<0.\end{cases}$

6. $D(X-2Y+3)=10$.

7. $a=0.6, b=1.24$.

8. $E(X)=0, D(X)=\dfrac{1}{6}$.

9. 乙机床质量好些.

10. 0.41.

11. $E(X)=\frac{1}{3}$,$E(2X-3)=\frac{1}{6}$,$D(X)=\frac{1}{18}$,$D(2X-3)=\frac{2}{9}$.

12. $E(X^2+3)=7$.

训练任务 9.4

1. (1) 该试验的总体为接种疫苗的 500 名志愿者，每一名志愿者为个体，进行问卷调查的 200 人组成样本，其样本容量为 200.

(2) 该试验的总体为工厂在一个月中生产的 N 件成品，其每一件成品为个体，从中抽取的 n 件成品组成样本，其样本容量为 n.

(3) 该试验的总体为大一的全体女学生，每一位女学生为个体，会电专业的大一女生为样本，其样本容量为 450.

2. 样本均值与样本方差，都是通过对样本观测值的数据加工而求得的；总体的均值和方差，我们不一定能够求得，而是通过样本的均值和方差加以总结、估计而得到的. 简言之，样本的均值和方差是计算出来的，总体的均值和方差是凭经验推断出来的.

3. 以上都是统计量.

4. $\overline{X}=454$,$s^2=3.312\ 5$,$S^2=3.785\ 7$.

5. $\overline{X}=20.13$,$s^2=0.726\ 1$,$S^2=0.806\ 8$.

6. $\overline{X}=4.1$,$s^2=0.39$,$S^2=0.41$.

7. α,β 的点估计量为

$$\begin{cases}\hat{\alpha}=\overline{x}-\sqrt{3}S\\ \hat{\beta}=\overline{x}+\sqrt{3}S\end{cases}\text{(其中 } S=\sqrt{\frac{1}{n}\sum_{i=1}^{n}(x_i-\overline{x})^2}\text{).}$$

8. θ 的估计量 $\hat{\theta}=\frac{2\overline{X}-1}{1-\overline{X}}=\frac{1}{1-\overline{X}}-2$.

9. 50.98.

10. $\hat{\mu}=454$,$\sigma^2=3.785\ 7$.

11. [14.8,15.2],[14.85,15.15].

12. [420.3,429.7].

自测题 1(基础层次)

1. (1) B;　(2) C;　(3) B;　(4) C;　(5) B;　(6) C;　(7) D;　(8) C;　(9) C;　(10) D.

2. (1) 0.87;　(2) $\frac{7}{132}$,$\frac{21}{44}$;　(3) 0.2;　(4) 1.6;　(5) 10.

3. (1) $\frac{8}{27}$;　(2) $\frac{4}{9}$;　(3) $\frac{2}{9}$;　(4) $\frac{1}{27}$.

4. 0.76.　5. 0.5.　6. 0.95.　7. 0.139 3.

8. (1) $a=\frac{1}{10}$;　(2) $P(X\leqslant 3.5)=0.6$.

9. (1) 0.999 6;　(2) 0.308 7.

10. 0.223 1,　0.334 7,　0.251 0,　0.125 5.

11. (1) $A=0.5$;　(2) $P\left(-\frac{\pi}{4}<X<\frac{\pi}{4}\right)=\frac{\sqrt{2}}{2}$.

12. 回归直线方程为 $y=8.8+6.428\ 6x$.

自测题 2(提高层次)

1. (1) B;　(2) C;　(3) D;　(4) A;　(5) A.

2. (1) 0.25;　(2) $\frac{7}{12}$,0.75;　(3) $f(x)=\frac{1}{2\sqrt{2\pi}}e^{-\frac{1}{8}x^2}$;　(4) 7;　(5) $N(30,5^2)$.

3. 72%.

4. P(恰有 0 件是次品)≈ 0. 656 1； P(恰有 1 件是次品)≈ 0. 291 6；
P(恰有 2 件是次品)≈ 0. 048 6； P(恰有 3 件是次品)≈ 0. 003 6；
P(恰有 4 件是次品)≈ 0. 000 1.

5. 0.95. 6. 0.22. 7. 0.91.

8. $E(X)=\frac{3}{4}, D(X)=\frac{3}{20}, E(3X-2)=-\frac{5}{4}$.

9. (1) 0.012 2； (2) 0.341 3； (3) 0.506 9.

10. 5.48.

11. 306 6 件.

12. (1) [11.67,12.33]； (2) 16.

参考文献

[1] 云连英. 微积分应用基础. 3 版. 北京：高等教育出版社，2014 年.

[2] 陈笑缘. 经济数学. 2 版. 北京：高等教育出版社，2014 年.

[3] 刘德厚，任丽华. 经济应用数学基础. 东营：中国石油大学出版社，2012 年.

[4] 刘德厚，任丽华. 高等数学. 东营：中国石油大学出版社，2013 年.

[5] 沈建根. 经济数学. 北京：经济科学出版社，2007 年.

[6] 顾静相. 经济数学基础. 北京：高等教育出版社，2014 年.

[7] 侯风波. 高等数学. 4 版. 北京：高等教育出版社，2014 年.

[8] 李聪睿. 经济应用. 上海：上海交通大学出版社，2012 年.

[9] 李艳梅，刘振云. 经济应用数学. 北京：机械工业出版社，2011 年.

[10] 吴赣昌. 线性代数(经管类). 4 版. 北京：中国人民大学出版社，2011 年.

[11] 苏燕玲，许静，张鹏鸽. 线性代数及应用(经管类). 西安：西安电子科技大学出版社，2014 年.

[12] 邹尔新，王艳. 线性代数. 北京：科学出版社，2014 年.

[13] 陈玉花. 应用数学基础. 北京：高等教育出版社，2014 年.